JIXIE GONGCHENG JICHU
RUMEN

机械工程基础
入门

张丽杰　徐来春　谢霞　主编

化学工业出版社
·北京·

内 容 简 介

本书围绕机械工程的基础知识展开，以图文并茂的形式、通俗易懂的语言介绍机械工程中图学、设计和制造的基本理论和基本技能。本书在精选传统经典内容的基础上，采用了最新的国家标准和行业标准，引入了新材料、新技术和新工艺，增加了计算机绘图、计算机辅助设计等内容，注重基础与应用的结合，突出实用性和可操作性，便于读者学习、查阅。

本书既可作为工程技术人员的入门参考资料，又可供高等院校、高职高专机械类或近机类专业的师生使用。

图书在版编目（CIP）数据

机械工程基础入门/张丽杰，徐来春，谢霞主编.
北京：化学工业出版社，2021.5
ISBN 978-7-122-38628-1

Ⅰ.①机…　Ⅱ.①张…　②徐…　③谢…　Ⅲ.①机械
工程　Ⅳ.①TH

中国版本图书馆 CIP 数据核字（2021）第 037785 号

责任编辑：金林茹　张兴辉　　　　　　　　装帧设计：王晓宇
责任校对：宋　夏

出版发行：化学工业出版社（北京市东城区青年湖南街 13 号　邮政编码 100011）
印　　装：大厂聚鑫印刷有限责任公司
787mm×1092mm　1/16　印张 21¼　字数 552 千字　2021 年 6 月北京第 1 版第 1 次印刷

购书咨询：010-64518888　　　　　　　　售后服务：010-64518899
网　　址：http://www.cip.com.cn
凡购买本书，如有缺损质量问题，本社销售中心负责调换。

定　　价：99.00 元
版权所有　违者必究

机械工程是以有关的自然科学和技术科学为理论基础，结合生产实践中的技术经验，研究开发、设计、制造、安装、运用和修理各种机械的全部理论并解决实际问题的应用学科。随着生产力的发展，我国开始向机械强国的目标奋进，机械工程仍然是支撑国民经济发展的基础和支柱技术之一，为传统工艺和装备的优化、新工业的探索和新装备的发明提供基础科学和理论支持。本书为广大读者提供机械工程的基本理论和基本技能。

本书根据初学者的特点，以图文并茂的形式、通俗易懂的语言介绍机械工程中图学、设计和制造的基本理论和计算机辅助设计软件使用的基本技能，以帮助初学者更快、更好地掌握机械工程的基础知识和基本技能，实现快速入门。

全书共三篇十五章。第一篇是机械工程图学基础，包括制图基础知识、正投影基础、工程图样的表达方法、零件图和装配图、计算机绘图基础等内容；第二篇是机械设计基础，包括常用机构、机械传动和连接、轮系、轴系、计算机辅助设计等内容；第三篇是机械制造基础，包括工程材料、钢的热处理、金属材料成型工艺、机械加工工艺、现代制造技术等内容。在内容设置上，精选传统经典内容，采用最新国家标准和行业标准，引入新材料、新技术和新工艺，增加计算机辅助设计等内容，注重基础与应用的结合，突出实用性和可操作性，便于读者学习及查阅。

本书既可作为工程技术人员的入门参考资料，也可供高等学校、高职高专机械类或近机类专业的师生使用。

本书由张丽杰、徐来春、谢霞主编，郝振洁、孙爱丽、白丽娜、李改灵、马超副主编，王敏、柴树峰主审。参加编写的还有王文照、刘雅倩、王晓燕、王云、张健、徐柳、张晓丽、李立华、刘洁。此外，在编写过程中，查阅和参考了大量有价值的资料，在此向有关作者表示诚挚的谢意。

由于编者水平所限，书中不妥之处恳请广大读者批评指正。

编　者

目录
CONTENTS

目录
CONTENTS

目录
CONTENTS

目录
C O N T E N T S

绪　　论

机械存在于人类活动的各个领域，它是人类进行生产劳动的主要工具，也是人类文明的重要组成部分。机械是当今科技高速发展的基础，它的发展程度标志着国家的整体科技水平。早在古代，人类就知道利用杠杆、滚子、绞盘等简单机械从事建筑和运输工作。到 18 世纪中叶，蒸汽机的发明促进了产业革命，出现了原动机、工作机组成的近代机器，从此，机器开始迅猛发展。随着科学技术的进步和生产发展的需要，机械制造的面貌在不断发生变化，新工艺和新材料的出现对机电产品的发展起着巨大的推动作用。随着电子、计算机、原子能、通信等技术的飞速发展，大量的新机器也从传统的纯机械系统发展成为光机电一体化的机械设备。先进的机械设计、机械制造方法给机械行业的发展创造了新的机遇。在现代生产和日常生活中，机械已成为代替或减轻人类劳动强度、提高生产效率和保证产品质量的重要手段。

一、机械概述

机械是机器和机构的总称。机器是执行机械运动的装置，用来变换或传递能量、物料、信息。图 0-1 所示为单缸四冲程内燃机，它由气缸体 1、活塞 2、进气阀 3、排气阀 4、连杆 5、曲轴 6、凸轮 7、顶杆 8、齿轮 9 和 10 等构件组成。燃气推动活塞往复运动，经连杆转变为曲轴的连续转动。凸轮和顶杆是用来启闭进气阀和排气阀的。为了保证曲轴每转两圈进、排气阀各启闭一次，曲轴与轴之间安装了齿数比为 1∶2 的齿轮组。这样，当燃气推动活塞运动时，各构件协调地动作，进、排气阀有规律地启闭，加上气化、点火等装置的配合，就把热能转换为曲轴回转的机械能。

由图 0-1 可以看出，机器主体部分是由许多运动构件组成的机构。机构是用来传递运动和力的、有一个构件为机架的、用构件间能够相对运动的连接方式组成的构件系统。一般情况下，为了传递运动和力，机构各构件间应具有确定的相对运动。如图 0-1 所示的内燃机中，活塞、连杆、曲轴和气缸体组成曲柄滑块机构，将活塞的往复直线运动变为曲轴的连续转动。凸轮、顶杆和气缸体组成凸轮机构，将凸轮轴的连续转动变为顶杆有规律的间歇运动。曲轴和凸轮轴上的齿轮组成齿轮机构，使两轴保持一定的速比。

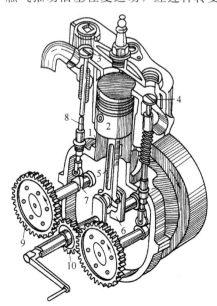

图 0-1　内燃机

从组成上看，机器是由机构组成的，一部机器可包含一个或若干个机构。例如，鼓风机、电动机只包含一个机构，而内燃机则包含曲柄滑块机构、凸轮机构、齿轮机构等多个机构。机器中最常用的机构有连杆机构、凸轮机构、齿轮机构、轮系和间歇运动机构等。

就功能而言，一般机器包含四个基本组成部分：动力部分、传动部分、控制部分、执行部分。动力部分可采用人力、畜力、风力、液力、电力、热力、磁力、压缩空气等作动力源，尤以电动机和内燃机最为常用。传动部分和执行部分由各种机构组成，是机器的主体。控制部分包括计算机、传感器、电气装置、液压系统、气压系统，还包括各种控制机构。随着信息技术的飞速发展，近代机器的控制部分中，计算机系统已居于主导地位。

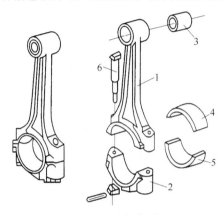

图 0-2　连杆简图

机构与机器的主要区别在于：机构只是一个构件系统，只用于传递运动和力；而机器除构件系统之外，还包含电气、液压等其他装置，除传递运动和力之外，还具有变换或传递能量、物料、信息的功能。但是，当研究构件的运动和受力情况时，机器与机构并无差别。因此，习惯上将"机械"一词作为机器和机构的总称。

从运动的角度看，机器是由若干个运动的单元组成的，这些运动单元称为构件。构件一般由若干个零件刚性连接而成，也可以是单一的零件。如图 0-2 所示的内燃机连杆就是由连杆体 1、连杆盖 2、轴瓦 3～5、螺栓 6 等多个零件组成的，这些零件之间没有相对运动，构成了一个运动单元而称为一个构件。工作过程中，连杆作为一个整体，与其他构件之间有相对运动。组成构件的每一个实物就是零件。

从制造的角度看，机器是由若干零件组装而成的，零件是构成机器的基本要素，是机器的最小制造单元。机器中的零件分为两类：一类称为通用零件，它在各类机器中普遍使用，如螺钉、螺栓、螺母、轴、齿轮、轴承、弹簧等；另一类称为专用零件，它只在特定的机器中使用，如内燃机的曲轴、连杆、活塞、汽轮机中的叶片、起重机的吊钩等。

在机器中，称一个协同工作来完成共同任务的零件或构件组合为部件，它是装配单元。部件也可分为通用部件和专用部件，例如减速器、轴承、联轴器等属于通用部件，而汽车转向器则属于专用部件。

机械工程中，常把每一个具体的机械称为机器，也就是说谈到具体的机械时，常使用机器这个名词，泛指时则使用机械来统称。机械的种类较多，根据用途不同，常分为如下四类：

（1）动力机械　如电动机、内燃机、发电机、液压机等，主要用来实现机械能与其他形式能量间的转换。

（2）加工机械　如轧钢机、包装机及各类机床，主要用来改变物料的结构形状、性质及状态。

（3）运输机械　如汽车、飞机、轮船、输送机等，主要用来改变人或物料的空间位置。

（4）信息机械　如复印机、传真机、摄像机，主要用来获取或处理各种信息。

机械工业是每个国家工业体系的核心，它为农业、交通运输业、国防工业等提供技术装备，是国民经济和国防现代化的基础工业，是科学技术物化的基础，是高新技术产业化的载体。它的发展水平是衡量一个国家工业化程度和国家经济发展水平与科学技术水平的真正标志。没有先进的机械工业，就没有发达的工业和农业，更不可能实现国防和武器装备的现代化。世界强国无一不是机械制造业强国。

二、机械工程

机械工程是以自然科学和技术科学为理论基础，结合生产实践经验，解决产品设计、制造、使用、维修和管理的应用学科。所涉及的学科领域已从单纯的机械学科扩展到电子、控制、信息、材料等多种学科。科学技术的发展使古老的机械工程与高科技融为一体，机械工程的内容发生了深刻的变化，主要内容包括：建立和发展机械工程设计的新理论和新方法；研究、设计新产品；研究新材料；改进机械制造技术，提高制造水平；研究机械产品的制造过程，提高制造精度和生产率；加强机械产品的使用、维护与管理；研究机械产品的人机工程学；研究机械产品与能源及环境保护的关系。机械工程与相关学科和产业的关联度、融合度也越来越高，它覆盖了人类社会发展的各个领域，因此也成为各类人才所必备的工程技术技能。

三、本书基本内容

本书内容主要包括三大部分：

第一篇　机械工程图学基础。主要介绍制图基础知识、正投影原理、工程图样的表达方法、常用机械工程图样以及计算机绘图基础。本部分以培养广大读者运用有关制图国家标准、规范，绘制和阅读工程图样的基本技能为出发点，使广大读者理解掌握工程技术语言、表达技能及表达工具。培养广大读者的空间想象能力、分析和解决问题的能力，使其具备一定的工程素养。

第二篇　机械设计基础。主要介绍常用机构、机械传动与连接、常用轴系与轮系零部件以及计算机辅助设计基础。本部分以创新教育为出发点，在夯实机械设计基本知识的同时，渗透创新方法原理，激发广大读者创新热情，培养创新意识、创新思维、创新精神，提升广大读者机械创新能力，为广大读者将来从事技术革新、创造发明奠定厚实理论基础。

第三篇　机械制造基础。主要介绍工程材料基础知识、常用工程材料、材料的改性与成型工艺、机械加工工艺以及现代制造技术。本部分结合现代材料技术、制造技术的快速发展趋势，融合吸收不同学科新材料、新工艺、新技术知识，使广大读者获得常用工程材料及其成型方法与机械零件加工工艺的基础知识，为从事装备设计、制造、维修、管理等方面的工作奠定工程技术基础。

机械工程所涉及的领域非常广泛，在学习过程中要做到理论联系实际并能举一反三。善于联系遇到的各种实际问题，深入领会内容，做到灵活运用和融会贯通，在扎实地掌握本书包含的基本理论与知识的同时，努力提高分析和解决工程实际问题的能力。此外还要注重了解机械领域最新的技术成果及其发展，以便拓宽知识面，不断地探索、发现新的规律和确立新的规范。

第一篇

机械工程图学基础

第一章

制图基础知识

本章介绍技术制图和机械制图国家标准对绘制工程图样的图纸幅面及格式、比例、字体、图线和尺寸标注等的有关规定，以及常用平面几何图形的基本作图方法和平面图形的分析方法，这些是工程图学的基础。

第一节　工程制图的基本规范及规则

工程图样是现代工业生产的重要技术资料，也是进行技术交流的工程语言。为了满足生产和技术交流需要，国家质量监督检验检疫总局发布了有关技术制图与机械制图的国家标准（简称国标，代号 GB）。国标是绘制工程图样的依据，工程技术人员要严格执行现行国标的统一规定。

一、图纸幅面及格式（GB/T 14689—2008）

为了便于图纸的合理使用、装订、管理和交流，国标对图纸幅面的尺寸及格式做了规定。

（一）图纸幅面

图纸幅面是指图纸的宽度与长度（$B \times L$）围成的图纸面积。绘制工程图样时，优先采用 A0、A1、A2、A3、A4 五种基本幅面。当基本幅面不能满足布图要求时，允许使用加长幅面。这些加长幅面是将基本幅面的短边成整数倍增加后得到的。

表 1-1　图纸基本幅面及图框格式尺寸

幅面代号		A0	A1	A2	A3	A4
尺寸 $B \times L$		841×1189	594×841	420×594	297×420	210×297
周边尺寸	e	20			10	
	c	10			5	
	a	25				

（二）图框格式

图纸上限定绘图区域的线框为图框，必须用粗实线画出图框。其格式分留装订边和不留装订边两种，如图 1-1 和图 1-2 所示，对应的图框格式尺寸如表 1-1 所示。同一种产品的图样只能采用一种图框格式。

加长幅面的图框尺寸按所选的基本图幅大一号的图框尺寸确定。如 A3×4 的图框按 A2

的图框尺寸确定。

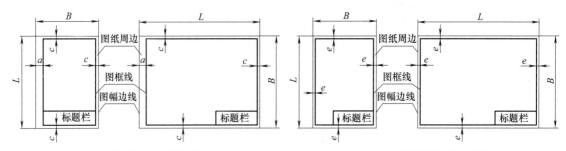

图 1-1 留装订边的图框格式   图 1-2 不留装订边的图框格式

（三）标题栏

每张图纸必须画出标题栏，标题栏的格式和尺寸按 GB/T 10609.1—2008 的规定绘制，如图 1-3 所示，在制图作业中标题栏建议采用图 1-4 所示形式。

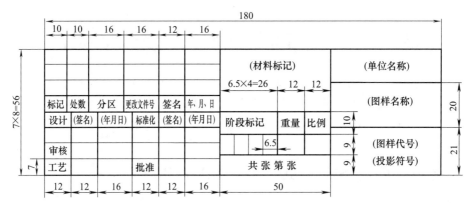

图 1-3 国家标准规定的标题栏格式与尺寸

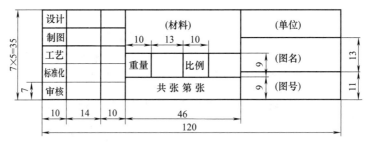

图 1-4 制图作业推荐使用的标题栏格式及尺寸

标题栏一般位于图框的右下角，当标题栏的长边置于水平方向并与图纸的长边平行时，构成 X 型图纸；当标题栏的长边与图纸的长边垂直时，构成 Y 型图纸。在此情况下，看图方向与看标题栏方向一致。

二、比例（GB/T 14690—1993）

比例是指图形与其实物相应要素的线性尺寸之比。

绘图时，应选用适当的比例，尽量采用原值比例，优先选用表 1-2 第一列的比例，必要时允许选用第二列的比例。

表 1-2　绘图比例

种类	优先选用的比例	允许选用的其他比例
原值比例	1 : 1	
放大比例	2 : 1　　5 : 1 1×10^n : 1	2.5 : 1　　4 : 1 4×10^n : 1　2.5×10^n : 1
缩小比例	1 : 2　　1 : 5　　1 : 10 $1 : 2 \times 10^n$　$1 : 5 \times 10^n$　$1 : 1 \times 10^n$	1 : 1.5　　1 : 2.5　　1 : 3　　1 : 4　　1 : 6 $1 : 2.5 \times 10^n$　$1 : 1.5 \times 10^n$　$1 : 3 \times 10^n$　$1 : 4 \times 10^n$　$1 : 6 \times 10^n$

注：n 为正整数

应注意无论采用何种比例绘图，标注的尺寸都必须是形体的实际尺寸。

三、字体（GB/T 14691—1993）

在图样上除了用图形表达机件的形状外，还需要用文字和数字来说明机件的大小、技术要求和其他内容。

字体是指图样中汉字、字母和数字的书写形式。书写字体必须做到：字体工整、笔画清楚、间隔均匀、排列整齐。

字体高度（h），单位为 mm。其公称尺寸系列为 1.8、2.5、3.5、5、7、10、14、20 八种。如需要更大的字，其字体高度应按 $\sqrt{2}$ 的比率递增。

（一）汉字

汉字应写成长仿宋体字，并应采用我国正式公布推行的简化汉字。字体高度 h 不应小于 3.5mm，其字宽一般为 $h/\sqrt{2}$。

长仿宋体汉字的书写要领为：横平竖直、注意起落、字体端正、结构匀称、填满方格。书写示例如下：

10号字

字体工整　笔画清楚　间隔均匀　排列整齐

5号字

横平竖直　注意起落　结构匀称　填满方格

（二）字母和数字

字母和数字分 A 型和 B 型两类。A 型字的笔画宽度（d）为字高（h）的十四分之一，B 型字的笔画宽度（d）为字高（h）的十分之一。同一图样只允许选用一种形式的字体。字母和数字均可写成直体或斜体。斜体字头向右倾斜，与水平基准线成 75°。书写形式如下：

A 型斜体拉丁字母及阿拉伯数字

ABCDEFGHIJKLMN

1234567890

B 型斜体拉丁字母及阿拉伯数字

ABCDEFGHIJKLMN

1234567890

四、图线（GB/T 17450—1998 和 GB/T 4457. 4—2002）

GB/T 17450—1998 规定了绘制各种技术图样的基本线型。GB/T 4457.4—2002 规定了机械制图中所用图线的一般规则，适用于机械工程图样。

机械制图中采用粗、细两种线宽，比例为 2 : 1，设粗线的线宽为 d，d 应在 0.25、0.35、0.5、0.7、1、1.4、2mm 中取值，具体根据图样的类型、尺寸、比例和微缩复制的要求确定。表 1-3 摘录了机械工程图样中几种图线的名称、基本线型和一般应用。

表 1-3　图线的名称、基本线型及一般应用

图线的名称	基本线型	一般应用
粗实线		可见棱线、可见轮廓线、相贯线
细实线		尺寸线、尺寸界线、剖面线、重合断面的轮廓线
细波浪线		机件断裂处的边界线、视图与局部剖视图的分界线
细双折线		断裂处的边界线
细虚线	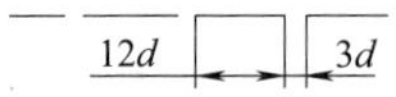 $12d$　$3d$	不可见棱线、不可见轮廓线
粗虚线	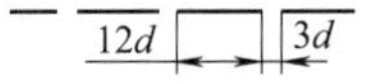 $12d$　$3d$	允许表面处理的表示线
细点画线	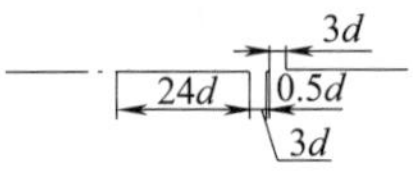 $3d$　$24d$　$0.5d$　$3d$	轴线、对称中心线
粗点画线	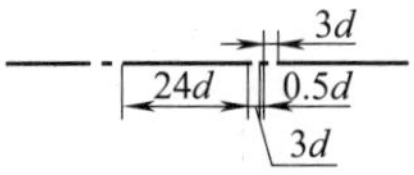 $3d$　$24d$　$0.5d$　$3d$	限定范围的表示线
细双点画线	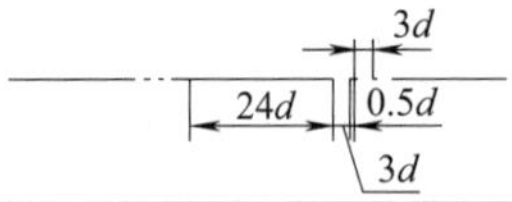 $3d$　$24d$　$0.5d$　$3d$	相邻辅助零件的轮廓线、可动零件的极限位置的轮廓线、剖切面前的结构轮廓线、中断线

图线的画法应遵循以下要求：

（1）在一张图中，同类图线的宽度应一致，各线型的线素长度应各自大致相等。

（2）虚线、点画线、双点画线的相交处应是线段，而不是点或间隔处。

（3）虚线在粗实线的延长线上时，虚线应留出空隙。

（4）细点画线伸出轮廓线的长度一般为 2~3mm。当细点画线较短时，允许用细实线代替。点画线和双点画线的首末两端应是长画，而不是短画。

（5）图线重合时的绘制原则：当两种或两种以上的图线重合时，其重合部分应视线型的优先顺序而定。例如，粗实线和细虚线重合时，应画粗实线；细虚线与细点画线重合时，应画细虚线。

五、尺寸标注 （GB/T 4458. 4—2003）

机件的大小以图样上标注的尺寸数值为制造和检验依据，在绘制图样时，必须严格遵照

国家标准规定，正确标注尺寸。

（一）基本规则

（1）图样中的尺寸以毫米为单位时，不用注明，否则必须标注相应的单位符号。

（2）图样中所注尺寸是零件的真实大小，与绘制比例和绘图准确度无关。

（3）零件的每一个尺寸在图样中只标注一次，并应标注在反映该结构最清晰的图形上。

（4）图样中标注的尺寸是该零件的完工尺寸，与中间工序尺寸无关，否则应另加说明。

（二）尺寸要素

图样上每一个尺寸都是由尺寸界线、尺寸线和尺寸数字组成。

（1）尺寸界线　表示所注尺寸的起止范围，用细实线绘制，并应由图形轮廓线、轴线或对称中心线引出，也可用这些图线代替。

（2）尺寸线　表示所注尺寸的方向，用细实线绘制。尺寸线终端有箭头和斜线两种形式。在同一图样中，尺寸终端只能采用其中一种形式，一般采用箭头形式。尺寸线不能用其他图线代替，也不得与其他图线重合或画在其他线的延长线上。

（3）尺寸数字　一般应注写在尺寸线的上方，也允许注写在尺寸线的中断处。国标规定了一些注写在尺寸数字前面的符号，是对数字标注的补充与说明，如直径符号 ϕ 和半径符号 R 等。尺寸数字不得被任何图线穿过，当无法避免时，必须把图线断开。

第二节　平面图形的绘制

工程图样的图形是由直线、圆弧和其他曲线组成的几何图形。熟练掌握作图方法是提高绘图速度、保证图面质量的基本技能之一。

一、几何作图

（一）正六边形的画法

作已知圆的内接正六边形，如图 1-5（a）所示。作图步骤为：分别以已知圆直径两端点 A、D 为圆心，已知圆半径为半径作弧，与圆相交于 B、F、C、E 四点，$ABCDEF$ 即为所求正六边形。正六边形还可用丁字尺与三角板配合绘制，如图 1-5（b）所示。

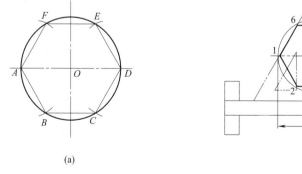

(a)　　　　　　　　　　　　　　　　(b)

图 1-5　正六边形

（二）斜度与锥度画法

（1）斜度　表示一直线（或平面）对另一直线（或平面）的倾斜程度，在图样中以 $1:n$ 的形式标注，图 1-6 为斜度的作图方法。

（2）锥度　表示正圆锥底圆直径与其高度之比或正圆台的两直径之差与其轴向距离之比，在图样中以 $1:n$ 的形式标注，图 1-7 为锥度的作图方法。

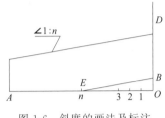

图 1-6　斜度的画法及标注

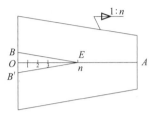

图 1-7　锥度的画法及标注

（三）圆弧连接的作图

圆弧连接是指用已知半径的圆弧将两个几何元素（直线、圆、圆弧）光滑连接，即几何中间图形间的相切问题，其中的连接点为切点。将不同几何元素连接起来的圆弧称为连接圆弧。其几何作图方法及步骤如表 1-4 所示。

表 1-4　圆弧连接的作图

连接方式	已知条件	作图步骤	图例
圆弧连接两相交直线	直线 AB、CD，连接圆弧半径 R	①分别作与两已知直线 AB、CD 相距为 R 的平行线 L_1、L_2，得交点 O，即半径为 R 的连接弧的圆心； ②自点 O 分别向 AB 及 BC 作垂线，得垂足 K_1 和 K_2，即为切点； ③以 O 为圆心，R 为半径，自点 K_1 至 K_2 画圆弧，即为所求圆弧	
圆弧与两已知圆弧内切	两已知圆 O_1、O_2，连接圆弧半径 R	①分别以点 O_1、O_2 为圆心，以 $(R-R_1)$ 和 $(R-R_2)$ 为半径作圆弧，两弧相交于 O 点，即为所求圆弧的圆心； ②连线 OO_1 和 OO_2，分别与两已知圆相交于点 T_1、T_2，即为切点	
圆弧与两已知圆弧外切	两已知圆 O_1、O_2，连接圆弧半径 R	①分别以点 O_1、O_2 为圆心，以 $(R+R_1)$ 和 $(R+R_2)$ 为半径作圆弧，两弧相交于 O 点，即为所求圆弧的圆心； ②连线 OO_1 和 OO_2，分别与两已知圆相交于点 T_1、T_2，即为切点	

二、平面图形分析

平面图形的构型元素一般有直线段、正多边形、圆弧和圆，平面图形一般是由一个或多个元素组成的封闭图形。一个平面图形能否正确地绘制出来，要看所给的尺寸是否完整、正确，同时画图的先后顺序也与线段在图形中的位置和所给的尺寸数据有关。绘图时必须先对图形的尺寸及线段进行分析，然后才能确定作图步骤。

（一）平面图形的尺寸分析

平面图形的尺寸可以分为定形尺寸和定位尺寸两类。

（1）定形尺寸　确定平面图形中各几何元素大小的尺寸，如线段的长度、圆的直径或半径等。如图 1-8 中的 15、$\phi5$、$\phi20$、$\phi30$ 及各圆弧的半径尺寸。

（2）定位尺寸　确定平面图形中各几何元素相对位置的尺寸。一般来说，平面图形中每个部分都要标出两个方向的定位尺寸。标注定位尺寸时，首先要确定尺寸基准。定位尺寸为零时，不标注。

（3）尺寸基准　标注定位尺寸的起点称为尺寸基准，通常以点、直线、对称中心线等作为尺寸基准。一个平面图形应有 x 、y 两个坐标方向的尺寸基准。如图 1-8 中距图形左端为 15 的直线和对称中心线分别为 x 、y 两个方向的尺寸基准。

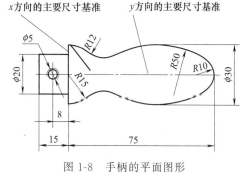

图 1-8　手柄的平面图形

（二）平面图形的线段分析

根据平面图形所标注的尺寸和线段的连接关系，可将图形中的线段分为已知线段、中间线段和连接线段三类。以图 1-8 为例，对各类线段进行分析。

（1）已知线段　具有定形尺寸和齐全的定位尺寸的线段为已知线段。它可以直接画出，如图中的 $\phi5$、$R15$ 和 $R10$ 为已知弧，左侧的线段为已知线段。

（2）中间线段　具有定形尺寸和不齐全的定位尺寸的线段称为中间线段，即除图形中标注的尺寸外，还需要根据相邻线段中的一个连接关系才能画出的线段。如图中的 $R50$ 圆弧，其圆心的 x 方向定位尺寸需利用其与 $R10$ 圆弧的内切关系求出，然后此弧才能画出。

（3）连接线段　只有定形尺寸、没有定位尺寸的线段为连接线段，即需要依靠相邻线段的两个连接关系才能画出的线段。如图中的 $R12$ 圆弧，其圆心两个方向的定位尺寸均未知，需要利用其与 $R15$、$R50$ 的外切关系确定圆心和切点，然后此弧才能画出。

三、绘图技能

绘制图样按使用工具的不同，可分为尺规绘图、徒手绘图和计算机绘图。本节主要介绍前两种。

（一）尺规绘图

尺规绘图是借助图板、丁字尺、三角板、绘图仪器进行手工绘图的一种绘图方法。为保证绘图质量，必须掌握绘图工具和仪器的使用方法。

1. 图板、丁字尺和三角板

图板是绘图时的垫板，工作表面要求平坦光滑，它的左侧作为丁字尺的导边，必须平直。绘图时，图纸用胶带纸固定在图板的左下方。

丁字尺用于画水平线，它由尺头与尺身组成。画图时，尺头必须紧靠图板左导边。

三角板可与丁字尺配合画直线及 15°倍角的斜线，用两块三角板配合可画任意方向的平行线，如图 1-9 所示。

2. 铅笔

绘图铅笔用标号 B 或 H 表示铅芯的软或硬。B 前的数值越大表示铅芯越软，H 前的数

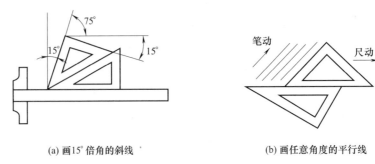

(a) 画15°倍角的斜线   (b) 画任意角度的平行线

图 1-9   三角板用法

值越大，表示铅芯越硬，HB 为中等硬度的铅芯。绘图时建议用 H 或 2H 铅笔画细实线，用 B 或 2B 铅笔画粗实线，用 HB 铅笔写字。

3. 圆规和分规

圆规是用来画圆或圆弧的仪器。画图时，尽量使钢针和铅芯都垂直于纸面，钢针的台阶与笔尖平齐。分规是用来量取或等分线段的仪器。

（二）徒手绘图

徒手绘图是不使用绘图工具和仪器，按目测机件的形状、大小徒手绘制图形的一种方法。用这种方法绘制的图样称徒手图或草图。

在设计、测绘、修理等工作中，一般都是先画出草图，然后再根据草图用仪器或计算机绘出零件图和装配图。通常用 HB 铅笔在方格纸上进行。

任何图形都是由直线、圆、圆弧、曲线组成的，因此，徒手绘图要掌握基本线条的画法。

1. 直线的画法

直线要画得直且均匀。执笔时，笔杆可垂直纸面，并略向运动方向倾斜。画线时，小手指可微触纸面，眼看终点以控制方向。画短线多用手腕动作，画长线多用手臂动作。画水平线时自左向右运笔，画竖直线时自上而下运笔，为了运笔方便，可将图纸旋转适当角度，如图 1-10 所示。

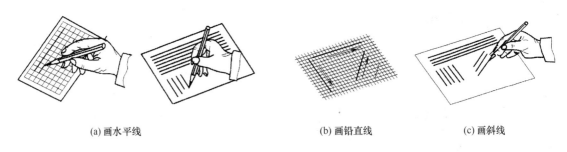

(a) 画水平线   (b) 画铅直线   (c) 画斜线

图 1-10   徒手画直线

2. 圆和圆角

徒手画小圆时，先定圆心并画中心线，再根据半径大小目测定出中心线上四个半径端点，然后过四个端点徒手画圆弧。画较大圆时，可多定出几个方向半径端点，以缩短圆弧段，再按上述方法依次分段画出各段圆弧，如图 1-11（a）所示。

画圆角时，先目测在角平分线上选取圆心位置，使其与角的两边的距离等于圆的半径，过圆心向两边引垂线定出圆弧的起、止点，并在角平分线上也定出一圆周点，然后徒手作圆弧，把三点连接起来。如图 1-11（b）所示。

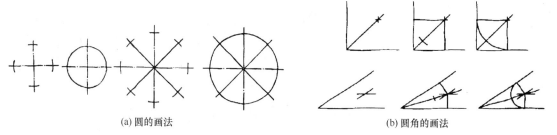

(a) 圆的画法 (b) 圆角的画法

图 1-11 徒手画圆和圆弧

复习思考题

1. 比例的种类有哪几种？
2. 尺寸标注的基本规则是什么？尺寸标注的三要素包括什么？
3. 尺寸分析包括什么？

第二章

正投影基础

第一节　投影法和三视图

一、投影法的基本知识

　　人们把物和影子之间的关系进行科学的抽象形成了投影和投影法，用投影图来表示空间物体的形状。

　　投射线通过物体向选定的投影面投射，并在该投影面上得到图形的方法称为投影法。所得到的图形称为该物体在这个投影面上的投影。如图 2-1 所示，平面 P 为投影面，S 为投射中心。过空间点 A、B 由投射中心 S 可引投射线，投射线与投影面的交点 a、b 称为空间点 A、B 在投影面上的投影。

（一）投影法分类

　　投影法分为中心投影法和平行投影法。

1. 中心投影法

　　投射线汇交于一点的投影法（投射中心位于有限远处）称为中心投影法，如图 2-2 所示。

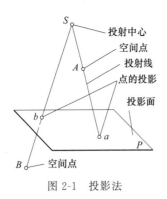

图 2-1　投影法

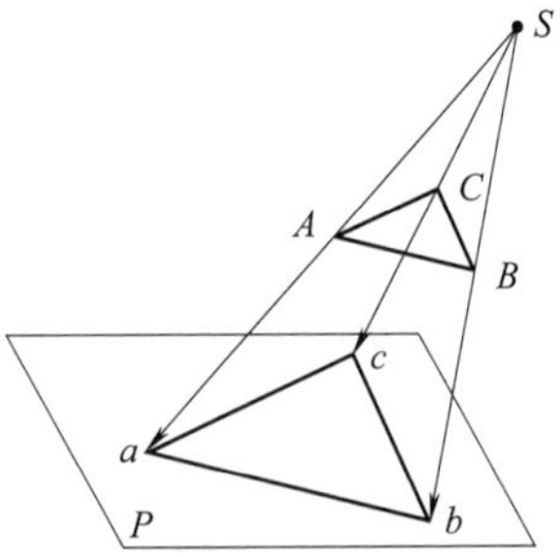

图 2-2　中心投影法

　　中心投影法投影的大小随空间物体与投射中心的远近而变化，一般不反映空间物体的真实形状和大小，且度量性较差，所以常作为工程上的辅助图样。但是，采用中心投影法绘制的图样具有较强的立体感，在建筑工程的外形设计中经常使用，如图 2-3 所示的透视图。

2. 平行投影法

投射线相互平行的投影法称为平行投影法，根据投射线与投影面的相对位置（垂直或倾斜），又可分为斜投影法和正投影法，如图 2-4 和图 2-5 所示。

斜投影法的投射线与投影面倾斜，如图 2-4（a）所示，所得投影立体感较强，但是度量性较差，主要用于斜轴测图的绘制，如图 2-4（b）所示。正投影法的投射线与投影面相垂直，如图 2-5（a）所示，所得投影度量性好，用来绘制工程图样，正投影法还用于正轴测图的绘制，如图 2-5（b）所示。

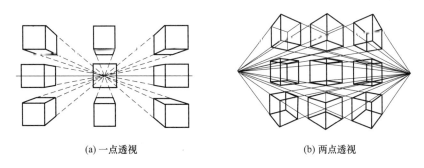

(a) 一点透视　　　　　　　　　　　(b) 两点透视

图 2-3　透视图（中心投影法）

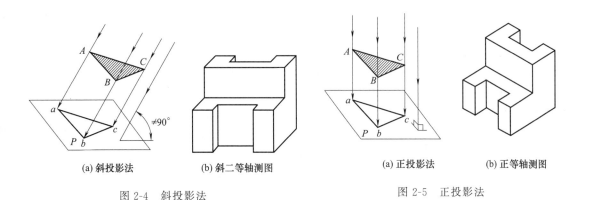

(a) 斜投影法　　　　(b) 斜二等轴测图　　　　(a) 正投影法　　　(b) 正等轴测图

图 2-4　斜投影法　　　　　　　　　图 2-5　正投影法

（二）正投影特性

正投影的特性有：从属性、定比性、平行性、全等性、积聚性和类似性，如图 2-6 所示。

二、三视图及其画法

（一）三面投影体系

通常单凭一个投影不能确定物体的形状，要想表达清楚物体的形状，需画出物体的第二、第三个投影，因此需要在三面投影体系中进行投影。

三面投影体系由三个相互垂直的投影面组成。正立投影面简称正面，用 V 表示；水平投影面简称水平面，用 H 表示；侧立投影面简称侧面，用 W 表示。三个互相垂直的投影面，彼此两两垂直相交，其交线分别为投影轴 OX、OY、OZ，三轴共交于一点（称为原点）O，构成三面投影体系，如图 2-7 所示。

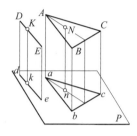

(a) 从属性（若点在直线上，则
　　点的投影仍然在该直线的投影上）

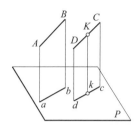

(b) 定比性（分线段之比等于点
　　的投影分线段同面投影之比）

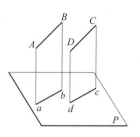

(c) 平行性（空间两平行直线
　　其同面投影一定相互平行）

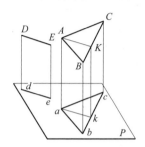

(d) 全等性（当直线或平面平行于投
　　影面时，其在该投影面内的投影反映
　　其实长或实形）

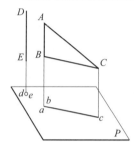

(e) 积聚性（当直线或平面垂直于投
　　影面时，其在该投影面内的投影积聚成
　　一点或一直线）

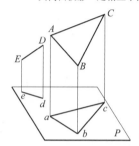

(f) 类似性（当直线或平面倾斜于投
　　影面时，其在该投影面内的投影形状与
　　原形之间保持类似形状）

图 2-6　正投影法的基本投影特性

（二）三视图的形成

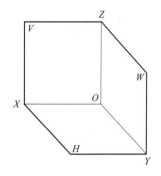

图 2-7　三面投影体系

将空间物体放在投影体系中，利用正投影法分别向三个投影面进行投影，从前往后投影，在 V 面上得到正投影，从上往下投影，在 H 面上得到水平投影，从左往右投影，在 W 面上得到侧面投影，如图 2-8（a）所示。

为了将空间的三面投影画在同一张图纸上，国标规定，将空间物体移走，正立投影面 V 面保持不动，水平投影面 H 绕 OX 轴向下转 $90°$，侧立投影面 W 绕 OZ 轴向后转 $90°$，如图 2-8（b）所示，使它们与 V 面展开成一个平面，线框用来表示投影面，如图 2-8（c）所示。工程图中常省略边界线和投影轴，这就形成了物体的三视图，如图 2-8（d）所示。

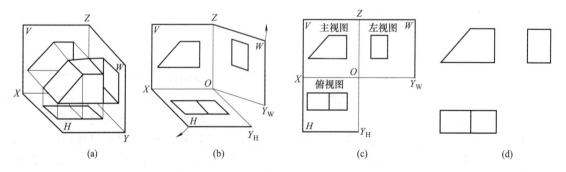

(a)　　　　　　　(b)　　　　　　　(c)　　　　　　　(d)

图 2-8　物体的三视图

（三）三视图的投影规律

1. 方位关系

空间物体有上、下、左、右、前、后六个方位，在所获得的三视图中，主视图反映物体的上、下、左、右方位关系，俯视图反映物体的前、后、左、右方位关系，左视图反映物体的上、下、前、后方位关系。判断三视图的方位关系时应注意：俯视图、左视图靠近主视图的一侧都是物体的后面，远离主视图的一侧是物体的前面。

2. 位置关系

国家标准规定，以主视图为主，俯视图在主视图的正下方，左视图在主视图的正右方。绘制三视图严格按这种关系排列三个视图的位置，称作按投影关系配置视图，如图2-9（b）所示。

3. 尺寸关系

三视图中每对相邻的视图在同一方向的尺寸相等。即：主视图与俯视图长对正；主视图与左视图高平齐；俯视图与左视图宽相等。"长对正、高平齐、宽相等"通常称为三等规律，是画图和读图都必须遵循的规律，如图2-9所示。不仅物体的整体要符合此规律，而且物体的某一个局部也必须遵循此规律。

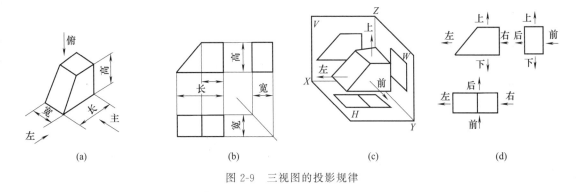

(a)　　　　　(b)　　　　　(c)　　　　　(d)

图 2-9　三视图的投影规律

第二节　基本立体及其截切

一、基本立体的三视图

（一）平面立体的投影

表面全部由平面围成的立体，称为平面立体。常见的平面立体有棱柱和棱锥，如图2-10所示。平面立体的三视图中，可见的轮廓线画成粗实线；不可见的轮廓线画成虚线。

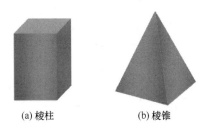

(a) 棱柱　　　　(b) 棱锥

图 2-10　平面立体

平面与立体相交，截去立体的一部分称为截切，平面称为截平面，截平面与立体的交线称为截交线。

常见平面立体三视图如图 2-11 所示。

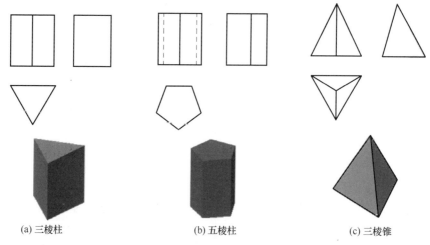

(a) 三棱柱   (b) 五棱柱   (c) 三棱锥

图 2-11　平面立体三视图

（二）平面截切体的三视图

求解平面立体的截交线投影实际就是求平面立体表面的线的投影，可以转化为立体表面取点的问题，棱柱和棱锥的截切体三视图如图 2-12 所示。

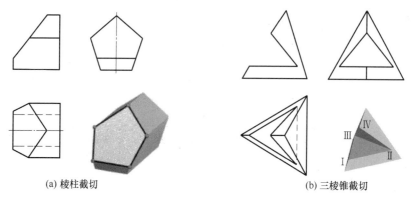

(a) 棱柱截切   (b) 三棱锥截切

图 2-12　平面截切体三视图

二、曲面立体的投影与截切

由曲面或由曲面和平面围成的立体称为曲面立体。常见的曲面立体有圆柱、圆锥、圆球和圆环等，如图 2-13 所示。

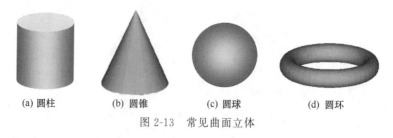

(a) 圆柱   (b) 圆锥   (c) 圆球   (d) 圆环

图 2-13　常见曲面立体

1. 曲面基本立体的三视图

曲面基本立体的三视图如图 2-14 所示。

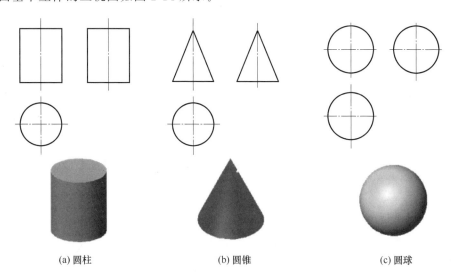

| (a) 圆柱 | (b) 圆锥 | (c) 圆球 |

图 2-14　曲面立体的三视图

2. 曲面截切体的三视图

（1）圆柱上的截交线　平面与圆柱面相交，根据截平面与圆柱轴线相对位置的不同，所得的截交线有三种情况如表 2-1 所示。

表 2-1　圆柱面上的截交线

截平面的位置	截平面与圆柱轴线平行	截平面与圆柱轴线垂直	截平面与圆柱轴线倾斜
交线形状	矩形	圆	椭圆
立体图			
投影图			

需要注意的是：当截平面与圆柱轴线倾斜成 45°角时，其截交线的侧面投影为圆。

（2）圆锥上的截交线　当平面与圆锥面截交时，根据截平面与圆锥轴线相对位置的不同，可产生五种不同形状的截交线，如表 2-2 所示。

表 2-2　圆锥面上的截交线

截平面的位置	过锥顶	不过锥顶			
		$\theta = 90°$	$\theta > \alpha$	$\theta = \alpha$	$\theta < \alpha$
交线的形状	相交两直线	圆	椭圆	抛物线	双曲线
立体图					
投影图					

第三节　组　合　体

任何复杂的机械零件，从几何形体的角度看，都可以看成由若干个基本立体按一定的连接方式组合而成。这种由两个或两个以上的基本立体按一定的方式组成的物体称为组合体。

一、组合体的画法

（一）组合体的组合形式

组合体按其组合形式，通常分为叠加式、切割式和综合式三种，如图 2-15 所示。

基本立体邻接表面可能产生平齐、相切和相交三种相对位置关系。当两形体表面平齐时，在共面处构成一个完整的表面，无分界线，画图时不可用线隔开，如图 2-16（a）所示。相切的两个基本立体表面光滑连接，相切处无分界线，视图上不应该画线，如图 2-16（b）所示。两形体表面相交时，相交处有交线，视图上应画出表面交线，如图 2-16（c）、（d）所示。

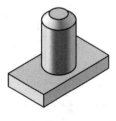
(a) 叠加式组合体

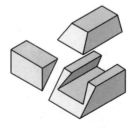
(b) 切割式组合体

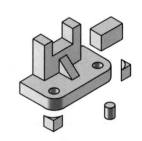
(c) 综合式组合体

图 2-15　组合体组合形式

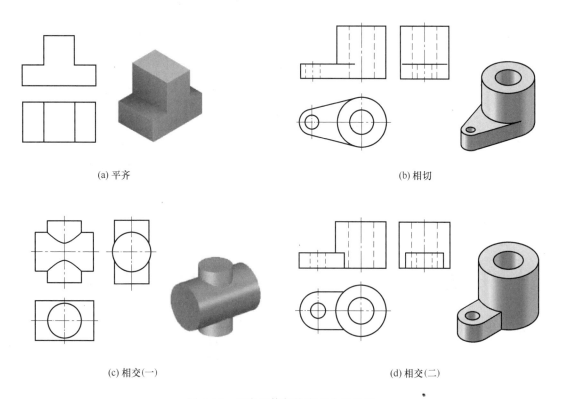

(a) 平齐

(b) 相切

(c) 相交(一)

(d) 相交(二)

图 2-16　基本立体邻接表面位置关系

（二）组合体的画图方法

组合体的画图方法有两种：形体分析法和线面分析法。

形体分析法，就是假想把组合体分解成若干个基本立体，并对它们的组合形式、相对位置、表面连接关系进行分析，在此基础上画出组合体的视图的方法。线面分析法，就是将组合体分解为若干个表面，运用线、面的投影特性（真实性、积聚性、类似性）分析物体各表面的形状、相对位置及表面连接关系，来进行画图和读图的方法。

图 2-17 所示为轴承座的画图步骤。

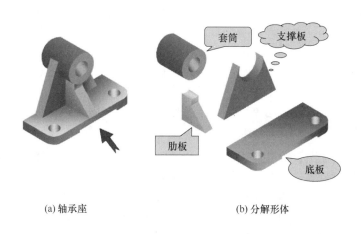

套筒　支撑板

肋板　底板

(a) 轴承座

(b) 分解形体

图 2-17

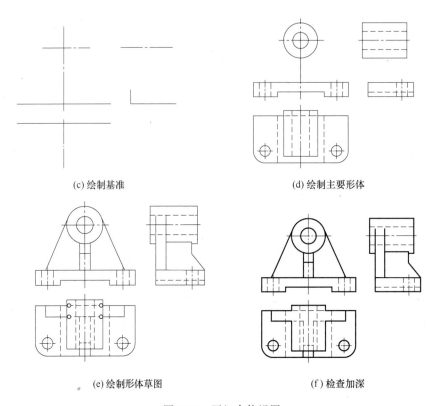

(c) 绘制基准　　　　　　　　　(d) 绘制主要形体

(e) 绘制形体草图　　　　　　　(f) 检查加深

图 2-17　画组合体视图

二、组合体读图

画图是把空间物体用正投影方法表达在平面上，而读图则是运用正投影的方法，根据已经画出的视图，想象出空间物体的结构形状。因此，读图是画图的逆过程。组合体的读图方法与画图方法相同，采用形体分析法和线面分析法。

（一）形体分析法读组合体视图

例 2-1　根据如图 2-18 所示组合体的三视图，想象出该组合体的形状。

解：（1）抓特征，分线框　如图 2-18（a）所示的主视图，分为四个封闭线框Ⅰ、Ⅱ、Ⅲ、Ⅳ。

（2）对投影，定形体　分别找出每个线框在三视图中的相应投影，将有投影关系的线框联系起来看，确定各线框所表示的基本立体的形状，如图 2-18（b）～（d）所示。

（3）综合起来想整体　根据整体的三视图，分析各基本立体的组合方式、表面连接关系及其相对位置，综合起来可以想象出组合体的整体形状，如图 2-18（e）所示。

（二）线面分析法读组合体视图

采用线面分析法读图，就是运用线、面的投影规律分析视图中的线条、线框所代表的含义和空间位置，从而想象出组合体整体形状。线面分析法多用于以切割为主的组合体中。对于形状比较复杂的组合体读图，往往将形体分析法和线面分析法结合起来使用，即在形体分析法的基础上，对不易读懂的局部再运用线面分析法来帮助想象和读懂局部形状。下面以压块为例来说明线面分析法在读图中的应用。

例 2-2　根据图 2-19（a）所示的压块三视图，想象出压块的结构形状。

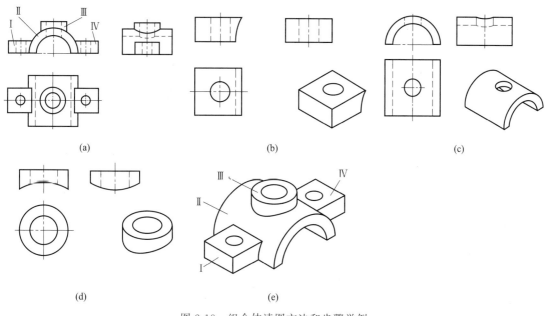

图 2-18　组合体读图方法和步骤举例

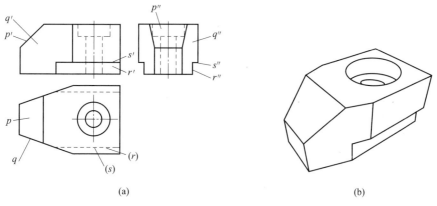

图 2-19　组合体读图方法和步骤举例

综上可知，组合体的读图方法是以形体分析法为主，线面分析法为辅。一般按以下四个步骤进行：

① 认识视图抓特征；

② 分析投影想形体；

③ 线面分析攻难点；

④ 综合起来想整体。

三、组合体的尺寸标注

（一）组合体尺寸注法的基本要求

（1）标注正确　尺寸标注严格遵守相关国家标准规定，尺寸的数值及单位必须正确。

（2）尺寸完整　要求标注出能完全确定形体各部分形状大小及相对位置的尺寸，不得遗漏，也不得重复。

（3）布置清晰　尺寸标注在最能反映物体特征的位置上，排布整齐，便于读图和理解。

（4）标注合理　就工程图样而言，尺寸标注应满足工程设计和制造工艺的要求。对于组合体，尺寸标注的合理性主要体现在尺寸标注基准的选择及运用上。

（二）尺寸标注示例

1. 基本立体尺寸注法

基本立体尺寸注法示例如图 2-20 所示。

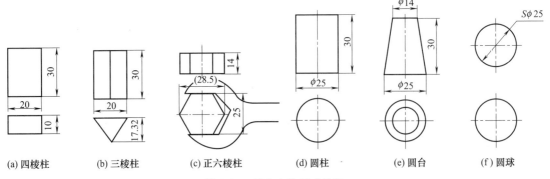

| (a) 四棱柱 | (b) 三棱柱 | (c) 正六棱柱 | (d) 圆柱 | (e) 圆台 | (f) 圆球 |

图 2-20　基本立体尺寸注法

2. 尺寸标注注意事项

尺寸标注注意事项如表 2-3 所示。

表 2-3　组合体尺寸标注注意事项

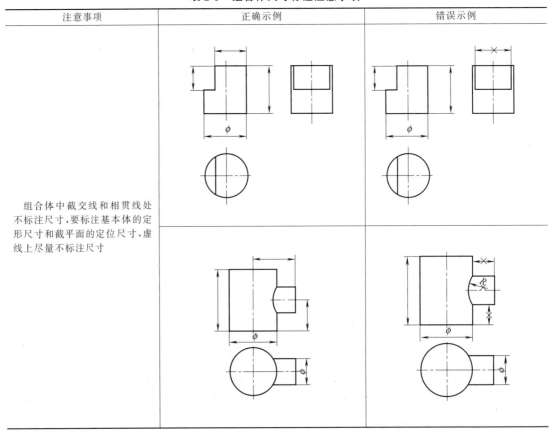

注意事项	正确示例	错误示例
组合体中截交线和相贯线处不标注尺寸，要标注基本体的定形尺寸和截平面的定位尺寸，虚线上尽量不标注尺寸		

续表

注意事项	正确示例	错误示例
对称结构的尺寸不能只注一半，应对称标注		
同心圆柱的直径尺寸，最好注在非圆的视图上		
互相平行的尺寸，小尺寸在内，大尺寸在外，应尽量标注在视图外面，以免尺寸线、尺寸数字与视图的轮廓线相交		

第四节　轴　测　图

一、轴测图的基本知识

（一）基本概念

将物体连同其参考直角坐标系，沿不平行于任一坐标面的方向，用平行投影法投射在单一投影面上所得的具有立体感的图形，称为轴测投影图，简称轴测图。如图 2-21 所示，被选定的单一投影面 P 称为轴测投影面。投射方向 S 称为轴测投影方向。

直角坐标轴 OX、OY、OZ 在轴测投影面上的投影 O_1X_1、O_1Y_1、O_1Z_1 称为轴测轴；轴测轴之间的夹角 $\angle X_1O_1Y_1$、$\angle Y_1O_1Z_1$、$\angle X_1O_1Z_1$ 称为轴间角；轴测轴单位长度与直角坐标轴上的单位长度之比，称为轴向伸缩系数，图 2-21 中的轴向伸缩系数为：

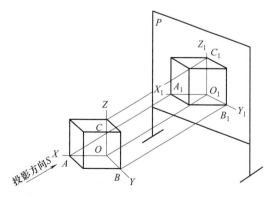

图 2-21　轴测图的形成

$$p = \frac{O_1A_1}{OA} \qquad q = \frac{O_1B_1}{OB} \qquad r = \frac{O_1C_1}{OC}$$

（二）轴测图的投影特性

由于轴测图采用的依然是平行投影法，因此同样具有平行投影的性质。

（1）平行性　物体上相互平行的线段，其轴测投影仍然相互平行。

（2）轴测性　物体上平行于坐标轴的线段，其轴测投影也必然平行于相应的轴测轴，且线段的轴测投影长与空间长之比等于相应坐标轴的轴向伸缩系数。因此，画轴测图时，沿轴测轴或平行于轴测轴的方向才可以度量。"轴测"这一名称也由此而来。

（3）定比性　物体上两平行线段长度之比等于其轴测投影长度之比。

（三）轴测图的分类

根据轴测投影方向与轴测投影面是否垂直，轴测图可分为正轴测图和斜轴测图两大类。根据轴向伸缩系数的不同，这两类轴测图又可分为三种：若 $p=q=r$，称为正等轴测图（简称正等测）或斜等轴测图（简称斜等测）；若 $p=q\neq r$，或 $p=r\neq q$ 或 $q=r\neq p$ 称为正二等轴测图（简称正二测）或斜二等轴测图（简称斜二测）；若 $p\neq r\neq q$，称为正三等轴测图（简称正三测）或斜三等轴测图（简称斜三测）。本节只介绍正等测和斜二测图的画法。

二、正等轴测图

（一）正等轴测图的投影特性

由于物体上的三个直角坐标轴与轴测投影面的倾角相等，因此与之相对应的轴测轴之间的夹角（即轴间角）也是相等的，即 $\angle X_1O_1Z_1 = \angle Y_1O_1Z_1 = \angle X_1O_1Y_1 = 120°$，如图 2-22 所示。

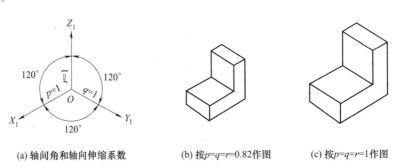

(a) 轴间角和轴向伸缩系数　　(b) 按 $p=q=r=0.82$ 作图　　(c) 按 $p=q=r=1$ 作图

图 2-22　正等轴测图的轴间角和轴向伸缩系数

正等轴测图中，$p=q=r$，经数学推算，$p=q=r=0.82$，为作图简便，简化为 $p=q=r=1$，这样画出的图形其形状没有改变，但比实际物体放大了约 1.22 倍，如图 2-22（c）所示。

（二）正等轴测图的画法

1. 平面立体的正等轴测图

正等轴测图的画图方法有坐标定点法、切割法、端面法、叠加法。长方体的正等轴测图的画法如图 2-23 所示。

2. 曲面立体的正等轴测图

平行于坐标面的圆，其轴测图是椭圆，如图 2-24 所示。画椭圆的方法有坐标定点法和四心近似椭圆法。由于坐标定点法作图较为烦琐，所以常用四心近似椭圆法。四心近似椭圆

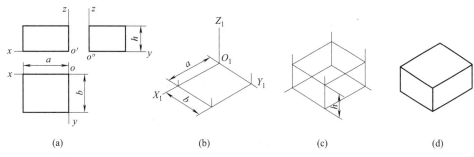

图 2-23　坐标法画长方体的正等轴测图

法是用光滑连接的四段圆弧来代替椭圆。

　　圆柱的正等轴测图的作图方法和步骤，如图 2-24 所示。

3. 组合体的正等轴测图

　　画组合体的轴测图，首先应对组合体进行形体分析，切割式的形体采用切割画法；叠加式组合体采用叠加画法；大多数组合体都是综合形式，可把叠加法和切割法结合起来使用。图 2-25 和图 2-26 所示为组合体正等轴测图的画法和步骤。

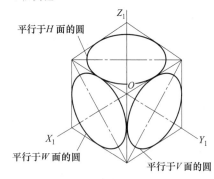

图 2-24　平行于坐标面圆的正等轴测图

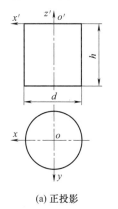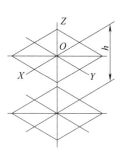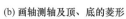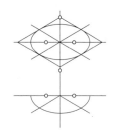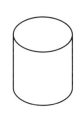

(a) 正投影　　　　(b) 画轴测轴及顶、底的菱形　　　　(c) 画上、下底椭圆　　　　(d) 正等轴测图

图 2-25　平行于坐标面圆柱的正等轴测图

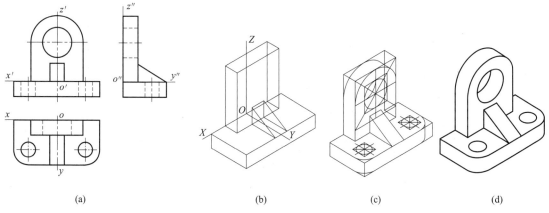

(a)　　　　　　　　(b)　　　　　　　　(c)　　　　　　　　(d)

图 2-26　组合体的正等轴测图的画法

三、斜二轴测图

（一）斜二轴测图的投影特性

在斜轴测投影中使物体的一个坐标面（如正面 XOZ）平行于轴测投影面 P，则 OX、OZ 轴的轴向伸缩系数为 1，并使 OY 轴的轴向伸缩系数为 0.5，这种斜轴测投影图称为斜二轴测图，简称斜二测图，如图 2-27 所示。

OX 轴和 OZ 轴的轴向伸缩系数均为 1 且轴间角 $\angle XOZ = 90°$；OY 轴的轴向伸缩系数 $q = 0.5$，OY 轴在轴间角 $\angle XOZ$ 的角平分线上，即 $\angle XOY = \angle YOZ = 135°$。

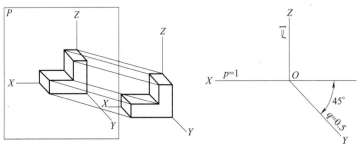

图 2-27　斜二轴测图

（二）斜二轴测图的画法

斜二轴测图中，平行 O_1X_1 轴方向上的尺寸按照 1：1 绘制，平行 O_1Y_1 轴方向上的尺寸按照 1：2 绘制。图 2-28 所示为四棱台的斜二轴测图。图 2-29 所示为端盖的斜二轴测图。

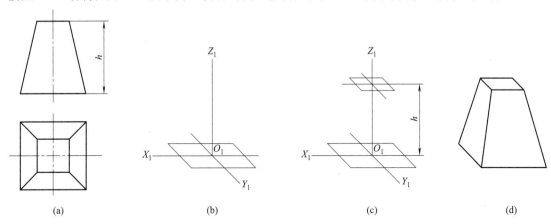

| (a) | (b) | (c) | (d) |

图 2-28　四棱台的斜二轴测图

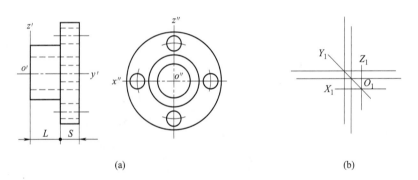

| (a) | (b) |

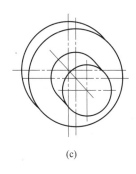
(c)

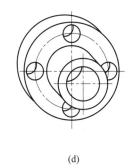
(d)

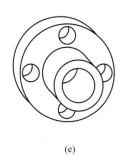
(e)

图 2-29 端盖的斜二轴测图

复习思考题

1. 根据投射线之间的相互位置关系，投影法可分为哪两类？
2. 三等规律指的是什么？
3. 三视图的方位如何判断？
4. 组合体的读图方法有哪些？
5. 轴测图与三视图相比有何优劣？

第三章

工程图样的表达方法

复杂的机件使用三视图表达时，视图中的虚线很多，看图也很不方便，而且三视图往往不能反映机件上倾斜结构的实际形状。为满足各种不同结构形状机件表达的需要，国家标准还规定了其他画法，如视图、剖视图、断面图、局部放大图和简化画法等。掌握这些图样画法是正确绘制和阅读工程图样的基本条件。本章着重介绍这些常用图样画法，以达到根据不同机件的形状和结构特点，迅速而恰当地选用表示法来完整、清晰、简洁地表达机件的目的。

第一节 视 图

根据国家标准有关规定，机件在多投影面体系中，将用正投影的方法向投影面投射所得到的图形称为视图，它主要用来表达机件的外部结构形状。在视图中，一般只画出机件的可见部分，必要时才用虚线画出其不可见部分。根据机件的结构特点，《机械制图 图样画法 视图》（GB/T 4458.1—2002）中规定视图可以分为基本视图、向视图、局部视图和斜视图四种。

一、基本视图

机件向六个基本投影面进行正投射得到六个正投影图，这六个投影图称为六个基本视图，三视图属于基本视图中的三个视图。基本投影面是在正立投影面、水平投影面、侧立投影面基础上，再增加与它们对应平行的三个投影面，相当于一个正六面体的六个表面，如图3-1（a）所示。机件放置在六个基本投影面之间，从六个方向分别向基本投影面投射，得到六个基本视图，即主视图、俯视图、左视图、右视图、仰视图、后视图。

六个投影面的展开方法与三视图的展开方法类似，如图3-1（b）所示，即将俯视图向下旋转、左视图、后视图向右旋转，仰视图向上旋转、右视图向左旋转，使这些视图位于与主视图重合的平面上，即得到平面上的六个基本视图，如图3-1（c）所示。展开后的六个基本视图按图3-1（c）所示的位置关系配置，不需标注视图的名称，且六个视图仍保持着"长对正、高平齐、宽相等"的投影规律，即：

主视图、俯视图、仰视图、后视图，长对正；

主视图、左视图、右视图、后视图，高平齐；

俯视图、左视图、仰视图、右视图，宽相等。

实际画图时，并不是所有机件都需要六个基本视图，而是根据机件的结构特点选用必要的基本视图。一般优先选用主、俯、左三个视图，但任何机件的表达都必须有主视图。

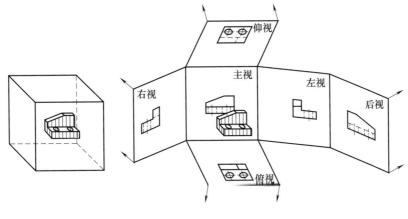

(a) 机件在六个基本投影面之中　　　　　　　(b) 六个基本投影面的展开

(c) 六个基本视图

图 3-1　基本视图的形成

二、向视图

向视图是可以自由配置的基本视图。为了合理地利用图幅，某个基本视图可以不按规定的位置关系配置，即可自由配置，此时即为向视图，但应在该视图上方用大写的拉丁字母标注出视图的名称"×"（×为大写的英文字母，如"A""B""C"等），并在相应视图附近用箭头指明投射方向，并注上相同的字母，如图 3-2 所示。通常，指明投射方向的箭头宜配置在主视图附近，指明后视图投射方向的箭头宜配置在左、右视图附近。

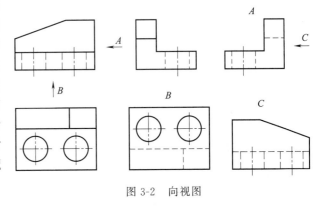

图 3-2　向视图

三、局部视图

图 3-3 所示管接头右端有一个小的凸台，它是机件的局部结构，在表达时，如果选用完

整的右视图表现它的形状，显然是不必要的，可以仅将右视图中凸台部分的图样绘出，其余部分都省略。这种只将机件的某一部分向基本投影面投射所得到的视图称为局部视图，如图3-3所示。

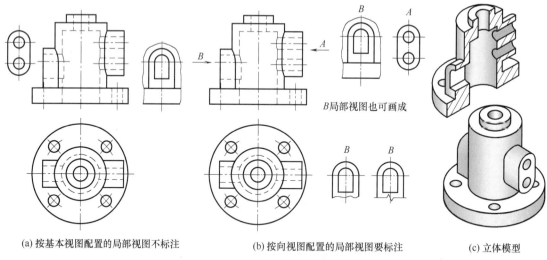

B局部视图也可画成

(a) 按基本视图配置的局部视图不标注　　　(b) 按向视图配置的局部视图要标注　　　(c) 立体模型

图 3-3　局部视图（一）

（一）局部视图的画法

（1）局部视图中用波浪线（或双折线）表示机件断裂部分的边界，波浪线不得超出机件实体的投影范围，如图3-3（a）、（b）中局部视图的波浪线画法。

（2）当所表示的局部结构外悬且端部有法兰凸缘［如图3-4（c）中的上部法兰］或是外伸端部无法兰凸缘，只要周边是完整的，其外轮廓线又成完整的封闭图形时（如图3-3右上方凸出部分），表示断裂的波浪线则可以省略不画，如图3-3和图3-4中"A"向局部视图。

（3）对于对称机件，为了节省图纸和绘图时间，允许只画一半或四分之一，并在对称中心线的两端用两条与其垂直且平行的细实线作为对称符号，表示图形是对称的，如图3-4（b）所示的左视图及 A 向局部视图的画法。

（二）局部视图的配置与标注

（1）同向视图一样，当局部视图按投影关系配置，中间又没有其他图形隔开时，可省略标注。

（2）当局部视图不按投影关系配置时，可以按照向视图的标注方法进行标注。即应在局部视图上方标出视图的名称"$\times$"，在相应的视图附近用箭头指明投射方向，并注上同样的字母，如图3-3中"A""B"局部视图的标注。

四、斜视图

当机件上有倾斜结构时，由于基本视图不反映实形，绘图和标注都有困难，看图也不方便，若将机件上的倾斜部分向新的投影面（平行于倾斜部分的平面）投射，便可得到反映这部分实形的视图，这种将机件上的倾斜部分向不平行于任何基本投影面的平面（通常是基本投影面的垂直面）上投射所得的视图称为斜视图。

如图3-5（a）所示机件上的斜板，各个基本视图均不能反映其真实形状，此时，为了表达该部分的实形，可以设立一个平行于倾斜结构表面的正垂面作为辅助投影面，将倾斜部分

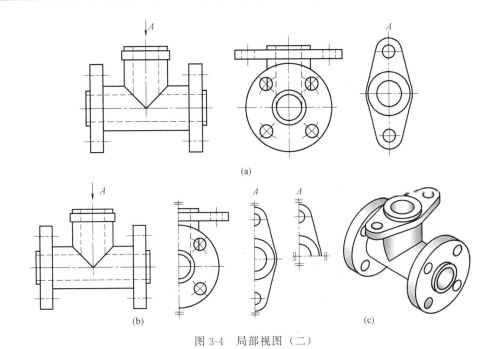

图 3-4　局部视图（二）

的结构向此辅助投影面投射，便得到反映该倾斜结构表面真实形状的斜视图，如图 3-5（b）
中的"B"斜视图。

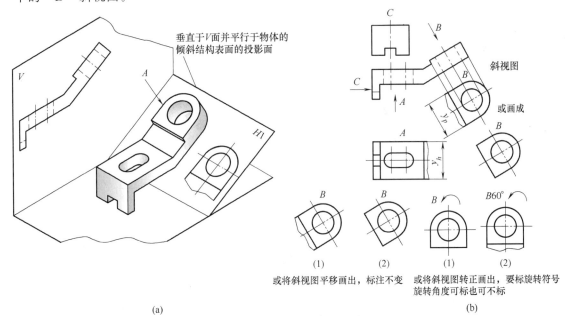

图 3-5　斜视图的形成

（一）斜视图的画法

画斜视图时增设的投影面只垂直于一个基本投影面，因此，机件上原来平行于基本投影
面的一些结构，在斜视图中最好以波浪线为界省略不画，以避免出现失真的投影，如图 3-5
（b）中不用俯视图而用"A"向视图表达，即是一例。

斜视图的画法同局部视图，一种是用波浪线或用双折线表示断裂的边界，如图 3-5（b）

中配置的用箭头所指方向上用波浪线表示断裂边界的斜视局部视图；另一种是当倾斜部分的结构表面轮廓是一个封闭的完整图形时，则可不画波浪线，如图 3-5（b）中的"或画成"的斜视局部视图。

（二）斜视图的配置与标注

（1）斜视图无论是配置在箭头所指方向上还是平移到其他位置上，均按向视图的标注形式进行标注，即用箭头表示投射方向，用字母表示视图的名称。表示视图名称的文字应为水平方向，不能随视图倾斜，如图 3-5 中右上方和左下方的注释。

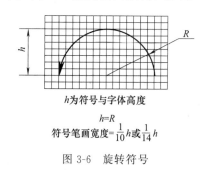

h 为符号与字体高度

$h=R$

符号笔画宽度 $=\dfrac{1}{10}h$ 或 $\dfrac{1}{14}h$

图 3-6　旋转符号

（2）斜视图一般按照投影关系配置，有时为了在图纸上更好地布局，也可以配置在其他适当的位置。

（3）为了绘图简便、看图方便，在不引起误解的情况下，也允许将斜视图旋转到水平或垂直位置后放置。斜视图旋转配置时，旋转方向和旋转角度的确定应考虑便于看图。但必须加上旋转符号，旋转符号的箭头指向应与旋转方向一致，表示斜视图名称的大写拉丁字母应靠近旋转符号的箭头端，如图 3-6、图 3-7 所示。需给出旋转角度时，角度应注写在字母之后，如图 3-7 所示。

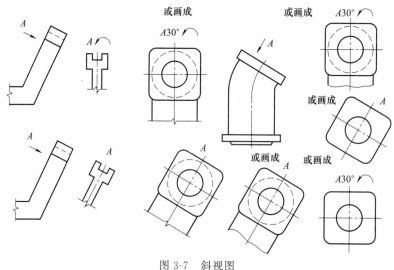

图 3-7　斜视图

第二节　剖　视　图

六个基本视图基本解决了机件外形的表达问题，机件内部不可见的结构都用虚线来表示，但当机件的内部结构较复杂时，视图的虚线也将增多，这样就会使图形不够清晰，既不利于看图，又不利于标注尺寸。为此，要清晰地表达机件的内部形状和结构，常采用剖视图的画法。国家标准 GB/T 4458.6—2002 规定了剖视图的画法。

一、剖视图的基本知识

（一）基本概念

（1）剖视图　如图 3-8（a）所示的机件，用视图表达时，虚线较多，影响图形的清晰程度，同时也不便标注尺寸，如图 3-8（b）所示。

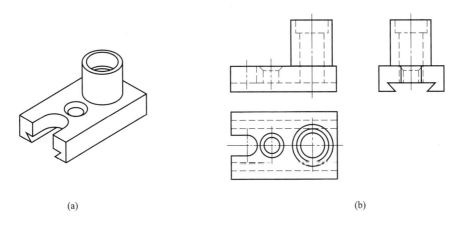

(a)　　　　　　　　　　　　　　　　　　　　(b)

图 3-8　机件的立体图和视图

　　如图 3-9（a）所示，假想用一正平面沿机件的前后对称位置将其剖开，移去前面部分，使内部的孔、槽等的轮廓显露出来，然后按正投影法对未移去部分进行投射得到图形。这种假想用剖切面（平面或柱面）切开机件，将处在观察者与剖切面之间的部分移去，将剩下的部分向与剖切面平行的投影面投射，所得到的图形称为剖视图（简称剖视）。

　　（2）剖切面　剖切被表达物体的假想平面或曲面。如图 3-9（a）所示。

　　（3）剖面区域　假想用剖切面剖开物体，剖切面与物体接触的部分。如图 3-9（b）的斜线部分。

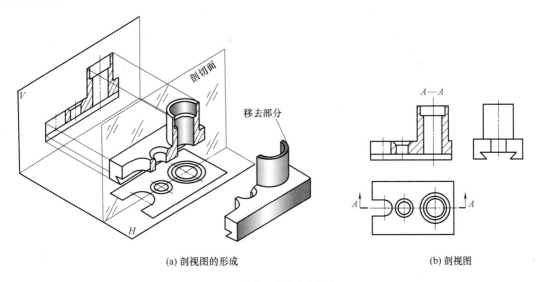

(a) 剖视图的形成　　　　　　　　　　　　(b) 剖视图

图 3-9　剖视图的基本概念

（二）剖面区域的表示法

　　GB/T 17453—2005《技术制图　图样画法　剖面区域的表示法》中规定了剖面区域的表示法有剖面线表示法、特定材料表示法、阴影或调色表示法、狭小剖面区域表示法、相近的狭小剖面和加粗剖面区域轮廓线表示法。

　　剖面区域的表示法的注意事项：

（1）为了便于识图，标准规定在剖面区域内一般应采用一种表示法，以便使剖视图更清楚地表示出物体有材料的实体和空腔部分，通常采用"剖面线表示法"。

（2）当需要在剖面区域表示材料时，需采用有关剖面符号，常采用表 3-1 所示的有关剖面符号。

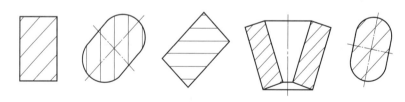

(a) 用参考角45°、间距不小于0.7mm的平行细实线画剖面线的示例

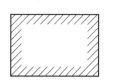 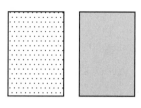

(b) 大面积剖面区域的剖面线允许画法　(c) 用带点的阴影图案或调色填充剖面区域　(d) 狭小剖面区域用完全黑色表示

 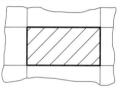

(e) 相近的狭小剖面　　　　(f) 剖面边框使用加粗线型

图 3-10　剖面区域表示符号（剖面线）

（3）剖面线用与剖面或断面外轮廓线成对称或相适宜的角度（参考角 45°），间距不小于 0.7mm 的平行细实线表示。剖面线的间隔（即平行细实线间的距离）应按剖面区域的大小而定，一般为 2～6mm；当图形的主要轮廓线与水平方向成 45°时，该图形的剖面线可画成与水平成 30°或 60°的平行细实线。但其倾斜方向和间隔仍应与其他图形的剖面线保持一致，如图 3-10（a）所示。

（4）大面积剖面区域可使用沿周线的等长剖面线表示。剖面内可以标注尺寸，如图 3-10（b）所示。

（5）阴影可以用带点的图案或一个全色表示。剖面区域点的间距应根据底纹尺寸按比例选择。对于大面积剖面区域，亦可沿周线画等距点的图案。阴影面和调色内允许尺寸标注，如图 3-10（c）所示。

（6）狭小剖面区域用完全黑色表示，这种方法表示实际的几何形状，如图 3-10（d）所示。

（7）相近的狭小剖面可以表示成完全黑色，相邻剖面之间至少应留下 0.7mm 的间距，这种方法不表示实际的几何形状，如图 3-10（e）所示。

（8）断面或剖面可用 GB/T 17450—1998《技术制图　图线》规定的加粗实线来强调表示，如图 3-10（f）所示。

表 3-1　剖面符号

金属材料(已有规定符号者除外)	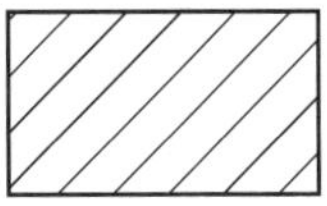	木材	纵断面	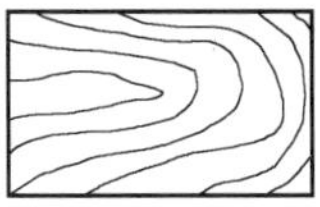
线圈绕组元件	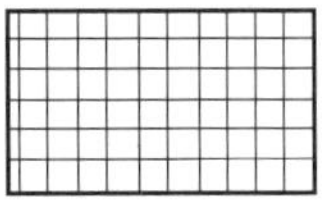		横断面	
转子、电枢、变压器和电抗器等的叠钢片		混凝土		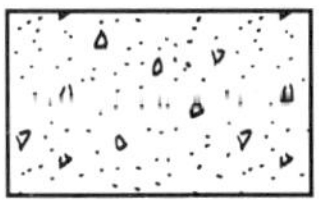
非金属材料(已有规定符号者除外)	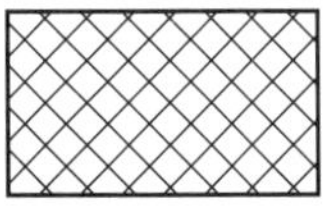	钢筋混凝土		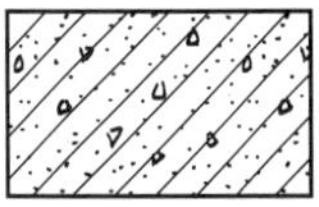
型砂、填砂、粉末、冶金、砂轮、陶瓷刀片、硬质合金刀片等	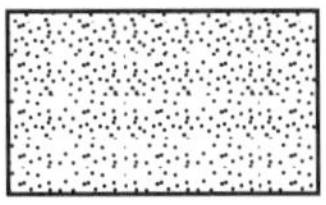	砖		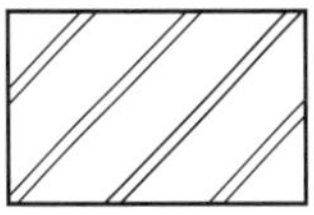
玻璃及观察用的其他透明材料	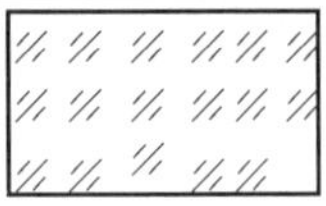	液体		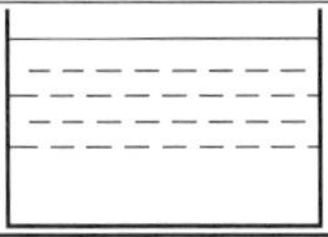

（三）画剖视图的步骤

（1）画出物体的三视图，确定哪个视图取剖视。

（2）确定剖切面的位置　为了能确切地表达机件内部的真实形状，所选剖切面一般应与某投影面平行，并应通过机件内部孔、槽的轴线或对称面。剖切面可以是平面或圆柱面，用得最多的是平面。如图 3-9（a）主视图取剖视，在俯视图中标注剖切面的位置。

（3）画出剖视图

① 虚线改实线。剖切面与物体内部结构的交线，原来看不见，投影为虚线，剖切后可见了，改成实线。

② 不忘可见线。原来看不见的线，即断面（断面就是剖切面剖切到的机件的实体部分）后的可见轮廓线，原来投影为虚线，现改成实线，一定要用粗实线画出，不能漏画。

③ 去掉多余线。擦去剖掉的轮廓线。

④ 画上剖面线。为了区分断面后的空心部分和实体部分，在机件的剖面区域上应按表 3-1 中规定的各种不同材料的剖面符号画上相应的剖面线。

（4）进行标注　按规定对剖视图的名称、剖切面的位置和投射方向进行标注。

（5）校核并按图线的应用规定加深、加粗图形。

（四）剖视图的标注

（1）剖切符号　剖切符号包括剖切面的位置、名称和投射方向。剖切符号表示剖切面的起、迄和转折位置，为线宽（1～1.5）d、长 3～6mm 的粗短线，尽可能不与图形轮廓线相交，如图 3-9（b）所示。

（2）投射方向　在剖切符号的起、迄位置的外侧画上与之垂直的箭头表示投射方向，如图 3-9（b）所示。

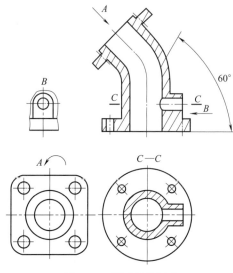

图 3-11　剖面线的画法

（3）剖视图名称　在剖视图的上方用"×—×"标出剖视图的名称，"×"应与剖切符号上的字母相同（避免用"I""O""X""Z"），如图 3-9（b）所示。

（五）剖视图省略标注的条件

（1）当剖切平面通过的不是对称平面，而剖视图按基本视图的规定位置配置，中间又无其他图形隔开时，可省略箭头。如图 3-11 中"$C—C$"全剖俯视图的标注。

（2）当单一的剖切平面通过物体的对称（或基本对称）平面，且剖视图按基本视图的规定位置配置，中间又无其他图形隔开时，可省略标注，如图 3-11 的主视图的剖视省略标注，图 3-9（b）也可以省略标注。

（3）当单一剖切平面的剖切位置明确时，局部剖视图不标注（见局部剖视图）。

（六）画剖视图应该注意的问题

（1）画剖视图的目的是表达机件内部结构形状，因此应使剖切面平行于剖视图所在的投影面，且尽量通过较多的内部结构（孔、槽等）的对称平面或轴线等。如图 3-9 所示的剖切面通过物体的前后对称平面。

（2）剖切只是假想，并非真地将机件切去一部分，因此在画其他视图时，仍应按整体考虑。如图 3-9（a）中的主视图画成剖视图，其他视图仍为完整机件的投影。

（3）在剖视图中已经表达清楚的机件内部结构形状，在其他视图上就不必画出表示它的内部结构的虚线。如图 3-9 左视图和俯视图中的虚线不再画出。

（4）位于剖切面后的可见轮廓应全部画出，不要漏线，对于剖切面前方的可见外形，由于剖切后不存在了，所以不应再画出，如图 3-12（a）所示的主视图。

（5）位于剖切面后的不可见轮廓在其他视图中已经表达清楚了，在剖视图中一般不再画出。对于在其他视图中难以表达清楚的部分，必要时允许在剖视图中画出虚线，如图 3-12

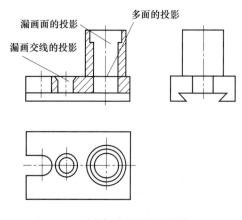

(a) 剖视图中易出现的错误

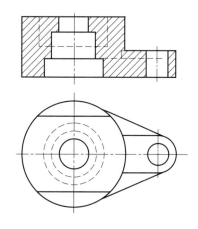

(b) 必要虚线允许画出

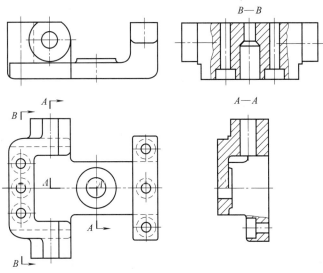

(c) 剖视图的标注及特殊位置

图 3-12　画剖视图应注意的问题

(b) 所示主视图中的虚线。

（6）同一机件的各个剖面区域的剖面符号应一致，若采用剖面线表示，则各个剖面区域中的剖面线的方向、间隔应一致。

（7）剖视图的标注提倡能省则省的简化标注原则。

（8）剖视图的位置配置有三种方式

① 按基本视图的规定位置配置；

② 按投影关系配置在与剖切符号相对应的位置上；

③ 必要时允许配置在其他适当位置上。

这三种配置方式，原则上优选第一种，只有当基本视图位置被占据时才选用第二种，如图 3-12 （c）所示。当方式一和方式二均不便采用时，方可选用方式三。

二、剖视图的种类

画剖视图时，根据表达的需要，既可以将机件完全切开后按照剖视绘制，又可只将它的一部分画成剖视图，而另一部分保留外形。国标规定了三种剖视图：全剖视图、半剖视图、局部剖视图。

（一）全剖视图

用剖切面完全地剖开机件后所得到的剖视图，称为全剖视图。新标准强调的是完全地剖开机件，并不关心用哪一种剖切面或一个还是几个剖切面，只要完全地剖开机件，将处在观察者和剖切面之间的部分全部移去，而将其余部分向投影面投射所得的剖视图即为全剖视图。图 3-13 的主、左视图均为全剖视图。

全剖视图用于表达外部结构形状简单、内部结构形状复杂的不对称机件，如图 3-13 所示。对于外部结构形状虽然复杂，但在其他视图中已表达清楚的机件，也常采用全剖视图，如图 3-9 （a）的主视图、图 3-11 的主、俯视图均为全剖视图。

（二）半剖视图

当物体具有对称平面时，向垂直于对称平面的投影面上投射所得的图形，可以对称中心

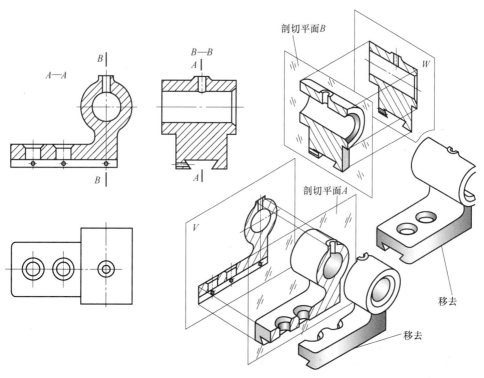

图 3-13   全剖视图

线为界，一半画成视图，一半画成剖视图，这种剖视图称为半剖视图。从图 3-14 所示机件的三视图可以看出，该机件的内外结构形状比较复杂，但其前、后和左、右都对称。如果用全剖视图，则机件的前面凸台外形、顶板的形状及顶板上四个小孔的位置不能表达清楚。而采用如图 3-15 所示的剖切方法，移去剖切面与观察者之间那部分的一半，将三个视图均画成半剖视图来表达机件，这样既能保留外形，又能表达内部结构。

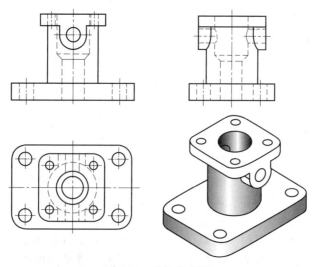

图 3-14   机件的视图

半剖视图适用于内、外结构形状均需要表达，且具有对称平面的机件，如图 3-15 所示；或者机件基本对称，不对称的部分已经由其他视图明确表示，如图 3-16 所示。这样一个半

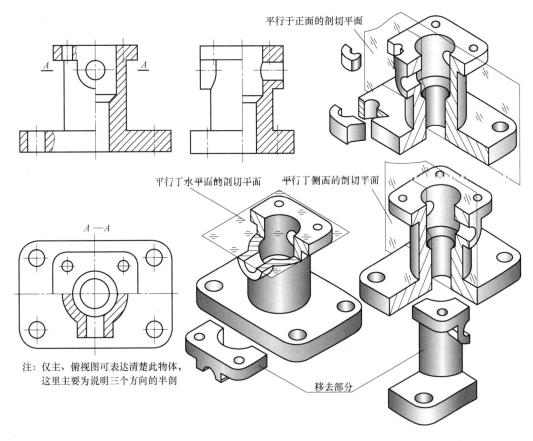

平行于正面的剖切平面

平行于水平面的剖切平面　　平行于侧面的剖切平面

$A-A$

注：仅主、俯视图可表达清楚此物体，
这里主要为说明三个方向的半剖

移去部分

图 3-15　半剖视图（一）

剖视图既可以表达机件的内部形状，又可以表达机件的外部形状。

　　画半剖视图时应注意：

　　(1) 具有对称平面的机件，只能在垂直于对称面的投影面上取半剖；半剖视图中视图与剖视图分界线必须是点画线，不要画成粗实线，如图 3-14、图 3-15 所示。

　　(2) 由于半剖视图同时表达机件的内、外结构形状，所以机件的内部形状已在剖视图中表达清楚了，因此在表达外形的半个视图中，表达对称的内部结构的虚线可以省略不画，如图 3-15 所示。

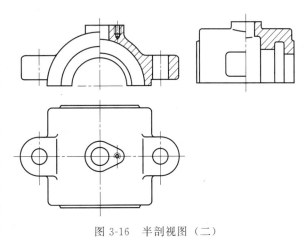

图 3-16　半剖视图（二）

　　(3) 半剖视图的配置位置和标注方法与全剖视图完全相同，如图 3-15 所示。标注方法是用粗实线在图形轮廓线之外画两段短线表示剖切位置，这两段短线不应与轮廓线相交，且在两段短线的旁边写上两个相同的大写字母，然后在剖视图的上方标出同样的字母，例如"$A-A$"，如图 3-15 的主视图。

（三）局部剖视图

用剖切面局部地剖开机件得到的剖视图称为局部剖视图，如图 3-17 所示。这里的"局部地剖开机件"是指剖切面将机件剖开后，移去的是剖切面与观察者之间的一部分，既不是一半，也不是全部。

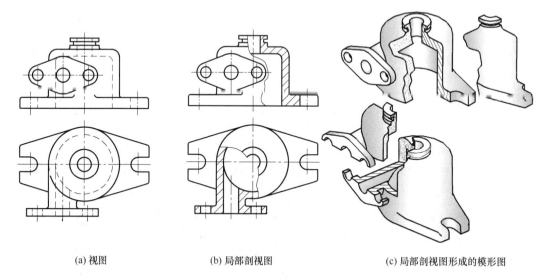

(a) 视图   (b) 局部剖视图   (c) 局部剖视图形成的模形图

图 3-17 局部剖视图（一）

局部剖视图的画法是以波浪线或双折线为界，一部分画成视图表达外形，另一部分画成剖视图表达内部结构。剖切面的位置和剖切范围的大小可根据表达物体的需要而定。

局部剖视图一般不用标注，为了不引起读图的误解，波浪线不要与图形中其他图线重合，也不要画在其他图线的延长线上。注意，波浪线是机件断开的实体部分的边界，如果遇到投射方向上有开口（无盖）的空洞，空洞部分的波浪线应断开，如图 3-18 为错误画法。当被剖结构为回转体时，允许将该结构的轴线作为局部剖视图与视图的分界线，如图 3-19 所示。

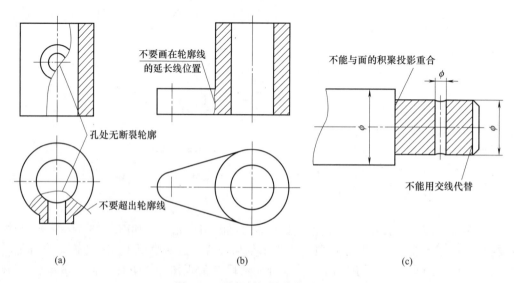

(a)   (b)   (c)

图 3-18 局部剖视图的错误画法

局部剖视图是一种比较灵活的表示法，在以下几种情况下宜采用局部剖视图。

（1）机件上有部分内部结构形状需要表示，又没必要作全剖视；或内、外结构形状都需兼顾，结构又不对称的情况，宜采用局部剖。如图 3-20 中主视图左端小孔的表达，同时主视图需要表达台阶孔的结构，全剖时，前面的台阶孔将被切去，主视图将无法表达它的结构，采用局部剖视则既可以表达内部结构，又可以表达外部结构。

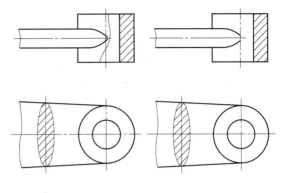

(a) 一般画法　　　(b) 允许画法

图 3-19　局部剖视图应用（一）

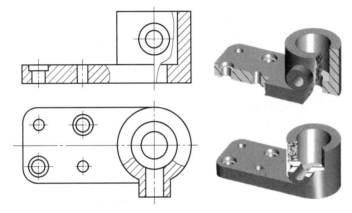

图 3-20　局部剖视图应用（二）

（2）机件具有对称的结构，但由于轮廓线与中心线重合而不宜采用半剖视图时（分界线处为粗实线时容易混淆），可用局部视图表达，如图 3-21 所示。

（3）实心机件上有孔、凹坑和键槽等需要表示时，宜采用局部剖视图，如图 3-22 所示。

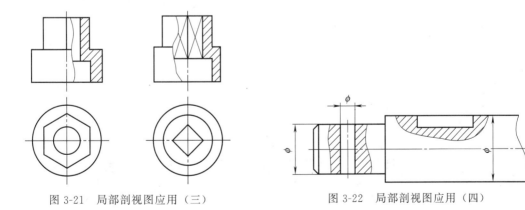

图 3-21　局部剖视图应用（三）　　　　　图 3-22　局部剖视图应用（四）

三、剖切面的种类

（一）单一剖切面

单一剖切面有平行于基本投影面的单一剖切面、单一剖切柱面和不平行于基本投影面的单一剖切面三种形式。用其中任意一种单一剖切面剖开机件，均可获得全剖视图、半剖视图、局部剖视图。

（1）用平行于基本投影面的单一剖切面（可称为单一正剖切面）剖开机件，获得全剖视图、半剖视图、局部剖视图，达到表达机件内外结构形状的目的。前面所举图例中的剖视图都是用这种平面剖切得到的。如图 3-13～图 3-16 所示。

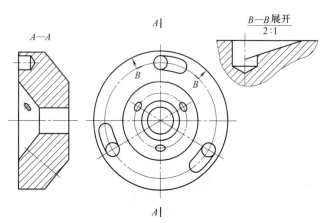

图 3-23　单一剖切面剖切（一）

（2）用单一剖切柱面剖开机件也可获得全剖视图、半剖视图、局部剖视图，达到表达机件内外结构形状的目的。采用单一剖切柱面剖开机件时，剖视图一般按展开绘制，如图 3-23 中的"B—B"局部剖视图所示。

（3）用不平行于任何基本投影面，但垂直于一个基本投影面的单一剖切面（可称为单一斜剖切面）剖开机件，达到获得全剖视图、半剖视图、局部剖视图来表达机件上倾斜部分的内外结构形状的目的。

即当机件上有倾斜部分的内部结构需要表达时，可仿照画斜视图的方法，选择一个垂直于基本投影面且与所需表达部分平行的投影面，然后再用一个平行于这个投影面的剖切面剖开机件，向这个投影面投射，即得到该倾斜部分的剖视图，如图 3-24 所示。

斜剖视图主要用以表达倾斜部分的结构，机件上与基本投影面平行的部分，在斜剖视图中不反映实形，一般应避免画出，常将它舍去画成局部视图。

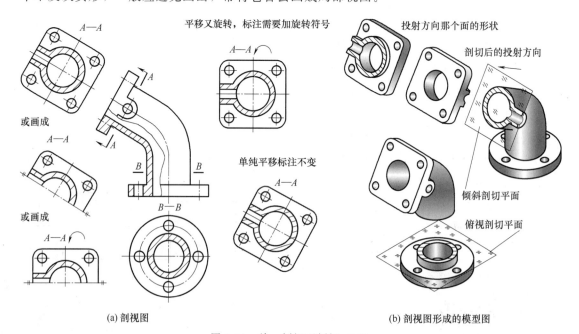

(a) 剖视图　　　　　　　　　　(b) 剖视图形成的模型图

图 3-24　单一剖切面剖切（二）

用单一剖切面获得剖视图时应该注意以下几点：

（1）采用这种剖切方法得到的剖视图必须全标注，且表示投射方向的箭头应与剖切面垂直。字母不受剖视图倾斜或是转正画出的影响，一律水平书写，如图 3-24（a）所示。

（2）采用这种剖切方法得到的剖视图最好配置在箭头所指的方向上，并与基本视图保持投影对应关系，如图 3-24（a）左上方的"$A—A$"剖视图所示。

（3）为了绘图方便和合理利用图纸，可将斜剖视保持原来的倾斜程度，平移到图纸上适当的地方，如图 3-24（a）右下方的"$A—A$"剖视图所示，这时标注不变。

（4）在不致引起误解时，允许将剖视图在任意位置上旋转摆正画出，此时标注要加注旋转符号，其旋转方向用带箭头的圆弧表示，视图名称标注在有箭头的一侧，如图 3-24（a）右上方剖视图所示。

（5）当用单一剖切面获得的全剖视图对称时，也可画成如图 3-24（a）左下角所示画法，标注同上面规定。

（6）当斜剖视的剖面线与主要轮廓线平行时，剖面线可改为与水平线成 30°或 60°角，原图形中的剖面线仍与水平线成 45°角，但同一机件中剖面线的倾斜方向应大致相同。

（二）几个相互平行的剖切面

当机件上有较多的内部结构需要表达，而它们层次不同地分布在机件的不同位置，用一个单一平面剖切难以表达时，可用几个互相平行的剖切面剖切，相互平行的剖切面有相互平行的正剖切面和相互平行的斜剖切面两种。其中任一种剖切面剖开机件均可以获得全剖视图、半剖视图、局部剖视图，用来表达机件上分别处于不同的平行平面上的不同结构的内部空腔结构。

（1）用平行于基本投影面的几个相互平行的剖切面剖开机件时，一般都在基本视图上获得全剖视图、半剖视图、局部剖视图，如图 3-25（a）~（c）所示。图 3-25（a）所示为用了两个相互平行的剖切面剖开机件后画出的"$A—A$"全剖视图，用来表达机件上分别处于不同的平行平面上的不同结构的内部空腔结构。

（2）用垂直于基本投影面的几个相互平行的剖切面剖开机件，在辅助投影面上获得的全剖视图、半剖视图、局部剖视图，如图 3-25（d）所示"$A—A$"半剖视图。

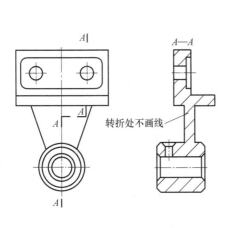

(a) 几个平行的正剖切面获得的全剖视图

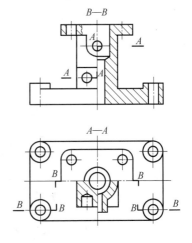

(b) 几个平行的正剖切面获得的半剖视图

图 3-25

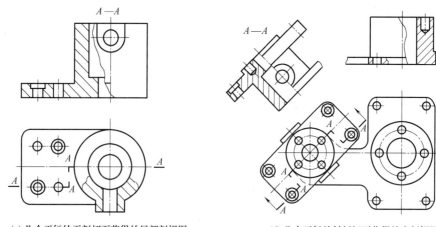

(c) 几个平行的正剖切面获得的局部剖视图   (d) 几个平行的斜剖切面获得的半剖视图

图 3-25   几个平行的剖切面剖切（一）

画用相互平行的剖切面获得的剖视图时应该注意以下几点：

① 相互平行的剖切面不得重叠，彼此之间的转折面应垂直于剖切面，剖切面转折处不应与图上的轮廓线重合，如图 3-26（a）、（b）所示。

② 将各剖切面看成一个组合的剖切面，剖切后所得的图形为一个图形，不应在剖视图中画出各剖切面的分界线，如图 3-26（a）、（b）所示。在剖视图内不应出现不完整的要素，如图 3-26（c）所示。

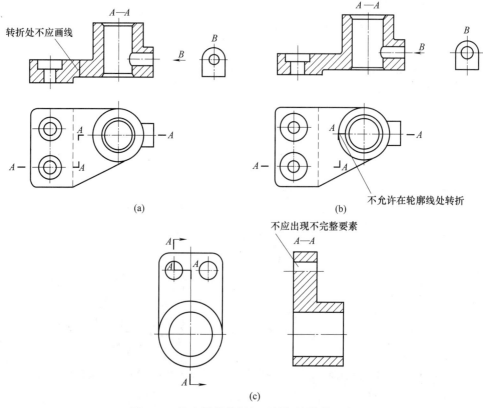

图 3-26   几个平行的剖切面剖切的错误画法

③ 用几个平行的剖切面剖切，画剖视图时必须标注。剖切面的起、迄和转折处应画出剖切符号，并用与剖视图的名称"×—×"同样的字母标出。在起、迄处，剖切符号外端用箭头（垂直于剖切符号）表示投射方向，剖切面转折处的剖切符号不应与视图中的轮廓线重合或相交；当转折处的位置有限且不会引起误解时，允许省略字母；按投影关系配置，而中间又没有其他图形隔开时，可以省略箭头，如图 3-25 所示。

④ 采用几个平行的剖切面剖切画剖视图时，当两个要素在图形上具有公共对称中心线或轴线时，可各画一半，此时应以对称中心线为界，如图 3-27 所示。

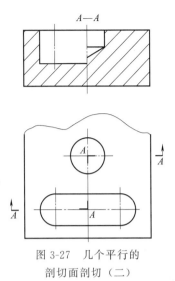

图 3-27　几个平行的
剖切面剖切（二）

（三）几个相交的剖切面

当机件的内部结构形状用单一剖切面剖切不能表达完全，且这个机件在整体上又具有公共回转轴时，可用两个相交的剖切面（交线垂直于某一基本投影面）剖开机件，获得全剖视图、半剖视图、局部剖视图，来表达机件上分别处于不同平面上的不同的内部空腔结构。

几个相交的剖切面主要有两种：几个相交的剖切面必须是投影面的平行面或投影面的垂直面；几个相交的剖切柱面，剖切柱面的轴线必须是投影面的垂直线。这里主要介绍用几个相交的剖切面剖开机件获得剖视图的方法。

用几个相交的剖切面剖开机件获得剖视图的方法是先假想按剖切位置剖开机件，把倾斜的剖切面剖到的结构及有关部分旋转到与选定的投影面平行后再进行投射，倾斜的剖切面后的结构仍按原位置投射。图 3-28（a）是这种方法获得的剖视图的画法和标注。

用几个相交的剖切面剖开机件获得剖视图的方法多用于：

① 机件上具有不同的孔、槽等结构，这些孔、槽等的轴线绕某一轴线呈放射状分布在不同的平面上，如图 3-28 所示。

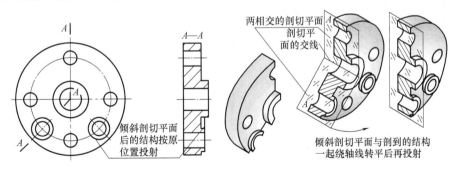

(a) 剖视图　　　　　　　　　　　(b) 剖视图形成的立体模型图

图 3-28　用几个相交的剖切面剖切（一）

② 具有公共回转轴的机件上具有倾斜部分的孔、槽等结构需要表达，如图 3-29、图 3-33 中的"A—A"剖视图所示。

③ 上述情况的组合，用多个相交的剖切面和柱面剖开机件，获得全剖视图、半剖视图和局部剖视图，如图 3-30、图 3-31 所示。

用几个相交的剖切面获得剖视图应注意以下几点：

① 必须标注出剖切位置，在它的起、迄和转折处标注剖切符号和字母"×"，在剖切符

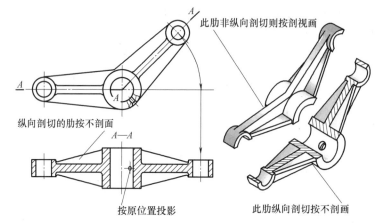

图 3-29　用几个相交的剖切面剖切（二）

号两端画出表示剖切后的投射方向的箭头，并在剖视图上方注明剖视图的名称"×—×"，但当转折处位置有限又不致引起误解时，允许省略标注转折处的字母，如图 3-28、图 3-29 所示转折处的字母可以省略。

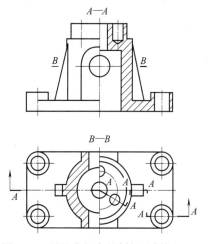

图 3-30　用几个相交的剖切面剖切（三）

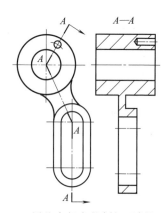

图 3-31　用几个相交的剖切面剖切（四）

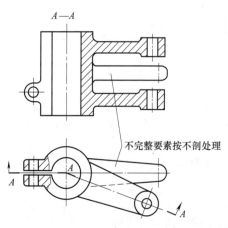

图 3-32　剖切产生的不完整结构的处理

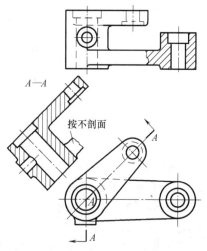

图 3-33　用几个相交的剖切面剖切（五）

② 在剖切面后的其他结构仍按原位置进行投射，如图 3-28、图 3-29 中的注释。

③ 当剖切后机件上产生不完整的要素时，应将此部分按不剖绘制，如图 3-32、图 3-33 所示。

④ 用具有公共交线（即交线重合）的多组相交剖切面剖切机件获得剖视图的画法如图 3-34 所示。

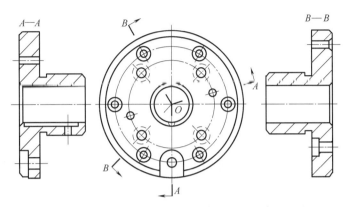

图 3-34 具有公共交线的多组剖切面剖切获得的剖视图的画法

第三节 断 面 图

断面图主要用来表达机件上某一结构的断面形状，如机件上的键槽、肋板形状，以及按照一定规律或无规律变化的断面形状。

一、断面图的概念

假想将机件在某处用垂直于轮廓线或轴线的剖切面切断，仅画出断面（即剖切面与机件接触部分）的图形，称为断面图，简称断面，如图 3-35 所示。断面图主要用于表达机件的断面形状，如轴或杆上的槽或孔的深度及机件上的肋、轮辐等结构的断面形状。

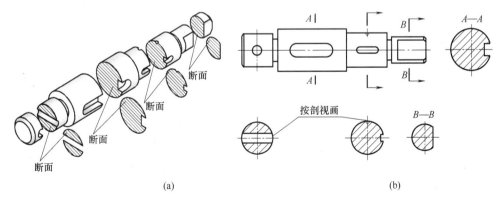

(a)   (b)

图 3-35 断面图

二、断面图的种类

断面图按其配置的位置不同，可以分为移出断面和重合断面两种。

（一）移出断面图

画在视图之外的断面图称为移出断面图，如图 3-36 所示。移出断面图画在原有视图之外，不影响原有视图的清晰。

移出断面图的画法：

（1）移出断面的轮廓线用粗实线表示，并在断面上画上剖面符号，如图 3-37 所示。如果不影响看图，不会引起误解，剖面符号也可以省略。

（2）移出断面应当尽量布置在剖切面的迹线延长线上，此时表示视图名称的字母可以省略，如图 3-37 所示。如果布置在其他位置，表示断面图名称的字母不能省略。

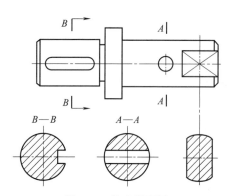

图 3-36   移出断面图

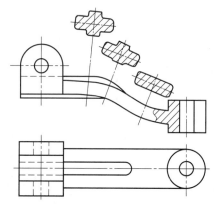

图 3-37   布置在剖切线延长线上的断面图

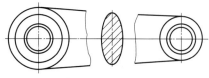

图 3-38   移出断面图可以
放置在视图中断处

（3）移出断面也可以绘制在视图的中断处，如图 3-38 所示。

（4）如果断面图沿剖切面向两个方向投射，断面图的图形都相同（具有对称结构），可以省略表示投射方向的箭头，如图 3-36 中箭头已省略。

（5）当剖切面通过具有回转轴线的凹坑结构的轴线时，这些结构的断面图按照剖视图绘制，如图 3-39（a）所示。当剖切面通过非圆孔，在断面图中产生完全分离的两个断面图时，这些结构也按照剖视图绘制，如图 3-39（b）所示。

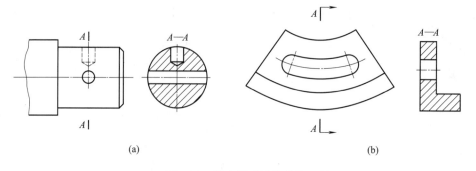

(a)   (b)

图 3-39   移出断面图的标注

（6）为了能够表示断面的真实形状，剖切面一般应垂直机件的轮廓线（直线）或通过圆弧轮廓线的中心，如图 3-40 所示。

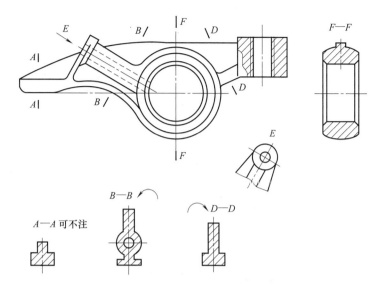

图 3-40 布置在其他位置的断面图

（7）当一个剖切面不能满足垂直机件轮廓线的要求时，可以使用两个相交的剖切面，使其分别垂直于各自的轮廓线，断面图的中间应当用波浪线断开。必要时可以将断面图旋转到水平或垂直位置，在断面图名称中用箭头标明旋转的方向，标注方法与剖视图的标注方法完全相同，如图 3-41 所示。

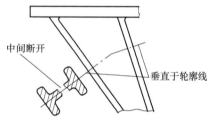

移出断面的标注：

图 3-41 相交剖切面形成的断面图

（1）当移出断面图不配置在剖切线延长线上时，一般应用剖切符号表示剖切位置，用箭头表示投射方向，并注上字母，在断面图的上方应用同样字母标出相同的名称"×—×"，如图 3-39 所示。

（2）配置在剖切线延长线上的不对称移出断面图，可省略字母，如图 3-36 所示。

（3）不配置在剖切线延长线上的对称移出断面图，以及按投影关系配置的不对称移出断面图，均可省略箭头，如图 3-39（a）所示。

（4）配置在剖切线延长线上的对称移出断面图及配置在视图中断处的移出断面图，均可省略标注，如图 3-37 和图 3-38 所示。

（二）重合断面图

画在视图内部的断面图称为重合断面图，如图 3-42 所示。重合断面图适用于断面形状比较简单，且不影响图形清晰的场合，如肋板的形状等。

重合断面图的画法：重合断面图的轮廓线采用细实线绘制，当视图中的轮廓线与重合断面图中的轮廓线重合时，视图中的轮廓线仍连续画出，不可断开，如图 3-43 所示。

重合断面的标注：重合断面图的标注与移出断面图的标注相同。因重合断面图直接画在视图内剖切位置处，在标注时对称的重合断面图不必标注，如图 3-42 所示；不对称的重合断面图可省略字母，如图 3-43 所示。

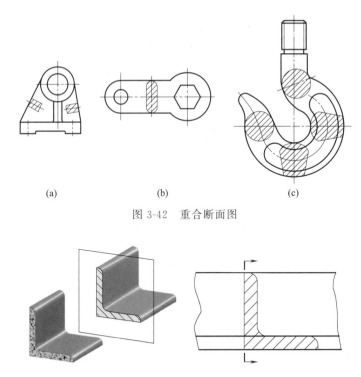

(a)   (b)   (c)

图 3-42　重合断面图

图 3-43　不对称重合断面图

第四节　特殊表示法与简化画法

为使图形清晰和画图简便，国家标准还规定了局部放大图和简化画法等，供绘图时选用。

一、局部放大图

国家标准 GB/T 4458.1—2002 对局部放大图的概念、画法和标注做出了明确规定。

将机件的部分结构，用大于原图所采用的比例画出的图形，称为局部放大图。如图 3-44 所示。

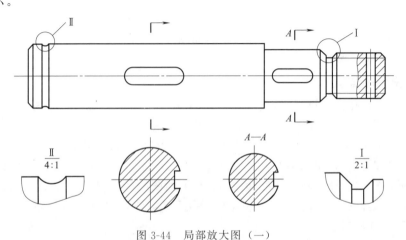

图 3-44　局部放大图（一）

局部放大视图的规定画法、配置及标注：

（1）局部放大图可以画成视图、剖视图、断面图等，与被表达部位的表达方式无关。

（2）画图时一般用细实线在视图上圈出被放大的部位，并用罗马数字注明放大部位的放大图名称。如有多处被放大，用罗马数字依次标记，并在局部放大图上方居中处用分式形式标注，分子标注相应的罗马数字，分母标注局部放大图采用的比例，如图 3-44 所示。

（3）局部放大图应当尽量配置在被放大部位的附近，必要时可用几个图形表达同一个被放大部分的结构，如图 3-45 所示。

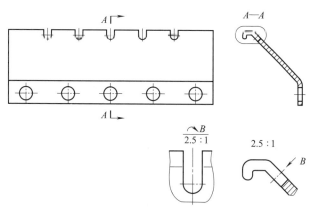

图 3-45　局部放大图（二）

（4）当机件上仅有一个部位需要放大时，在局部放大图的上方只需注明所采用的比例，如图 3-45 所示。

（5）同一机件上不同部位局部放大图的图形相同或对称时，只需画出一个放大图，如图 3-46 所示。

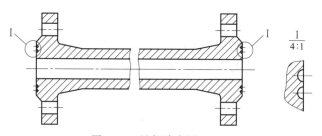

图 3-46　局部放大图（三）

（6）局部放大图应和被放大部分的投射方向一致，若为剖视图和断面图，其剖面线的方向和间隔应与原图相同，如图 3-46 所示。

（7）局部放大图标出的比例是指图中图形与实物相应要素的线性尺寸之比，与原图比例无关。

二、剖视图中的简化与规定画法

（一）轮辐、肋板在剖视图中的画法

当剖切面通过板状轮辐和肋板厚度方向的对称平面或回转状轮辐的轴线（纵向剖切）时，这些结构都按不剖绘制，即对这些结构都不画剖面线，而用粗实线将它们与其邻接部分分开，实际上是一些假想的轮廓线。如图 3-47 和图 3-48 所示。

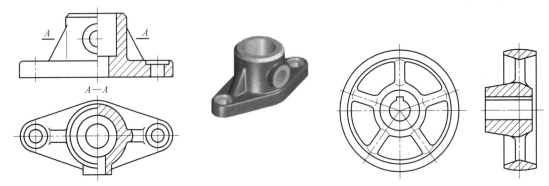

图 3-47　肋板剖切画法　　　　　　　　图 3-48　轮辐剖切画法

当剖切面垂直轮辐和肋板的对称平面或轴线（即横向剖切）时，则轮辐和肋板仍按剖视图绘制。如图 3-47 中的 $A—A$ 所示。

（二）均匀分布的结构在剖视图中的画法

当回转体一类的机件上有成辐射状均匀分布的孔、肋、轮辐等结构且它们不处于剖切面上时，可将这些结构旋转到剖切面位置画出，如图 3-48、图 3-49 所示。当采用全剖时，图 3-49（a）左侧的肋板不能被剖到，但画图时可将肋板旋转到对称平面上画出；全剖时图 3-49（b）中孔不在剖切面上，也可以将其旋转到对称平面上画出。

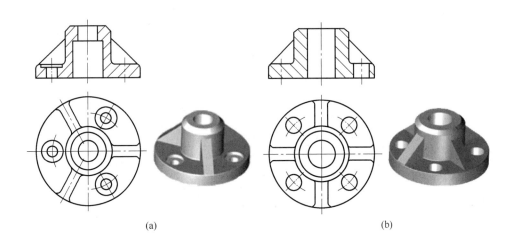

(a)　　　　　　　　　　　　　　　　　　(b)

图 3-49　均匀分布肋板和孔的规定画法

三、简化画法

（一）相同结构的简化

对于相同结构的圆孔，不用细实线相连，可画出几个完整的孔，其余的用中心线表示，尺寸标注时注明孔的数量，如图 3-50（a）所示。

当机件上有按照一定规律分布的槽、齿等结构时，可以在视图中画出几个完整的结构，其余用细实线相连。视图的外部轮廓应采用粗实线绘制，在视图中标明该结构的数量，如图 3-50（b）所示。

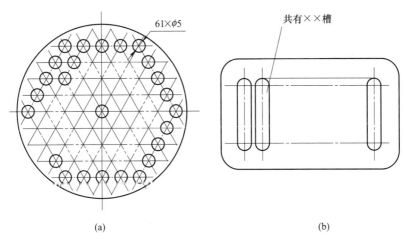

（a）　　　　　　　　　　　　　　　（b）

图 3-50　相同结构的简化画法

（二）滚花、沟槽等网状结构

滚花、沟槽等网状结构可以在轮廓线的附近用粗实线完全或部分地表示出来，并在尺寸标注或技术要求中注明这些结构的具体要求，如图 3-51 所示。

（三）不能充分表达的平面

当图形不能充分表达平面时，可以用平面符号（两条相交的细实线）表示，如图 3-52 所示。

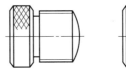

（四）截交线与相贯线的简化画法

机件上的某些截交线或相贯线，在不会引起误解的情况下，可以采用直线或圆弧代替来进行简化，如图 3-53（a）所示。也可以采用模糊画法（不画相贯线，将原轮廓向相贯的方向延伸一部分），如图 3-53（b）所示。如果交线与轮廓线非常接近，交线也可以用轮廓线代替。如图 3-54 中的键槽、凹坑和轴的交线（相贯线、截交线）与轴的轮廓线非常接近，因此用轮廓线代替来简化绘制。

网纹m5GB/T 6403.3—2008　直纹m5GB/T 6403.3—2008

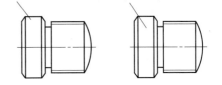

图 3-51　滚花的简化画法和标注

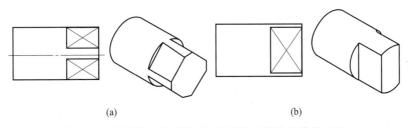

（a）　　　　　　　　　　　　　（b）

图 3-52　平面结构的辅助表示以及较小结构的简化画法

（五）法兰上的孔

圆柱形法兰盘的孔以及其他类似机件上的结构，可用图 3-55 所示的画法来表示。这样可以省略一个方向的视图，表达也比较简单。

（六）对称图形的画法

对于对称机件的视图，在不致引起误解的前提下，可只画视图的一半或四分之一，并在对称中心线的两端画出相应的对称符号（两条平行的细实线），如图 3-56（a）、（b）所示，也可以按照局部视图的画法画出大于 1/2 的图形，如图 3-56（c）所示。

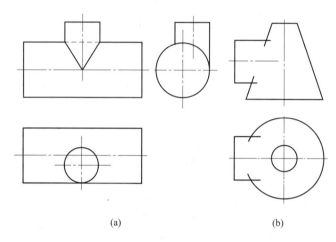

图 3-53　相贯线的简化画法和模糊画法

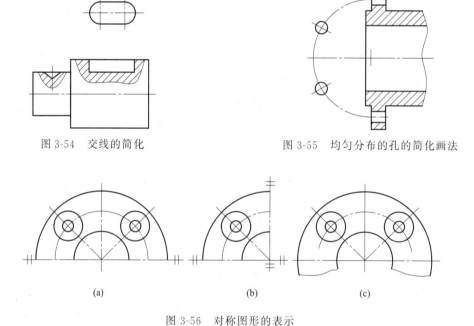

图 3-54　交线的简化　　　　　　图 3-55　均匀分布的孔的简化画法

图 3-56　对称图形的表示

（七）圆的投影为椭圆的简化画法

与投影面角度小于或等于 30°的圆或圆弧可以用圆或圆弧代替它在投影面上的投影——椭圆、椭圆弧，如图 3-57 所示。

（八）斜度不大的结构的规定画法

机件上斜度不大的结构，如在一个图形中已表达清楚，其他图形可以按小端简化画出，如图 3-58 所示。

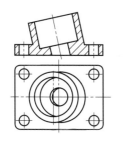

图 3-57　椭圆的简化画法

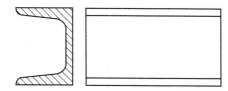

图 3-58　较小斜度结构视图的简化画法

（九）小结构的表示

机件上较小的结构可以省略不画，但必须在尺寸或零件图的技术要求中加以标注或说明，如图 3-59 所示。

（十）假想表示方法

对于剖切面以前的结构，可以采用假想的画法（用双点画线画出），如图 3-60 所示。

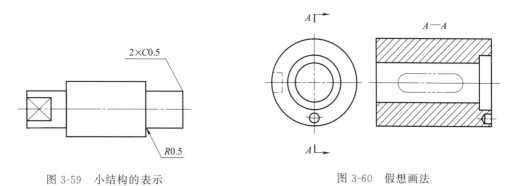

图 3-59　小结构的表示

图 3-60　假想画法

（十一）较长机件的简化画法

较长的机件（轴、杆、型材、连杆等）沿长度方向的形状一致或按一定规律变化时，可断开后缩短绘制。断开后的尺寸仍应按实际长度标注，如图 3-61 所示。

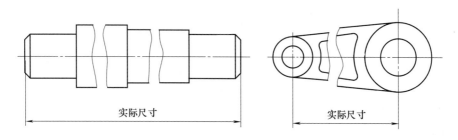

图 3-61　较长机件的简化画法

（十二）小圆角、小倒角的简化画法

在不会引起误解时，零件图中的小圆角、锐边的倒角或 45° 小倒角允许省略不画，但必须注明尺寸或在技术要求中加以说明，如图 3-62 所示。

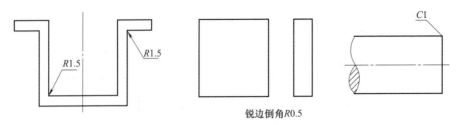

图 3-62　小圆角、小倒角的简化画法

复习思考题

1. 试述六个基本视图的配置关系。
2. 什么是剖视图？常用剖视图有哪几种？各适用于何种场合？
3. 什么是断面图？常用的断面图有哪几种？它与剖视图有什么区别？
4. 移出断面图和重合断面图有什么区别？
5. 机件上的轮辐、肋板在剖视图上有哪些规定画法？

第四章

机械工程图样

零件图和装配图是常见的机械工程图样，零件图是指导制造和检验机器零件的重要技术文件，装配图是机器或部件设计、装配、调整、检验、安装、使用和维修的重要技术文件。

第一节　零　件　图

一、零件图的作用和内容

任何机器或部件都是由若干个零件按一定的装配关系和技术要求组装而成的。表示单个零件的结构、尺寸、材料、加工制造和检测所需要的全部技术要求等信息的图样称为零件图。

由图 4-1 所示的齿轮油泵泵盖的零件图可看出，一张完整的零件图，应包括下列基本内容。

（1）图形　用一组恰当的视图完整、清楚、准确地表达零件的内、外结构和形状。一组图形包括基本视图、局部视图、向视图、斜视图、剖视图、断面图、局部放大图、简化画法等表示法。

（2）尺寸　正确、完整、清晰、合理地标注出零件结构、形状、大小及其相对位置的尺寸，以满足零件制造和检验的需要。

（3）技术要求　用规定的符号、数字、字母和文字注解，简明、准确地给出零件制造加工应达到的质量要求，包括表面粗糙度、尺寸公差、几何公差、热处理及表面处理等。

（4）标题栏　用以填写零件的名称、材料、比例、数量、图号及设计、绘图、审核等人员的签名和日期等。

二、零件图的画法

零件图的视图选择就是在考虑便于看图的前提下，选择适当的视图、剖视、断面等表示法，将零件的各部分结构形状和相对位置，完整清晰地表达出来，并力求绘图简便。为此，需要对零件进行结构形状分析，依据零件的结构特点、用途及主要加工方法，选择主视图和其他视图。

（一）零件表达方案的视图选择

不同的零件有不同的结构形状特点，用一组图形表达零件时，首先应该保证正确，其次要根据零件的结构特点和形状特点选择合理的表达方法，在完整、清晰地表达零件各个部分结构形状的前提下，力求图形简单，便于绘制和识读零件图。零件表达方案的选择主要包括合理选择主视图，并选配好其他视图，同时恰当而正确地运用好图样画法，正确、完整、清

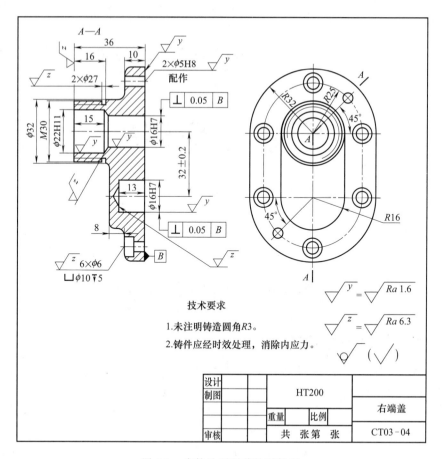

图 4-1　齿轮油泵泵盖的零件图

晰、简洁地表达零件的结构形状。

1. 主视图的选择

主视图是表达零件结构形状最主要的视图，在画图与看图中起主导作用。选择主视图时，应遵循下列三个原则。

（1）加工位置原则　主视图所表示的零件位置，应尽可能与零件的主要加工位置一致，便于看图、加工和检测尺寸。如图 4-2（a）所示的轴是按在车床上的加工位置选择主视图的。

（2）工作位置原则　工作位置是指零件在机器或部件中工作时的位置。主视图与零件的工作位置相一致，有利于把零件图和装配图对照起来看图，也便于想象零件在部件中的安装位置和作用。如图 4-2（b）所示的车床尾架体主视图就是按其工作位置画出的。

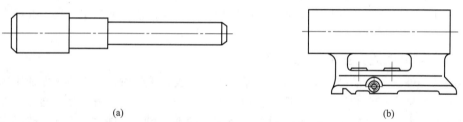

(a)　　　　　　　　　　　　　　　　(b)

图 4-2　按零件安放位置选择主视图

（3）形状特征原则　　在确定了零件的画图位置后，还应根据零件的形状特征确定零件主视图的投影方向，其原则是能最明显地反映零件的主要结构形状和各部分之间的相对位置关系。

2. 其他视图的选择

主视图确定后，应根据零件结构形状的复杂程度，主视图是否已表达完整和清楚来确定是否需要和需要多少其他视图。选择其他视图时，优先选用其他基本视图，并采取相应的剖视图和断面图；对于尚未表达清楚的局部形状或细小结构，可选择必要的局部视图、斜视图或局部放大图等。

下面举例说明视图数量和表达方法的选择。图 4-3 所示为按工作位置放置的支架，它的形体结构稍复杂，加工位置变化较多，在选择主视图时应以形体特征和工作位置作为表达重点，但为了减少其他视图上的虚线并适应人们看物体的习惯，可将支架倒过来放置，再用局部剖视表示出轴孔和安装孔，则画出如图 4-3（a）所示的主视图。为了把支架宽度方向的形状表示清楚，可选用左视图或俯视图。选左视图，则上面 U 形部分形状表达得比较清楚，但安装板部分表达较差；选俯视图则正好相反。因而左、俯视图需全画出，这时视图数量虽然多了，但表达清晰有利于看图。在左视图上取半剖视，俯视图可只画外形。考虑到中部工字形结构反映仍不明显，再加一移出断面，得到图 4-3（a）所示的表达方案。分析此方案中的俯视图，其主要作用是反映安装板及其上两孔的形状和位置，而 U 形结构部分从主视图和左视图上已表达得十分清楚，不必再在俯视图上画出，于是，可把 $A—A$ 断面改成在俯视图上作 $A—A$ 剖视，这样用三个视图可把支架简单清晰地表达出来，如图 4-3（b）所示。

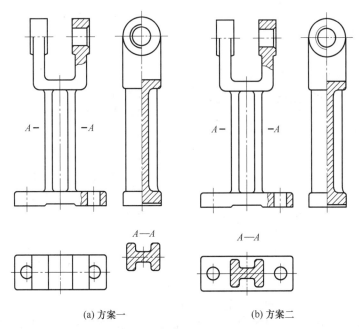

(a) 方案一　　　　　　　(b) 方案二

图 4-3　支架表达方案

（二）典型零件的视图选择

零件种类繁多，结构形状也不尽相同，但可根据它们的结构、用途、加工制造等方面的特点，分为轴套类、轮盘类、叉架类、箱体类四类典型零件。由于每一类零件的结构及其制造工艺大致相同，所以在零件图的视图选择及尺寸标注上也有共同之处。下面逐一进行分析。

1. 轴套类零件

这类零件通常指轴、套筒等，其主要结构一般由大小不同的同轴回转面（圆柱、圆锥）组成，具有轴向尺寸大于径向尺寸的特点。零件上常有键槽、退刀槽、挡圈槽、螺纹、销孔、倒圆、倒角、中心孔等结构。

轴套类零件的切削加工主要在车床和磨床上进行，一般按加工位置将轴线水平放置来画主视图，这样既反映了零件的轴向结构形状，又便于加工时图物对照；较长轴可采用折断画法；空心轴中的内部结构，可采用局部剖视、全剖、半剖等表达方法；对于主视图尚未表达清楚的局部结构（键槽、螺孔等），可采用断面、局部视图、局部放大图补充。如图 4-4 所示的齿轮泵主动轴零件图，其主视图表达了主体结构。在主视图上采用了局部剖视（表达键槽、销钉孔）、断开画法，还采用了移出断面图和局部视图表达键槽，局部放大图表达越程槽。

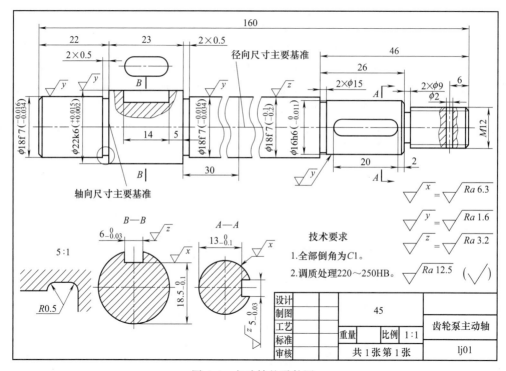

图 4-4　主动轴的零件图

2. 轮盘类零件

这类零件包括齿轮、手轮、端盖等，毛坯多为铸件或锻件。结构形状特点是轴向尺寸小，径向尺寸较大。零件的主体多数由同轴回转体构成（也有主体形状是矩形的），并在径向分布有螺孔、光孔、销孔、键槽、轮辐、肋板等结构。

轮盘类零件一般选择两个基本视图，主视图按加工位置放置，采用轴向剖视图表达轴向剖面结构，再用左视图或右视图表达外形特征。基本视图未能表达清楚的结构形状，可用断面图或局部视图作为补充，较小结构可用局部放大图表达，如图 4-5 所示。

3. 叉架类零件

叉架类零件包括拨叉、连杆、支架等零件。此类零件结构形状差别较大，结构不规则，外形比较复杂。零件上常有弯曲或倾斜结构，以及肋板、轴孔、耳板，底板等。局部结构常有螺孔、沉孔、油孔、油槽等。

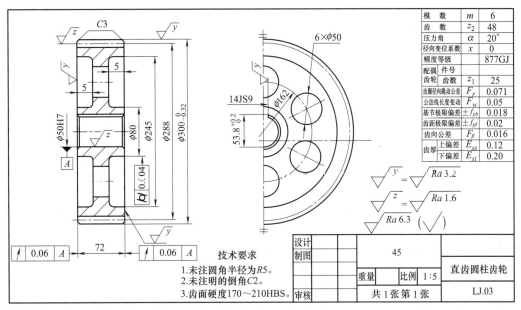

图 4-5　直齿圆柱齿轮的零件图

叉架类零件加工工序比较多，所以一般按工作位置和形状特征原则选择主视图，当工作位置倾斜或不固定时，可将其摆正画主视图。主视图常采用局部剖视表达主体外形和局部内形。其他视图对其倾斜结构常用斜视图、旋转视图、斜剖和断面等表达。图 4-6 所示为杠杆的零件图，主视图反映了三个圆柱体的相对位置和连接肋板的形状。为使其他视图便于表达

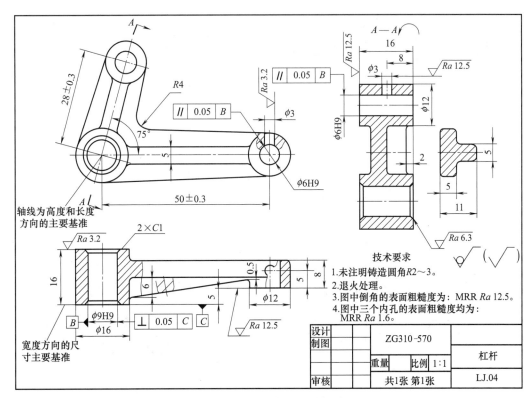

图 4-6　压砖机杠杆的零件图

及作图简便，将杠杆下方两圆柱体的轴线置于同一水平面上。俯视图采用局部剖视图，既表达了下面两圆柱的内部结构，又反映出连接它们的三角形肋的真实形状。剖视图 $A—A$ 及移出断面表明斜臂上部孔的深度、位置及 T 形肋的形状。

4. 箱体类零件

这类零件包括减速器箱体、液压缸体、泵体、阀体、机座等，其毛坯多为铸件。此类零件多为中空壳体，其内外结构形状都比较复杂，常有轴孔、轴承孔或活塞孔、油腔等结构。这类零件常具有安装底板、法兰、安装孔、螺孔、销孔等结构，还有安装油标、油塞等零件的凸缘、凸台、凹坑等。

由于箱体类零件加工部位较多，因此主视图多按工作位置选择。主视图常采用各种剖视来表达主要结构，其投影方向应反映形体特征。由于箱体类零件的外形和内腔都较复杂，所以常需三个或三个以上的基本视图并作适当剖视来进一步表达主体结构。基本视图没有表达清楚的部分可用局部剖视、断面等补充表达。

如图 4-7 所示，回转泵泵体的主视图按泵体的工作位置安放，左视图采用局部剖视图，反映了内部结构和组成部分的前后相对位置。俯视图采用全剖视图，将 T 形连接板断面及安装板的形状表达清楚。

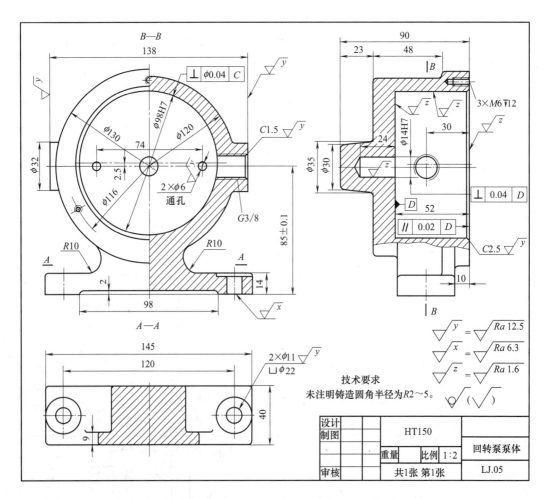

图 4-7   回转泵泵体的零件图

三、零件图的尺寸标注

零件图中的视图主要用来表达零件的结构形状，而零件的大小依靠标注的尺寸来确定，所以尺寸标注是零件图中又一重要内容，它直接影响零件的加工和检测。标注零件尺寸时，应力求做到：

(1) 正确　尺寸的标注要符合机械制图国家标准，同时尺寸数字注写要正确无误。

(2) 完整　所标注的尺寸能完整确定零件的形状和大小，即尺寸标注不得遗漏，也不得重复。

(3) 清晰　标注尺寸时，尺寸应标注在形状特征比较突出的视图上，并且布置整齐清晰，便于识读和理解。

(4) 合理　尺寸标注既要符合零件的设计要求，又要便于加工和测量。

四、零件图的技术要求

（一）表面粗糙度

表面结构的各项要求在图样上的表示法在 GB/T 131—2006 中均有具体规定。零件经过机械加工后的表面会留有许多较小间距的高低不平的凸峰和凹谷，在零件表面上所形成的微观几何形状特征称为表面粗糙度，如图 4-8 所示。表面粗糙度的大小对零件表面的耐磨性、疲劳强度、接触刚度、冲击强度、密闭性、振动和噪声、镀涂、外观质量以及零件间配合性质的稳定性均有较大的影响，是评定零件表面质量的重要技术指标之一。

为了明确表面结构要求，除了标注表面结构参数和数值外，必要时应标注补充要求，包括传输带、取样长度、加工工艺、表面纹理及方向、加工余量等。这些要求在图形符号中的注写位置如图 4-9 所示。

位置 a：注写表面结构的单一要求 ［粗糙度高度参数代号及其数值（单位为微米）］。

位置 b：注写第二表面结构要求。

位置 c：注写加工方法、表面处理、涂层或其他加工工艺要求等。

位置 d：注写加工纹理方向符号如 "＝" "⊥" "M" 等。

位置 e：注写加工余量（以毫米为单位给出数值）。

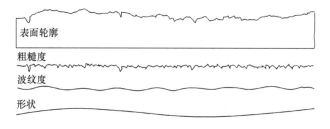

图 4-8　粗糙度、波纹度和形状误差综合影响的表面轮廓

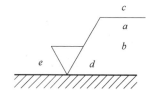

图 4-9　补充要求的注写位置

（二）极限与配合

同一规格的零件不需要进行任何挑选、调整或修配就能装到机器上，满足使用要求，零件的这种性质称为互换性。互换性对保证产品质量、提高生产效率具有重大意义。

在加工零件的过程中，由于种种因素的影响，零件各部分的尺寸、形状、方向和位置难以达到理想状态，从零件的使用功能看，要求零件的几何量在某一范围内变动，保证同一规格的零件彼此充分接近，这个允许变动的范围被称为公差。零件的加工要以"公差"的标准

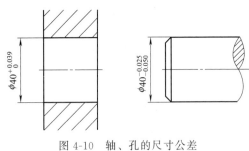

图 4-10　轴、孔的尺寸公差

化来解决，而相互结合的零件之间要以"配合"的标准化来解决，由此产生了公差与配合制度。合理地确定公差与配合，并把它在图样上明确地表示出来是实现零件互换性的前提。

尺寸允许的变动量叫作尺寸公差，简称公差。如图 4-10 所示的孔直径尺寸允许在 40.039～40mm 之间变动，轴直径尺寸允许在 39.975～39.95mm 之间变动。

五、读零件图

看零件图的目的，就是根据零件图了解零件的名称、用途、材料等，通过分析视图、分析尺寸，弄清零件各部分的结构形状、大小、功用及其相对位置，了解零件的各项技术要求，以确定加工方法和检测手段。下面以图 4-11 所示减速器箱体零件图为例，说明看零件图的方法和步骤。

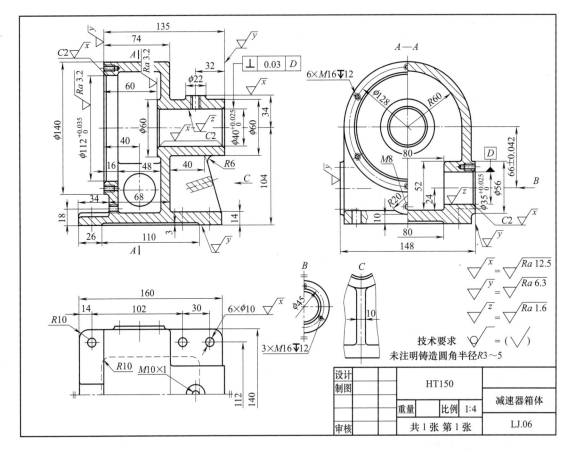

图 4-11　减速器箱体的零件图

（一）读标题栏，初步了解零件

从标题栏中可了解到零件的名称、材料、比例等，结合零件在机器中的作用和特点，建立起初步印象。对较复杂的零件图，还需参考零件所在部件的装配图以及与该零件相关的零件图等技术资料，帮助了解该零件的功用和结构特点，为进一步看懂零件图创造条件。由图 4-11 标题栏可知，该零件是减速器箱体，材料为 HT150 钢，绘图比例是 1∶4，属于箱体类零件。

（二）看视图，明确表达目的

看视图，首先应找到主视图，相应地认定其他视图，再分析剖视、剖面的剖切位置，以及局部视图或斜视图的投影部位，从而弄清各视图的表达目的。该箱体零件共采用了主、俯、左三个基本视图和两个局部视图、重合断面图来表示减速器箱体的内外结构形状。主视图采用单一剖切平面的全剖视图，其剖切位置在零件的前后对称面上，主要表达箱体内部空腔结构的形状及上部左右通孔和下部前后通孔以及肋板、底板的结构等；左视图采用了单一剖切平面的 A—A 半剖视图，主要表达左端面的外形、6×M16 螺纹孔的分布情况和下部内腔内的前后通孔的结构；俯视图采用了对称零件的局部画法，主要表达箱体顶部外形及底板的形状；B 向局部视图主要表达前边凸台上 3×M6 螺孔的分布情况；C 向局部视图与重合断面图配合来表达肋板与相邻部分的连接情况及其断面形状。

（三）对投影，想象空间形体

在明确了各视图表达目的的基础上，可根据零件的各组成部分的功用和视图特征对其进行形体分析，通过对各部位投影的分析，弄清楚每个部分的结构形状及其相对位置，最后综合起来想象出零件的整体形状。

通过对图 4-11 的分析，可看出减速器箱体是由壳体、圆筒、底板和肋板四部分结构组成。每个部分的详细结构分析如下：壳体部分上部为半圆柱形、下部为拱门状的长方形，内腔与外形相似。内腔用以包容蜗轮，是箱体的工作部分。圆筒用以安装蜗轮轴，其上部有一个 $\phi22$ 的圆柱形凸台，凸台上有 $M10×1$ 的螺孔用来安装油杯。底板为一个带圆角的长方形板，其上面有六个螺纹孔。为减小加工面，底板下面的中部有一个带四个圆角的长方形凹坑。底板左侧上面有一圆弧形凹槽。该底板的作用是使减速器安装在基座上。肋板是一块梯形板，用以增加箱体的强度和刚度，并起支撑壳体上套筒的作用。

（四）分析尺寸和技术要求

分析尺寸时，一般先找出长、宽、高三个方向的尺寸基准，然后从基准出发，以结构分析为线索找出各部分的定位尺寸与定形尺寸，分析影响性能的主要尺寸。分析技术要求时，要结合尺寸公差、形位公差以及表面粗糙度的标注，区别出需要进行机械加工的表面及其对精度的要求，以便于对零件组织生产和质量检验。

如图 4-11 所示，减速器箱体高度方向的主要基准为蜗杆轴孔，从该基准出发标注的主要尺寸如 66±0.024、24，蜗轮孔轴线是高度方向的辅助基准。长度方向的主要基准为壳体的左端面，右端面是长度方向的辅助基准。宽度方向的主要基准为前后对称平面，从该基准出发标注的主要尺寸如总宽尺寸 148、孔内侧间的距离 80、底板上孔的定位尺寸 112、肋板厚度 10 等。

第二节　装　配　图

表达机器（或部件）的图样称为装配图。装配图要表达出机器（或部件）的工作原理、性能要求、零件间的装配关系和零件的主要结构形状，以及装配、检验、安装时所需要的尺寸数据和技术要求。在设计机器时，首先要绘制装配图。因此，装配图和零件图一样，是生产中不可缺少的重要工程图样。

图 4-12 所示的球阀是在实际生产过程中使用的装配图，从图中可以看出，它包含如下内容：

（1）一组图形　用一般表达方法和特殊表达方法正确、完整、清晰和简便地表达机器（或部件）的工作原理、零件之间的装配关系和零件的主要结构形状。

（2）几类尺寸　装配图中必须标注反映机器（或部件）性能、规格、安装的尺寸，标注部件或零件间的相对位置尺寸、配合尺寸，以及机器或部件的总体尺寸。

（3）技术要求　用简练的文字或规定的符号注写出机器（或部件）的质量、装配、检验、使用等方面的要求。

（4）零部件的序号　为便于机械产品设计、装配和组织生产，必须将装配图中各零、部件按一定顺序进行编号，用以指明各零、部件所在的位置、对应明细栏，并可查明各零、部件的名称、代号、数量和材料等。

（5）标题栏与明细栏　标题栏填写机器（或部件）的名称、代号、比例、出图单位名称和有关人员姓名等。明细栏按由下至上的顺序填写机器中各零、部件的名称、图样代号、材料、规格和数量等。

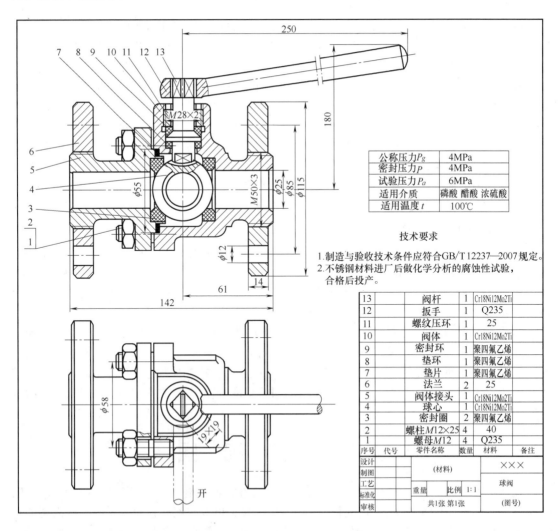

公称压力Pg	4MPa
密封压力P	4MPa
试验压力Pa	6MPa
适用介质	磷酸 醋酸 浓硫酸
适用温度t	100℃

技术要求

1. 制造与验收技术条件应符合GB/T 12237—2007规定。
2. 不锈钢材料进厂后做化学分析的腐蚀性试验，合格后投产。

13		阀杆	1	Cr18Ni12Mo2Ti	
12		扳手	1	Q235	
11		螺纹压环	1	25	
10		阀体	1	Cr18Ni12Mo2Ti	
9		密封环	1	聚四氟乙烯	
8		垫环	1	聚四氟乙烯	
7		垫片	1	聚四氟乙烯	
6		法兰	2	25	
5		阀体接头	1	Cr18Ni12Mo2Ti	
4		球心	1	Cr18Ni12Mo2Ti	
3		密封圈	2	聚四氟乙烯	
2		螺柱M12×25	4	40	
1		螺母M12	4	Q235	
序号	代号	零件名称	数量	材料	备注
设计					×××
制图		（材料）			
工艺		重量	比例 1:1		球阀
标准化		共1张 第1张			（图号）
审核					

图 4-12　球阀

一、装配图的表达方法

零件图中所采用的表达方法如视图、剖视和断面等，都适用于装配图。但是，零件图表达的是单个零件，而装配图表达的则是若干零件所组成的机器或部件。两种图样的要求不同，所表达的侧重面也就不同。装配图在选取视图时，应着重表达各零、部件间的相对位置、装配关系以及机器（或部件）的传动系统和工作原理等。因此，除了前面介绍的各种表达方法外，还有一些装配图的规定画法和特殊画法，这里举例说明部分规定画法。

（一）接触表面和非接触表面的表示法

两零件的接触表面和基本尺寸相同的配合表面只画一条线。若相邻两零件的表面不接触或基本尺寸不同的非配合表面，即使间隙很小，也必须画两条轮廓线，如图 4-13 所示。

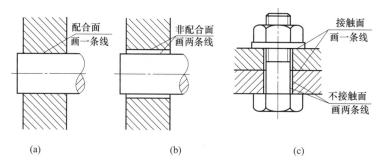

图 4-13 相邻两零件关系的表示法

（二）相邻零件剖面线的表示法

在装配图中，相邻的两个金属零件剖面线的倾斜方向应相反，当相邻零件的接触面在三个或三个以上时，除运用剖面线倾斜方向相反加以区分外，还可采用剖面线倾斜方向一致而间距不等，或剖面线的间距相等而错开的画法。但同一零件在不同视图中的剖面线，其方向和间隔应保持一致。如图 4-14 所示。

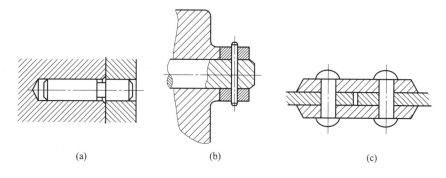

图 4-14 相邻两零件剖面线的画法

（三）装配体中实心杆件和标准件的表示法

为了简化作图，在剖视图中，对一些实心杆件（如轴、拉杆）和一些标准件（如螺母、螺栓、键、销等），若剖切平面通过其轴线（或对称线）剖切这些零件时，则这些零件只画外形，不画剖面线，即按不剖绘制，如图 4-15 所示。如果需要特别表明这些零件上的其他结构要素，如凹槽、键槽、销孔等，可采用局部剖视图。

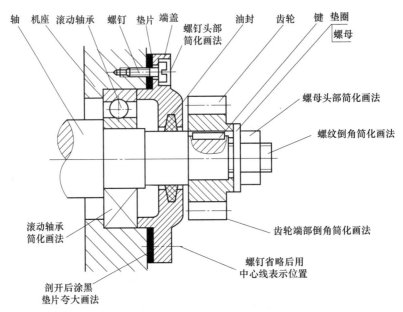

图 4-15　规定画法及简化画法

（四）装配图中狭小部位剖面的画法

在装配图中，宽度小于或等于 2mm 的狭小面积的剖面，可以涂黑代替剖面符号，如图 4-15 中的垫片。如果是玻璃或其他不宜涂黑的材料，可不画剖面符号。

二、装配图中的尺寸与技术要求

（一）装配图中的尺寸注法

装配图与零件图尺寸标注的要求不同，零件图上应注出制造需要的全部尺寸，以便指导零件的加工与检验等，而装配图只需标注出必要的尺寸，这些尺寸是根据装配图的作用确定的，用来进一步说明机器的性能、工作原理、装配关系和安装要求。装配图上主要应标注下列四种尺寸。

（1）性能尺寸（规格尺寸）　它是表明机器（或部件）性能或规格的尺寸，这类尺寸是设计时确定的，也是了解和选用部件或机器的依据，如图 4-12 所示球阀的管口直径 $\phi25$。

（2）装配尺寸　装配尺寸是表示机器或部件中零件之间装配关系的尺寸，包括配合尺寸和重要的相对位置尺寸。这类尺寸也是拆画零件图时，确定零件尺寸偏差的依据。

（3）安装尺寸　安装和对外连接尺寸是指将机器或部件安装到其他机器或地基上时所需的尺寸。通常指安装孔的大小及安装孔的位置，如图 4-12 所示的球阀装配图中的 $\phi85$、$\phi12$ 等。

（4）外形尺寸　外形尺寸是机器或部件的外形轮廓尺寸，即总长、总宽、总高等。当对机器或部件进行包装、运输，或进行厂房设计和安装机器时需要考虑外形尺寸，如图 4-12 所示的球阀装配图中的 $\phi115$（总宽）是外形尺寸。

（二）装配图中的技术要求

当不能用图示方法或代（符）号将机器装配后的功能要求充分表达清楚时，应在标题栏的上方或左方"技术要求"标题下用文字说明，一般包括下列内容：

① 对间隙、过盈、个别结构要素的特殊要求。

② 对校准、调整及密封的要求。

③ 对产品及零、部件的性能和质量的要求（如噪声、耐振性、自动制动等）。

④ 试验条件和方法。

⑤ 其他。

三、装配图中的零、部件序号和明细栏

装配图上每个零件或部件都必须要编上序号或代号，并填写明细栏，以便统计零件数量，进行生产的准备工作。同时，在看装配图时，也是根据序号来查阅明细栏，了解零件的名称、材料和数量等，零、部件序号有利于看图和图样管理。

（一）零、部件序号

（1）装配图中所有零、部件都必须编写序号，一般每种零件（无论件数多少）只编写一个序号。

（2）零件序号应标注在视图外围，按顺时针或逆时针顺序排列。

（3）零件序号和所指零件之间用指引线连接，指引线的指引端应在零件的可见轮廓线之内，线端画一圆点，如图4-16（a）。序号字体要比尺寸数字大一号或两号，并填写在指引线另一端的横线或圆内，如图4-16（b），也允许采用图4-16（c）的形式。当所指部分（如很薄的零件或涂黑的剖面）不宜画圆点时，可在指引线的末端画出指向该部分轮廓的箭头，如图4-17所示。

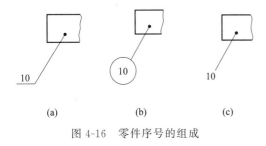

图4-16 零件序号的组成

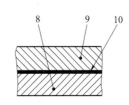

图4-17 不易画圆点时应画箭头

（4）序号指引线不能互相交叉，不能与零件剖面线平行。必要时可画成折线，但允许转折一次。

（5）一组连接件或装配关系清楚的零件组可用公共指引线，如图4-18和图4-19所示。

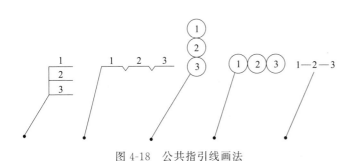

图4-18 公共指引线画法

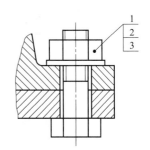

图4-19 连接组件的编号方法

（二）明细栏

明细栏是说明零件、部件序号、名称、规格、数量和材料等内容的表格。

装配图的明细栏画在标题栏上方，其竖直方向外框和框内竖直方向分格线为粗实线，框

内水平方向分格线为细实线。假如标题栏上方空间不够，也可将其一部分排列在标题栏的左方。明细栏中，零、部件序号填写顺序是从下往上，不得间断，如图 4-20 所示。

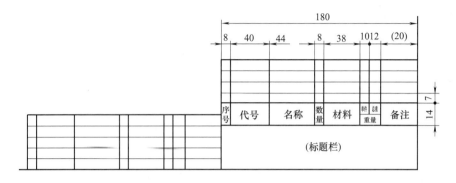

(a) 国家标准推荐的明细栏

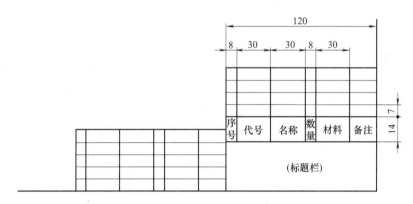

(b) 推荐学习用明细栏

图 4-20 零件明细栏

四、读装配图

工程技术人员必须具备熟练阅读装配图的能力，为此，需要学习和掌握读装配图的方法和步骤。

（一）读装配图要了解的内容

（1）机器或部件的性能、功用和工作原理。

（2）各零件间的装配关系及各零件的拆装顺序。

（3）各零件的主要结构形状和作用。

（4）其他系统（如润滑系统、防漏系统等）的原理和构造。

（二）读装配图的步骤

现以齿轮油泵的装配图为例，说明读装配图的方法和步骤，见图 4-21。

1. 概括了解

（1）从标题栏了解部件的名称、大致用途及图样比例。

（2）从明细栏及零件编号了解零件的名称、数量及所在位置。

（3）分析视图，了解各视图、剖视、断面等的相互关系及表达意图，以及尺寸注法、技术要求等内容。

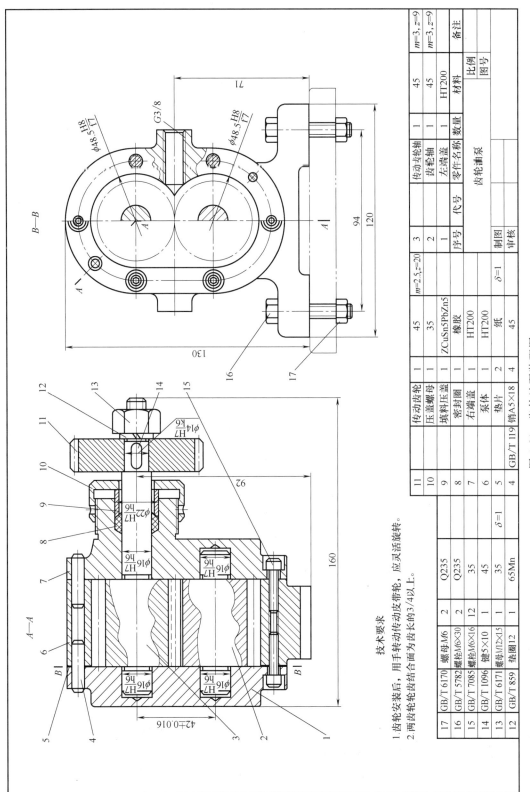

图 4-21 齿轮油泵装配图

技术要求

1. 齿轮安装后，用手转动传动皮带轮，应灵活旋转。
2. 两齿轮齿结合面为齿长的3/4以上。

17	GB/T 6170	螺母M6	2	Q235						
16	GB/T 5782	螺栓M6×30	2	Q235				传动齿轮	1	45	m=3,z=9
15	GB/T 7085	螺栓M6×16	12	35				压盖螺母	1	45	m=3,z=9
14	GB/T 1096	键5×10	1	45				填料压盖	1	ZCuSn5PbZn5	
13	GB/T 6171	螺母M12×1.5	1	35				密封圈	1	橡胶	备注
12	GB/T 859	垫圈12	1	65Mn				右端盖	1	HT200	
11								泵体	1	HT200	45
10								垫片	2	纸	45
9				m=2.5,z=20	3			销A5×18	4	45	HT200
8					1			传动齿轮轴	1	45	材料
7					2			齿轮盖	1	HT200	
6				δ=1		序号	代号	左端盖	1		
5								零件名称	数量	材料	比例 图号
4	GB/T 119										

齿轮油泵

		δ=1			制图				
					审核				

（4）参考，查阅有关资料及其使用说明书，从中了解其或部件的性能、作用和工作原理。

图 4-21 中标题栏说明该部件叫齿轮油泵，是一种供油装置，共由 17 个零件装配而成。

采用两个视图表达，其中主视图采用了全剖视，主要表达了齿轮油泵的主要装配关系；左视图是采用沿左端盖 1 和泵体 6 接合面 B—B 的位置剖切移去了左端盖 1 和垫片 5 的半剖视图，主要表达了该油泵齿轮的啮合情况、吸油和压油的工作原理，以及泵体的外形。

2. 分析工作原理及传动关系

分析部件的工作原理时，一般先从传动关系入手，分析视图，参考说明书进行了解。例如图 4-21 所示的齿轮油泵，当外部动力传至主动齿轮轴 3 时，产生旋转运动；当主动齿轮轴按逆时针方向旋转时，带动从动齿轮按顺时针方向旋转，如图 4-22 所示。此时，齿轮啮合区的右边压力降低而产生局部真空，油池中的油在大气压力的作用下，沿吸油口进入泵腔内。随着齿轮的旋转，齿槽中的油不断沿箭头方向送到左边，然后从出油口处将油压出去，输送到需要供油的部位。

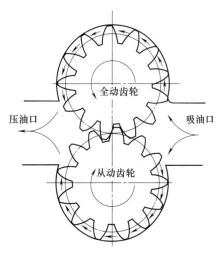

图 4-22　齿轮油泵工作原理

3. 分析零件间的装配关系及部件结构

这是读装配图进一步深入的阶段，需要把零件间的装配关系和部件结构搞清楚。图 4-21 所示的主视图较完整地表达了零件间的装配关系：泵体 6 是齿轮油泵中的主要零件之一，它的内腔正好容纳一对齿轮（齿轮轴 2 和齿轮轴 3），左端盖 1 和右端盖 7 一起支撑齿轮轴 2 和传动齿轮轴 3 的旋转运动；两端盖与泵体先由销 4 定位后，再由螺栓 15 连成整体；垫片 5、密封圈 8、填料压盖 9 和压盖螺母 10 都是为了防止油泵漏油所采用的零件或密封装置。

分析部件结构时，主要应分析下列内容：

（1）连接和固定方式　主要指各零件之间是用什么方式来连接和固定的，例如端盖是靠螺钉与泵体连接的，并用销来定位；齿轮的轴向定位则靠端盖的端面及泵体内腔侧面分别与齿轮端面接触实现的。

（2）配合关系　凡是配合的零件，都要搞清楚配合制度、配合种类、公差等级等，可根据图上所标注的公差与配合符号来判别。公差尺寸是基孔制（或基轴制），轴与孔是间隙配合，轴的基本偏差代号为 h，公差等级为六级。

（3）密封装置　如阀、泵等许多部件，为了防止液体或气体泄漏以及灰尘进入，一般都有密封装置。例如齿轮油泵中主动齿轮轴伸出端有填料及填料压盖密封装置；端盖与泵接触面间装有垫片 5，用以防止油的泄漏。

（4）装拆顺序　部件的结构应当有利于零件按一定顺序装拆。例加齿轮油泵的拆卸顺序是：先松开螺栓 15，将左端盖 1 卸下，然后从左边抽出齿轮轴 2 及齿轮轴 3，松开螺母 13，取下垫圈 12、齿轮 11，松开压盖螺母 10，卸下填料压盖 9 及密封圈 8 等。

4. 分析零件，读懂主要零件的结构形状

分析零件，首先要会正确地区分零件。区分零件的方法主要是依据不同方向或不同间隔的剖面线，以及各视图之间的投影关系进行判别。零件区分出来后便要分析零件的形状、结构及功用。分析时一般先从主要零件开始，再看次要零件。读懂所有零件，最后综合起来，

想象出整个部件的结构形状。

以上介绍的是读装配图的一般方法和步骤，事实上有些步骤不能分开，而是交替进行的。读图是学习不断深入、综合认识的过程。读图时应有步骤有重点，不宜拘于一格，应灵活地掌握读图的方法。

第三节　标准件和常用件的表示法

在各种机械设备中，除去一般的零件外，还广泛存在着螺钉、螺母、垫圈、键、销、滚动轴承、齿轮、弹簧等标准件和常用件。由于这些零部件的用途十分广泛，而且用量又大，国家有关部门批准并发布了各种标准件和常用件的相关标准。

结构、尺寸均已进行标准化的零件，称为标准件。

仅将部分结构和参数进行标准化、系列化的零件，称为常用件。

使用标准件和常用件的优点有：第一，提高零部件的互换性，利于装配和维修；第二，便于大批量生产，降低成本；第三，便于设计选用，以避免设计人员的重复劳动，提高绘图效率。本节仅讲述螺纹的表示方法，其他知识请读者查阅资料。

一、螺纹的特殊表示

螺纹按其真实投影来画比较麻烦，实际上也没有必要。因此，国家标准 GB/T 4459.1—1995 中统一规定了螺纹（外螺纹和内螺纹）的画法。

（一）外螺纹的画法

在投影为非圆的视图中，大径和螺纹终止线用粗实线表示，小径用细实线表示且画入倒角内，并近似地画成大径的 0.85 倍。在投影为圆的视图中，大径用粗实线圆表示，小径用约 3/4 圈的细实线圆表示，倒角圆省略不画，如图 4-23 所示。

（二）内螺纹的画法

内螺纹多用剖视图表示，在投影为非圆的视图中，小径用粗实线绘制，大径用细实线绘制，螺纹终止线用粗实线绘制，剖面符号必须画到粗实线为止；当内螺纹未取剖视时，小径、大径和螺纹终止线均不可见，故都用虚线绘制。在投影为圆的视图中，螺纹的小径用粗实线圆表示，画图时可近似地取 0.85D，大径用细实线圆表示，且只画约 3/4 圈，此时螺孔上的倒角投影省略不画，如图 4-24 所示。

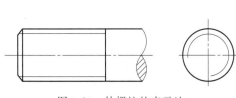

图 4-23　外螺纹的表示法

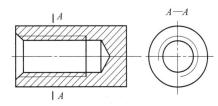

图 4-24　内螺纹的表示法

（三）内外螺纹连接的画法

内外螺纹连接时，常采用全剖视图画出，其旋合部分按外螺纹画法绘制，其余部分按各自的规定画法绘制。国家标准规定，当沿外螺纹的轴线剖开时，螺杆作为实心零件按不剖绘制。表示螺纹大、小径的粗、细实线应分别对齐。当垂直于螺纹轴线剖开时，螺杆处应画剖

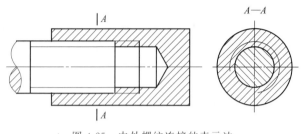

图 4-25　内外螺纹连接的表示法

面线，如图 4-25 所示。由于只有牙型、直径、线数、螺距及旋向等结构要素都相同的螺纹才能旋合在一起，所以在剖视图中，表示外螺纹牙顶的粗实线必须与表示内螺纹牙底的细实线在一条直线上；表示外螺纹牙底的细实线也必须与表示内螺纹牙顶的粗实线在一条直线上。

（四）螺纹的分类和标记

（1）螺纹的分类　螺纹的分类方法很多，通常按牙型可分为普通螺纹、梯形螺纹、锯齿形螺纹和管螺纹等；按用途可分为连接螺纹、传动螺纹和专门用途螺纹等。

（2）螺纹的标记　由于各种螺纹的画法都是相同的，因此国家标准规定标准螺纹用规定的标记标注，并注在螺纹的公称直径上，以区别不同种类的螺纹。各种螺纹的标注方法和示例见其他资料。

二、螺纹紧固件的标注以及表示法

常用的螺纹紧固件有螺栓、螺柱、螺钉、螺母、垫圈等，它们的种类很多，在结构形状和尺寸方面都已标准化，并由专门工厂进行批量生产，根据规定标记就可在国家标准中查到有关的形状和尺寸，如图 4-26 所示。

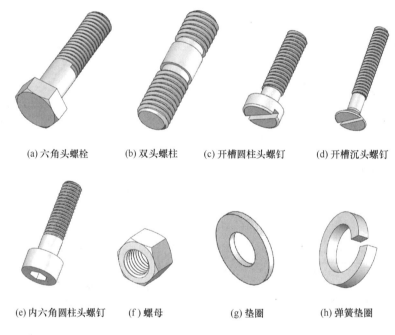

(a)六角头螺栓　　(b)双头螺柱　　(c)开槽圆柱头螺钉　　(d)开槽沉头螺钉

(e)内六角圆柱头螺钉　　(f)螺母　　(g)垫圈　　(h)弹簧垫圈

图 4-26　螺纹紧固件的种类

螺纹紧固件的规定标记由名称、标准代号、型号与尺寸、性能等级组成。

三、螺纹紧固件连接的装配图画法

螺纹紧固件连接有螺栓连接、双头螺柱连接和螺钉连接三种方式。连接方式根据被连接件的厚度和使用要求来选择。

（一）螺栓连接

螺栓连接用于被连接的两个零件都不太厚（能钻成通孔）的情况。螺栓连接一般由螺栓、螺母和垫圈组成，如图 4-27 所示。装配时，螺栓穿过被连接件的通孔（孔内无螺纹，为了便于装配，该孔应稍大于螺栓的直径，在图上约为 $1.1d$），在制有螺纹的一端拧上螺母。为了避免拧紧螺母时损坏被连接件的表面，常在螺母和被连接件间加一垫圈。

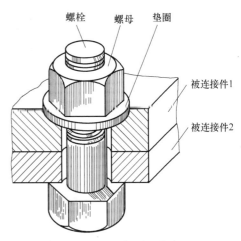

图 4-27　螺栓连接

螺栓连接图也是装配图的一部分，螺栓连接画法如图 4-28 所示，画图时，必须遵循以下几点。

① 两零件的接触面画一条线，不接触表面画两条线。

② 在剖视图中，两零件相邻时，不同的零件剖面线方向相反或方向相同、间隔不等。

③ 对连接件、实心件（轴、销等），若剖切平面沿着其轴线剖切，这些零件按不剖绘制。必要时，可采用局部剖视。

图 4-28（d）即为螺栓连接的一般画法；必要时也可采用简化画法，即螺纹连接件的工艺结构（倒角、退刀槽等）均可省略不画，如图 4-28（e）所示。

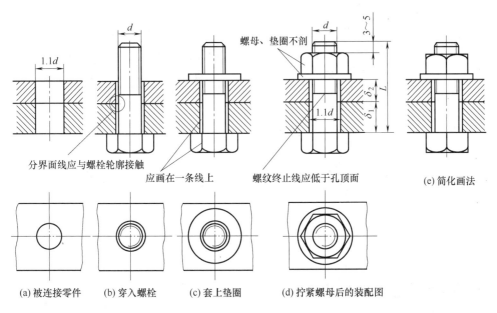

图 4-28　螺栓连接画法

（二）双头螺柱连接

双头螺柱连接适用于被连接件之一的厚度较大，不便钻成通孔或因其他原因不便使用螺栓连接的场合。

装配时，将双头螺柱的旋入端穿过较薄连接件的通孔后，旋入较厚被连接件的螺孔中，

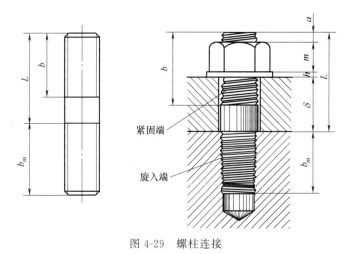

紧固端

旋入端

图 4-29　螺柱连接

然后装上垫圈，拧紧螺母，如图 4-29 所示。

如图 4-29 所示，双头螺柱的两端都有螺纹，一端旋入较厚零件的螺孔中，称为旋入端，用 b_m 表示；另一端通过较薄零件上的通孔后套上垫圈，拧紧螺母，称为紧固端，用 b 表示。除旋入端以外的长度称为螺柱的公称长度，用 L 表示。

画双头螺柱的连接图时，双头螺柱旋入端必须全部旋入螺孔中，即此端螺纹终止线必须与被连接件的接触面画成一条线，如图 4-30（a）所示。若使用弹簧垫圈，其斜口的倾斜方向应与螺母旋紧的方向一致，此斜口仅在一个主要视图中画出，其余视图中不再表示。弹簧垫圈斜口的宽度 $m=0.1d$，垫圈高度按 $0.2d$ 绘制。如图 4-30（b）所示；其余部分的画法与螺栓连接相同。

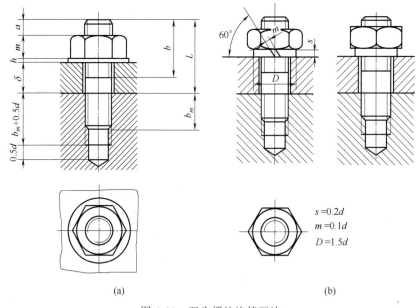

$$s=0.2d$$
$$m=0.1d$$
$$D=1.5d$$

(a)　　　　　　　　　　　　(b)

图 4-30　双头螺柱连接画法

四、直齿圆柱齿轮的表示法

1. 单个圆柱齿轮的画法

在表示齿轮端面的视图中，齿顶圆用粗实线绘制，齿根圆用细实线绘制或省略不画，分度圆用点画线画出，齿轮的非圆视图一般采用半剖或全剖视图，这时轮齿按不剖处理，齿根线用粗实线绘制，且不能省略，如图 4-31 所示。

2. 啮合画法

绘制一对啮合齿轮时，应注意其啮合部分的画法。两标准齿轮标准安装相互啮合时，它

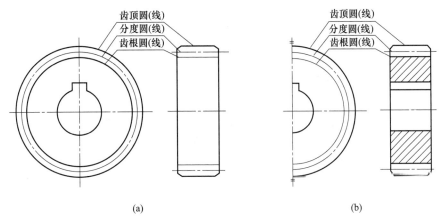

图 4-31 直齿圆柱齿轮的画法

们的分度圆处于相切位置，此时分度圆又称节圆。在反映为圆的视图中，两齿轮分度圆相切，啮合区内的齿顶圆用粗实线表示，也可省略不画。在平行于齿轮轴线的投影面的外形视图中，啮合区的齿顶线不画，两齿轮重合的节线画成粗实线，其他处的节线仍用细点画线绘制，如图 4-32 所示。

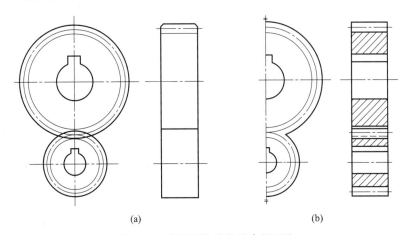

图 4-32 直齿圆柱齿轮啮合的画法

复习思考题

1. 试述零件图视图选择的原则。
2. 简述阅读零件图的方法和步骤。
3. 装配图包含什么内容？
4. 简述阅读装配图的方法和步骤。
5. 分别绘制螺栓连接和双头螺柱连接的画法。

第五章

计算机绘图基础

AutoCAD 是 CAD 业界用户最多、使用最广泛的计算机辅助绘图和设计软件，它由美国 Autodesk 公司开发，其最大的优势就是绘制二维工程图形，同时还可以进行三维建模和渲染。

第一节　计算机绘图系统

一、硬件系统

操作系统：AutoCAD 可运行在 Windows XP 及以上操作系统。

浏览器：Microsoft Internet Explorer 6.0 Service Pack 1（或更高版本）。

处理器：英特尔奔腾 4、AMD Athlon 双核处理器 3.0GHz 或英特尔、AMD 的双核处理器 1.6GHz 或更高，支持 SSE2。

内存（RAM）：建议 2GB 或者更大。

视频：1280×1024 真彩色视频显示器适配器，128MB 以上独立图形卡。

硬盘：安装需要 2GB 空闲磁盘空间。

显卡：建议 128MB 或者更大。

可选硬件：可兼容 Open GL 的三维视频卡、打印机或绘图仪、调制解调器或其他访问 Internet 连接的设备。

二、软件系统

AutoCAD 拥有强大的功能，主要包括以下几个方面功能。

（1）绘图功能　绘制各类几何图形，几何图形由各种图形元素、块和阴影线组成，以及对绘制完成的图形进行标注。

（2）编辑功能　对已有图形进行的各种操作，包括形状和位置改变、属性重新设置、复制、删除、剪贴及分解等。

（3）设置功能　用于各类参数设置，如图形属性、绘图界限、图纸单位和比例以及各种系统变量的设置。

（4）文件管理功能　用于图纸文件的管理，包括存储、打开、打印、输入和输出等。

（5）三维功能　三维功能的作用是建立、观察和显示各种三维模型，包括线框模型、曲面模型和实体模型。

（6）数据库的管理与连接　通过链接对象到外部数据库中实现图形智能化，并且为使用者在设计中管理和实时提供更新的信息。

第二节　AutoCAD 基础知识

一、绘图设置

AutoCAD 提供了一整套工具来帮助设计人员向客户清楚地传达设计意图，利用 Auto-CAD，用户可以快速、准确地绘制图样。用户可以选择"开始"→"程序"→Autodesk→AutoCAD Simplified Chinese→AutoCAD 命令，或者在桌面上双击 AutoCAD Simplified Chinese 的快捷方式图标即可启动 AutoCAD，也可以直接在 AutoCAD 文件上双击来启动 AutoCAD。启动 AutoCAD 后，出现 AutoCAD 的初始界面，如图 5-1 所示。

用户通常都是在系统默认的环境下工作的。用户安装好 AutoCAD 后，就可以在其默认的设置下绘制图形，但是有时为了使用特殊的定点设备如打印机或为了提高绘图效率，需要在绘制图形前先对系统参数、绘图环境等进行必要的设置。

（一）绘图界限的设置

绘图界限是绘图空间中的一个假想的矩形绘图区域，显示为可见栅格指示的区域。当打开图形界限边界检验功能时，一旦绘制的图形超出了绘图界限，系统将发出提示。国家机械制图标准对图纸幅面和图框格式也有相应的规定。

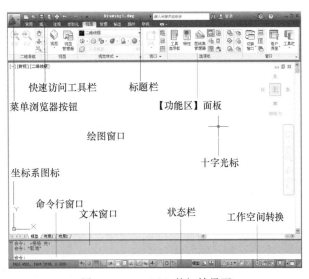

图 5-1　AutoCAD 的初始界面

可以使用以下两种方式设置绘图界限：

① 菜单命令：依次选择"格式"→"图形界限"。

② 命令行：输入 LIMITS。

执行上述操作后，命令行提示如下：

此时，输入 on 打开界限检查，如果所绘图形超出了界限，系统不会绘制出此图形并给出提示信息，从而保证了绘图的正确性。输入 off 关闭界限检查，可以直接输入左下角点坐标，然后按回车键，也可以直接按回车键设置左下角点坐标为<0.0000，0.0000>。此时，可以直接输入右上角坐标按回车键，也可以直接按回车键设置右上角点坐标为<420.0000，297.0000>。最后按回车键完成绘图界限设置。

（二）图层的设置

图层相当于图纸绘图中使用的重叠透明图纸。绘制图形需要用到各种不同的线型和线宽，为了明显地显示各种不同的线型，可以在图层里面将不同的颜色赋予不同的线型。将所绘制的对象放在不同的图层上，可提高绘图效率。

1. 图层的基本操作

一幅图中系统对图层数没有限制，对每一图层上的实体数（绘图过程中出现的文字或数字）也没有任何限制。每一个图层都应有一个名字加以区别，当开始绘制新图时，Auto-CAD自动生成层名为"0"的图层，这是AutoCAD的默认图层，其余图层需要由用户自己定义。

"图层特性管理器"用来设置图层的特性，允许建立多个图层，但绘图只能在当前层上进行。执行"图层特性"命令后，将出现"图层特性管理器"对话框，如图5-2所示。在此对话框中，可以进行新建图层、删除图层、命名图层等操作。

图5-2　图层特性管理器

2. 图层的基本操作

"图层特性管理器"可以控制图层特性的状态，例如图层的打开（关闭）、解冻（冻结）、解锁（锁定）等，这些在图层管理器和图层工具栏都有显示。

3. 线型设置

绘图时，经常要使用不同的线型，如虚线、中心线、细实线、粗实线等。AutoCAD提供了丰富的线型，用户可根据需要从中选择线型。

图层的线型是指在图层上绘图时所用的线型，每一层都应有一个相应的线型。系统默认的线型只有一个，单击"图层特性管理器"中要修改的图层线型名称时出现"选择线型"对话框；单击"加载"按钮出现"加载或重载线型"对话框；从中选择需要的线型，单击"确定"按钮将其加载到"选择线型"对话框中，然后选择需要的线型，单击"确定"按钮。

4. 颜色的设置

屏幕上图线的颜色，一般应按规定的颜色设置，并要求相同类型的图线尽量采用同样的颜色。每一个图层应具有各自的颜色，可以在"图层特性管理器"对话框中指定图层对象的颜色，也可以在"对象特性"工具条中指定某一对象的颜色。

5. 线宽的设置

AutoCAD为用户提供了线宽功能，使用此功能可以用粗线和细线清楚地表现图样。

（三）文字样式的设置

文字是工程图样不可缺少的一部分。为了完整地表达设计思想，除了正确地用图形表达物体的形态、结构外，还要在图样中标注尺寸、注写技术要求、填写标题栏等。AutoCAD中文版提供了符合国家标准的汉字和西文字体，从而使工程图样中的文字清晰、美观，增强了图形的可读性。

1. 文字样式

图形中的所有文字都具有与之相关联的文字样式。输入文字时，程序使用当前的文字样式设置字体、字号、倾斜角度、方向和其他文字特征。默认的文字样式是Standard样式，用户应根据需要设置相应的文字样式，如尺寸文字样式、汉字文字样式等。执行"文字样式"命令后，将出现"文字样式"对话框，如图5-3所示。

图5-3　"文字样式"对话框

2. 文字样式的设置

根据国家标准，可以选择使用大字体，中文大字体是 gbcbig.shx，其具体选项可以设置中文字体为 gbenor.shx、数字和字母等西文字体为 gbeitc.shx。只有在"字体名"下拉列表框中指定 shx 文件，才能使用大字体。

（四）尺寸标注的设置

尺寸标注是绘制图形的一项重要内容。尺寸标注描述了图形各部分的实际大小和位置关系，是实际生产的重要依据。AutoCAD 提供了设置尺寸标注样式的平台和各种尺寸标注方法，以适用于不同专业各种类型的尺寸标注。

1. 尺寸标注的类型和组成

尺寸标注显示了对象的测量值、对象之间的距离和角度等。AutoCAD 提供了基本的标注类型：线性标注、径向（半径、直径和折弯）标注、角度标注、坐标标注、弧长标注和公差。标注工具栏如图5-4所示。

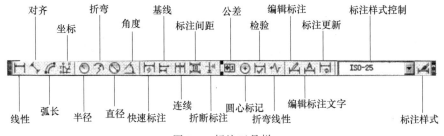

图5-4　标注工具栏

尺寸标注是作为一个图块存在的，即尺寸线、尺寸界线、标注文字和箭头是一个组合实体，是一个对象。当标注的图形被修改时，或单独用夹点拖动尺寸时，系统会自动更新尺寸标注，尺寸文本自动改变的特性就称为尺寸标注的关联性。可以用分解命令变为非关联的。

2. 尺寸标注基本样式的设置

AutoCAD 默认的标注样式不完全符号国标，所以一般需要重新设置尺寸标注的样式。尺寸标注样式的设置主要是对尺寸线、尺寸界线、标注文字、箭头、单位、公差等进行设置。AutoCAD 默认的尺寸标注样式是 ISO-25。

（五）图样模板的创建与使用

可以根据现有的样板文件创建新图形，而新图形的修改不会影响样板文件。用户可以使用程序提供的样板文件，也可创建自定义模板文件。图形样板的扩展名为.dwt。样板文件创建方法有：

（1）通常存储在样板文件中的内容可直接调用。

（2）从现有图形创建图形样板文件　选择"文件"→"打开"命令，在"选择文件"对话框中，选择要用作样板的文件后，单击"确定"按钮。删除现有文件图形内容，选择"文件"→"另存为"命令，在出现的"图形另存为"对话框的"文件类型"下拉列表框中，选择"Auto-CAD图形样板（＊.dwt）"文件类型；在"文件名"文本框中，输入此样板的名称，确定要保存的位置，单击"保存"按钮，在弹出的对话框中输入样板说明，单击"确定"按钮，新样板即可保存在用户要保存的文件夹中。默认的是保存在template文件夹中，只要是在该计算机上用AutoCAD软件新建文件，打开的对话框中都存在新建的样板文件。

（3）从新建图形创建图形样板文件　新创建一个AutoCAD文件，对存储在样板文件中的内容进行设置和绘制后，单击"保存"按钮，出现"图形另存为"对话框，以后的操作同"从现有图形创建图形样板文件的步骤"。

图形样板文件创建后，可以对图形样板文件进行设置，主要包括单位类型、单位精度、栅格捕捉、栅格和正交的设置，一般选择默认。图层有很多属性，除了图层名称外，还有颜色、线型、线宽等。因此用户在设置图层时，就要定义好相应的颜色、线型及线宽等。

二、二维绘图和编辑命令

在AutoCAD中，二维图形对象都是通过一些基本二维图形的绘制，以及在此基础上的编辑得到的。AutoCAD为用户提供了大量的基本图形绘制命令和编辑命令，用户通过这些命令的结合使用，可以方便而快速地绘制出二维图形对象。

和一般的软件不同，AutoCAD作为计算机辅助设计软件强调绘图的精度和效率。AutoCAD中所有图形的绘制都是在坐标系中进行。常用坐标系有世界坐标系和用户坐标系。

（1）世界坐标系　世界坐标系（World Coordinate System，WCS）是AutoCAD的基本坐标系。它由三个相互垂直的坐标轴X、Y和Z组成，在绘制和编辑图形的过程中，它的坐标原点和坐标轴的方向是不变的。如图5-5所示，坐标原点在绘图区左下角，在其上有一个方框标记，表明是世界坐标系。

（2）用户坐标系　为了更好地辅助绘图，经常需要修改坐标系的原点位置和坐标方向，这时就需要使用可变的用户坐标系（User Coordinate System，UCS）。在默认情况下，用户坐标系和世界坐标系重合，用户可以在绘图过程中根据具体需要来定义UCS。如图5-6所示为用户坐标系图标。

图5-5　世界坐标系图标　　　　图5-6　用户坐标系图标

绘制图形时，如何精确地输入点的坐标是绘图的关键。在AutoCAD中，点的坐标通常采用绝对坐标、相对坐标的方法输入。

（1）绝对坐标　绝对坐标包含绝对直角坐标和绝对极坐标。绝对直角坐标输入法是用户使用较多的一种方法，它以原点（0，0，0）为基点来定位所有的点。绘制二维图形时，只要输入X、Y坐标（中间用逗号隔开），绘制三维图形时才输入X、Y、Z坐标。如图5-7所示中，点A的坐标值为（40，40），则应输入"40，40"，点B的坐标值为（100，100），则应输入"100，100"。

绝对极坐标是通过相对于极点的距离和角度来定义的。AutoCAD以逆时针为正方向来测量角度，水平向右为0°（或360°）方向，90°方向垂直向上，180°方向水平向左，270°方向垂直向下。绝对极坐标以原点为极点，通过极半径和极角来确定点的位置。输入格式：极半径＜极角。如图 5-8 所示的点 A 绝对极坐标为"100＜45"。

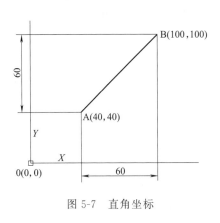

图 5-7　直角坐标

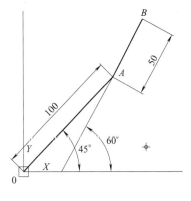

图 5-8　极坐标

（2）相对坐标　相对坐标也包含相对直角坐标和相对极坐标。在绘图过程中，仅使用绝对坐标并不太方便，图形对象的定位通常是通过相对位置确定的。在绘制一张新图时，第一点的位置往往并不重要，只需简单估计即可。然而，一旦第一点确定后，以后每一点的位置都由相对于前面所绘制的点的位置严格确定。因此，相对坐标在实际制图过程中更加实用。用户可以用（@x,y）或（@极半径＜极角）的方式输入相对坐标。

（一）二维绘图

任何机械图形都是由点、直线、圆、多边形、圆弧和样条曲线等构成的，AutoCAD 常用的二维绘图命令如下。

1. 点类

在"绘图"工具栏中选择"点"命令，或是单击点按钮，或者在命令行提示符下输入 POINT 命令并按 Enter 键或空格键，均可调用单点命令。

采用类似方法还可调用"多点""定数等分""定距等分"等命令。

2. 直线类

在"绘图"工具栏中选择"直线"命令，或是单击直线 ╱ 按钮，或者在命令行提示符下输入 LINE 命令并按 Enter 键或空格键，均可调用直线命令。

采用类似方法还可调用"射线""构造线"等命令。

3. 圆（弧）类

在"绘图"工具栏中选择"圆"命令，或是单击圆 ⊘ 按钮，或者在命令行提示符下输入 CIRCLE 命令并按 Enter 键或空格键，均可调用圆命令。

采用类似方法还可调用"圆弧""椭圆""椭圆弧"等命令。

4. 多段线

在"绘图"工具栏中选择"多段线"命令，或是单击多段线 ↵ 按钮，或者在命令行提示符下输入 PLINE 命令并按 Enter 键或空格键，均可调用多段线命令。

5. 多边形类

在"绘图"工具栏中选择"矩形"命令，或是单击矩形 ▭ 按钮，或者在命令行提示符下输入 RECTANG 命令并按 Enter 键或空格键，均可调用矩形命令。

采用类似方法还可调用"三角形""五边形"等多边形命令。

6. 样条曲线

在"绘图"工具栏中选择"样条曲线"命令，或是单击样条曲线拟合 ⟋ 按钮，或者在命令行提示符下输入 SPLINE 命令并按 Enter 键或空格键，均可调用样条曲线命令。

（二）编辑绘图

用户在绘制机械图形时，经常需要对已绘制的图形进行编辑和修改，这时就要用到 AutoCAD 的图形编辑功能。AutoCAD 中常见的二维图形编辑命令基本上都可以在"修改"工具栏上找到。"修改"工具栏如图 5-9 所示。

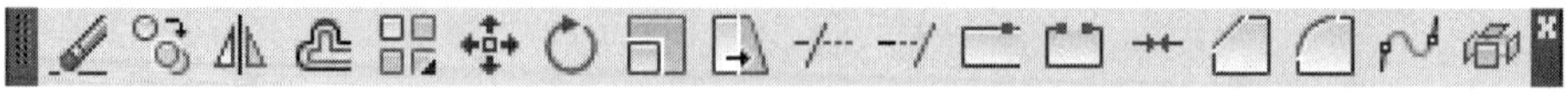

图 5-9　"修改"工具栏

1. 删除

在"修改"菜单中选择"删除"命令，或是单击删除 ⟋ 按钮，或者在命令行提示符下输入 Erase 命令并按 Enter 键或空格键，均可调用删除命令。

2. 复制

在"修改"菜单中选择"复制"命令，或是单击复制 ⟋ 按钮，或者在命令行提示符下输入 Copy 命令并按 Enter 键或空格键，均可调用复制命令，复制命令可以将对象复制多次，如图 5-10 所示。

3. 镜像

镜像是对一个对象按某一条镜像线进行对称复制。在"修改"菜单中选择"镜像"命令，或是单击镜像 ⟋ 按钮，或者在命令行提示符下输入 Mirror 命令并按 Enter 键或空格键，均可调用复制命令，如图 5-11 所示。

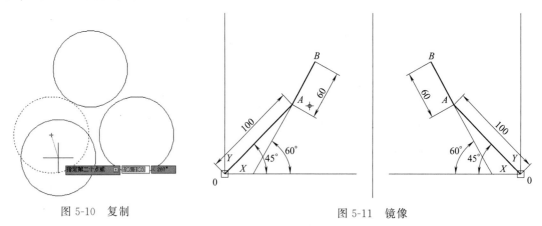

图 5-10　复制　　　　　　　　　　　　　　图 5-11　镜像

4. 偏移

偏移对象是指保持选择对象的基本形状和方向不变，在不同的位置新建一个对象。在"修改"菜单中选择"偏移"命令，或是单击偏移 ⟋ 按钮，或者在命令行提示符下输入 Offset 命令并按 Enter 键或空格键，均可调用偏移命令。

5. 阵列

AutoCAD 为用户提供了 3 种阵列方式：矩形阵列、路径阵列、环形阵列。在"修改"菜单中选择"阵列"命令，或单击阵列 ⟋ 按钮，或者在命令行提示符下输入 Array 命令并按 Enter 键或空格键，均可调用阵列命令。

6. 移动

"移动"命令是在不改变对象大小和方向的前提下，将对象从一个位置移动到另一个位置。在"修改"菜单中选择"移动"命令，或是单击移动 ✛ 按钮，或者在命令行提示符下输入 Move 命令并按 Enter 键或空格键，便可调用移动命令。

7. 拉伸

拉伸对象是指拉长选中的对象，使对象的形状发生改变，但不会影响对象没有拉伸的部分。在"修改"菜单中选择"拉伸"命令，或是单击拉伸 ↳ 按钮，或者在命令行提示符下输入 Stretch 命令并按 Enter 键或空格键，便可调用"移动"命令。

8. 缩放

缩放命令用于将指定对象按相同的比例沿 X 轴、Y 轴放大或缩小。如果要放大一个对象，用户可以输入一个大于 1 的比例因子；如果要缩小一个对象，用户可以输入一个小于 1 的比例因子。在"修改"菜单中选择"缩放"命令，或是 ⟋ 单击缩放命令按钮，或者在命令行提示符下输入 Scale 命令并按 Enter 键或空格键，便可调用缩放命令。

9. 修剪

修剪命令是以某个图形为修剪边修剪其他图形。在"修改"菜单中选择"修剪"命令，或单击阵列 ⬒ 按钮，或者在命令行提示符下输入 Trim 命令并按 Enter 键或空格键，均可调用修剪命令。

10. 合并

合并命令将对象合并以形成一个完整的对象。在"修改"菜单中选择"合并"命令，或是单击修改工具栏中的合并 ⊬ 命令按钮，或者在命令行提示符下输入 Join 命令并按 Enter 键或空格键，便可调用合并命令。

11. 倒角

倒角用于在两条直线间绘制一个斜角，斜角的大小由第一个和第二个倒角距离确定。在"修改"菜单中选择"倒角"命令，或单击阵列 ◺ 按钮，或者在命令行提示符下输入 Chamfer 命令并按 Enter 键或空格键，均可调用倒角命令。

12. 填充图案

在绘制机械图形时，经常需要绘制剖面线。AutoCAD 提供了"图案填充"命令用于填充剖面线。在"绘图"菜单中选择"图案填充"命令，或在"绘图"工具栏中单击图案填充 ▨ 命令按钮，弹出"图案填充和渐变色"对话框，对填充图案进行设置即可。

复习思考题

1. 完备的 CAD 系统具有哪些特点？
2. 什么是 CAD？与传统的设计过程相比，它有什么不同的特征？
3. 利用常用命令绘制生活中的一件工具。

第二篇

机械设计基础

第六章

常用机构

第一节　基本概念

机构是具有确定相对运动的构件组合。所有构件都在同一平面或相互平行的平面内运动的机构称为**平面机构**，否则称为空间机构。工程中常见的机构大多数属于平面机构，本章只讨论平面机构。

一、运动副及其分类

机构是由许多构件组合而成的。在机构中，每个构件都以一定方式与其他构件相连接，这种连接不是固定连接，而是能产生一定相对运动的连接。相互连接的两构件既保持直接接触，又能产生一定的相对运动，我们把这种连接称为运动副。例如轴颈与轴承之间的连接、滑块与导槽之间的连接以及传动齿轮两个轮齿之间的连接等都构成运动副。

两构件组成的运动副不外乎通过点、线或面接触来实现。按照这种接触特性，运动副通常被分为低副和高副两类。

1. 低副

两构件通过面接触组成的运动副称为低副。根据组成低副的两构件之间的相对运动形式不同，低副又可分为：

（1）转动副　若组成运动副的两构件只能在同一个平面内绕同一轴线相对转动，则这种运动副称为转动副。组成转动副的构件的相对运动形式类似于日常生活中的铰链，所以转动副亦称为回转副或铰链。如图 6-1（a）轴颈与轴承之间的连接、图 6-1（b）铰链的连接都

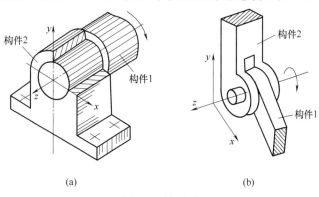

(a)　　　　　　　　　　(b)

图 6-1　转动副

是转动副。

（2）移动副　若组成运动副的两构件只能沿某一轴线相对移动，则该运动副称为移动副，如图 6-2 所示。

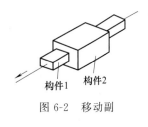

图 6-2　移动副

2. 高副

两构件通过点或线接触组成的运动副称为高副。两个构件连接形成高副时，构件在接触处的相对运动是绕接触点或者绕接触线相对转动，以及沿接触点、线切线方向相对移动。图 6-3（a）中的车轮 1 与钢轨 2 线接触、图 6-3（b）中凸轮 1 与推杆 2 点接触、图 6-3（c）中的齿轮 1 与齿轮 2 线接触，这些构件组成的运动副均为高副。组成高副两构件间的相对运动是沿接触切线 $t\text{-}t$ 方向的相对移动和在平面内的相对转动。

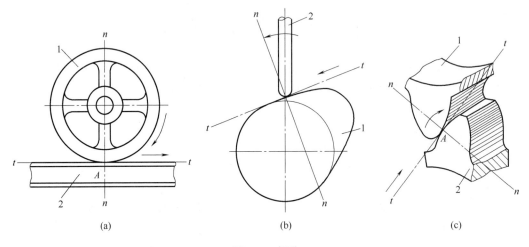

| (a) | (b) | (c) |

图 6-3　高副

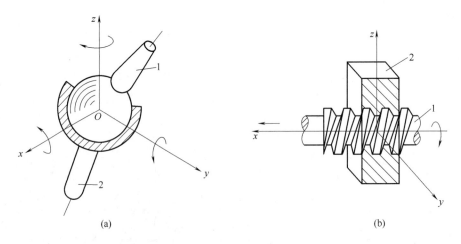

| (a) | (b) |

图 6-4　球面副和螺旋副

除上述平面低副和平面高副外，机械中还经常见到如图 6-4（a）所示的球面副和图 6-4（b）所示的螺旋副。它们都属于空间运动副。对于空间运动副，本节不做进一步讨论。

二、平面机构运动简图

（一）机构中构件的类型

组成机构的构件，按其运动性质可分为三类。

1. 固定件（机架）

固定件是固定不动的构件，用来支撑整个机构，如图6-5中的构件5。

2. 原动件（主动件）

机构中运动规律已知的构件称为原动件，一般原动件的运动规律由外界给定，如图6-5中的构件1。

3. 从动件

机构中随原动件运动而运动的其余活动构件称为从动件，如图6-5中的构件2、3、4都是从动件。

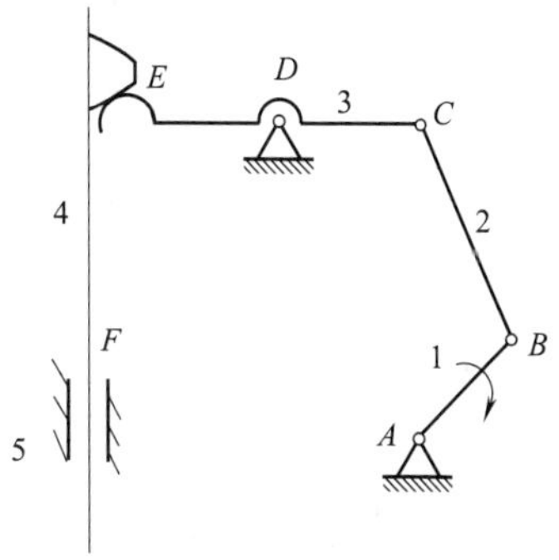

（二）平面机构运动简图

图 6-5 活塞泵机构运动简图

为了便于分析或设计，通常不考虑构件的外形、截面尺寸、组成构件的零件数目和运动副的实际结构，而是用简单的线条与规定的符号表示构件和运动副，并按比例确定各运动副间的相对位置，这种表达机构各构件间相对运动关系和运动特征的图形称为机构运动简图。如图6-6所示为颚式破碎机及其机构运动简图。只要求表示机构的组成和运动情况而不要求严格按比例绘制的机构运动简图，称为机构示意图。

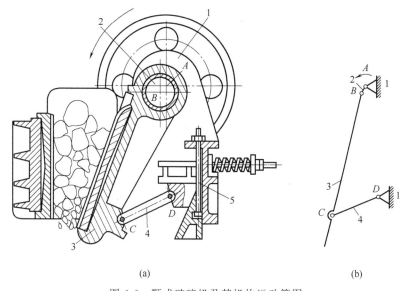

(a)   (b)

图 6-6 颚式破碎机及其机构运动简图

（三）平面机构运动简图中构件与运动副的表示方法

1. 构件

构件一般用线段、小方块、封闭的曲线等来表示。

2. 转动副

图6-7所示为两构件组成的转动副。图6-7（a）所示组成转动副的两构件均是活动构件；图6-7（b）和图6-7（c）表示组成转动副的两构件中，构件2是活动构件，构件1为固

定不动的机架。图中圆圈表示转动副，其圆心代表回转轴线。

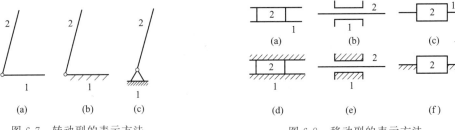

图 6-7　转动副的表示方法　　　　　　图 6-8　移动副的表示方法

3. 移动副

图 6-8 所示为两构件组成的移动副。两构件组成移动副的表示方法如图 6-8 所示。移动副的导路必须与两构件相对移动方向一致。同上所述，画有阴影线的构件表示机架。

4. 高副

两构件组成高副时，在简图中应当画出两构件接触处的曲线轮廓，如图 6-9 所示，表示平面高副的曲线，其曲率中心的位置必须与组成高副两构件接触处实际轮廓的曲率中心位置一致。同样画有阴影线的构件表示机架。

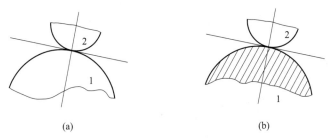

图 6-9　高副的表示方法

三、平面机构的自由度

（一）自由度和约束

一个作平面运动的自由构件有三个独立运动❶。如图 6-10 所示，自由构件 S 在 xoy 坐

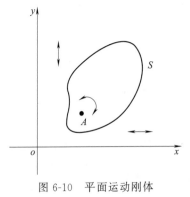

图 6-10　平面运动刚体
的自由度

标系中的三个可能的独立运动是：沿 x 轴和 y 轴的移动，绕过任一点 A 且垂直于 xoy 平面的轴的转动，这种构件相对于参考系具有的独立运动称为自由度。显然，作平面运动的自由构件 S 具有三个自由度。但是，当它与另外一个构件 Q 组成运动副之后，由于 S 与 Q 之间直接接触，构件 S 的某些可能的独立运动受到限制，自由度随之减少，这种对可能的独立运动所加的限制称为约束。每加一个约束，构件便失去一个自由度。不同种类的运动副引入的约束不同，所保留的自由度也不同。如图 6-1 所示转动副中，构件 2 对构件 1 施加了约束，构件 1 沿 x 轴和 y 轴的两个相对移动受到限制，构件 1 相对于构件 2 只有绕垂

---

❶　独立运动指没有其他运动形式可以替代的运动。

直于 xoy 平面的轴相对转动的可能。因此，引入 1 个转动副时，引入了 2 个约束，保留了 1 个自由度。图 6-3 所示的高副，构件 2 沿公法线 $n\text{-}n$ 方向的移动受到构件 1 的约束，构件 2 相对于构件 1 有沿二者接触点切线 $t\text{-}t$ 方向移动的可能，同时也有绕过 A 点垂直于 $t\text{-}n$ 面轴转动的可能。故高副保留了 2 个自由度。

（二）平面机构自由度计算公式

设某平面机构共有 K 个构件，除去固定构件，则活动构件数为 $n=K-1$。在未用运动副连接之前，这些活动构件的自由度总数为 $3n$。当用运动副将构件连接组成机构之后，机构中各构件具有的自由度随之减少。若机构中低副数为 P_L 个，高副数为 P_H 个，则运动副引入的约束总数为 $2P_L+P_H$。活动构件的自由度总数减去运动副引入的约束总数就是**机构自由度**（旧称机构活动度），以 F 表示，即

$$F=3n-2P_L-P_H \tag{6-1}$$

式（6-1）就是计算平面机构自由度的公式。由公式可知，机构自由度取决于活动构件的件数以及运动副的性质和个数。

（三）平面机构具有确定运动的条件

机构的自由度就是机构中各构件相对于机架具有的独立运动的数目。显然，只有机构的自由度大于零，且机构输入的独立运动数目与机构的自由度数相等，机构才能确定。

当原动件数小于自由度数时，机构会出现运动不确定的现象，如图 6-11 所示的铰链五杆机构。

当原动件数大于自由度数时，机构中较薄弱的构件或运动副可能被破坏，如图 6-12 所示。

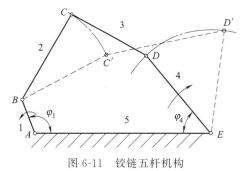

图 6-11　铰链五杆机构　　　　　　图 6-12　铰链四杆机构

由此可见，机构具有确定运动的条件是：**机构自由度 $F>0$，且 F 等于原动件数。**

（四）计算平面机构自由度的注意事项

应用式（6-1）计算平面机构自由度时，要注意以下几个问题。

1. 复合铰链

三个或三个以上构件同在一处用转动副相连接，就构成复合铰链。图 6-13 所示是三个构件汇交成的复合铰链，图（b）是它的俯视图。由图（b）可以看出，这三个构件共组成两个转动副。以此类推，K 个构件汇交而成的复合铰链有（$K-1$）个转动副。在计算机构自由度时应注意识别复合铰链，以免把转动副的个数算错。

2. 局部自由度

机构中常出现一种与输出构件

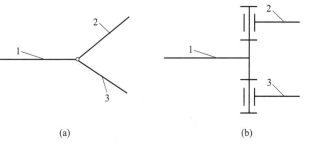

(a)　　　　　　　　(b)

图 6-13　复合铰链

运动无关的自由度，称为局部自由度（或称多余自由度），在计算机构自由度时应予排除。

如图 6-14（a）所示，当原动件凸轮 1 转动时，通过滚子 3 驱动从动件 2 以一定规律在机架 4 中往复移动。从动件 2 是输出构件。滚子 3 是为减少高副元素的磨损，在从动件与凸轮接触处安装的，从而使凸轮与从动件之间的滑动摩擦变为滚动摩擦。不难看出，在这个机构中，滚子 3 绕其轴线是否转动或转动快慢都不影响输出构件 2 的运动，因此，在计算机构的自由度时应预先将转动副 C 除去不计。或如图 6-14（b）所示，将滚子 3 与从动件 2 固连在一起作为一个构件来考虑，此时，$n=2$，$P_L=2$，$P_H=1$。由式（6-1）可得：

$$F=3n-2P_L-P_H=3\times2-2\times2-1=1$$

局部自由度虽然不影响整个整个机构的运动，但滚子可使高副接触处的滑动摩擦变成滚动摩擦，减少磨损，所以实际机械中常有局部自由度出现。

3. 虚约束

对机构自由度不起独立限制作用的重复约束称为虚约束或消极约束。在计算机构自由度时应将虚约束排除不计。

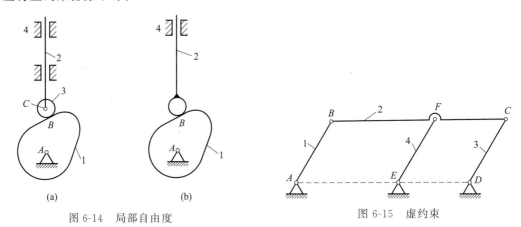

图 6-14　局部自由度　　　　　　　　　　图 6-15　虚约束

如图 6-15 所示的机构中，$L_{AB}=L_{CD}=L_{EF}$，$L_{BF}=L_{AE}$，$L_{FC}=L_{ED}$，在此机构中，$n=4$，$P_L=6$，$P_H=0$。由式（6-1）可得：

$$F=3n-2P_L-P_H=3\times4-2\times6=0$$

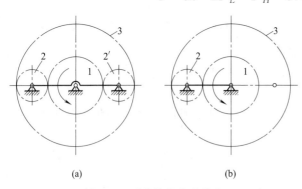

图 6-16　对称结构的虚约束

这表明该机构不能运动，显然与实际情况不符。进一步分析可知，机构中的运动轨迹有重复现象。因为当原动件 1 转动时，构件 2 上的 C 点的运动轨迹是以 D 点为圆心，以 L_{CD} 为半径的圆弧，如果去掉构件 4（转动副 C、D 也不再存在），C 点的运动轨迹没有变化，这说明构件 4 及转动副 C、D 是否存在对整个机构的运动并无影响。也就是说，机构中加入构件 4 及转动副 C、D 后，虽然使机构增加了一个约束，但此约束并不起限制机构运动的作用，所以是虚约束。在计算机构自由度时应除去构件 4 和转动副 C、D，此时，$n=3$，$P_L=4$，$P_H=0$，由式（6-1）可得：

$$F=3n-2P_L-P_H=3\times3-2\times4=1$$

此结果与实际情况相符。

虚约束是构件间几何尺寸满足某些特殊条件的产物。平面机构中的虚约束常出现在下列场合：

（1）两构件间组成多个导路平行的移动副，只有一个移动副起作用，其余都是虚约束。如图 6-14（a）所示的凸轮机构的运动简图，从动件与机架间组成两个移动副，其中之一为虚约束。

（2）两个构件之间组成多个轴线重合的转动副时，只有一个转动副起作用，其余都是虚约束。例如两个轴承支持一根轴只能看作一个转动副。

（3）机构中对传递运动不起独立作用的对称部分。如图 6-16 所示的行星轮系中，中心轮 1 通过两个对称布置的小齿轮 2 和 2'驱动内齿轮 3，其中有一个小齿轮对传递运动不起独立作用。但第二个小齿轮的加入使机构增加了一个虚约束（引入两个转动副和两个高副），计算自由度时应予排除。

还有一些类型的虚约束需要通过复杂的数学证明才能判别，这里就不再一一列举了。虚约束对运动虽不起作用，但可增加构件的刚度，改善机构受力状况等。虚约束要求较高的制造精度，如果加工误差太大，不能满足某些特殊几何条件，虚约束就会变成实际的约束，阻碍构件运动。

第二节　平面连杆机构

平面连杆机构构件的形状多种多样，不一定为杆状，但从运动原理来看，均可用等效的杆状构件来替代。最常用的平面连杆机构是具有四个构件（包括机架）的低副机构，称为四杆机构。

构件间用四个转动副相连的平面四杆机构称为平面铰链四杆机构，简称铰链四杆机构。铰链四杆机构是四杆机构的基本形式，也是其他多杆机构的基础。本章重点介绍铰链四杆机构的基本形式、应用、演化形式、特性及其常用的设计方法。

一、铰链四杆机构的基本形式及应用

图 6-17（a）所示的剪板机中，虽然固定架 AD、剪刀 DC 等构件的形状各不相同，但在进行分析时，均可简化为杆件形式。用小圆圈表示铰链，线段表示构件，机构运动简图如图 6-17（b）所示。

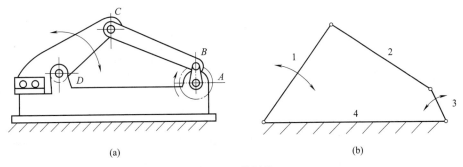

(a)　　　　　　　　　　　(b)

图 6-17　剪板机

铰链四杆机构中四个杆件的名称为：固定构件 4 称为机架；与机架通过转动副连接的构件 1 和 3 称为连架杆；不与机架直接连接的构件 2 称为连杆，连杆一般作平面复杂运动。若组成转动副的两构件能作整周相对转动，则称该转动副为整转副，否则称摆动副。与机架组成整转副的连架杆称为曲柄，与机架组成摆动副的连架杆称为摇杆。通常按照两连架杆运动形式的不同，可将铰链四杆机构分为三种基本形式：曲柄摇杆机构、双曲柄机构和双摇杆机构。

（一）曲柄摇杆机构

在铰链四杆机构的两个连架杆中，若其中一个为曲柄，另一个为摇杆，则称其为曲柄摇杆机构，如图 6-18 所示。

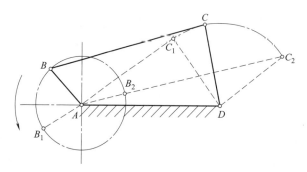

图 6-18　曲柄摇杆机构

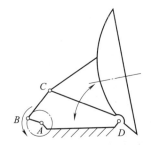

图 6-19　雷达天线俯仰机构

在曲柄摇杆机构中，取曲柄 AB 为主动件，并作逆时针等速转动。当曲柄 AB 的 B 端从 B 点回转到 B_1 点时，从动件摇杆 CD 上的 C 端从 C 点摆动到 C_1 点，而当 B 端从 B_1 点回转到 B_2 点时，C 端从 C_1 点顺时针摆动到 C_2 点。当 B 端继续从 B_2 点回转到 B_1 点时，C 端将从 C_2 点逆时针摆回到 C_1 点。这样，在曲柄 AB 连续作等速回转时，摇杆 CD 将在 C_1C_2 范围内作变速往复摆动。即曲柄摇杆机构能将主动件（曲柄）整周的回转运动转换为从动件（摇杆）的往复摆动。图 6-19 所示为雷达天线俯仰机构。曲柄 AB 缓慢均匀转动，通过连杆 BC 使摇杆 DC 在一定角度的范围内摆动，从而达到调整天线俯仰角、搜索信号的目的。

曲柄摇杆机构在生产中应用很广，除图 6-17（a）所示剪板机和图 6-19 所示雷达天线俯仰机构的应用实例外，图 6-20 又列举了一些应用实例。它们在曲柄 AB 连续回转的同时，摇杆 CD 可以往复摆动，完成刮窗、矿石破碎、搅拌等动作。

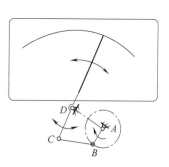

(a) 汽车刮雨器机构

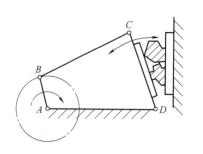

(b) 颚式破碎机机构

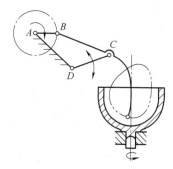

(c) 搅拌机搅拌机构

图 6-20　曲柄摇杆机构的应用实例

在曲柄摇杆机构中，当取摇杆为主动件时，可以使摇杆的往复摆动转换成从动件曲柄的整周回转运动。在图 6-21 所示缝纫机踏板机构中，踏板（相当于摇杆 CD）作往复摆动时，

连杆 BC 驱动曲轴（相当于曲柄 AB）和带轮连续回转。

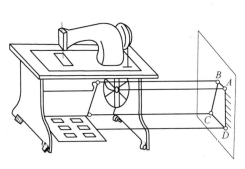

图 6-21 缝纫机踏板机构

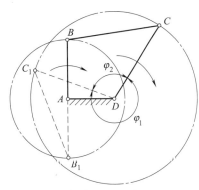

图 6-22 双曲柄机构

（二）双曲柄机构

具有两个曲柄的铰链四杆机构称为双曲柄机构，如图 6-22 所示。在双曲柄机构中，两个连架杆均为曲柄，均可作整圈旋转。两个曲柄可以分别为主动件。在图 6-22 所示的双曲柄机构中，取曲柄 AB 为主动件，当主动曲柄 AB 顺时针回转180°到 AB_1 位置时，从动曲柄 CD 顺时针回转到 C_1D，转过角度 φ_1；主动曲柄 AB 继续回转180°，从动曲柄 CD 转过角度 φ_2。显然 $\varphi_1 > \varphi_2$，$\varphi_1 + \varphi_2 = 360°$。所以双曲柄机构的运动特点是：主动曲柄匀速回转一周，从动曲柄随之变速回转一周，即从动曲柄每回转一周中其角速度有时大于主动曲柄的角速度，有时小于主动曲柄的角速度。但平行双曲柄机构中从动曲柄与主动曲柄角速度一致。

图 6-23 所示为插床的主运动机构运动简图，主动曲柄 AB 作等速回转时，连杆 BC 带动从动曲柄构件 CDE 作周期性变速回转，再通过构件 EF 使滑块带动插刀作上下往复运动，实现慢速工作行程（下插）和快速退刀行程的工作要求。

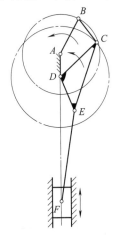

图 6-23 插床的主运动机构

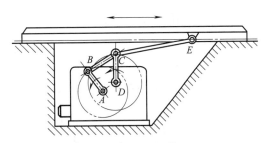

图 6-24 惯性筛

图 6-24 所示为双曲柄机构在惯性筛中的应用。工作时，等速转动的主动曲柄 AB 通过连杆 BC 带动从动曲柄 CD 作周期性变速转动，并通过构件 CE 的连接，使筛子变速往复移动。

双曲柄机构中，当连杆与机架的长度相等且两个曲柄长度相等时，若曲柄转向相同，称为平行四边形机构，如图 6-25（a）所示；若曲柄转向不同，称为反向平行双曲柄机构，简称反向双曲柄机构，如图 6-25（b）所示。

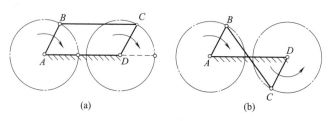

图 6-25   等长双曲柄机构

平行四边形机构的运动特点是：两曲柄的回转方向相同，角速度相等。反向平行双曲柄机构的运动特点是：两曲柄的回转方向相反，角速度不等。

平行四边形机构在运动过程中，主动曲柄 AB ［图 6-25 （a）］ 每回转一周，两曲柄与连杆 BC 出现两次共线，此时会产生从动曲柄 CD 运动的不确定现象，即主动曲柄 AB 的回转方向不变，而从动曲柄 CD 可能顺时针方向回转，也可能逆时针方向回转，而使机构变成反向平行双曲柄机构 ［图 6-25 （b）］，导致不能正常传动。为避免这一现象，常采用的方法有：一是利用从动曲柄本身的质量或附加一转动惯量较大的飞轮，依靠其惯性作用来导向；二是增设辅助构件；三是采取多组机构错列等。

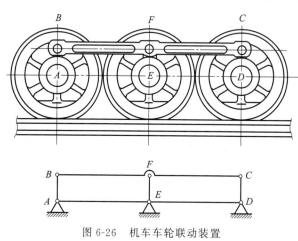

图 6-26   机车车轮联动装置

图 6-26 所示为机车车轮联动装置，它利用了平行四边形机构两曲柄回转方向相同、角速度相等的特点，使从动车轮与主动车轮具有完全相同的运动，为了防止这种机构在运动过程中变为反向平行双曲柄机构，在机构中增设了一个辅助构件（曲柄 EF）。

图 6-27 为左右两组车轮采用错列结构，使左右两组车轮的曲柄相错 $90°$，从而保证了车轮的正常回转。

图 6-28 为车门启闭机构，采用的是反向平行双曲柄机构。当主动曲柄 AB 转动时，通过连杆 BC 使从动曲柄 CD 反向转动，从而保证了两扇车门同时开启和关闭至各自的预定位置。

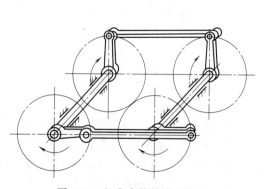

图 6-27   机车车轮的错列装置

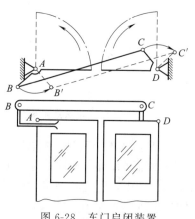

图 6-28   车门启闭装置

（三）双摇杆机构

在铰链四杆机构中，若两连架杆均为摇杆，则称其为双摇杆机构（图6-29）。

在双摇杆机构中，两摇杆可以分别为主动件。当连杆与摇杆共线时（图6-29中B_1C_1D与C_2B_2A），机构处于死点位置。此时，φ_1与φ_2分别为两摇杆的最大摆角。图6-30所示为利用双摇杆机构的自卸翻斗装置。杆AD为机架，当油缸活塞杆向右摆动时，可带动双摇杆AB与CD向右摆动，使翻斗中的货物自动卸下；当油缸活塞杆向左缩回时，则带动双摇杆向左摆动，使翻斗回到原来的位置。

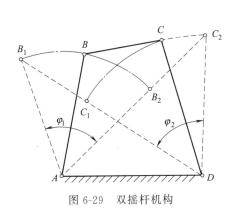

图 6-29 双摇杆机构

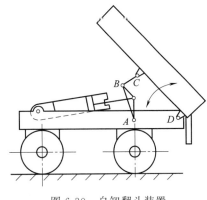

图 6-30 自卸翻斗装置

图6-31所示为港口用起重机，其采用了双摇杆机构，该机构利用连杆上的特殊点E实现货物的水平吊运。

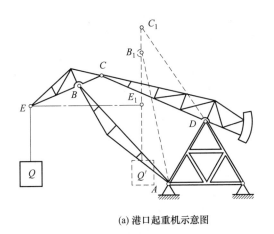

(a) 港口起重机示意图

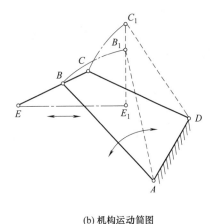

(b) 机构运动简图

图 6-31 港口用起重机

图6-32为采用双摇杆机构的飞机起落架收放机构。飞机着陆前，着陆轮5须从机翼（机架）2中推放至图中实线所示位置，该位置处于双摇杆机构的死点，即要求AB与BC共线。飞机起飞后，为了减小飞行中的空气阻力，又须将着陆轮收入机翼中（图中虚线位置）。上述动作由主动摇杆AB通过连杆BC驱动从动摇杆CD带动着陆轮实现。

（四）铰链四杆机构的演化

在生产实际中，除了前面讲述的三种类型的铰链四杆机构外，还广泛应用着其他各种形式的四杆机构。其他四杆机构可以看作是由铰链四杆机构演化得到的。

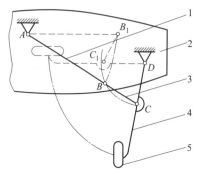

图 6 32   飞机起落架收放机构
1—主动摇杆；2—机架；3—连杆；
4—从动摇杆；5—着陆轮

1. 曲柄滑块机构

曲柄滑块机构实质上是通过改变曲柄摇杆机构的运动副形状尺寸演化而来的。由图 6-18 可知，当摇杆 CD 的长度趋向无穷大，原来沿圆弧往复运动的 C 点变成沿直线的往复移动，也就是摇杆变成了沿导轨往复运动的滑块，曲柄摇杆机构就演化成图 6-33 所示的曲柄滑块机构。

图 6-34 所示的曲柄滑块机构中，当取曲柄 AB 为主动件，并作连续整周回转时，通过连杆 BC 可以带动滑块 C 作往复直线运动，滑块 C 移动的距离 H 等于曲柄长度 r 的两倍，即 $H=2r$。反之，若取滑块 C 为主动件，当滑块作往复直线运动时，通过连杆 BC 可以带动曲柄 AB 作整周回转，但存在从动件曲柄与连杆共线的两个死点位置，需要采取相应的措施。

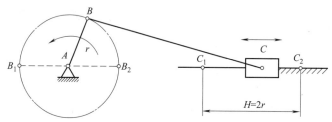

图 6-33   曲柄滑块机构

曲柄滑块机构在机械中应用很广，图 6-34 为压力机中的曲柄滑块机构。该机构将曲轴（即曲柄）的回转运动转换成重锤（即滑块）的上下往复直线运动，完成对工件的压力加工。

图 6-35 所示为内燃机中的曲柄滑块机构。活塞（即滑块）的往复直线运动通过连杆转换成曲轴（即曲柄）的连续回转运动。由于滑块为主动件，因此该机构存在两个死点位置（俗称上死点和下死点）。对于单缸工作的内燃机，如手扶拖拉机用的柴油机，通常采用附加飞轮，利用惯性来使曲轴顺利通过死点位置；对于多缸工作的内燃机，如汽车发动机、船用柴油机和活塞式航空发动机等，通常采用错列各缸的曲柄滑块机构的方式。

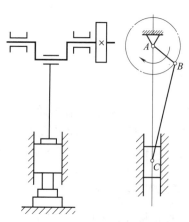

图 6-34   曲柄滑块机构在压
力机中的应用

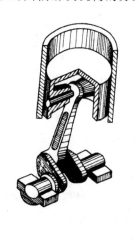

图 6-35   内燃机中的曲
柄滑块机构

扩大转动副尺寸是一种常见的、具有实际应用价值的机构演化方法。转动副直径愈大，其强度愈高，机构的刚性也愈好。

2. 偏心轮机构

当曲柄滑块机构中要求滑块的行程 H 很小时，曲柄长度必须很小。此时，为了提高机构的刚性和使运动副具有比较高的强度，常将曲柄做成偏心轮，用偏心轮的偏心距 e 来替代曲柄的长度，曲柄滑块机构演化成偏心轮机构（图6-36）。在偏心轮机构中，滑块的行程等于偏心距的两倍，即 $H=2e$。在偏心轮机构中，只能以偏心轮为主动件。

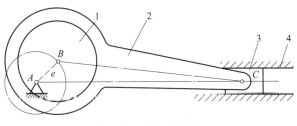

图6-36　偏心轮机构
1—偏心轮；2—连杆；3—滑块；4—机架

机构传递的动力比较大，或者曲柄销（转动副）承受载荷比较大，或者曲柄长度比较短，或者从动件行程比较小的情况下，常常将曲柄做成偏心轮。这种结构尺寸的演化不会影响机构的运动性质，可避免因曲柄长度尺寸太短，无法在曲柄两端设置两个转动副引起的结构设计困难。

3. 导杆机构

导杆机构可以看成是改变曲柄滑块机构中的固定构件演化来的。如图6-37（a）所示的曲柄滑块机构，当改取杆1为固定件时，即可得到如图6-37（b）所示的导杆机构。在该导杆机构中，与构件3组成移动副的构件4称为导杆；构件3称为滑块，可相对导杆滑动，并可随导杆一起绕 A 点回转。在导杆机构中通常取杆2为主动件。导杆机构分转动导杆机构与摆动导杆机构（图6-38）两种，当机架的长度 l_1 小于杆2的长度 l_2 时（即 $l_1<l_2$），主动件杆2与从动件（导杆）4均可作整周回转，即为转动导杆机构；当 $l_1>l_2$ 时，即主动件杆2作整周回转时，从动件4只能作往复摆动，即为摆动导杆机构（图6-38）。图6-39所示为牛头刨床中摆动导杆机构的应用实例。杆 BC 为主动件，作等速回转运动。当杆 BC 从 BC_1 回转到 BC_2 时，从动件导杆 AD 由左极限位置 AD_1 摆动到右极限位置 AD_2，牛头刨床滑枕的行程 D_1D_2 即为工作行程；当杆 BC 继续由 BC_2 回转到 BC_1 时，导杆 AD 从 AD_2 摆回 AD_1，滑枕行程 D_2D_1 即为空回行程。显然摆动导杆机构具有急回特性。为了实现滑枕作往复直线运动，在机架 A 处导杆的导槽中设置了一个滑块，使导杆在摆动时能上下移动。杆 BC 为传动丝杠，在 C 点处与铰链（螺母）连接，杆 BC 的长度可调节，从而实现滑枕行程的调节。

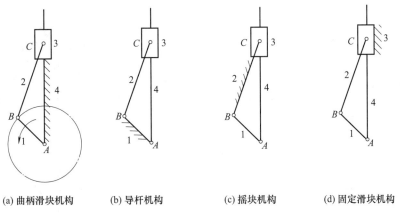

(a) 曲柄滑块机构　　(b) 导杆机构　　(c) 摇块机构　　(d) 固定滑块机构

图6-37　曲柄滑块机构的演化

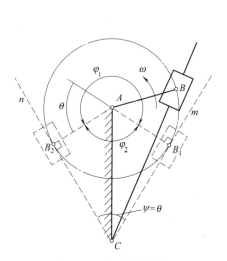

图 6-38　摆动导杆机构

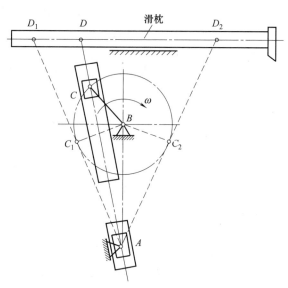

图 6-39　牛头刨床中的摆动导杆机构

4. 摇块机构和定块机构

当取杆 2 为固定件（机架）时，即可得到图 6-37（c）所示的摇块机构。此机构一般以杆 1（或杆 4）为主动件。$l_1 < l_2$ 时，杆 1 可作整周回转，$l_1 > l_2$ 时，杆 1 只能作摆动。当杆 1 作整周回转或摆动时，导杆 4 相对滑块 3 滑动，并一起绕 C 点摆动。滑块 3 只能绕机架上 C 点摆动，称为摇块。当杆 4 为主动件在摇块 3 中移动时，杆 1 则绕 B 点回转或摆动。图 6-40 所示的自翻卸料装置，车厢（杆 1）可绕车架（机架 2）上的 B 点摆动，活塞杆（导杆 4）、液压缸（摇块 3）可绕车架上的 C 点摆动，当液压缸中的活塞杆运动时，车厢绕 B 点转动，转到一定角度时，货物自动卸下。

当取构件 3 为固定件时，即可得到图 6-37（d）所示的固定滑块机构，简称定块机构。此机构通常以杆 1 为主动件，杆 1 回转时，杆 2 绕 C 点摆动。杆 4 仅相对固定滑块作往复移动。图 6-41 所示的抽水机即采用了定块机构。摆动手柄 1 在杆 2 的支承下（杆 2 自身绕机架上 C 点摆动），活塞杆 4 在固定滑块（唧筒 3，即机架）内上下往复移动，实现抽水的动作。

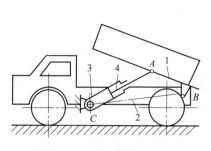

图 6-40　自翻卸料装置中的
曲柄摇块机构

1—车厢；2—车架；3—液
压缸；4—活塞杆

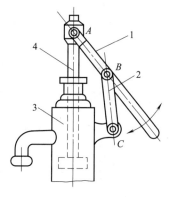

图 6-41　抽水机中的移动
导杆机构

1—手柄；2—杆；
3—唧筒；4—活塞杆

5. 四杆机构的扩展

除上述外，生产中常见的某些多杆机构也可以看成是由若干个四杆机构组合扩展形成的。

图 6-42 所示的手动冲床是一个六杆机构。它可以看成是由两个四杆机构组成的。第一个是由原动摇杆（手柄）1、连杆 2、从动摇杆 3 和机架 4 组成的双摇杆机构；第二个是由摇杆 3、小连杆 5、冲杆 6 和机架 4 组成的摇杆滑块机构。第一个四杆机构的输出件被作为第二个四杆机构的输入件。扳动手柄 1，冲杆 6 就上下运动。采用六杆机构，使扳动手柄的力获得两次放大，从而增大了冲杆的作用力。这种增力作用在连杆机构中经常用到。

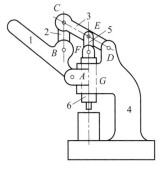

(a) 手动冲床结构示意图

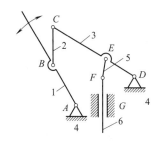

(b) 手动冲床机构简图

图 6-42　手动冲床

图 6-43 所示为筛料机主体机构的运动简图。这个六杆机构也可以看成由两个四杆机构组成。第一个是由原动曲柄 1、连杆 2、从动曲柄 3 和机架 6 组成的双曲柄机构；第二个是由曲柄 3（原动件）、连杆 4、滑块 5（筛子）和机架 6 组成的曲柄滑块机构。需要指出，有些多杆机构不是由四杆机构组成的。

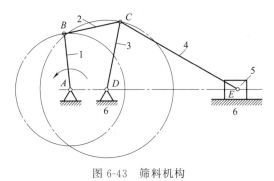

图 6-43　筛料机构

二、铰链四杆机构的基本特性

（一）铰链四杆机构存在曲柄的条件

曲柄是能作整圈旋转的连架杆，只有这种能作整圈旋转的构件才能用电动机等连续转动的装置来带动，所以，能作整圈旋转的构件在机构中具有重要的地位，即曲柄是机构中的关键构件。铰链四杆机构中是否能有作整圈旋转的构件，取决于各构件长度的关系，这就是所谓的曲柄存在条件。

在图 6-44 所示的曲柄摇杆机构中，设曲柄 AB、连杆 BC、摇杆 CD 和机架 AD 的杆长分别为 l_1、l_2、l_3、l_4，当曲柄 AB 回转一周时，B 点的轨迹是以 A 为圆心，半径等于 l_1 的圆。B 点通过 B_1 和 B_2 点时，曲柄 AB 与连杆 BC 两次共线，AB 能否顺利通过这两个位置是 AB 能否成为曲柄的关键。下面就这两个位置时各构件的几何关系来分析曲柄存在的条件。

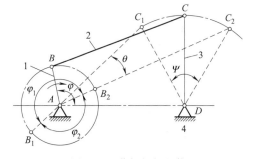

图 6-44　曲柄摇杆机构

当构件 AB 与 BC 在 B_1 点共线时，由 $\triangle AC_1D$ 可得：$l_2-l_1+l_3\geqslant l_4$；$l_2-l_1+l_4\geqslant l_3$（AB、BC、CD 在极限情况下重合成一条直线时等号成立）。

当构件 AB 与 CD 在 B_2 点共线时，由 $\triangle AC_2D$ 可得：$l_1+l_2\leqslant l_3+l_4$。

综合两种情况有

$$\begin{cases} l_1 + l_4 \leqslant l_2 + l_3 \\ l_1 + l_3 \leqslant l_2 + l_4 \\ l_1 + l_2 \leqslant l_3 + l_4 \end{cases} \tag{6-2}$$

将式（6-2）中的三个不等式两两相加，经化简后可得

$$l_1 \leqslant l_2 \,;\, l_1 \leqslant l_3 \,;\, l_1 \leqslant l_4 \tag{6-3}$$

由式（6-2）与式（6-3）可得铰链四杆机构中曲柄存在的条件：

① 连架杆与机架中必有一个是最短杆；

② 最短杆与最长杆长度之和必小于或等于其余两杆长度之和。

上述两个条件必须同时满足，否则铰链四杆机构中无曲柄存在。

根据曲柄存在的条件，可以推论出铰链四杆机构三种基本类型的判别方法：

(1) 若铰链四杆机构中最短杆与最长杆长度之和小于或等于其余两杆长度之和，则：

① 取最短杆为连架杆时，构成曲柄摇杆机构；

② 取最短杆为机架时，构成双曲柄机构；

③ 取最短杆为连杆时，构成双摇杆机构。

(2) 若铰链四杆机构中最短杆与最长杆长度之和大于其余两杆长度之和，则无曲柄存在，只能构成双摇杆机构。

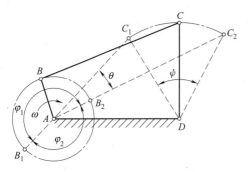

图 6-45　曲柄摇杆机构的急回特性

（二）急回特性

图 6-45 所示为一曲柄摇杆机构，其曲柄 AB 在转动一周的过程中，有两次与连杆 BC 共线。在这两个位置铰链中心 A 与 C 之间的距离 AC_1 和 AC_2 分别为最短和最长，因而摇杆 CD 的位置 C_1D 和 C_2D 分别为其左、右极限位置。摇杆在两极限位置间的夹角 ψ 称为摇杆的摆角。

当曲柄 AB 以等角速度 ω 顺时针回转，自位置 AB_1 回转到位置 AB_2 时，转过角度 $\varphi_1 = 180° + \theta$，这时摇杆 CD 自 C_1D（左端极限位置）摆动到 C_2D（右端极限位置），摆动角度为 ψ；而当曲柄 AB 继续由 AB_2 转到 AB_1 时，转过角度 $\varphi_2 = 180° - \theta$，摇杆 CD 自位置 C_2D 摆回到位置 C_1D，摆动角度仍为 ψ。虽然摇杆来回摆动的摆角相同，但对应的曲柄转角不等（$\varphi_1 > \varphi_2$）由图不难看出；当曲柄匀速转动时，对应的时间也不等（$t_1 > t_2$），从而反映了摇杆往复摆动的快慢不同。令摇杆自 C_1D 摆至 C_2D 为工作行程，这时摇杆 CD 的平均角速度是 $\omega_1 = \psi / t_1$；摇杆自 C_2D 摆回至 C_1D 为空回行程，这时摇杆的平均角速度是 $\omega_2 = \psi / t_2$。显然，$\omega_1 < \omega_2$，它表明摇杆具有急回运动的特性。牛头刨床、往复式输送机等机械就利用这种急回特性来缩短非生产时间，提高生产率。

急回运动特性可用行程速度变化系数（或称行程速比系数）K 表示，即

$$K = \frac{\omega_2}{\omega_1} = \frac{\psi / t_2}{\psi / t_1} = \frac{t_1}{t_2} = \frac{\varphi_1}{\varphi_2} = \frac{180° + \theta}{180° - \theta} \tag{6-4}$$

$$\theta = 180° \frac{K-1}{K+1} \tag{6-5}$$

式中　K——急回特性系数；

θ——极位夹角，是摇杆位于两极限位置时，两曲柄所夹的锐角。

机构有无急回特性取决于急回特性系数 K。K 值愈大，急回特性愈显著，也就是从动

件回程愈快。$K=1$ 时，机构无急回特性。

急回特性系数 K 与极位夹角 θ 有关，$\theta=0°$，$K=1$，机构无急回特性。$\theta>0°$，机构有急回特性，且 θ 愈大，急回特性愈显著。

（三）压力角和传动角

在生产中，不仅要求连杆机构能实现预定的运动规律，而且希望运转轻便，效率较高。

如图 6-46（a）所示的曲柄摇杆机构，如不计各杆的质量和运动副中的摩擦，则连杆 BC 为二力杆，它作用于从动杆 3 上的力 F 是沿 BC 方向的。作用在从动件上的驱动力 F 与该力作用点绝对速度 v_C 之间所夹的锐角 α 称为压力角。由图可见，力 F 在 v_C 方向的有效分力为 $F'=F\cos\alpha$，即压力角越小，有效分力就越大。也就是说，压力角可作为判断机构传动性能的标志。在连杆机构设计中，为了度量方便，习惯用压力角 α 的余角 γ（即连杆和从动摇杆之间所夹的锐角）来判断传力性能，γ 称为传动角。因 $\gamma=90°-\alpha$，所以 α 越小，γ 越大，机构传力性能越好；反之，α 越大，γ 越小，机构传力越费劲，传动效率越低。机构运转时，传动角是变化的，为了保证机构正常工作，必须规定最小传动角 γ_{min} 的下限。对于一般机械，通常取 $\gamma_{min}\geqslant40°$；对于颚式破碎机、冲床等大功率机械，最小传动角应当取大一些，可取 $\gamma_{min}\geqslant50°$；对于小功率的控制机构和仪表，γ_{min} 可略小于 $40°$。

由图 6-46 可见，摆动导杆机构的传动角始终等于 $90°$，具有很好的传力性能。

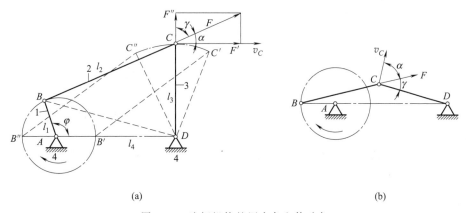

图 6-46　连杆机构的压力角和传动角

* 对于出现最小传动角 γ_{min} 的位置分析如下：

由图 6-46（a）中 $\triangle ABD$ 和 $\triangle BCD$ 可分别写出

$$BD^2=l_1{}^2+l_4{}^2-2l_1l_4\cos\varphi$$

$$BD^2=l_2{}^2+l_3{}^2-2l_2l_3\cos\angle BCD$$

由此可得

$$\cos\angle BCD=\frac{l_2{}^2+l_3{}^2-l_1{}^2-l_4{}^2+2l_1l_4\cos\varphi}{2l_2l_3} \tag{6-6}$$

当 $\varphi=0°$ 时，得 $\angle BCD_{min}$；当 $\varphi=180°$ 时，得 $\angle BCD_{max}$。传动角是用锐角表示的。若 $\angle BCD$ 在锐角范围内变化，则如图 6-46（a）所示，传动角 $\gamma=\angle BCD$，显然，$\angle BCD_{min}$ 即为传动角最小值，它出现在 $\varphi=0°$ 的位置。若 $\angle BCD$ 在钝角范围内变化，则如图 6-46（b）所示，其传动角表示为 $\gamma=180°-\angle BCD$，显然，$\angle BCD_{max}$ 对应传动角的另一极小值，它出现在曲柄转角 $\varphi=180°$ 的位置。校核压力角时只需将 $\varphi=0°$ 和 $\varphi=180°$ 代入式（6-6），求出 $\angle BCD_{min}$ 和 $\angle BCD_{max}$，然后按式（6-7）校核。

$$\gamma=\begin{cases}\angle BCD & ，\angle BCD \text{ 为锐角时}\\ 180°-\angle BCD & ，\angle BCD \text{ 为锐角时}\end{cases} \tag{6-7}$$

（四）死点位置

在铰链四杆机构中，当连杆与从动件处于共线位置时，如不计各运动副中的摩擦和各杆件的质量，则主动件通过连杆传给从动件的驱动力必通过从动件铰链的中心，也就是说驱动力对从动件的回转力矩等于零。此时，无论施加多大的驱动力均不能使从动件转动，且转向也不能确定。我们把机构中的这种位置称为死点位置。

在取摇杆为主动件、曲柄为从动件的曲柄摇杆机构中（图 6-47），当摇杆 CD 处于 C_1D、C_2D 两个极限位置时，连杆 BC 与从动件曲柄 AB 出现两次共线，这两个位置就是死点位置。

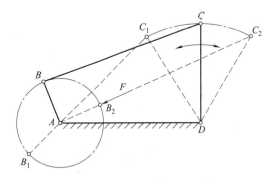

图 6-47　曲柄摇杆机构的死点位置

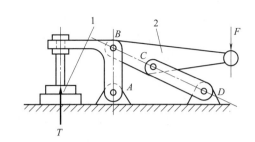

图 6-48　利用死点位置夹紧工件
1—工件；2—手柄

实际应用中，在死点位置常出现机构从动件无法运动或运动不确定的现象。如图 6-21 所示的缝纫机踏板机构，踏板 CD（即摇杆，为主动件）作往复摆动时，连杆 BC 与曲轴 AB（即曲柄）在两处出现共线，即处于死点位置，致使曲轴 AB 不转或出现倒转现象。

对于传动机构来说，机构有死点位置是不利的，应采取措施使机构顺利通过死点位置。对于连续回转的机器，通常可利用从动件的惯性（必要时附加飞轮以增大惯性）来通过死点位置，如缝纫机就是借助带轮的惯性通过死点位置的。

在工程上，有时也利用死点位置的特性来实现某些工作要求。如图 6-48 所示为一种钻床连杆式快速夹具。当通过手柄 2（即连杆 BC）施加外力 F，使连杆 BC 与连架杆 CD 成一直线时，连架杆 AB 的左端夹紧工件 1，撤去手柄上的外力后，工件对连架杆 AB 的弹力 T 因机构处于死点位置而不能使其转动，从而保证了工件的可靠夹紧。当需要松开工件时，则必须向上扳动手柄，使机构脱出死点位置。

三、平面四杆机构的设计

平面四杆机构设计的主要内容是：根据工作要求选择合适的机构类型，再按照给定的运动条件和其他附加要求（如最小传动角 $\gamma_{\min}$ 等）确定机构运动简图的尺寸参数。

生产实践对四杆机构的要求是多种多样的，给定的条件也各不相同，归纳起来，主要有以下两类问题：①按照给定从动件（连杆或连架杆）的运动规律（位置、速度、加速度）设计四杆机构；②按照给定点的运动轨迹设计四杆机构。

四杆机构设计的方法有解析法、图解法和实验法。解析法精度高，但解题方程的建立和求解比较烦琐，随着数学手段的发展和计算机的普遍，该法逐渐普及了；图解法直观，容易理解，但精度较低；实验法简易，但常需试凑，费时较多，精度亦不太高。下面主要介绍图解法中常用的几种设计方法。

（一）按照给定的行程速度变化系数设计四杆机构

在设计具有急回运动特性的四杆机构时，通常按实际需要先给定行程速度变化系数 K 的数值，然后根据机构在极限位置的关系，结合有关辅助条件确定机构运动简图的尺寸参数。

1. 曲柄摇杆机构

已知条件摇杆长度 l_3、摆角 ψ 和行程速度变化系数 K。试设计此曲柄摇杆机构。

其设计步骤如下：

① 由给定的行程速度变化系数 K，按式（6-5）求出极位夹角 θ。

② 如图 6-49 所示，任选固定铰链中心 D 的位置，由摇杆长度 l_3 和摆角 ψ 作出摇杆两极限位置 C_1D 和 C_2D。

③ 连接 C_1 和 C_2，并作 C_1M 垂直于 C_1C_2。

④ 作 $\angle C_1C_2N = 90° - \theta$，$C_2N$ 与 C_1M 相交于 P 点，由图可见，$\angle C_1PC_2 = \theta$。

⑤ 作 $\triangle PC_1C_2$ 的外接圆，在此圆周（$\overset{\frown}{C_1C_2}$ 和 $\overset{\frown}{EF}$ 除外）上任取一点 A 作为曲柄的固定铰链中心。连接 AC_1 和 AC_2，因同一圆弧的圆周角相等，故 $\angle C_1AC_2 = \angle C_1PC_2 = \theta$。

⑥ 因极限位置处曲柄与连杆共线，故 $AC_1 = l_2 - l_1$，$AC_2 = l_2 + l_1$，从而得曲柄长度 $l_1 = (AC_2 - AC_1)/2$。由图得 $AD = l_4$。由于 A 点是 $\triangle C_1PC_1$ 外接圆上任选的点，所以若仅按行程速度变化系数 K 设计，可得无穷多的解。A 点位置不同，机构传动角的大小也不同。如

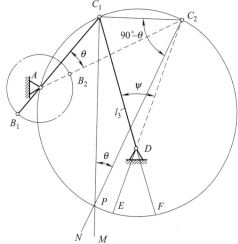

图 6-49 按 K 值设计曲柄摇杆机构

获得良好的传动质量，可按照最小传动角最优或其他辅助条件来确定 A 点的位置。

2. 偏置曲柄滑块机构

当给定行程速度变化系数 K 和滑块的行程 H，要求设计偏置曲柄滑块机构时，可根据滑块的行程 H 确定滑块的两极限位置 C_1 和 C_2，类似摇杆的两极限位置，下面通过实例来描述其设计过程。

例 6-1　试设计一偏置的曲柄滑块机构。已知滑块行程 $H = 50\text{mm}$，偏心距 $e = 10\text{mm}$，行程速度变化系数 $K = 1.2$，如图 6-50 所示。

解： 计算机构的极位夹角 θ

$$\theta = 180°(K-1)/(K+1) = 16.4°$$

① 选择适当作图比例 $\mu_l = 2\text{mm}/1\text{mm}$，作滑块的极限位置 C_1C_2，使 $C_1C_2 = H/\mu_l = 25$，如图 6-51 所示。

② 作 $\angle C_1C_2O = \angle C_2C_1O = 90° - \theta = 73.6°$，直线 C_1O 与 C_2O 交于 O 点。以 O 为圆心，C_1O 为半径画圆，则弦 C_1C_2 对应的圆心角为 $2\theta = 32.8°$。

③ 作直线 $AA'//C_1C_2$，并相距 $e/\mu_l = 5\text{mm}$，与圆 O 交于 A、A'，连接 C_1A 于 C_2A，圆周角 $\angle C_2AC_1 = \angle C_2OC_1/2 = \theta$；则 C_1A 与 C_2A 即为滑块处于极限位置时曲柄与连杆对应的位置，A 点即为铰链 A 的中心位置。

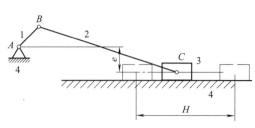

图 6-50　曲柄滑块机构

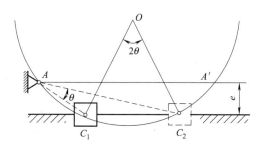

图 6-51　曲柄滑块机构设计图

④ 从图中量出线段 C_1A 与 C_2A 的长度，由 $C_1A = BC - AB$，$C_2A = BC + AB$ 可得 $AB = (C_2A - C_1A)/2$，$BC = (C_2A + C_1A)/2$。

杆的实际长度为：曲柄长度 $l_1 = \mu_l AB = 24\text{mm}$，连杆长度 $l_2 = \mu_l BC = 48\text{mm}$。

由于 A 点是圆 O 与直线 AA' 的交点，因而答案是唯一的（取 A' 为曲柄转动中心，所得杆长与取 A 点时相同）。

3. 摆动导杆机构

已知机架长度 l_4 和行程速度变化系数 K。由图 6-52 可知，摆动导杆机构的极位夹角 θ 等于导杆的摆角 ψ，所需确定的尺寸是曲柄长度 l_1。其设计步骤如下：

① 已知行程速度变化系数 K，按式（6-5）求得极位夹角（即摆角 ψ）。

② 任选固定铰链中心 C，以夹角 ψ 作出导杆的两极限位置 Cm 和 Cn。

③ 作摆角 ψ 的平分线 AC，并在线上取 $AC = l_4$，得固定铰链中心 A 的位置。

④ 过 A 点作导杆极限位置的垂线 AB_1（或 AB_2），即得曲柄长度 $l_1 = AB_1$。

（二）按照给定连杆位置设计四杆机构

图 6-53 所示为铸工车间翻台振实式造型机的翻转机构。它是用一个铰链四杆机构来实现翻台的两个工作位置的。在实线位置 Ⅰ，砂箱 7 与翻台 8 固连，并在振实台 9 上振实造型。当压力轴推动活塞 6 时，通过连杆 5 使摇杆 4 摆动，从而将翻台与砂箱转到虚线位置 Ⅱ，然后托台 10 上升接触砂箱，解除砂箱与翻台间的紧固连接并起模。

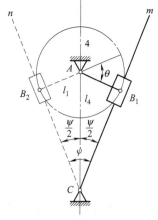

图 6-52　按 K 值设计摆动
导杆机构

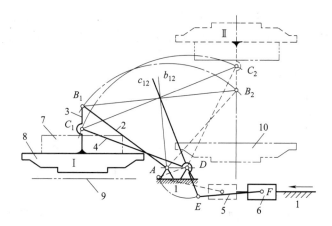

图 6-53　造型机翻转机构

今给定与翻台固连的连杆 3 的长度 $l_3 = BC$ 及其两个位置 B_1C_1 和 B_2C_2，要求确定连架杆与机架组成的固定铰链中心 A 和 D 的位置，并求出其余三杆的长度 l_1、l_2、l_4。由于连杆 3 上 B、C 两点的轨迹分别为以 A、D 为圆心的圆弧,所以 A、D 必分别位于 B_1B_2 和 C_1C_2 的垂直平分线上。

故可得设计步骤如下:

① 根据给定条件,绘出连杆 3 的两个位置 B_1B_2 和 B_2C_2。

② 分别连接 B_1 和 B_2、C_1 和 C_2,并作 B_1B_2 和 C_1C_2 的垂直平分线 b_{12}、c_{12}。

③ 由于 A 和 D 两点可分别在 b_{12} 和 c_{12} 两直线上任意选取,故有无穷多解。在实际设计时还可以考虑其他辅助条件,例如最小传动角、各杆尺寸所允许的范围或其他结构上的要求等。本机构要求 A、D 两点在同一水平线上,且 $AD =BC$。根据这一附加条件,即可唯一确定 A、D 的位置,并作出位于位置 I 的所求四杆机构 AB_1C_1D。

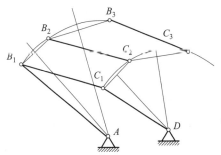

图 6-54　给定连杆三个位置的设计

若给定连杆三个位置,要求设计四杆机构,其设计过程与上述基本相同。如图 6-54 所示,由于 B_1、B_2、B_3 位于以 A 为圆心的同一圆弧上,故运用已知三点求圆心的方法作 B_1B_2 和 B_2B_3 的垂直平分线,其交点就是固定铰链中心 A。用同样方法,作 C_1C_2 和 C_2C_3 的垂直平分线,其交点便是另一固定铰链中心 D。$AB_1C_1D_1$ 即为所求的四杆机构。

第三节　凸 轮 机 构

一、凸轮机构的应用和类型

(一)凸轮机构的应用

在各种机器中,为了实现各种复杂的运动要求,广泛地应用着凸轮机构。

如图 6-55 所示为内燃机的配气机构。图中具有曲线轮廓的构件 1 为凸轮,当它作等速转动时,其曲线轮廓驱使从动件 2(阀杆)按预期的运动规律启闭阀门。阀门开启或关闭时间的长短及其运动的速度和加速度的变化规律,均是通过凸轮 1 的轮廓曲线来实现的。

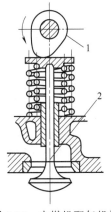

图 6-55　内燃机配气机构

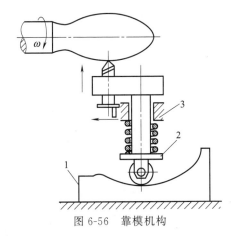

图 6-56　靠模机构

图 6-56 所示为利用靠模法车削手柄的凸轮机构。凸轮 1 作为靠模被固定在床身上,滚轮 2 在弹簧作用下与凸轮轮廓紧密接触,当拖板 3 横向运动时,与从动件相连的刀头便走出与凸轮轮廓相同的轨迹,从而切削出工件的曲线形面。

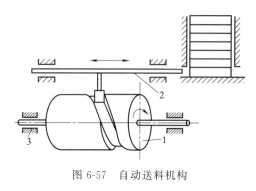

图 6-57　自动送料机构

图 6-57 所示为自动送料机构。当带有凹槽的凸轮 1 转动时，通过槽中的滚子驱使从动件 2 作往复移动。凸轮每回转一周，从动件即从储料器中推出一个毛坯，送到加工位置。

从以上所举的例子可以看出，凸轮机构主要由凸轮、从动件和机架三个基本构件组成。当凸轮运动时，通过其曲线轮廓与从动件的高副接触，从而使从动件得到预期的运动。

凸轮机构的最大优点是：只要适当地设计出凸轮的轮廓曲线，就可以使从动件实现任意的运动规律，而且机构简单、紧凑，设计方便。在自动机械中，凸轮机构常与其他机构组合使用，充分发挥各自的优势，扬长避短。凸轮机构的缺点是：①由于凸轮机构是高副机构，易于磨损，因此只适用于传递动力不大的场合；②凸轮轮廓加工比较困难；③从动件的行程不能过大，否则会使凸轮变得笨重。

（二）凸轮机构的分类

凸轮机构的应用广泛，其类型也很多。按凸轮的形状分，有盘形凸轮、移动凸轮、圆柱凸轮；按从动件的形式分，有尖顶从动件、滚子从动件、平底从动件；按锁合方式分，有力锁合、几何锁合。表 6-1 列出了各类凸轮机构的特点及应用。

表 6-1　凸轮机构的特点及应用

类型		图例	特点与应用
按凸轮的形状分类	盘形凸轮		凸轮为径向尺寸变化的盘形构件，它绕固定轴作旋转运动。从动件在垂直于回转轴的平面内作直线移动或摆动往返运动。这种机构是凸轮的最基本形式，应用广泛
	移动凸轮		凸轮为一有曲面的直线运动构件，在凸轮的往返移动作用下，从动件可作直线移动或摆动的往返运动。这种机构在机床上应用较多
	圆柱凸轮		凸轮为一有沟槽的圆柱体，它绕中心轴作回转运动。从动件在凸轮的轴线平行平面内作直线移动或摆动。它与盘形凸轮相比，行程较长，常用于自动机床
按从动件的形式分类	尖顶		尖顶能与任意复杂的凸轮轮廓保持接触，从而使从动件实现预期的运动。但因尖顶易于磨损，故只宜于传力不大的低速凸轮机构中

类型		图例	特点与应用
按从动件的形式分类	滚子		这种从动件由于滚子与凸轮之间为滚动摩擦,所以磨损较小,可用来传递较大的动力,应用最普遍
	平底		凸轮对从动件的作用力始终垂直于从动件的底边(不计摩擦时),故受力比较平稳。而且凸轮与平底的接触面间易形成油膜,润滑良好,所以常用于高速传动中
按锁合方式分类	力锁合		利用从动件的重力、弹簧力或其他外力使从动件与凸轮保持接触
	几何锁合	凹槽封闭	其凹槽两侧面间的距离等于滚子的直径,故能保证滚子与凸轮始终接触。因此这种凸轮只能采用滚子从动件
		几何封闭	利用固定在同一轴上但不在同一平面内的主、回两个凸轮来控制一个从动件,从而形成几何封闭,使凸轮与从动件始终保持接触

续表

类型			图例	特点与应用
按锁合方式分类	几何锁合	等径和等宽	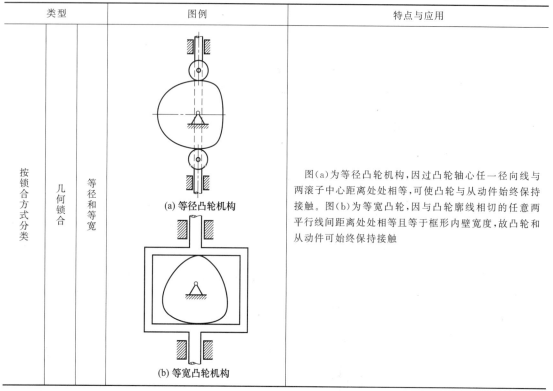 (a) 等径凸轮机构 (b) 等宽凸轮机构	图(a)为等径凸轮机构,因过凸轮轴心任一径向线与两滚子中心距离处处相等,可使凸轮与从动件始终保持接触。图(b)为等宽凸轮,因与凸轮廓线相切的任意两平行线间距离处处相等且等于框形内壁宽度,故凸轮和从动件可始终保持接触

二、从动件常用运动规律

凸轮的轮廓形状取决于从动件的运动规律。对从动件运动规律的要求不同,就需要设计具有不同形状轮廓曲线的凸轮。因此在设计凸轮轮廓曲线时,应首先根据工作要求和条件来选择从动件的运动规律。本节中,将介绍从动件常用的几种运动规律,并简单讨论一下从动件运动规律的选择问题。

(一) 凸轮机构的运动参数

如图 6-58 所示为一对心尖顶直动从动件盘形凸轮机构。图 6-58 (a) 中,以凸轮轮廓的最小向径 r_{min} 为半径所作的圆称为凸轮的基圆,r_{min} 为基圆半径。A 点为基圆与凸轮轮廓的切点。从动件与凸轮在 A 点接触时,从动件处于上升的起始位置(或者说,从动件处于与凸轮轴心 O 最近的位置)。当凸轮以等角速度 ω 逆时针转动时,向径逐渐增大,从动件尖顶被凸轮轮廓推动,以一定运动规律由离回转中心最近的位置 A 点到达最远位置 B 点,这一过程称为推程。与之对应的凸轮转角 δ_t 称为推程运动角,从动件上升的最大位移 h 称为行程。当凸轮继续转过 δ_s 时,由于轮廓 BC 段为一向径不变的圆弧,从动件停留在最远处不动,对应的凸轮转角 δ_s 称为远休止角。凸轮继续转过 δ_h 时,凸轮向径由最大减至最小,从动件又由最高位置回到最低位置,此过程称为回程,对应的凸轮转角 δ_h 称为回程运动角。当凸轮继续转过 $\delta_s{}'$ 角时,由于轮廓 DA 段为向径不变的基圆圆弧,从动件继续停在距轴心最近处不动,对应的凸轮转角 $\delta_s{}'$ 称为近休止角。此时,凸轮刚好转过一圈,机构完成一个工作循环,从动件则完成一个"升→停→降→停"的运动循环。

上述过程可以用从动件的位移曲线来描述。以从动件的位移 s 为纵坐标,对应的凸轮转角 δ 为横坐标,将凸轮转角与对应的从动件位移之间的函数关系用曲线表达出来的图形称为从动件的位移线图，如图 6-58（b）所示。由于大多数凸轮作等速转动，其转角与时间成正比，因此该线图的横坐标也代表时间 t。通过微分可以作出从动件速度线图和加速度线图，它们统称为从动件运动线图。

由以上分析可知，从动件的位移线图完全取决于凸轮轮廓曲线的形状。也就是说，从动件的不同运动规律要求凸轮具有不同的轮廓曲线。因此，在设计没有预先给定从动件位移曲线的凸轮机构时，重要的问题之一就是按照它在机械中所执行的工作任务选择合适的从动件运动规律，并据此设计出相应的凸轮轮廓曲线。

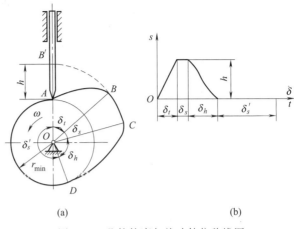

(a) (b)

图 6-58 凸轮轮廓与从动件位移线图

（二）从动件常用的运动规律

所谓从动件的运动规律是指从动件在运动过程中，其位移 s、速度 v、加速度 a 随时间 t（或凸轮转角）的变化规律。常用的从动件运动规律有等速运动规律、等加速等减速运动规律、简谐运动规律（余弦加速度运动规律）以及摆线运动规律（正弦加速度运动规律）等。下面就这几种常用运动规律的运动方程、运动线图（推程）和应用特点分别加以介绍。

1. 等速运动规律

从动件推程或回程的运动速度为常数的运动规律，称为等速运动规律。从动件在推程时作等速运动的运动线图如表 6-2 所示。从推程运动线图可以看出，从动件在推程开始和终止的瞬间，速度有突变，其加速度和惯性力在理论上为无穷大（材料有弹性变形，实际上不可能达到无穷大），致使凸轮机构产生强烈的冲击、噪声和磨损，这种冲击称为刚性冲击。因此，等速运动规律只适用于低速、轻载的场合。

2. 等加速等减速运动规律

所谓等加速等减速运动是指从动件在一个行程 h 中，先作等加速运动，后作等减速运动，且通常加速度和减速度的绝对值相等（根据工作的需要，二者也可以不相等）。从动件在推程时作等加速等减速运动的运动线图如表 6-2 所示。从推程运动线图可知，这种运动规律的加速度在 A、B、C 三处存在有限的突变，因而会在机构中产生有限的冲击，这种冲击称为柔性冲击。与等速运动规律相比，其冲击程度大为减小。因此，等加速等减速运动规律适用于中速、中载的场合。

3. 简谐运动规律（余弦加速度运动规律）

当一质点在圆周上作匀速运动时，它在该圆直径上投影的运动规律称为简谐运动。因其加速度运动曲线为余弦曲线，故也称余弦加速度运动规律。

简谐运动规律位移线图的作法如表 6-2 所示：把从动件的行程 h 作为直径画半圆，将此半圆分成若干等分，得 $1''$、$2''$、$3''$…点。再把凸轮运动角 δ_t 也进行相应等分，并作垂线 $11'$、$22'$、$33'$…，然后将圆周上的等分点投影到相应的垂直线上得 $1'$、$2'$、$3'$…点。用光滑曲线连接这些点，即得到从动件的位移线图。从加速度线图可见，简谐运动规律在行程的始末两点加速度存在有限突变，故也存在柔性冲击，只适用于中速场合。但当从动件作无停歇的升→降→升连续往复运动时，则得到连续的加速度曲线（加速度曲线中虚线所示），柔性冲击被消除，这种情况下可用于高速场合。

表 6-2　从动件常用运动规律

运动规律	运动方程		推程运动线图
	推程($0 \leqslant \delta \leqslant \delta_t$)	回程($\delta_t + \delta_s \leqslant \delta \leqslant \delta_t + \delta_s + \delta_h$)	
等速运动	$s = \dfrac{h}{\delta_t} \delta$ $v = v_0 = \dfrac{h}{\delta_t} \omega$ $a = 0$	$s = h - \dfrac{h}{\delta_h}(\delta - \delta_t - \delta_s)$ $v = \dfrac{h}{\delta_h} \omega$ $a = 0$	
等加速等减速运动	等加速段 $0 \leqslant \delta \leqslant \delta_t / 2$ $s = \dfrac{2h}{\delta_t^2} \delta^2$ $v = \dfrac{4h\omega}{\delta_t^2} \delta$ $a = \dfrac{4h\omega^2}{\delta_t^2}$ 等减速段 $\delta_t / 2 \leqslant \delta \leqslant \delta_t$ $s = h - \dfrac{2h}{\delta_t^2}(\delta_t - \delta)^2$ $v = \dfrac{4h\omega}{\delta_t^2}(\delta_t - \delta)$ $a = -\dfrac{4h\omega^2}{\delta_t^2}$	等减速段 $\delta_t + \delta_s \leqslant \delta \leqslant \delta_t + \delta_s + \delta_h / 2$ $s = h - \dfrac{2h}{\delta_h^2}(\delta - \delta_t - \delta_s)^2$ $v = -\dfrac{4h\omega}{\delta_h^2}(\delta - \delta_t - \delta_s)^2$ $a = -\dfrac{4h\omega^2}{\delta_h^2}$ 等加速段 $\delta_t + \delta_s + \delta_h / 2 \leqslant \delta \leqslant \delta_t + \delta_s + \delta_h$ $s = \dfrac{2h}{\delta_h^2}(\delta_t + \delta_s + \delta_h - \delta)^2$ $v = -\dfrac{4h\omega}{\delta_h^2}(\delta_t + \delta_s + \delta_h - \delta)$ $a = \dfrac{4h\omega^2}{\delta_h^2}$	
简谐运动	$s = \dfrac{h}{2}\left[1 - \cos\left(\dfrac{\pi}{\delta_t}\delta\right)\right]$ $v = \dfrac{\pi h\omega}{2\delta_t} \sin\left(\dfrac{\pi}{\delta_t}\delta\right)$ $a = \dfrac{h\pi^2\omega^2}{2\delta_t^2}\cos\left(\dfrac{\pi}{\delta_t}\delta\right)$	$s = \dfrac{h}{2}\left\{1 + \cos\left[\dfrac{\pi}{\delta_h}(\delta - \delta_t - \delta_s)\right]\right\}$ $v = -\dfrac{\pi h\omega}{2\delta_h} \sin\left[\dfrac{\pi}{\delta_h}(\delta - \delta_t - \delta_s)\right]$ $a = -\dfrac{h\pi^2\omega^2}{2\delta_h^2}\cos\left[\dfrac{\pi}{\delta_h}(\delta - \delta_t - \delta_s)\right]$	

续表

运动规律	运动方程		推程运动线图
	推程（$0 \leq \delta \leq \delta_t$）	回程（$\delta_t + \delta_s \leq \delta \leq \delta_t + \delta_s + \delta_h$）	
摆线运动	$s = h\left[\dfrac{\delta}{\delta_t} - \dfrac{1}{2\pi}\sin\left(\dfrac{2\pi}{\delta_t}\delta\right)\right]$ $v = \dfrac{h\omega}{\delta_t}\left[1 - \cos\left(\dfrac{2\pi}{\delta_t}\delta\right)\right]$ $a = \dfrac{2\pi h}{\delta_t^2}\omega^2 \sin\left(\dfrac{2\pi}{\delta_t}\delta\right)$	$s = h\left[1 - \dfrac{\delta - \delta_t - \delta_s}{\delta_h} + \dfrac{1}{2\pi}\sin\dfrac{2\pi}{\delta_h}(\delta - \delta_t - \delta_s)\right]$ $v = -\dfrac{h\omega}{\delta_h}\left[1 - \cos\dfrac{2\pi}{\delta_h}(\delta - \delta_t - \delta_s)\right]$ $a = -\dfrac{2\pi h}{\delta_h^2}\omega^2 \sin\dfrac{2\pi}{\delta_h}(\delta - \delta_t - \delta_s)$	

4. 摆线运动规律（正弦加速度运动规律）

当一圆沿纵轴作匀速纯滚动时，圆周上某定点 A 的运动轨迹为一摆线，而定点 A 运动时在纵轴上投影的运动规律即为摆线运动规律。因其加速度按正弦曲线变化，故又称正弦加速度运动规律。从动件作摆线运动时，其加速度没有突变（表 6-2），因而将不产生冲击，故适用于高速运动场合。

以上介绍了从动件常用的运动规律，实际生产中还有更多的运动规律，如复杂多项式运动规律、改进型运动规律等。了解从动件的运动规律，便于我们在凸轮机构设计时，根据机器的工作要求进行合理选择。

（三）从动件运动规律的选择

在选择从动件的运动规律时，首先应考虑机器的工作过程对其提出的要求，同时又应使凸轮机构具有良好的动力特性，并在可能时兼顾便于凸轮的加工。从动件运动规律的选择涉及的问题很多，这里仅就凸轮机构工作条件区分的几种情况作一简要的说明。

（1）当机器的工作过程对从动件运动规律有特殊的要求时，应从实现工作过程的要求出发确定其运动规律。如控制内燃机阀门启闭的凸轮机构，为了尽快地开启和关闭阀门，同时又不使最大加速度过大，故从动件可选用等加速等减速运动规律。

（2）当机器的工作过程对从动件运动规律无特殊要求时，对于低速轻载的凸轮机构（如图 6-59 所示用于夹紧工件的凸轮机构，其速度很低，而且它只要求当凸轮转过 δ_0 角度时，从动件摆动一定角度 φ 而使压杆压下将工件夹紧，至于在此过程中，从动件按什么规律运动则没有严格要求），可以从便于凸轮加工出发来选择从动件的运动规律。譬如，可以选用等速运动（直动从动件作等速运动时，盘状凸轮的轮廓曲线是阿基米德螺线，而圆柱凸轮的轮廓曲线是普通螺旋线），或者直接用圆弧和直线作为凸轮的轮廓曲线。

对于高速凸轮机构，即使工作过程对从动件的运动规律无特殊要求，但考虑到机构的运动速度较高，如果从动件的运动规律选择不当，可能会产生很大的惯性力和冲击，从而使凸轮机构加剧磨损和降低寿命，以至影响工作。因此减小惯性力、改善其动力性能就成为选择从动件运动规律的主要依据。摆线运动（正弦加速度运动）因其加速度无突变现象，不存在柔性冲击，故有较好的动力性能，可在高速下应用。

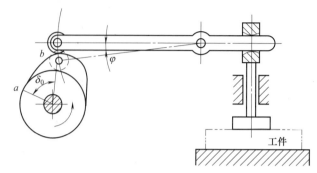

图 6-59　用于夹紧工件的凸轮机构

（3）在选择或设计从动件运动规律时，除了要考虑其冲击特性外，还应考虑其具有的最大速度 v_{max}、最大加速度 a_{max} 及其影响加以比较。

① v_{max} 越大，则机构动量 mv 越大。若从动件突然被阻止，过大的动量会导致极大的冲击力，危及设备和人身安全。因此，当从动件质量较大时，为了减小动量，应选择 v_{max} 值较小的运动规律。

② a_{max} 越大，机构惯性力越大，作用在高副接触处的应力越大，机构的强度和耐磨性要求也就越高。对于高速凸轮，为了减小惯性力的危害，应选择 a_{max} 值较小的运动规律。几种常用运动规律的 v_{max}、a_{max} 和冲击特性见表 6-3。

表 6-3　从动件常用运动规律特性比较

运动规律	$v_{max}/(h\omega/\delta)\times$	$a_{max}/(h\omega^2/\delta^2)\times$	冲击	推荐应用范围
等速	1.00	∞	刚性	低速轻载
等加速等减速	2.00	4.00	柔性	中速轻载
简谐（余弦加速度）	1.57	4.93	柔性	中速中载
摆线（正弦加速度）	2.00	6.28	——	高速轻载

（4）随着机械性能要求的不断提高，对从动件的运动规律要求也越来越高，有时单一型运动规律不能满足工程要求，就采用多种运动规律组合成新型的运动规律，以改善其运动特性。例如，当采用等速运动规律时，将等速运动规律的行程两端与正弦加速度运动规律组合起来，以使其运动动力性能得到改善。

组合后的从动件运动规律应满足以下要求：

① 满足工作对从动件特殊的运动要求。

② 为避免刚性冲击，位移曲线和速度曲线（包括起点和终点）必须连续；对高、中速凸轮机构，还应当避免柔性冲击，其加速度曲线（包括起点和终点）也必须连续。即在用不同运动规律组合起来形成从动件完整的运动规律时，各段的位移、速度、加速度曲线在连接点处其值应分别相等，这是运动规律组合时应满足的边界条件。

③ 应使最大速度 v_{max}、最大加速度 a_{max} 的值尽可能小。

三、凸轮机构的压力角

在设计凸轮机构时，除了要求从动件能实现预期运动规律之外，还希望机构有较好的受力情况和较小的尺寸，为此，需要讨论压力角对机构受力情况及尺寸的影响。

（一）凸轮机构的压力角

如前面所述，作用在从动件上的驱动力与该力作用点绝对速度之间所夹的锐角称为**压力角**。图 6-60 所示为凸轮机构在推程中某位置的情况，F 为作用在从动件上的外载荷，如不计凸轮与从动件之间的摩擦，则凸轮作用在从动件上的力 F 沿着接触点处的法线方向，从动件则在凸轮的推动下向上运动，运动方向 v 与作用力 F 之间的夹角 α 即为凸轮机构的压力角。显然角 α 随凸轮的转动而变化。

（二）压力角与作用力的关系

如图 6-60 所示，凸轮对从动件的作用力 F 可以分解为两个分力，即沿着从动件运动方向的分力 F' 和垂直于运动方向的分力 F''。其中 F' 是推动从动件克服载荷的有效分力，而 F'' 将增大从动件与导路之间的滑动摩擦，它是一种有害分力，且有

$$F'' = F'\tan\alpha$$

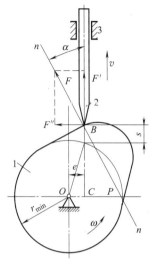

图 6-60　凸轮机构的压力角

上式表明：驱动从动件的有效分力 F' 一定时，压力角 α 越大，则有害分力 F'' 越大，由 F'' 引起的摩擦阻力也越大，机构的效率也就越低。当 α 增大到一定程度时，由 F'' 引起的摩擦阻力将超过有用分力 F'，这时无论凸轮加给从动件的作用力多大，都不能推动从动件运动，这种现象称为自锁。为了保证凸轮机构工作可靠并具有一定的传动效率，必须对压力角加以限制，使最大压力角 α_{max} 不超过许用的压力角。通常，对于直动从动件凸轮机构，推程时建议取许用压力角 $[\alpha] = 30°$；对于摆动从动件凸轮机构，建议取许用压力角 $[\alpha] = 45°$。回程时，由于通常受力较小且无自锁问题，故许用压力角可取得大些，通常取 $[\alpha] = 70° \sim 80°$。常见的依靠外力使从动件与凸轮保持接触的凸轮机构，其从动件是在外力作用下返回的，回程不会出现自锁。因此，对于这类凸轮机构通常只需对推程的压力角进行校核。

（三）压力角与凸轮机构尺寸的关系

在图 6-60 中，r_{min} 为凸轮的基圆半径。显然，基圆半径愈大，凸轮的尺寸也愈大。因此，要获得轻便紧凑的凸轮机构，应当使基圆半径尽可能地小。然而基圆半径的减小受到压力角的限制，这可从下面压力角的计算公式中得到证明。

图 6-60 所示凸轮机构中，过凸轮与从动件的接触点 B 作公法线（nn），它与过凸轮轴心 O 且垂直于从动件导路的直线相交于 P，P 点就是凸轮和从动件的相对速度瞬心。根据瞬心的定义有：$v_P = v = \omega l_{OP}$

所以

$$l_{OP} = \frac{v}{\omega} = \frac{\mathrm{d}s}{\mathrm{d}\delta}$$

因此，可得凸轮机构的压力角计算公式为：

$$\tan\alpha = \frac{\dfrac{\mathrm{d}s}{\mathrm{d}\delta} \mp e}{s + \sqrt{r_{min}^2 - e^2}} \tag{6-8}$$

式中，s 为对应凸轮转角 δ 的从动件位移；e 为从动件导路偏离凸轮回转中心的距离，称为偏距。当导路和瞬心 P 在凸轮轴心 O 的同侧时，式中取"$-$"；反之，当导路和瞬心 P

在凸轮轴心 O 的异侧时，式中取"＋"。

从公式（6-8）可知：

（1）凸轮机构的压力角与凸轮基圆尺寸直接相关　在其他条件不变的情况下，凸轮的基圆半径愈大，压力角愈小，机构的传力性能愈好。但是，基圆半径过大会使凸轮机构的结构不紧凑。设计时应根据具体条件抓住主要矛盾合理解决：当对机构尺寸没有严格要求时，可将基圆选大些，以便减小压力角，使凸轮机构具有良好的受力条件；反之则应尽量减小基圆尺寸，但应注意勿使压力角 α 超过其许用值 $[\alpha]$。

（2）凸轮机构的压力角与偏距有关　增大偏距既可能使压力角增大又可能使压力角减小，关键取决于凸轮转动方向和从动件的偏置方向。

当压力角超过许用值而结构空间又不允许增加基圆半径时，可通过适当选取从动件的偏置方向来减小推程压力角。如图 6-61 所示，凸轮顺时针转动时，从动件偏于凸轮轴心左侧；凸轮逆时针转动，从动件偏于凸轮轴心右侧。

需要指出的是，若推程的压力角减小，则回程的压力角将增大，即通过增加偏距来减小压力角是以增大回程压力角为代价的。由于回程的许用压力角一般比推程的许用压力角要大，所以仍能满足 $\alpha_{\max} \leqslant [\alpha]$。

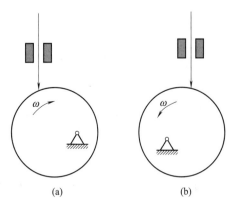

图 6-61　凸轮机构偏置方向的设置

四、图解法设计凸轮轮廓

在合理地选择从动件的运动规律之后，根据工作要求、结构所允许的空间、凸轮转向和凸轮的基圆半径，就可设计凸轮的轮廓曲线。设计方法通常有图解法和解析法，两者所依据的设计原理基本相同。图解法简单、直观，但精度有限，因此图解法用于低速或精度要求不高的场合。解析法精度较高，适用于高速或要求较高的场合。在凸轮设计中，图解法是解析法的出发点和基础，因此本节介绍图解法设计凸轮轮廓曲线的原理和步骤。

（一）图解法的原理

凸轮机构工作时凸轮是运动的，而绘制凸轮轮廓时，却需要凸轮与图纸相对静止。为此，在设计中采用"反转法"绘制凸轮轮廓。根据相对运动原理：如果给整个凸轮机构（凸轮、从动件、机架）加上绕凸轮轴心 O 的公共角速度 $-\omega$，机构各构件间的相对运动不变。这样一来，凸轮静止不动，而从动件则与机架（导路）一起以角速度（$-\omega$）绕 O 点转动，且从动件仍按原来的运动规律相对导路移动（或摆动），如图 6-62 所示。由于从动件尖顶始终与凸轮轮廓保持接触，所以从动件在反转运动中，其尖顶的运动轨迹就是凸轮的轮廓曲线。利用上述原理设计凸轮轮廓曲线的方法称为反转法，不同类型的凸轮轮廓曲线都可以用反转法进行设计。

（二）凸轮轮廓曲线的绘制

用"反转法"原理绘制凸轮轮廓，主要包含三个步骤：①将凸轮的转角和从动件位移线图分成对应的若干等份；②用"反转法"画出反转后从动件导路的各个位置；③根据所分的等份量得从动件相应的位移，从而得到凸轮的轮廓曲线。

1. 对心尖顶直动从动件盘形凸轮

如图 6-63（a）所示为一对心尖顶直动从动件盘形凸轮机构，图 6-63（b）为给定的从动件位移线图。设凸轮以等角速度 ω 顺时针回转，其基圆半径 r_{min} 已知，要求绘出此凸轮的轮廓曲线。

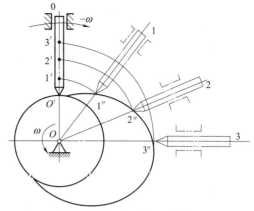

　　根据上述反转原理，该凸轮的轮廓曲线可按如下步骤作出：

　　① 以 O 点为圆心、r_{min} 为半径作基圆。此基圆与导路的交点 A_0 便是从动件尖顶的起始位置。

　　② 自 OA_0 开始沿 $-\omega$ 的方向取角度 δ_t、δ_h、$\delta_{s'}$，并将 δ_t 和 δ_h 各分成若干等份，如分成 4 等份，得 A'_1、A'_2、A'_3、…、A'_7 和 A_8 点。

图 6-62　凸轮反转绘制原理

　　③ 以 O 为起始点分别过 A'_1、A'_2、A'_3、…、A'_7 各点作射线，它们便是反转后从动件导路的各个位置。

　　④ 在位移线图上量取各个位移量，并在相应的射线上截取 $A_1A_1' = 11'$、$A_2A_2' = 22'$、…、$A_7A_7' = 77'$，得反转后尖顶的一系列位置 A_1、A_2、…、A_8。

　　⑤ 将 A_0、A_1、A_2、…、A_8 各点连成光滑的曲线，便得到所要求的凸轮轮廓。

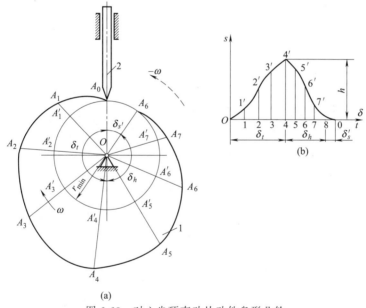

(a)

(b)

图 6-63　对心尖顶直动从动件盘形凸轮

2. 偏置尖顶直动从动件盘形凸轮

　　如图 6-64（a）所示为一偏置尖顶直动从动件盘形凸轮机构，图 6-64（b）所示为给定的从动件位移线图。设凸轮以等角速度 ω 顺时针回转，其基圆半径 r_{min} 及从动件导路的偏距 e 均已知，要求绘出此凸轮的轮廓曲线。

　　对于偏置尖顶直动从动件盘形凸轮机构，其从动件的导路不通过凸轮的回转轴心 O，而是有一偏距 e。因此，从动件在反转运动中各处的位置始终为与凸轮回转轴心 O 保持一偏距 e 的直线。因此，若以凸轮回转中心 O 为圆心，以偏距 e 为半径作圆（称为偏距圆），则从动件在反转运动中依次占据的位置必然都是偏距圆的切线，从动件的位移也应沿这些切线量取。这是与对心直动从动件不同的地方。

根据上述分析，该凸轮的轮廓曲线可按如下步骤作出：

① 以 O 点为圆心、r_{min} 为半径作基圆，以 O 点为圆心、e 为半径作偏距圆。点 B_0 为从动件导路线与偏距圆的切点，导路线与基圆的交点 A_0 便是从动件尖顶的起始位置。

② 自 OA_0 开始沿 $-\omega$ 的方向取角度 δ_t、δ_h、$\delta_{s'}$，并将 δ_t 和 δ_h 各分成若干等份，如分成 4 等份，在基圆上得 A_1'、A_2'、A_3'、$\cdots$、A_7' 和 A_8 点。

③ 过 A_1'、A_2'、A_3'、$\cdots$、A_7' 各点作偏距圆的切线 B_1A_1'、B_2A_2'、$\cdots$、B_8A_8'，它们便是反转后从动件导路的各个位置。

④ 在位移线图上量取各个位移量，并在相应的切线上截取 $A_1A_1' = 11'$、$A_2A_2' = 22'$、$\cdots$、$A_7A_7' = 77'$，得反转后尖顶的一系列位置 A_1、A_2、$\cdots$、A_8。

⑤ 将 A_0、A_1、A_2、$\cdots$、A_8 各点连成光滑的曲线，便得到所要求的凸轮轮廓。

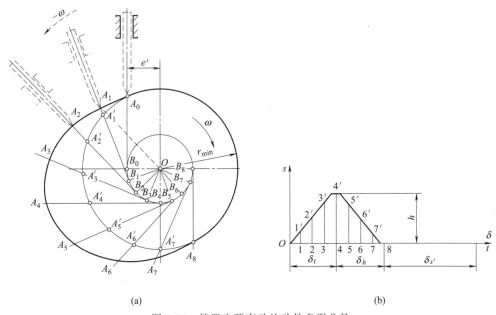

(a)   (b)

图 6-64   偏置尖顶直动从动件盘形凸轮

3. 滚子直动从动件盘形凸轮

掌握了尖顶直动从动件盘形凸轮轮廓的绘制技巧，如果从动件不是尖顶而是滚子，凸轮轮廓又怎样绘制出来呢？如图 6-65 所示，其凸轮轮廓线可按下述方法绘制：首先，把滚子中心看作尖顶从动件的尖顶，按上面讲述的方法求出一条轮廓曲线 β_0；再以 β_0 上各点为中心，以滚子半径为半径作一系列圆；最后作这些圆的包络线 β，它便是使用滚子从动件时凸轮的实际轮廓，而 β_0 称为此凸轮的理论轮廓。由作图过程可知，滚子从动件凸轮的基圆半径和压力角 α 均应当在理论轮廓上度量。

必须指出，滚子半径的大小对凸轮实际轮廓有很大影响。理论轮廓曲线求出之后，如滚子半径选择不当，其实际轮廓曲线也会出现过度切割而导致运动失真。如图 6-66 所示，设凸轮理论轮廓外凸部分的曲率半径为 ρ，实际轮廓线曲率半径为

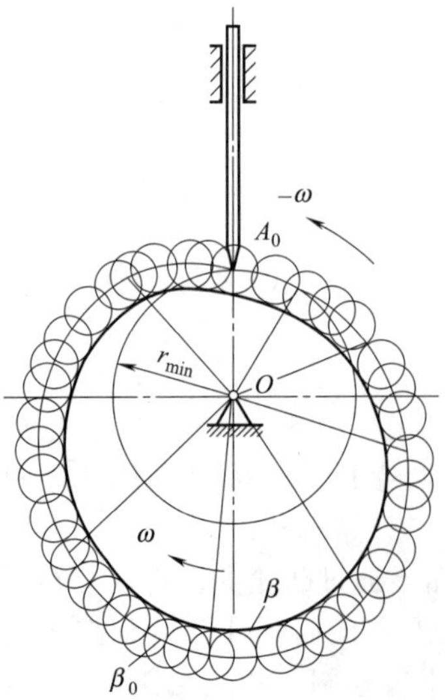

图 6-65   滚子直动从动件盘形凸轮

ρ'，滚子半径为 r_T，则 $\rho'=\rho-r_T$。当理论轮廓最小曲率半径 $\rho_{min}>r_T$ 时，实际轮廓为一平滑曲线 [图 6-66（a）]。如果 $\rho_{min}=r_T$，则会在凸轮实际轮廓上产生尖点 [图 6-66（b）]，这种尖点极易磨损，磨损后就会改变原定的运动规律。当滚子半径大于理论廓线的最小曲率半径，即 $\rho_{min}<r_T$ 时，实际轮廓线的曲率半径 ρ' 出现负值 [图 6-66（c）]，这时实际轮廓曲线出现交叉，交叉点以外的部分在制造中将被切除，致使从动件不能按预期的运动规律运动，这种现象称为失真。

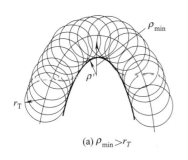 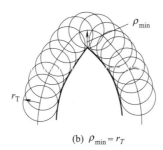

(a) $\rho_{min}>r_T$ (b) $\rho_{min}=r_T$ (c) $\rho_{min}<r_T$

图 6-66 从动件滚子半径的选择

为了使凸轮轮廓在任何位置既不变尖，又不自交，滚子半径必须小于理论轮廓外凸部分的最小曲率半径 ρ_{min}（理论轮廓的内凹部分对滚子半径的选择没有影响）。如果 ρ_{min} 过小，按上述条件选择的滚子半径太小而不能满足安装和强度要求，就应当把凸轮基圆尺寸加大，重新设计凸轮轮廓。

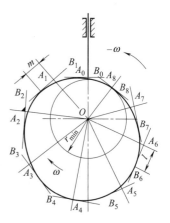

4. 平底直动从动件盘形凸轮

当从动件的端部是平底时，凸轮实际轮廓曲线的求法与上述相同。如图 6-67 所示，首先把从动件导路中心线与从动件平底的交点 A_0 视为尖顶从动件的顶点，按尖顶从动件盘形凸轮轮廓的绘制方法确定出 A_0 点在从动件作反转运动时依次占据的位置 A_1、A_2、A_3 等。然后过这些点作出一系列代表从动件平底的直线，再作这些平底的包络线，便得到凸轮的实际轮廓曲线。由于平底上与实际轮廓曲线相切的点是随机

图 6-67 平底直动从动件盘形凸轮

构位置变化的，为了保证在所有位置平底都能与轮廓曲线相接触，平底左右两侧的宽度必须分别大于导路至左右最远切点的距离 m 和 l；同时为了保证在所有位置从动件平底都能与凸轮轮廓曲线相切，凸轮廓线必须是外凸的。

从作图过程不难看出，对于平底直动从动件，只要不改变导路的方向，无论导路对心或偏置，无论取哪一点为参考点，所得出的直线族和凸轮实际轮廓曲线都是一样的。

第四节　间歇运动机构

一、棘轮机构

（一）棘轮机构的类型

如图 6-68 所示，棘轮机构主要是由棘轮、棘爪及机架组成的。棘轮 2 与棘轮轴 4 固连在一起，驱动棘爪 3 铰接于摇杆 1 上，摇杆 1 空套在与棘轮 2 固连的从动轴上，并可绕其来回摆动。当摇杆 1 逆时针方向摆动时，与它相连的驱动棘爪 3 插入棘轮的齿槽内，推动棘轮

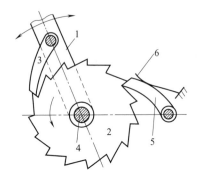

图 6-68   棘轮机构工作原理
1—摇杆；2—棘轮；3—棘爪；
4—棘轮轴；5—制动
棘爪；6—簧片

转过一定的角度；当摇杆顺时针方向摆动时，驱动棘爪 3 便在棘轮齿背上滑过，同时，簧片 6 迫使制动棘爪 5 插入棘轮的齿间，阻止棘轮顺时针方向转动，故棘轮静止。因此，当摇杆往复摆动时，棘轮作单向的间歇运动。

按照结构特点，常用的棘轮机构分为下列几类。

1. 双动式棘轮机构

改变图 6-68 中原动件（摇杆 1）的结构形状得到的是双动式棘轮机构，当原动件 1 往复摆动时，都能使棘轮 2 沿单一方向转动。驱动棘爪 3 也可以制成直的或者带钩头的，如图 6-69（a）、（b）所示。

2. 可变向棘轮机构

可变向棘轮机构一般采用矩形齿，如图 6-70（a）所示，其特点是当棘爪 1 在图示位置时，棘轮 2 沿逆时针方向间歇运动；当棘爪 1 翻转到虚线位置时，棘轮将沿顺时针方向作间歇运动。还有另一种可变向的棘轮机构，如图 6-70（b）所示，当棘爪 1 在图示位置时，棘轮 2 将沿逆时针方向作间歇运动。若将棘爪提起（销子拔出），并绕本身轴线转 180° 后放下（销子插入），则可实现棘轮沿顺时针方向的间歇运动。若将棘爪提起并绕本身轴线转 90° 后放下，架在壳体顶部的平台上，使棘轮与棘爪脱开，则当棘爪往复摆动时，棘轮静止不动。

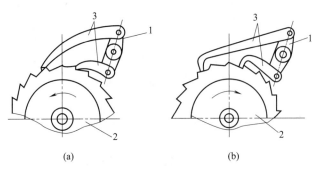

(a)   (b)

图 6-69   双动式棘轮机构
1—摇杆；2—棘轮；3—棘爪

3. 摩擦式棘轮机构

摩擦式棘轮机构是一种靠无棘齿的棘轮和棘爪之间产生摩擦力来产生运动的。摩擦式棘轮机构用偏心扇形块代替棘爪，用摩擦轮代替棘轮。如图 6-71 所示，它由摩擦轮 3 和摇杆 1 及其铰接的驱动偏心楔块 2、止动楔块 4 和机架 5 等组成。当摇杆逆时针方向摆动时，通过偏心楔块 2 与摩擦轮 3 之间的摩擦力，使摩擦轮逆时针方向转动；当摇杆顺时针方向摆动时，偏心楔块 2 在摩擦轮上滑过，而止动楔块 4 与摩擦轮 3 之间的摩擦力促使此楔块与摩擦轮卡紧，从而使摩擦轮静止，以实现间歇运动。由于摩擦式棘轮机构是靠摩擦力来工作的，所以应有足够大的摩擦力，才能保证运动的正常实现。

（二）棘轮机构的功用

棘轮机构在机械中应用较广，常用来实现超越、送进、输送和制动等工作要求。

1. 超越

棘轮机构可以用来实现快速的超越运动，如图 6-72 所示为自行车后轮轴上的棘轮机构。当脚蹬踏板时，经链轮 1 和链条 2 带动内圈具有棘齿的链轮 3 顺时针转动，再通过棘爪 4 的

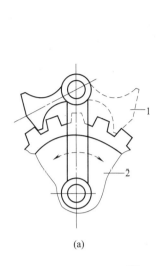

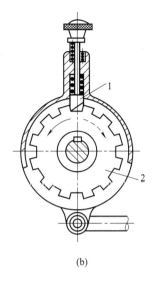

(a)　　　　　　　　　　　　　　(b)

图 6-70　可变向棘轮机构

作用，使后轮轴 5 顺时针转动，从而驱动自行车前进。自行车前进时，如果令踏板不动，后轮轴 5 便会超越链轮 3 而转动，让棘爪 4 在棘轮齿背上滑过，从而实现不蹬踏板的自由滑行。

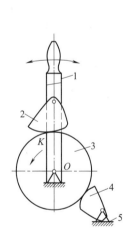

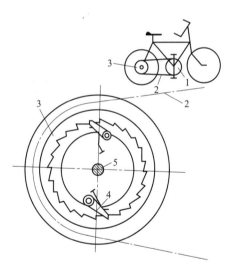

图 6-71　摩擦式棘轮机构　　　　　　　图 6-72　超越式棘轮机构

1—摇杆；2—偏心楔块；3—摩擦轮；

4—止动楔块；5—机架

2. 送进和输送

图 6-70（a）所示的矩形齿棘轮机构是图 6-73 所示牛头刨床工作台横向进给机构，棘轮机构 1 实现正反间歇转动，然后通过丝杠、螺母带动工作台 2 作横向间歇送进运动。

图 6-74 所示为铸造车间浇铸自动线的砂型输送装置。由以压缩空气为原动力的气缸带动摇杆摆动，通过齿式棘轮机构使自动线的输送带作间歇输送运动，输送带不动时，进行自动浇铸。

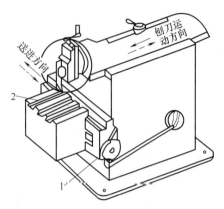

图 6-73　牛头刨床工作台横向进给机构
1—棘轮机构；2—工作台

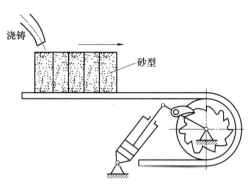

图 6-74　浇铸式流水线进给机构

3. 制动

图 6-75 所示为起重设备中的棘轮制动器。当提升重物时，棘轮逆时针转动，棘爪 2 在棘轮 1 齿背上滑过；当需使重物停在某一位置时，棘爪将及时插入棘轮的相应齿槽中，防止棘轮在重力 W 作用下顺时针转动使重物下落，以实现制动。

（三）棘轮机构的结构要求和几何参数

1. 棘轮机构的结构要求

棘轮机构在结构上要求驱动力矩大、棘爪能顺利插入棘轮。如图 6-76 所示，棘爪为二力杆件，驱动力沿 O_2A 方向，当其与向径 O_1A 垂直时，驱动力矩最大。工作齿面与向径间的夹角 φ 称为齿倾角。当齿倾角 φ 大于摩擦角 ρ 时，棘爪能顺利插入棘轮齿。当摩擦角 ρ 为 6°～10° 时，齿倾角 φ 取 15°～20° 为宜。

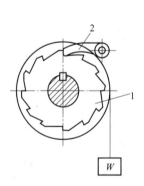

图 6-75　起重设备中的棘轮制动器
1—棘轮；2—棘爪

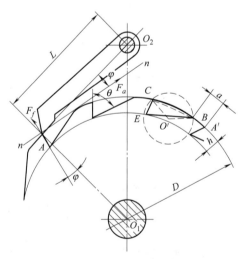

图 6-76　棘轮机构的几何参数

2. 棘轮机构的几何参数

（1）棘轮齿数 z 和棘爪数 J　棘轮齿数 z 主要根据工作要求的转角选定，此外，还应当考虑载荷的大小；对于传递轻载的进给机构，齿数可取得多一些，但要求 $z \leqslant 250$；当传递载荷较大时，应考虑轮齿的强度及安全，齿数取得少一些，如某些起重机械的制动器取 $z=8\sim30$。棘轮机构的驱动棘爪数通常取 $J=1$，但当载荷较大时，棘轮尺寸受限制，齿数较少时，可采用双棘爪驱动。

（2）齿距 p 和模数 m　棘轮齿顶圆上相邻两齿对应点间的弧长称为**齿距**，用 p 表示。令 $m=p/\pi$，m 称为模数，单位为 mm。模数已标准化，应按标准选用，常用的 m 值为 1、1.5、2、2.5、3、3.5、4、5、6、8、10、12、14、16、18、20、22、24、26、30。

（3）棘轮的齿形　常见的轮齿齿形为不对称梯形；当棘轮承受载荷不大时，为便于加工可选用三角形齿形；双向驱动用的棘轮机构，常选用对称梯形。

棘轮齿数 z 和模数 m 确定后，棘轮机构的主要几何尺寸可按表 6-4 中的公式计算。

表 6-4　棘轮机构的主要几何尺寸的计算公式

名称	符号	计算公式	名称	符号	计算公式
齿顶圆直径	d_a	$d_a=mz$	齿槽圆角半径	r	$r=1.5m$
齿高	h	$h=0.75m$	齿槽夹角	θ	$\theta=60°$ 或 $55°$
齿根圆直径	d_f	$d_f=d_a-2h$	棘爪长度	L	$L=2p$
齿距	p	$p=\pi m$	棘爪工作高度	h_1	$m\leqslant2.5$ 时，$h_1=h+(2\sim3)$；$m=3\sim5$ 时，$h_1=(1.2\sim3)$；$m=6\sim14$ 时，$h_1=m$
齿宽	b	铸钢 $b=(1.5\sim4)m$；铸铁 $b=(1\sim2)m$			

二、槽轮机构

（一）槽轮机构的工作原理和类型

槽轮机构也是一种间歇运动机构，其结构如图 6-77 所示。槽轮机构由带圆销的主动拨盘 1、具有径向槽的从动槽轮 2 和机架等组成。拨盘 1 作匀速转动，通过主动拨盘上的圆销与槽的啮合推动从动槽轮作间歇转动。为了防止从动槽轮反转，拨盘与槽轮之间设有锁止弧。

拨盘上的凸弧与槽轮的凹弧接触时，槽轮静止不动；当圆销进入径向槽时，槽轮转动一个角度，圆销脱离径向槽时，拨盘上的凸弧又将槽轮锁住。拨盘连续转动，重复上述过程，从而实现了槽轮单向间歇转动。

槽轮机构可分为外槽轮机构和内槽轮机构，分别如图 6-77（a）、（b）所示。

另外，根据槽轮机构中圆销的数目，外槽轮机构又分为单圆销、双圆销和多圆销槽轮机构。单圆销外槽轮机构拨盘转一周，槽轮反向转动一次；双圆销外槽轮机构拨盘转一周，槽轮反向转动两次。内槽轮机构槽轮的转动方向与拨盘转向相同。

（二）槽轮机构的特点和应用

槽轮机构的特点是：结构简单，转位迅速，工作可靠，外形尺寸小，机械效率高，且转动平稳。但槽轮转角不能调整，转速较高时有冲击，故槽轮机构一般应用于转速较低，又不需调节转角的间歇转动场合。

图 6-78 所示为六角车床刀架的转位槽轮机构。刀架 3 上可装 6 把刀具并与槽轮 2 固连，拨盘每转一周，驱动槽轮（即刀架）转 60°，从而将下一工序的刀具转换到工作位置。

图 6-79 所示为电影放映机卷片机构，当拨盘 1 转一周时，槽轮 2 转 90°，影片移动一个画面，并停留一定时间（即放映一个画面）。拨盘继续转动，重复上述运动。利用人眼的视觉暂留特性，当每秒钟放映 24 幅画面时，即可使人看到连续的画面。

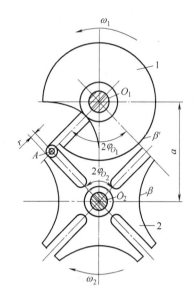

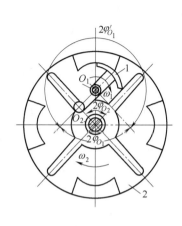

(a) 外槽轮机构   (b) 内槽轮机构

图 6-77   槽轮机构

1—拨盘；2—槽轮

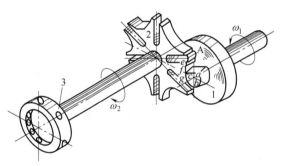

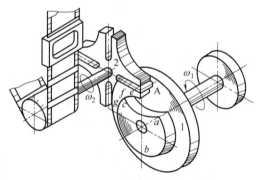

图 6-78   刀架转位槽轮机构   图 6-79   放映机卷片槽轮机构

1—拨盘；2—槽轮；3—刀架   1—拨盘；2—槽轮

（三）槽轮机构的主要参数

槽轮机构的主要参数是槽轮的槽数 z 和主动拨盘的圆销数 K。

在图 6-77（a）所示的单圆销外槽轮机构中，为使槽轮在开始和终止转动时瞬时角速度为 0，以避免发生刚性冲击，要求此时槽轮径向槽中线与圆销中心的运动圆相切，即 $O_1A \perp O_2A$。由此可得

$$2\varphi_{O_1} = \pi - 2\varphi_{O_2} = \pi - 2\pi/z = \pi(z-2)/z \qquad (6-9)$$

主动拨盘转动一周称为一个运动循环。运动系数是指槽轮机构在一个运动循环中，槽轮运动时间 t_d 与主动拨盘运动时间 t 的比值。因拨盘作等速转动，故运动系数也可用相应角度之比表达，即

$$\tau = t_d/t = 2\varphi_{O_1}/2\pi = (z-2)/2z \qquad (6-10)$$

由于运动系数 τ 必须大于 0，故由式（6-10）可推知槽轮径向槽数应取 $z \geqslant 3$。但 $z=3$ 时槽轮运动过程中角速度、角加速度变化很大，尤其在圆销进入和退出径向槽的瞬间，槽轮

角加速度发生很大突变，引起的振动和冲击也就很大，因此很少选用 $z=3$，一般选 $z=4\sim8$。又由 $\tau=(z-2)/2z=0.5-1/z$ 知，单圆销外槽轮机构的运动系数总小于 0.5。若希望 $\tau>0.5$，则应采用多圆销。设均匀分布的圆销数目为 K，则有

$$\tau=Kt_d/t=K(z-2)/2z \tag{6-11}$$

因运动系数应小于 1，所以由式（6-11）可得

$$K<2z/(z-2) \tag{6-12}$$

由此可知：$z=3$ 时，K 为 $1\sim5$；$z=4$ 或 5 时，K 为 $1\sim3$；$z\geqslant6$ 时，K 为 $1\sim2$。

对于图 6-77（b）的内啮合槽轮机构，对应槽轮 2 的运动，杆 1 转过的角度 $2\varphi_{O_1}'$ 为

$$2\varphi_{O_1}'=2\pi-(\pi-2\varphi_{O_1})=\pi+2\varphi_{O_2}=\pi+2\pi/z \tag{6-13}$$

所以其运动系数 τ 为

$$\tau=2\varphi_{O_1}'/2\pi=(z+2)/2z \tag{6-14}$$

由此可知，内啮合槽轮机构的运动系数总大于 0.5。又因 τ 应小于 1，所以 $z>2$，即内啮合槽轮机构槽轮的径向槽数亦应有 $z\geqslant3$。此外还可推知内啮合槽轮机构永远只可用一个圆销。

设计槽轮机构时，首先根据工作要求选定槽轮机构的类型及槽轮槽数 z 和拨盘圆销数 K，再按照受力情况和实际机器允许的空间安装尺寸确定中心距 a 和圆销半径 r。

（四）槽轮机构的尺寸计算

在槽数 z 和圆销数 K 确定后，除了中心距 a 与拨盘圆销半径 r 取决于槽轮机构的强度要求及允许的安装尺寸外，其余主要尺寸的计算公式见表 6-5。

表 6-5　槽轮机构主要尺寸的计算公式

名称	符号	计算公式	名称	符号	计算公式
圆销回转半径	R_1	$R_1=\arcsin(\pi/z)$	槽深	h	$h=R_2-b$
圆销半径	r	$r\approx R_1/6$	锁止弧半径	R_x	$R_x=R_1-r-e$，e 为槽顶一侧壁厚，推荐 $e=(0.6\sim0.8)r$，但 e 必须大于 $3\sim5\mathrm{mm}$
槽轮半径	R_2	$R_2=\arccos(\pi/z)$			
槽底高	b	$b=a-(R_1+r)-(3\sim5)$			

三、不完全齿轮机构

如图 6-80 所示，不完全齿轮机构由具有一个或几个齿的不完全主动齿轮 1、具有正常轮齿和带锁止弧的从动齿轮 2 及机架组成。当轮 1 等速连续转动时，轮 1 的轮齿与轮 2 的正常齿相啮合，轮 1 驱动从动轮 2 转动；当轮 1 的锁止弧 S_1 与轮 2 的锁止弧 S_2 接触时，从动轮 2 停歇不动并停止在确定的位置上，从而实现周期性的单向间歇运动。

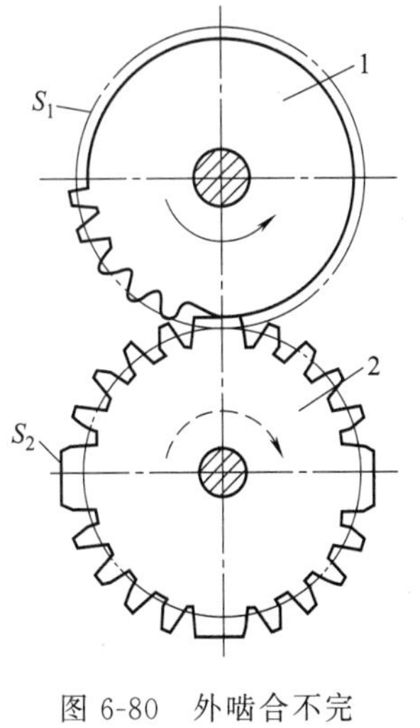

不完全齿轮机构有外啮合（图 6-80）和内啮合两种型式，一般常用外啮合。

不完全齿轮机构的特点是：工作可靠，结构简单，传递的力大，从动轮的运动时间和静止时间的比例不受机构结构的限制。但是不完全齿轮机构的从动轮在转动开始和终止时，角速度有突变，冲击较大。

不完全齿轮机构一般只用于低速或轻载场合。如在自动机械和半自动机械中，用作工作台的间歇转位、间歇进给机构及计数装置；再如蜂窝煤压制机工作台转盘的间歇转位机构等。

图 6-80　外啮合不完全齿轮机构

1—主动轮；2—从动轮

复习思考题

1. 什么是平面连杆机构？试举出几个常见的平面连杆机构实例。

2. 铰链四杆机构有哪几种基本形式？它们之间的主要区别是什么？

3. 何谓曲柄？铰链四杆机构中曲柄存在的条件是什么？

4. 何谓行程速度变化系数和极位夹角？它们之间有何关系？当极位夹角为零度时，行程速度变化系数等于多少？试画出这个曲柄摇杆机构。

5. 什么是压力角？什么是传动角？两者有什么关系？

6. 四杆机构在什么情况下会出现死点？加大四杆机构原动件的驱动力，能否使该机构越过死点位置？可采用什么方法越过死点位置？

7. 试比较尖顶、滚子和平底从动件的优缺点及应用场合。

8. 试从冲击的观点来比较等速、等加速等减速、简谐运动、摆线运动四种常用运动规律，并说明它们适用的场合。

9. 何谓凸轮的理论轮廓？何谓凸轮的实际轮廓？两者之间有什么关系？

10. 何谓凸轮机构的压力角？压力角的大小与凸轮基圆半径有何关系？压力角的大小对机构传动性能有何影响？

11. 有一对心直动推杆盘形凸轮机构，在使用中发现推程压力角稍偏大，拟采用从动件偏置的办法来改善，是否可行？为什么？

12. 凸轮轮廓反转法设计依据的是什么原理？

13. 何谓凸轮实际轮廓曲线的变尖现象和从动件运动的失真现象？它对凸轮机构的工作有何影响？如何加以避免？

14. 常用的间歇运动机构有哪几种？从结构上分别是如何实现间歇运动的？

15. 为什么槽轮机构的运动系数不能大于 1？为什么内槽轮机构中拨盘圆柱销数目 K 只能为 1？

16. 本章介绍的四种间歇运动机构（棘轮机构、槽轮机构、凸轮间歇运动机构和不完全齿轮机构），在运动平稳性、加工难易和制造成本方面各具有哪些优缺点？各适用于什么场合？

第七章

机械传动和连接

带传动和链传动都是通过中间挠性件（带或者链）传递运动和动力的，适用于两轴中心距较大的场合。与应用广泛的齿轮传动相比，它们结构相对简单，成本低廉。因此，带传动和链传动都是常用的传动。

第一节　带　传　动

一、带传动的基本原理和特点

（一）带传动的基本原理

带传动是工程上应用很广的一种机械传动。它由主动带轮 1、从动带轮 2 和紧套在两带轮上的环形传动带 3 组成，如图 7-1 所示。根据工作原理不同，它可以分为摩擦式带传动和啮合式带传动两种。如图 7-1（a）所示为摩擦式带传动，工作时，它依靠传动带和带轮接触面间产生的摩擦力来传递运动和动力。如图 7-1（b）所示为啮合式带传动，工作时，它依靠传动带内侧凸齿和带轮轮齿间的啮合来传递运动和动力，由于传动带与带轮间没有相对滑动，故又称为同步带传动。

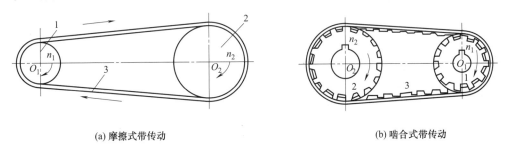

(a) 摩擦式带传动　　　　　　　　　　　　　　(b) 啮合式带传动

图 7-1　带传动工作原理

（二）带传动的特点

（1）带是挠性件，具有良好的弹性，故能吸振、缓冲，传动平稳，噪声小。

（2）过载时，带会在小带轮上打滑，可以防止机械因过载而损坏，起到安全保护作用。

（3）结构简单，制造、安装、维护方便，成本低廉，适用于两轴中心距较大的场合。

（4）传动比不够准确，外廓尺寸较大，需用张紧装置，不适用于高温和有化学腐蚀物质的场合。

（5）带的寿命较短，传动效率低。

综上所述，带传动主要适用于功率 $P \leqslant 50\mathrm{kW}$；带速 $v = 5 \sim 25\mathrm{m/s}$；特种高速带 v 可达 $60\mathrm{m/s}$；传动比 $i \leqslant 5$，最大可达 10；且要求传动平稳，但传动比不要求准确的机械中。

二、V 带传动

（一）V 带的结构、标准及张紧装置

V 带由抗拉体、顶胶、底胶和包布组成，如图 7-2 所示。抗拉体是承受负载拉力的主体，其上、下的顶胶和底胶分别承受弯曲时的拉伸和压缩，外壳用橡胶帆布包围成形。抗拉体由帘布或线绳组成，绳芯结构柔软易弯，有利于提高寿命。抗拉体的材料可采用化学纤维或棉织物，前者的承载能力较强。

如图 7-3 所示，当带受纵向弯曲时，带的外部受到拉伸，内部受到压缩，而在带中保持原长度不变的周线称为节线；由全部节线构成的面称为节面。带的节面宽度称为节宽（b_p），当带受纵向弯曲时，该宽度保持不变。

普通 V 带和窄 V 带已标准化，按截面尺寸的不同，普通 V 带有七种型号，窄 V 带有四种型号，见表 7-1。

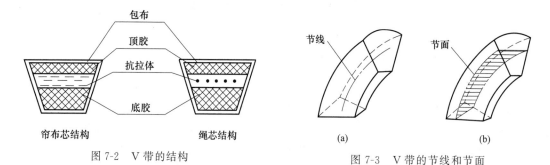

图 7-2　V 带的结构　　　　　　　　　图 7-3　V 带的节线和节面

表 7-1　V 带截面尺寸

类　　型		节宽 b_p/mm	顶宽 b/mm	高度 h/mm	单位长度质量 q/(kg/m)
普通 V 带	窄 V 带				
Y		5.3	6.0	4.0	0.04
Z	(SPZ)	8.5	10	6.0	0.06
		8	10	8	0.07
A	(SPA)	11.0	13.0	8.0	0.1
		11	13	10	0.12
B	(SPB)	14.0	17.0	11.0	0.17
		14	17	14	0.2
C	(SPC)	19.0	22.0	14.0	0.30
		19	22	18	0.37
D		27.0	32.0	19.0	0.60
E		32	38.0	23.0	0.87

与普通 V 带相比，当顶宽相同时，窄 V 带的高度较大，摩擦面较大．且用合成纤维绳或钢丝绳作抗拉体，故承载能力可提高 $1.5 \sim 2.5$ 倍，适用于传递动力大而又要求传动结构紧凑的场合。

带传动主要用于两轴平行而且回转方向相同的场合，这种传动称为开口传动。如图 7-4 所示，当带的张紧力为规定值时，两带轮轴线间的距离 a 称为中心距。带被张紧时，带与带轮接触弧所对的中心角称为包角。包角是带传动的一个重要参数。设 d_1、d_2 分别为小

轮、大轮的直径，L 为带长，则带轮的包角

$$\alpha = \pi \pm 2\theta$$

因 θ 角较小，以 $\theta = \sin\theta = \dfrac{d_2 - d_1}{2a}$ 代入上式得

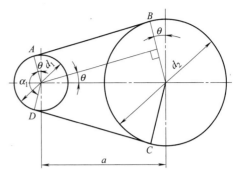

图 7-4　开口传动的几何关系

$$\left.\begin{array}{l} \alpha = \pi \pm \dfrac{d_2 - d_1}{a}\text{rad} \\[3mm] \text{或}\qquad \alpha = 180° \pm \dfrac{d_2 - d_1}{a} \times 57.3° \end{array}\right\}$$

式中，"+"号适用于大轮包角 α_2；"—"号适用于小轮包角 α_1。

带长　　　$$L = 2\overline{AB} + BC + AD = 2a\cos\theta + \dfrac{\pi}{2}(d_1 + d_2) + \theta(d_2 - d_1)$$

以 $\cos\theta \approx 1 - \dfrac{1}{2}\theta^2$ 及 $\theta \approx \dfrac{d_2 - d_1}{2a}$ 代入上式得

$$L \approx 2a + \dfrac{\pi}{2}(d_1 + d_2) + \dfrac{(d_2 - d_1)^2}{4a}$$

已知带长时，由上式可得中心距

$$a \approx \dfrac{1}{8}\left\{2L - \pi(d_1 + d_2) + \sqrt{[2L - \pi(d_1 + d_2)]^2 - 8(d_2 - d_1)^2}\right\}$$

　　带传动不仅安装时必须把带张紧在带轮上，而且带工作一段时间之后，因永久伸长而松弛时，还应将带重新张紧。

　　带传动常用的张紧方法是调节中心距。如用调节螺钉 1 使装有带轮的电动机沿滑轨 2 移动，如图 7-5（a）；或用螺杆及调节螺母 1 使电动机绕小轴 2 摆动，如图 7-5（b）。前者适用于水平或倾斜不大的布置，后者适用于垂直或接近垂直的布置。当中心距不能调节时，可采用具有张紧轮的装置，如图 7-5（c），它靠悬重 1 将张紧轮 2 压在带上，以保持带的张紧。

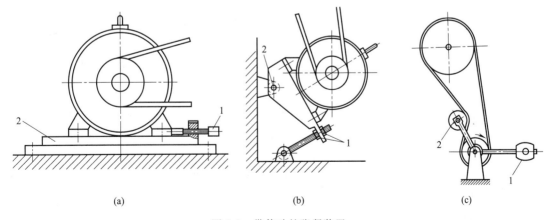

|(a)|(b)|(c)|

图 7-5　带传动的张紧装置

（二）带传动的受力分析

　　带传动安装时，带张紧地套在两带轮上，使带受到拉力的作用，这种拉力称为预紧力，用 F_0 表示。当带传动处于静止时，带上下两边所受的拉力相等，均等于 F_0，如图 7-6（a）所示。

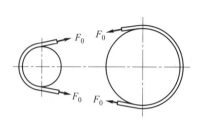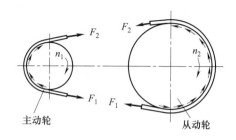

(a) 静止时受力分析　　　　　　　　　　　(b) 工作时受力分析

图 7-6　带传动的受力分析

　　带传动工作时，设主动轮以转速 n_1 转动，带与带轮接触面间便产生摩擦力。正由于这种摩擦力的作用，使带绕入主动轮的一边被拉紧，称为紧边，其拉力由 F_0 增大到 F_1；带绕入从动轮 2 的一边被放松，称为松边，其拉力由 F_0 减小到 F_2，如图 7-6（b）所示。如果近似地认为带工作时的总长度不变，则紧边拉力的增加量应等于松边拉力的减少量，即

$$F_1 - F_0 = F_0 - F_2$$

或
$$F_1 + F_2 = 2F_0 \tag{7-1}$$

　　带传动工作时，紧边与松边的拉力差值是带传动中起着传递功率作用的拉力，此拉力称为带传动的有效拉力，用 F 表示，它等于带与带轮接触面上各点摩擦力的总和，故有

$$F = F_1 - F_2 \tag{7-2}$$

此时，带所能传递的功率 P 为

$$P = \frac{Fv}{1000} \text{kW} \tag{7-3}$$

（三）带传动的应力分析

1. 带传动的最大有效拉力及其影响因素

　　若带所需传递的圆周力超过带与带轮轮面间的极限摩擦力总和，带与带轮将发生显著地相对滑动，这种现象称为打滑。也就是带在即将打滑时，带与带轮接触面间摩擦力达到最大，即带传动的有效拉力达到最大值。经常出现打滑将使带的磨损加剧、传动效率降低，致使传动失效。

　　现以平带传动为例，分析带在即将打滑时紧边拉力 F_1 与松边拉力 F_2 的关系。如图 7-8

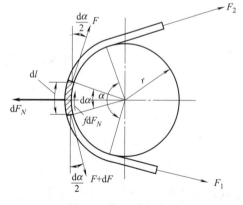

所示，在平带上截取一微弧段 $\mathrm{d}l$，对应的包角为 $\mathrm{d}\alpha$。设微弧段两端的拉力分别为 F 和 $F + \mathrm{d}F$，带轮给微弧段的正压力为 $\mathrm{d}F_N$，带与轮面间的极限摩擦力为 $f\mathrm{d}F_N$。若不考虑带的离心力，由法向和切向各力的平衡得

$$\mathrm{d}F_N = F \sin \frac{\mathrm{d}\alpha}{2} + (F + \mathrm{d}F) \sin \frac{\mathrm{d}\alpha}{2}$$

$$f\mathrm{d}F_N = (F + \mathrm{d}F) \cos \frac{\mathrm{d}\alpha}{2} - F \cos \frac{\mathrm{d}\alpha}{2}$$

图 7-7　带的受力分析

因 $\mathrm{d}\alpha$ 很小，可取 $\sin \dfrac{\mathrm{d}\alpha}{2} \approx \dfrac{\mathrm{d}\alpha}{2}$，$\cos \dfrac{\mathrm{d}\alpha}{2} \approx 1$，

并略去二阶微量 $\mathrm{d}F \cdot \dfrac{\mathrm{d}\alpha}{2}$，将以上两式化简得

$$\mathrm{d}F_N = F\mathrm{d}\alpha$$
$$f\mathrm{d}F_N = \mathrm{d}F$$

由上两式得

$$\frac{\mathrm{d}F}{F} = f\mathrm{d}\alpha$$

$$\int_{F_2}^{F_1} \frac{\mathrm{d}F}{F} = \int_0^\alpha f\mathrm{d}\alpha$$

$$\ln \frac{F_1}{F_2} = f\alpha$$

此时紧边拉力 F_1 与松边拉力 F_2 之间的关系可用欧拉公式表示，即

$$\frac{F_1}{F_2} = \mathrm{e}^{f\alpha} \tag{7-4}$$

式中，f 为带与轮面间的摩擦系数；α 为带轮的包角，rad；e 为自然对数的底，e ≈ 2.718。式（7-4）是挠性体摩擦的基本公式。

由式（7-1）、式（7-2）、式（7-4）可得，带传动的最大有效拉力为

$$\left.\begin{array}{l} F_1 = F \dfrac{\mathrm{e}^{f\alpha}}{\mathrm{e}^{f\alpha}-1} \\[2mm] F_2 = F \dfrac{1}{\mathrm{e}^{f\alpha}-1} \\[2mm] F = F_1 - F_2 = F_1\left(1 - \dfrac{1}{\mathrm{e}^{f\alpha}}\right) \end{array}\right\} \tag{7-5}$$

由式（7-5）可知，带传动的最大有效拉力 F 与下面几个因素有关：

（1）预紧力 F_0　带传动的最大有效拉力 F 与预紧力 F_0 成正比，即预紧力 F_0 越大，带传动的最大有效拉力 F 也越大。但 F_0 过大时，将使带的磨损加剧，以致过快松弛，缩短带的使用寿命。若 F_0 过小时，则带所能传递的功率 P 减小，运转时容易发生跳动和打滑的现象。

（2）主动带轮上的包角 α_1　带传动的最大有效拉力 F 与主动带轮上的包角 α_1 也成正比，即带传动的最大有效拉力随包角 α_1 的增大而增大。为了保证带具有一定的传动能力，在设计中一般要求主动带轮上的包角 $\alpha_1 \geqslant 120°$。

（3）当量摩擦因数 f　同理可知，带传动的最大有效拉力 F 随当量摩擦因数的增大而增大。这是因为其他条件不变时，当量摩擦因数 f 越大，则摩擦力就越大，传动能力也就越强。

增大包角或（和）增大摩擦系数，都可提高带传动所能传递的圆周力。因小轮包角 α_1 小于大轮包角 α_2，故计算带传动所能传递的圆周力时，式（7-5）中应取 α_1。

V 带传动与平带传动的初拉力相等（即带压向带轮的压力同为 F_Q）时，如图 7-8 所示，它们的法向力 F_N 则不相同。平带的极限摩擦力为 $F_N f = F_Q f$，而 V 带的极限摩擦力为

$$F_N f = \frac{F_Q}{\sin \dfrac{\varphi}{2}} f = F_Q f'$$

式中，φ 为 V 带轮轮槽角；$f' = f/\sin\dfrac{\varphi}{2}$ 为当量摩擦系数。显然，在相同条件下，V 带

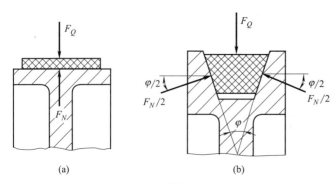

图 7-8　带与带轮间的法向力

能传递较大的功率。或者说，在传递相同功率时，V 带传动的结构较为紧凑。

引用当量摩擦系数的概念，以 f' 代替 f，即可将式（7-4）和式（7-5）应用于 V 带传动。

2. 应力分析

带在工作过程中，其横截面上存在三种应力。

（1）拉应力　带工作时，由于紧边与松边的拉力不同，其横截面上的拉应力也不相同。由材料力学可知，紧边拉应力 σ_1 与松边拉应力 σ_2 分别为

$$\sigma_1 = \frac{F_1}{A}$$

$$\sigma_2 = \frac{F_2}{A} \tag{7-6}$$

式中　A——带的横截面面积，m^2。

（2）离心拉应力　带工作时，带绕过带轮作圆周运动而产生离心力，离心力将使带受拉，在横截面上产生离心拉应力，其大小为

$$\sigma_c = \frac{qv^2}{A} \tag{7-7}$$

式中　q——带的单位长度的质量，kg/m。

各种普通 V 带的单位长度质量见表 7-1。式中其他符号的意义、单位同前文。

由式（7-7）可知，带速 v 越高，离心拉应力 σ_c 越大，会降低带的使用寿命；反之，由式（7-3）可知，若带的传递功率不变，带速 v 越低，则带的有效拉力越大，所需的 V 带根数增多。因此，在设计中一般要求带速 v 应控制在 $5 \sim 25 m/s$ 的范围内。

（3）弯曲应力　带绕过带轮时，由于带弯曲变形而产生弯曲应力，一般主、从带轮的基准直径不同，带在两带轮上产生的弯曲应力也不相同。由材料力学可知，其弯曲应力分别为

$$\left. \begin{array}{l} \sigma_{b1} = \dfrac{2Eh}{d_1} \\[2mm] \sigma_{b2} = \dfrac{2Eh}{d_2} \end{array} \right\} \tag{7-8}$$

式中　E——带材料的拉压弹性模量，MPa；

　　　h——带的中性层到最外层的距离，mm；

d_1，d_2——主动带轮（小带轮）、从动带轮（大带轮）的基准直径，mm。

由式（7-8）可知，带越厚、带轮基准直径越小，带的弯曲应力就越大。所以，在设计时，一般要求小带轮的基准直径 d_1 应大于或等于该型号带所规定的带轮最小基准直径 d_{min}，即 $d_1 \geqslant d_{min}$。

综上所述，带工作时，其横截面上的应力是不同的，沿着带轮的转动方向，绕在主动带轮上的带横截面拉应力由 σ_1 逐渐降到 σ_2；绕在从动带轮上的带横截面拉应力由 σ_2 逐渐地增大到 σ_1，其应力分布情况参见图 7-9。由图可知，带的紧边绕入小带轮处横截面上的应力为最大，其值为

$$\sigma_{\max} = \sigma_1 + \sigma_{b1} + \sigma_c \qquad (7\text{-}9)$$

（四）带传动的弹性滑动

带是弹性元件，在拉力作用下会产生弹性伸长，其弹性伸长量随拉力大小而变化。工作时，由于 $F_1 > F_2$，因此紧边产生的弹性伸长量大于松边弹性伸长量。如图 7-10 所示，带绕入主动带轮时，带上的 B 点和轮上的 A 点相重合且速度相等。主动带轮以圆周速度 v_1 由 A 点转到 A_1 点时，带所受到的拉力由 F_1 逐渐降到 F_2，带的弹性伸长量也逐渐减少，从而使带沿带轮表面逐渐向后收

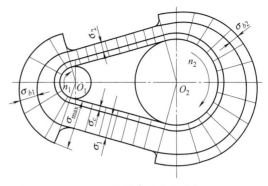

图 7-9　带传动的应力分析

缩而产生相对滑动，这种由于拉力差和带的弹性变形而引起的相对滑动称为弹性滑动。正由于存在弹性滑动，使带上的 B 点滞后于主动带轮上的 A 点而运动到 B_1 点，使带速 v 小于主动带轮圆周速度 v_1。同理，弹性滑动也发生在从动带轮上，但情况恰恰相反，即从动带轮上的 C 点转到 C_1 点时，由于拉力逐渐增大，带将逐渐伸长，使带沿带轮表面逐渐向前滑动一微小距离 $C_1 D_1$，使带速 v 大于从动带轮圆周速度 v_2。

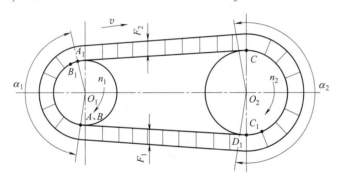

图 7-10　带传动的弹性滑动

弹性滑动和打滑是两个截然不同的概念。当传递的外载荷增大时，所需的有效拉力 F 也随之增加，当 F 达到一定数值时，带与带轮接触面间的摩擦力总和达到极限值。若外载荷再继续增大，带将在主动带轮上发生全面滑动，这种现象称为打滑。打滑使从动带轮转速急剧下降，带的磨损严重加剧，是带传动的一种失效形式，在工作中应予以避免。打滑是指由过载引起的全面滑动，应当避免。弹性滑动是由紧、松边拉力差引起的，只要传递圆周力，出现紧边和松边，就一定会发生弹性滑动，所以弹性滑动是不可避免的。

设 d_1、d_2 为主、从动轮的直径，单位为 mm；n_1、n_2 为主、从动轮的转速，单位为 r/min，则两轮的圆周速度分别为

$$v_1 = \frac{\pi d_1 n_1}{60 \times 1000} \quad \text{m/s} \qquad\qquad v_2 = \frac{\pi d_2 n_2}{60 \times 1000} \quad \text{m/s}$$

由于弹性滑动是摩擦式带传动中不可避免的现象，它使从动带轮的圆周速度 v_2 小于主动带轮的圆周速度 v_1，从而产生速度损失。从动带轮圆周速度的降低程度可用滑动率 ε 表示，即

$$\varepsilon = \frac{v_1 - v_2}{v_1} = \frac{d_1 n_1 - d_2 n_2}{d_1 n_1}$$

因此，从动带轮实际转速为

$$n_2 = \frac{n_1 d_1 (1-\varepsilon)}{d_2}$$

带传动的实际传动比为

$$i = \frac{n_1}{n_2} = \frac{d_2}{d_1 (1-\varepsilon)} \tag{7-10}$$

在一般传动中，由于带的滑动率 ε 很小，其值为 $1\% \sim 2\%$，故一般计算时可忽略不计，而取传动比为

$$i = \frac{n_1}{n_2} \approx \frac{d_2}{d_1} \tag{7-11}$$

（五）带传动的失效形式

根据带的受力分析和应力分析可知，带传动的主要失效形式有如下几种。

（1）带工作时，若所需的有效拉力 F 超过了带与带轮接触面间摩擦力的极限值，带将在主动带轮上打滑，使带不能传递动力而发生失效。

（2）带工作时其横截面上的应力是交变应力，当这种交变应力的循环次数超过一定数值后，会发生疲劳破坏，导致带传动失效。

（3）带工作时，由于存在弹性滑动和打滑的现象，使带产生磨损，一旦磨损过度，将导致带传动失效。

第二节　链　传　动

在工程上，链传动是一种应用较广的机械传动。它是由主动链轮 1、从动链轮 2 和绕在链轮上的链条 3 组成的，如图 7-11 所示。工作时，依靠挠性件链条与链轮轮齿的啮合来传递运动和动力。

根据用途不同，链传动可分为传动链、起重链和输送链 3 种。传动链主要用在一般机械中传递运动和动力，用途最广；起重链主要用在起重机械中提升重物；输送链主要用在运输机械中移动重物。本节仅介绍传动链。

在传动链中，根据结构不同，它可分为两种类型：滚子链（图 7-11）和齿形链（图 7-12）。齿形链工作时传动平稳，噪声和振动很小，又称无声链，但它结构复杂，质量大，价格贵，拆装困难，除特别的工作环境要求使用外，目前应用较少。而滚子链的结构简单，成本较低，应用范围很广，所以本章仅介绍滚子传动链的结构及设计。

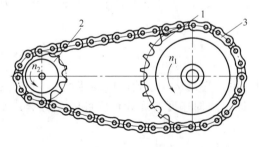

图 7-11　滚子链

1—主动链轮；2—从动链轮；3—链条

图 7-12　齿形链

1—齿形链；2—链轮

一、链传动的特点及应用

链传动具有以下特点：

（1）由于链传动是啮合传动，故没有弹性滑动和打滑的现象，能保证准确的平均传动比。

（2）链传动所需的预紧力较小，故对轴的压力较小，轴承磨损较小，传动效率较高。

（3）与 V 带传动相比，链传动能在高温、多粉尘、多油污、湿度大等恶劣环境下工作。

（4）与齿轮传动相比，链传动的制造和安装精度要求较低，中心距较大时其传动结构简单。

（5）工作时，瞬时传动比不恒定，会产生动载荷，故传动平稳性较差，工作时有冲击、振动和噪声。

正由于链传动具有上述特点，故链传动主要用于两轴线平行、中心距较大、同向转动、对瞬时传动比和传动平稳性无严格要求及工作条件恶劣的环境下使用。它被广泛地应用在矿山、冶金、石油化工和农业等机械设备中。

一般链传动的适用范围为：传动功率 $P \leqslant 100 \mathrm{kW}$；链速 $v \leqslant 15 \mathrm{m/s}$；传动比 $i \leqslant 8$；中心距 $a \leqslant 5 \sim 6 \mathrm{m}$；传动效率 $\eta = 0.95 \sim 0.98$。

二、滚子链

（一）链条

1. 滚子链的结构

如图 7-13 所示为单排滚子链的链结构，它由内链板 1、外链板 2、销轴 3、套筒 4 和滚子 5 所组成。其中，内链板与套筒之间、外链板与销轴之间分别通过过盈配合固连。滚子与套筒之间、套筒与销轴之间均为间隙配合，这样形成一个铰链，使内、外链板可以相对转动。滚子是活套在套筒上的，工作时，滚子沿链轮齿廓滚动，这样就可以减轻齿廓的磨损。另在内、外链板间应留有少许间隙，以便润滑油渗入套筒与销轴的摩擦面间。为了减轻链条重量和保证链条各横截面的强度大致相等，内、外链板通常制成"8"字形。一般链条各元件由碳钢或合金钢制成，并进行热处理以提高其强度和耐磨性。

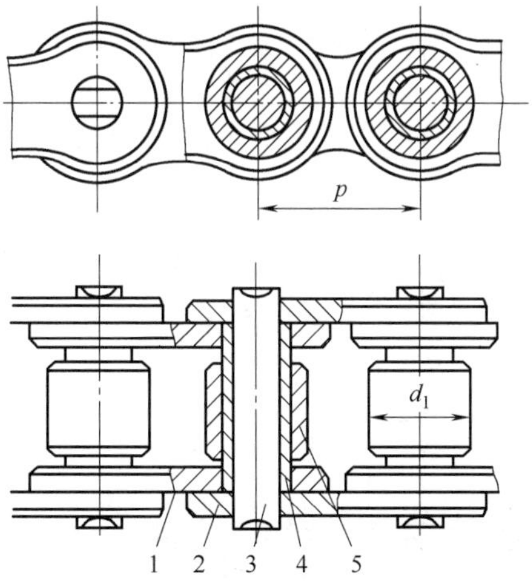

在链条中，相邻两销轴中心之间的距离称为链的节距，用 p 表示（图 7-13），它是链条的主要参数之一。一般链条的节距 p 越大，链条的几何尺寸越大，承载能力越高。

图 7-13 滚子链

组成环形链时，滚子链的接头形式如图 7-14 所示。当链节数为偶数时，内链节与外链节首尾相接，可以用开口销［图 7-14（a）］或弹簧卡［图 7-14（b）］将销轴锁紧；当链节数为奇数时，需要用一个过渡链板连接，如图 7-14（c）所示，工作时，过渡链板将受到附加弯曲应力作用，应尽量避免采用，因此在进行链传动的设计时，链节数最好取为偶数。

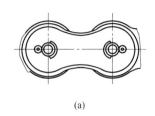
(a)

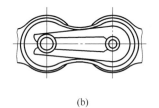
(b)

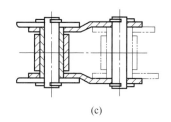
(c)

图 7-14   链板的连接方式

2. 滚子链的标准

滚子链的结构、基本参数和尺寸都已标准化，现摘录部分于表 7-2 中。

表 7-2   A 系列滚子链的主要参数

链号	节距 p/mm	排距 p_1/mm	滚子外径 d_1/mm	极限载荷 Q（单排）/N	每米长质量 q（单排）/(kg/m)
08A	12.70	14.38	7.95	13800	0.65
10A	15.875	18.11	10.16	21800	1.00
12A	19.05	22.78	11.91	31100	1.50
16A	25.40	29.29	15.88	55600	2.60
20A	31.75	35.76	19.05	86700	3.80
24A	38.10	45.44	22.23	124600	5.06
28A	44.45	48.87	25.40	169000	7.50
32A	50.80	58.55	28.58	2224000	10.10
40A	63.50	71.55	39.68	347000	16.10
48A	76.20	87.83	47.63	500400	22.60

注：1. 本表摘自 GB/T 1243—1997，表中链号与相应的国际标准链号一致，链号乘以 25.4/16 即为节距值（mm）。后缀 A 表示 A 系列。

2. 使用过渡链节时，其极限载荷按表列数值的 80% 计算。

3. 链条标记示例：10A-2-87 GB/T 1243—1997 表示链号为 10A、双排、87 节滚子链。

根据国家标准 GB/T1243—2006 的规定，滚子链分 A、B 两个系列。A 系列用于高速、重载和重要传动，B 系列用于一般传动。滚子链有单排和多排。当传动功率较大时，可选用双排链（图 7-15）或多排链，但排数不宜过多，最多为 6 排，以免各排受力不均匀。

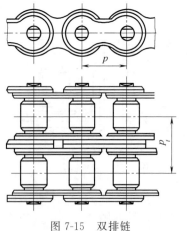

图 7-15   双排链

滚子链的标记方法是：链号、排数、节数、国家标准编号。例如，A 系列、8 号链、节距为 12.7mm、单排、88 节的滚子链，其标记为 08A-1×88 GB/T 1243—2006。

（二）链轮

国家标准仅规定了滚子链链轮齿槽的齿面圆弧半径 r_e、齿沟圆弧半径 r_i 和齿沟角 α 的最大和最小值，如图 7-16 所示。各种链轮的实际端面齿形均应在最大和最小齿槽形状之间。这样的规定使链轮齿廓曲线设计有很大的灵活性。但齿形应保证链节能平稳自如地进入和退出啮合，并便于加工。符合上述要求的端面齿形曲线有多种，最常用的是"三圆弧一直线"齿形。

如图 7-16（b）所示的端面齿形由三段圆弧（$\overparen{aa}$、$\overparen{ab}$、$\overparen{cd}$）和一段直线（$\overline{bc}$）组成。这种"三圆弧一直线"齿形基本上符合上述齿槽形状范围，且具有较好的啮合性能，并便于加工。

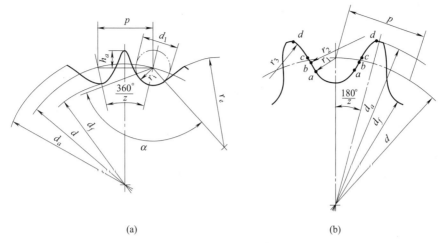

图 7-16　滚子链链轮的端面齿形

链轮轴面齿形两侧呈圆弧状（图 7-17），以便于链节进入和退出啮合。

链轮上被链条节距等分的圆称为分度圆，其直径用 d 表示，如图 7-17 所示。当已知节距 p 和齿数 z 时，链轮主要尺寸的计算式为

$$分度圆直径\ d = \frac{p}{\sin\frac{180°}{z}}$$

$$齿顶圆直径\ d_{a\,max} = d + 1.25p - d_1$$

$$d_{a\,min} = d + (1 - \frac{1.6}{z})p - d_1$$

$$齿根圆直径\ d_f = d - d_1 (d_1\ 为滚子直径)$$

$$(7\text{-}12)$$

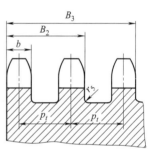

图 7-17　滚子链链轮轴面齿型

如选用三圆弧一直线齿形，则 $d_a = p(0.54 + \cot\frac{180°}{z})$

齿形用标准刀具加工时，在链轮工作图上不必绘制端面齿形，但须绘出链轮轴面齿形，以便车削链轮毛坯。轴面齿形的具体尺寸见有关设计手册。

链轮齿应有足够的接触强度和耐磨性，故齿面多经热处理。小链轮的啮合次数比大链轮多，所受冲击力也大，故所用材料一般优于大链轮。常用的链轮材料有碳素钢（如 Q235、Q275、45、ZG310-570 等）、灰铸铁（如 HT200）等，重要的链轮可采用合金钢。

链轮的结构如图 7-18 所示。小直径链轮可制成实心式 [图（a）]；中等直径的链轮可制成孔板式 [图（b）]；直径较大的链轮可设计成组合式 [图（c）]，若轮齿因磨损而失效，可更换齿圈。

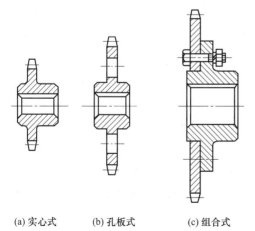

(a) 实心式　　(b) 孔板式　　(c) 组合式

图 7-18　滚子链链轮轴面齿型

（三）链传动的运动特性和受力分析

1. 链传动的运动特性

由链轮和链条的结构可知，链条进入链轮后形成折线，因此链传动实质上相当于一对多边形轮之间的传动，如图 7-19 所示。设 z_1、z_2 为两链轮的齿数，p 为节距（mm），n_1、n_2 为两链轮的转速（r/min），则链条线速度（简称链速）为：

$$v = \frac{z_1 p n_1}{60 \times 1000} = \frac{z_2 p n_2}{60 \times 1000} \tag{7-13}$$

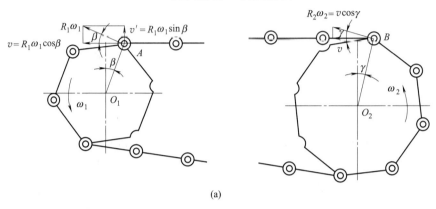

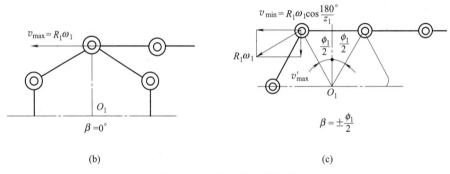

(b)   (c)

图 7-19   链传动的速度分析

传动比为

$$i = \frac{n_1}{n_2} = \frac{z_2}{z_1} \tag{7-14}$$

式（7-13）和式（7-14）求得的链速和传动比都是平均值。实际上，由于多边形效应，瞬时链速和瞬时传动比都是变化的。

为便于说明，假定主动边总是处于水平位置，当主动轮以角速度 ω_1 回转时，相啮合的滚子中心 A 的圆周速度为 $R_1 \omega_1$，可分解为链条前进方向的水平分速度

$$v = R_1 \omega_1 \cos\beta \tag{7-15}$$

垂直方向分速度

$$v' = R_1 \omega_1 \sin\beta \tag{7-16}$$

式中，R_1 为小链轮分度圆半径；β 为滚子中心 A 的相位角（即纵坐标轴与 A 点和轮心连线的夹角）。

在主动轮上，每个链节对应的中心角为 $\varphi = \dfrac{360°}{z_1}$，从第一个滚子进入啮合到第二个滚子

进入啮合，相应的 β 角由 $+\dfrac{\varphi}{2}$ 变到 $-\dfrac{\varphi}{2}$ [见图 7-19 (c)]，所以当滚子进入啮合时链速最小 $\left(v=R_1\omega_1\times\cos\dfrac{180°}{z_1}\right)$，随着链轮的转动，$\beta$ 逐渐变小，当 $\beta=0$ 时 [图 7-19 (b)]，v 达到最大值 $R_1\omega_1$，此后 β 值又逐渐增大，直至链速减到最小值，此时第二个滚子进入啮合，又重复上述过程。齿数越少，则 φ 值越大，v 的变化就越大。随着 β 角的变动，链条在垂直方向的分速度也作周期性变化，导致链条抖动。

在从动轮上，滚子中心 B 的圆周速度为 $R_2\omega_2$，而其水平速度为 $v=R_2\omega_2\cos\gamma$，故

$$\omega_{\text{P}}=\frac{v}{R_2\cos\gamma}=\frac{R_1\omega_1\cos\beta}{R_2\cos\gamma} \tag{7-17}$$

式中，γ 为滚子中心 B 的相位角。

瞬时传动比

$$i=\frac{\omega_1}{\omega_2}=\frac{R_2\cos\gamma}{R_1\cos\beta} \tag{7-18}$$

瞬时传动比是周期变化的，只有当 $z_1=z_2$，且传动的中心距为链结的整数倍时，才能使瞬时传动比保持恒定。

为了改善链传动的运动与不均匀性，可选用较小的链节距，增加链轮齿数和限制链轮转速。

2. 链传动的受力分析

安装链传动时，只需不大的张紧力，主要是使链的松边的垂度不致过大，否则会产生显著振动、跳齿和脱链。若不考虑传动中的动载荷，作用在链上的力有圆周力（即有效拉力）F、离心拉力 F_c 和悬垂拉力 F_y，如图 7-20 所示。

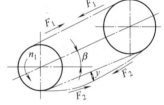

紧边拉力　　$F_1=F+F_c+F_y\text{N}$

松边拉力　　$F_2=F_c+F_y\text{N}$

离心拉力　　$F_c=qv^2\text{N}$

图 7-20　作用在链上的力

式中，q 为链的每米长质量，kg/m，见表 7-2；v 为链速，m/s。

悬垂拉力可利用求悬索拉力的方法近似求得

$$F_y=K_yqga\text{N}$$

式中，a 为链传动的中心距，m；g 为重力加速度，$g=9.81\text{m/s}^2$；K_y 为下垂量 $y=0.02a$ 时的垂度系数，其值与中心连线和水平线的夹角 β 有关，垂直布置时 $K_y=1$；水平布置时 $K_y=6$；倾斜布置时 $K_y=1.2$（当 $\beta=75°$），$K_y=2.8$（$\beta=60°$），$K_y=5$（$\beta=30°$）。

链作用在轴上的压力 F_Q 可近似取为

$$F_Q=(1.2\sim1.3)F$$

有冲击和振动时取得最大值。

（四）链传动的布置形式、润滑与张紧

1. 链传动的布置形式

链传动的两轴应平行，两链轮应位于同一平面；一般宜采用水平或接近水平的布置，并使松边在下面，可参看表 7-3。

表 7-3　链传动的布置

传动参数	正确布置	不正确布置	说　明
$i=2\sim3$ $a=(30\sim50)p$			两轮轴线在同一水平面上,紧边在上、在下均不影响工作
$i>2$ $a<30p$			两轮轴线不在同一水平面上,松边应在下面,否则松边下垂量增大后,链条易与链轮卡死
$i<1.5$ $a>60p$			两轮轴线在同一水平面,松边应在下面,否则下垂量增大后,松边会与紧边相碰,需经常调整中心距
i,a 为任意值			两轮轴线在同一铅垂面内,下垂量增大会减少下链轮有效啮合齿数,降低传动能力,为此应采用:①中心距可调;②设张紧装置;③上下两轮错开,使两轮轴线不在同一铅垂面内

2. 链传动的润滑

链传动的润滑至关重要,合宜的润滑能显著降低链条铰链的磨损,延长使用寿命。

采用何种润滑方式可由链号、链速查图 7-21 确定。图中,链传动的润滑方式分为四种:1 区为人工定期用油壶或油刷给油;2 区用油杯通过油管向松边内外链板间隙处滴油,如图

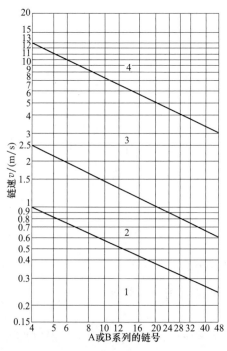

图 7-21　链传动的润滑方法

7-22（a）所示；3区为油浴润滑，如图7-22（b）所示，或用甩油盘甩起，以进行飞溅润滑，如图7-22（c）所示；4区用油泵经油管向链条连续供油，循环油可起润滑和冷却的作用，如图7-22（d）所示。封闭于壳体内的链传动，可以防尘、减轻噪声及保护人身安全。

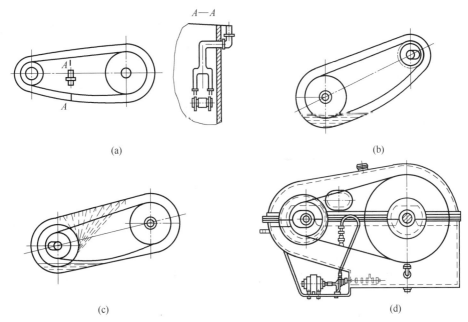

(a)

(b)

(c)

(d)

图 7-22　链传动的润滑

润滑油的选用与链条节距和环境温度有关，环境温度高，则润滑油黏度大，见表7-4。

表 7-4　链传动润滑油

润滑方式	环境温度 /℃	节距 p/mm			
		9.525～15.875	19.05～25.4	31.75	38.1～76.2
人工定期润滑、滴油润滑、油浴或飞溅润滑	−10～0	L-AN46	L-AN68		L-AN100
	0～40	L-AN68	L-AN100		SC30
	40～50	L-AN100	SC40		SC40
	50～60	SC40	SC40		工业齿轮油(冬季用90号 GL-4 齿轮油)
油泵压力喷油润滑	−10～0	L-AN46			L-AN68
	0～40	L-AN68			L-AN100
	40～50	L-AN100			SC40
	50～60	SC40			SC40

3. 链传动的张紧

链传动运行一段时间后因链条的磨损，链节距变长，使松边垂度增大，从而引起较强的振动，严重时将出现跳齿和脱链的现象，最后导致链传动的失效。目前常用的张紧方法有如下几种：

①　通过调整两链轮中心距来张紧链条。

②　采用张紧轮装置，张紧轮常设在链的松边的内、外侧，如图7-23所示。

③　拆除1～2个链节，缩短链长，使链条张紧。

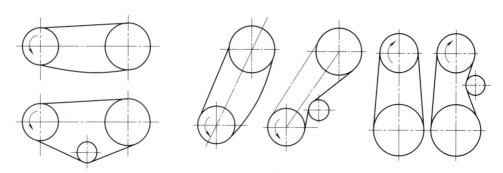

图 7-23　张紧轮的布置

第三节　齿 轮 传 动

一、齿轮传动概述

（一）齿轮传动形式

在齿轮传动设计中，常将齿轮传动分成不同类型，下面介绍两种常见的分类方法。

1. 根据工作条件分类

（1）闭式传动　是指将传动齿轮安装在润滑和密封条件良好的箱体内的传动，一般重要的齿轮传动都采用闭式传动。

（2）开式传动　是指将传动齿轮暴露在外的传动，由于工作时易落入灰尘，且润滑不良，轮齿齿面极容易被磨损，故此传动只适用于简单的机械设备和低速的场合。

2. 根据齿轮的齿面硬度分类

（1）软齿面传动　若两啮合齿轮的齿面硬度小于或等于 350HBS（或 38HRC），此种齿轮传动称为软齿面传动。

（2）硬齿面传动　若两啮合齿轮的齿面硬度均大于 350HBS（或 38HRC），此种齿轮传动称为硬齿面传动。

（二）齿轮的材料及热处理

对齿轮材料的基本要求是：轮齿必须具有一定的抗弯强度；齿面具有一定的硬度和耐磨性；轮齿的芯部应有一定的韧性，以具备足够的抗冲击能力；容易加工，热处理变形小等。

目前，工程上常用的齿轮材料是锻钢，其次是铸钢和铸铁，在某些情况下也可以采用有色金属和非金属材料。

1. 锻钢

钢材经过锻造以后，改善了其内部纤维组织，其力学性能比轧制钢材好。除尺寸过大或结构形状复杂只宜铸造外，一般都用锻钢制造齿轮。制造齿轮的锻钢可分为以下两类。

（1）经热处理后切制的齿轮所用的锻钢　这类齿轮常用的材料有 45、40Cr、35SiMn 等，经调质或正火处理后再进行切削加工，为了便于切齿，一般要求齿轮的齿面硬度≤350HBS。另考虑小齿轮参加啮合次数较多，其齿面硬度比大齿轮应高 30～50HBS（或更高一些）。两齿轮的传动比越大，则两齿轮齿面硬度差就越大。此类齿轮材料制造简便、经济、生产率高，承载能力一般，适用于强度、速度及精度都要求不高的一般齿轮。

（2）需进行精加工的齿轮所用的锻钢　这类齿轮常用 20r、20CrMnTi（表面渗碳淬火）

和 45、40r（表面或整体淬火）等钢制造，其齿面硬度为 45～65HRC。由于齿面硬度高，一般要切齿后经热处理再磨齿。这类齿轮材料承载能力强，但制造工艺较复杂，多用于高速、重载和要求结构紧凑的场合。

2. 铸钢

当齿轮的齿顶圆直径大于 500mm 时，因锻造加工较困难，可采用铸钢毛坯，常用铸钢材料为 ZG310-570、ZG340-640 等。

3. 铸铁

铸铁的抗弯强度及耐冲击性能都较差，但由于其耐磨性、铸造性能好，价格低廉，因此主要用于开式、低速、轻载的齿轮传动中。在齿轮传动结构尺寸不受限制的场合，有时也用来代替铸钢。常用的铸铁有 HT250、HT300、QT500-5 等。

4. 非金属材料

在高速、轻载及精度要求不高的齿轮传动中，为了降低噪声，可采用特制的尼龙、塑料等材料来制造齿轮。常用齿轮材料及其力学性能见表 7-5。

表 7-5　齿轮常用材料、热处理及其主要力学性能

材料牌号	热处理方式	材料力学性能/MPa		硬度	应用场合
		接触疲劳极限	弯曲疲劳极限		
45	正火	350～400	280～340	156～217HBS	一般传动
	调质	550～620	410～480	197～286HBS	
	表面淬火	1120～1150	680～700	40～50HRC	小型闭式传动，重载有冲击
40MnB	调质	680～760	580～610	241～286HBS	中低速、中载齿轮
40Cr	调质	650～750	560～620	217～286HBS	一般传动
	表面淬火	1150～1210	700～740	48～55HRC	重载、有冲击
20Cr	渗碳、淬火	1500	850	56～62HRC	冲击载荷
20CrMnTi	渗碳、淬火	1500	850	56～62HRC	
38CrMnAlA	调质	710～790	600～640	255～321HBS	无冲击载荷
ZG310-570	正火	280～330	210～250	163～197HBS	低速、重载
ZG340-640	正火	310～340	240～270	179～207HBS	中速、中载
HT300	时效	330～390	100～150	187～255HBS	低速中载、无冲击

（三）齿轮传动的精度及选择

齿轮在加工过程中，由于存在刀具和机床本身的误差，以及轮坯和刀具在机床上的安装误差等，使齿轮在加工过程中不可避免地产生一定的误差。若误差太大，则会降低精度，使齿轮在工作中的准确性、平稳性降低，承载能力下降。但对精度要求过高，无疑将增加制造的难度和成本。因此应根据齿轮的实际工作情况，对加工精度提出适当的要求。

1. 精度等级

我国在 GB/T 10095—2008 齿轮精度标准中，将齿轮精度分为 12 个等级，按精度高低依次为 1～12 级。其中，1、2 级是待发展级；3、4、5 级为高精度级；6、7、8 级属中等精度级；9、10、11、12 级属于低精度级。其中一般齿轮传动常用的精度等级为 6～9 级。

2. 公差组

齿轮的精度指标由四部分组成，即三组公差等级和齿侧间隙。

第 I 公差组（传动的准确性）　要求齿轮在传动时，从动轮在转一圈范围内，其转角误差的最大值不超过许用值。理论上，主、从动轮的转角是按传动比准确传递，但由于存在加工误差，使齿轮的转角产生误差，相啮合齿轮在一转范围内实际转角与理论转角不一致，从而影响齿轮传递的速度和分度的准确性。精密仪表和机床分度机构的齿轮对这组精度要求

较高。

第Ⅱ公差组（传动的平稳性）　要求瞬时传动比的变化不超过允许的限度。当齿形或齿距存在制造误差时，瞬时传动比不为常数，使转速发生波动，从而引起振动、冲击和噪声。高速传动齿轮对这组精度要求较高。

第Ⅲ公差组（载荷分布的均匀性）　要求工作齿面接触良好，载荷分布均匀。当载荷分布不均匀，传递较大转矩时，易引起早期损坏。低速、重载齿轮对这组精度要求较高。

考虑齿轮的制造、安装误差，工作时轮齿的受载变形、热膨胀等因素的影响及为了齿廓间储存润滑油，在一对相啮合轮齿的齿槽与齿厚间应留有适当的齿侧间隙。齿侧间隙的大小通常由齿厚公差（上、下极限偏差）来保证。GB/T 10095—2008 规定了 14 种齿厚极限偏差，按偏差数值大小，依次用字母 C、D、E、F、G、H、J、K、L、M、N、P、R、S 表示。其中 D 为基准（偏差为零），C 为正偏差，E～S 为负偏差。

在高速、高温、重载条件下工作的传动齿轮，应有较大的侧隙；对于一般齿轮传动，应有中等大小的侧隙；对于经常正反转、转速不高的齿轮传动，应有较小的侧隙。

3. 精度等级选择

选择齿轮的精度时，应以传动用途、传递功率、使用条件、齿轮的圆周速度和经济、技术要求等作为依据。对于一般齿轮传动，首先应根据齿轮的圆周速度选择第Ⅱ公差组，第Ⅰ公差组的精度等级可在低于第Ⅱ公差组的两级和高于一级的范围内选取；第Ⅲ公差组精度等级不能低于第Ⅱ公差组的精度等级。

圆柱齿轮第Ⅱ公差组的精度与齿轮圆周速度的关系见表 7-6。

表 7-6　圆柱齿轮第Ⅱ公差组精度等级与齿轮圆周速度的关系

轮齿形式	硬度（HBS）	第Ⅱ公差组精度等级					
		5	6	7	8	9	10
		圆周速度/（m/s）					
直齿	≤350	>15	≤18	≤12	≤6	≤4	≤1
	>350		≤15	≤10	≤5	≤3	≤1
非直齿	≤350	>30	≤36	≤25	≤12	≤8	≤2
	>350		≤30	≤20	≤9	≤6	≤1.5

4. 齿轮精度等级和侧隙标注

为了便于齿轮的测量和加工，在齿轮零件工作图的参数表栏中必须标明齿轮的精度等级和齿厚偏差的字母代号。

圆柱齿轮精度等级和侧隙的标注方法如下：

标注示例：8-7-7GM　GB/T 10095—2008

"8、7、7" 依次表示Ⅰ、Ⅱ、Ⅲ公差组的精度等级，G、M 分别表示齿厚上、下偏差代号。

当 3 个公差组的精度等级均为 8 级时，可表示为：8-GM　GB/T 10095—2008。

圆锥齿轮精度等级的标注同圆柱齿轮，其侧隙由最小法向侧隙种类和法向侧隙公差种类共同表达。示例：9-8-8cB GB/T 11365—2019，9-8-8b GB 11365—2019（规定 bB 组合时 "B" 可省写）。

二、渐开线齿廓

（一）渐开线的形成

当一条直线 L 沿一圆周作纯滚动时，此直线上任一点 K 的轨迹称为该圆的渐开线，如图 7-24 所示；该圆称为渐开线的基圆，其半径用 r_b 表示；直线 L 称为渐开线的发生线。

（二）渐开线的性质

根据渐开线形成过程，可知渐开线具有下列特性：

（1）因发生线在基圆上作纯滚动，故发生线在基圆上滚过的一段长度等于基圆上被滚过的一段弧长，即$\overline{NK} = \overset{\frown}{NC}$。

（2）当发生线沿基圆作纯滚动时，切点 N 为其速度瞬心，K 点的速度垂直于 NK，且与渐开线上 K 点的切线方向一致，所以发生线即渐开线在 K 点的法线。又因 NK 线始终切于基圆，所以渐开线上任一点的法线必与基圆相切。

（3）可以证明，发生线与基圆的切点 N 为渐开线在 K 点的曲率中心，而线段 NK 为渐开线上 K 点的曲率半径。显然，渐开线离基圆愈远，其曲率半径愈大，渐开线愈平直。渐开线在基圆上起始点处的曲率半径为零。

（4）渐开线齿廓上任一点的法线（压力方向线）与该点速度方向线所夹的锐角 α_K，称为该点的压力角。由图 7-24 可知：

$$\cos\alpha_K = \frac{\overline{ON}}{\overline{OK}} = \frac{r_b}{r_K} \tag{7-19}$$

上式表明渐开线上各点的压力角 α_K 的大小随 K 点的位置而异，K 点距圆心愈远，其压力角愈大；反之，压力角愈小。基圆上的压力角为零。

（5）渐开线的形状完全取决于基圆的大小，如图 7-25 所示。大小相等的基圆其渐开线形状相同，大小不等的基圆其渐开线形状不同。基圆愈大渐开线愈平直，当基圆半径为无穷大时，渐开线就变成一条与发生线垂直的直线，它就是渐开线齿条的齿廓。

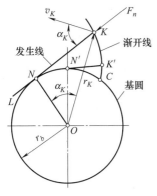

图 7-24　渐开线的形成

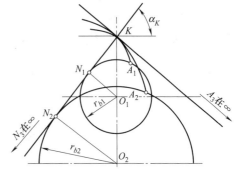

图 7-25　基圆大小对渐开线的影响

（6）基圆内无渐开线。

以上六点是研究渐开线齿轮啮合原理的出发点。

（三）渐开线齿廓啮合的特点

1. 能满足齿廓啮合基本定律和定传动比传动

（1）齿廓啮合基本定律　齿轮传动的基本要求之一是瞬时角速度之比（传动比）必须保持恒定，否则，当主动轮以等角速度回转时，从动轮的角速度为变数，从而产生惯性力。这种惯性力不仅影响齿轮的寿命，而且还引起机器的振动和噪声，影响其传动质量。齿廓啮合基本定律就是研究当齿廓形状符合什么条件时才能满足这个基本要求。

如图 7-26 所示为一对啮合齿轮的齿廓 E_1 和 E_2 在 K 点接触的情况。过 K 点作两齿廓的公法线 nn，它与连心线 O_1O_2 的交点 C 称为节点。根据瞬心的知识可知，C 点就是齿轮1、2 的相对速度瞬心，且

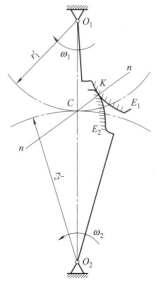

图 7-26　齿廓实现定
速比的条件

$$\frac{\omega_1}{\omega_2}=\frac{O_2C}{O_1C} \qquad (7\text{-}20)$$

上式表明，要使两轮的角速度比恒定不变，则应使 O_2C/O_1C 恒为常数。但因两轮的轴心为定点，即 O_1O_2 为定长，故欲使齿轮传动保持定角速比，必须使 C 点成为连心线上的一个固定点。

因此，两齿廓形状应满足如下条件：无论两齿廓在任何位置接触，过接触点所作齿廓的公法线都必须与连心线交于一定点，这就是齿廓啮合基本定律。该定律是各种平面齿轮机构轮齿齿廓正确啮合的基本条件。

能满足齿廓啮合基本定律的一对齿廓称为共轭齿廓，理论上共轭齿廓是很多的。齿廓曲线的选择除了应按传动比要求外，还应考虑加工和测量的方便以及综合强度等因素。目前在机械制造业中用得最多的齿廓曲线是渐开线，故本章只讨论具有渐开线齿廓的齿轮。

上述定点 C 称为节点，过节点 C 所作的两个相切的圆称为节圆，以 r_1'、r_2' 表示两个节圆的半径。由于节点的相对速度等于零，所以一对齿轮传动时，它的一对节圆在作纯滚动。又由图可知，一对外啮合齿轮的中心距恒等于其节圆半径之和，角速度比恒等于其节圆半径的反比。

（2）渐开线齿廓满足啮合基本定律和定传动比传动　了解了渐开线的形成及性质后，就不难证明用渐开线作为齿廓曲线是满足啮合基本定律并能保证定传动比传动的。

如图 7-27 所示，渐开线齿廓 E_1 和 E_2 在任意点 K 接触，过 K 点作两齿廓的公法线 nn 与两轮连心线交于 C 点。根据渐开线的性质可知，公法线 nn 必同时与两轮的基圆相切，即公法线 nn 为两轮基圆的一条内公切线。齿轮传动时基圆位置不变，同一方向的内公切线只有一条，它与连心线交点的位置是不变的。即无论两齿廓在何处接触，过接触点所作齿廓公法线均通过连心线上同一点 C，故渐开线齿廓是满足啮合的基本定律并能保证定传动比传动的。

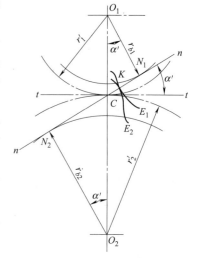

图 7-27　渐开线齿廓的啮合传动

又由图 7-27 可知，$\triangle O_1N_1C$ 与 $\triangle O_2N_2C$ 相似，所以两轮的传动比还可写成

$$i_{12}=\frac{\omega_1}{\omega_2}=\frac{O_2C}{O_1C}=\frac{r_2'}{r_1'}=\frac{r_{b2}}{r_{b1}} \qquad (7\text{-}21)$$

上式表明渐开线齿轮的传动比不仅与节圆的半径成反比，同时也与基圆的半径成反比。

2. 渐开线齿廓啮合的啮合线是直线

两齿轮啮合时，其接触点的轨迹称为啮合线。由渐开线特性可知，两渐开线齿廓在任何位置接触时，过接触点所作两齿廓的公法线总是两基圆的内公切线 N_1N_2。因此，对于渐开线齿廓啮合，其啮合线是直线 N_1N_2。显然一对渐开线齿廓的啮合线、公法线及两基圆的公切线三线重合。

3. 渐开线齿廓啮合的啮合角不变

两齿轮啮合的任一瞬时，过接触点的齿廓公法线与两轮节圆公切线之间所夹的锐角称为啮合角，用 α' 表示，如图 7-27 所示。显然，渐开线齿廓的啮合角为常数。啮合角不变表示齿廓间压力方向不变，若齿轮传递的力矩恒定，则轮齿之间、轴与轴承之间压力的大小和方向均不变，这对于齿轮传动的平稳性是十分有利的，也是渐开线齿轮传动的一大优点。

4. 渐开线齿廓啮合具有可分性

渐开线齿轮的传动比取决于两齿轮基圆半径的大小，当一对渐开线齿轮制成后，两齿轮的基圆半径就确定了，即使安装后两齿轮中心距稍有变化，由于两齿轮基圆半径不变，所以传动比仍保持不变。渐开线齿轮这种不因中心距变化而改变传动比的特性称为渐开线齿廓的可分性。这一特性可补偿齿轮制造和安装方面的误差，是渐开线齿轮传动的一个重要优点，也是其得到广泛应用的原因之一。此外，根据渐开线齿轮的可分性还可以设计变位齿轮。

三、直齿圆柱齿轮各部分名称及几何尺寸

为了进一步研究齿轮的啮合原理和齿轮的设计问题，必须将齿轮各部分的名称、符号及其尺寸间的关系加以介绍。

（一）外齿轮

1. 齿轮各部分的名称

图 7-28 所示为直齿圆柱外齿轮齿圈的一部分，每个轮齿两侧是形状相同而方向相反的齿廓曲线（简称齿廓）。渐开线齿轮齿廓的各部分名称及符号如下：

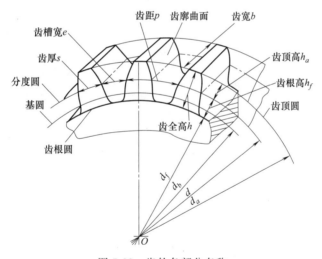

图 7-28　齿轮各部分名称

（1）齿顶圆、齿根圆　齿轮上每一个用于啮合的凸起部分均称为齿，齿轮所有齿的顶端都在同一圆周上，这个过齿轮各齿顶端的圆称为齿顶圆。其直径和半径分别以 d_a 和 r_a 表示。

齿轮上两相邻轮齿之间的空间称为齿槽，齿轮所有各齿之间的齿槽底部也在同一圆周上，过齿轮各齿槽底部的圆称为齿根圆。其直径和半径分别以 d_f 和 r_f 表示。

（2）齿槽宽、齿厚和齿距　在任意半径 r_K 的圆周上，齿槽的弧线长和轮齿的弧线长分别称为该圆上的齿槽宽和齿厚，分别用 e_K 和 s_K 表示。沿该圆上相邻两齿的同侧齿廓之间的弧长称为该圆上的齿距，用 p_K 表示，并且有 $p_K = s_K + e_K$

（3）分度圆   为了确定齿轮各部分的几何尺寸，在齿轮的齿顶圆和齿根圆之间取一个圆作为计算齿轮各部分几何尺寸的基准，称该圆为齿轮的分度圆，其直径和半径分别以 d 和 r 表示。分度圆上的齿厚、齿槽宽和齿距简称为齿厚、齿槽宽和齿距，分别用 s、e 和 p 表示，亦有 $p=s+e$。

（4）齿顶高、齿根高、齿高   分度圆把轮齿分为两部分，介于分度圆与齿顶圆之间的部分称为齿顶，其径向高度称为齿顶高，用 h_a 表示；介于分度圆与齿根圆之间的部分称为齿根，其径向高度称为齿根高，用 h_f 表示；齿顶圆与齿根圆之间的径向高度称为齿全高，用 h 表示，故有 $h=h_a+h_f$。

2. 标准齿轮的主要参数

（1）齿数 z 齿轮整个圆周上轮齿的总数称为齿轮的齿数，用 z 表示。齿轮的大小和渐开线齿廓的形状均与齿数 z 这个基本参数有关。

（2）模数 m 齿轮分度圆周长为 $\pi d=pz$，则

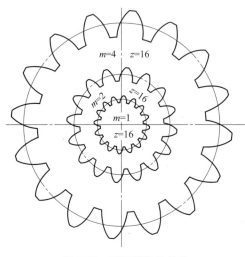

图 7-29   不同模数的轮齿

$$d=\frac{p}{\pi}z$$

式中含有无理数 π，对于齿轮的计算、制造和测量等颇为不便。为此，人们人为地将比值 p/π 取为一有理数，并将该比值称为模数，用 m 表示，即

$$m=\frac{p}{\pi} \tag{7-22}$$

于是得　　　　$d=mz$　　　(7-23)

模数是决定齿轮尺寸的一个基本参数。齿数相同的齿轮，模数愈大，其轮齿也愈大，如图 7-29 所示，轮齿的抗弯能力也就越强，所以模数又是轮齿抗弯能力的重要标志。

为了便于计算、制造和检验，齿轮的模数已标准化，我国常用的标准模数系列见表 7-7。

表 7-7   标准模数系列

第一系列	1 1.25 1.5 2 2.5 3 4 5 6 8 10 12 16 20 25 32 40 50
第二系列	1.75 2.25 2.75 (3.25) 3.5 (3.75) 4.5 5.5 (6.5) 7 9 (11) 14 18 22 28 36 45

注：优先采用第一系列，括号内的尽量不用；本表适用于渐开线圆柱齿轮，对斜齿轮是指法向模数。

（3）分度圆压力角   由渐开线的性质可知，同一渐开线齿廓上各点的压力角是不同的。在标准齿轮齿廓上，通常所说的齿轮压力角是指分度圆上的压力角，用 α 表示，并规定分度圆上的压力角为标准值。我国标准规定，分度圆上的压力角 $\alpha=20°$。

至此，可以给分度圆下一个完整的定义：**分度圆就是齿轮上具有标准模数和压力角的圆。**

（4）齿顶高系数和顶隙系数   由上述可知，齿轮各部分尺寸均以模数为基础进行计算，因此轮齿的齿顶高和齿根高也不例外，即

$$h_a=h_a^* m \tag{7-24}$$

$$h_f=(h_a^*+c^*)m \tag{7-25}$$

式中，h_a^* 和 c^* 分别称为齿顶高系数和顶隙系数。我国标准规定其标准值为

$$h_a^* = 1 \qquad c^* = 0.25$$

有时也采用非标准的短齿，取 $h_a^* = 0.8$，$c^* = 0.3$。

$c^* m$ 称为顶隙，为一齿轮顶圆与另一齿轮根圆之间的径向距离。顶隙可防止一对齿轮在传动过程中一齿轮的齿顶与另一齿轮的齿根发生顶撞，同时还能贮存润滑油，有利于齿轮啮合传动。

综上所述，m、α、h_a^*、c^* 和 z 是渐开线齿轮几何尺寸计算的五个基本参数。

3. 标准直齿圆柱齿轮的几何尺寸

标准齿轮是指 m、α、h_a^* 和 c^* 均为标准值，具有标准的齿顶高和齿根高，而且分度圆齿厚等于齿槽宽（$s=e$）的齿轮。标准直齿圆柱齿轮的几何尺寸按表 7-8 进行计算。

表 7-8　标准直齿圆柱齿轮各部分尺寸的几何关系

名称	符号	公式	
		外齿轮	内齿轮
分度圆直径	d	$d=mz$	
齿顶高	h_a	$h_a = h_a^* m$	
齿根高	h_f	$h_f = (h_a^* + c^*)m$	
齿全高	h	$h = (2h_a^* + c^*)m$	
齿顶圆直径	d_a	$d_a = (z + 2h_a^*)m$	$d_a = (z - 2h_a^*)m$
齿根圆直径	d_f	$d_f = (z - 2h_a^* - 2c^*)m$	$d_f = (z + 2h_a^* + 2c^*)m$
基圆直径	d_b	$d_b = d\cos\alpha$	
齿距	p	$p = \pi m$	
齿厚	s	$s = \pi m/2$	
齿槽宽	e	$e = \pi m/2$	
顶隙	c	$c = c^* m$	

（二）内齿轮

图 7-30 所示为直齿圆柱内齿轮齿圈的一部分。不难得出内齿轮与外齿轮的不同点为：

① 内齿轮的轮齿是内凹的，其齿厚和齿槽宽分别对应于外齿轮的齿槽宽和齿厚。

② 内齿轮的分度圆大于齿顶圆，而齿根圆又大于分度圆，即齿根圆大于齿顶圆。

③ 为了使内齿轮齿顶的齿廓全部为渐开线，则其齿顶圆必须大于基圆。

标准内齿圆柱齿轮的几何尺寸计算式和外齿轮同列于表 7-8 中。

（三）齿条

如图 7-31 所示为一齿条。当标准齿轮的齿数趋于无穷大时，该齿轮的各个圆周都变成直线，渐开线齿廓也就变成了直线齿廓。这种齿数为无穷多的齿轮的一部分就是齿条。齿条具有以下特点：

（1）由于齿条的齿廓是直线，所以齿廓上各点的法线是平行的，而且在传动时齿条是平动的，齿廓上各点速度的大小和方向都一致，所以齿条齿廓上各点的压力角都相同，其大小等于齿廓的倾斜角，通称为齿形角，其标准值为 20°。

（2）与齿顶线（或齿根线）平行的各直线上的齿距都相等，且有 $p=\pi m$。其中齿距与齿槽宽相等（$s=e$），且与齿顶线平行的直线称为中线，它是确定齿条各部分尺寸的基准线。

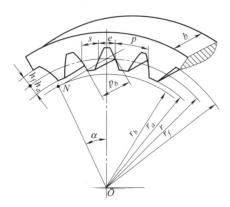

图 7-30　内齿轮各部分尺寸

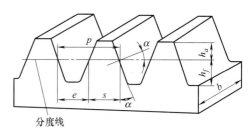

图 7-31　齿条各部分尺寸

四、齿轮的失效形式

一般来说，齿轮传动的失效主要是轮齿的失效，其主要失效形式有如下五种。

（一）轮齿折断

一般情况下，轮齿的折断可分为疲劳折断和过载折断两种情况。

齿轮在传递动力时，齿根部位将产生较大的弯曲应力，此应力随着时间的变化而变化。对于单向转动的齿轮，此应力为脉动循环应力；对于双向转动的齿轮，此应力为对称循环应力。当弯曲应力超过齿根的弯曲疲劳极限时，在载荷的多次重复作用下，齿根部位将产生疲劳裂纹，随着工作的继续，裂纹逐渐扩展，直至轮齿被折断，此种情况属于疲劳折断。过载折断则是由于短期严重过载或受到很大的冲击，使齿根弯曲应力超过强度极限而引起的脆性断裂。实践表明，轮齿折断常出现在轮齿较脆的场合，如齿轮经整体淬火、齿面硬度很高的钢制齿轮和铸铁齿轮。对于宽度较小的直齿轮，轮齿一般沿整个齿宽折断；对于斜齿轮、人字齿轮和宽度较大的直齿轮，多发生轮齿的局部折断，如图 7-32 所示。

轮齿的折断是一种灾难性的失效，一旦发生断齿，传动即彻底失效。目前防止轮齿折断的措施有：采用合适的齿轮材料和热处理方法，使齿芯材料具有足够的韧性；增大齿根过渡圆角半径和消除加工刀痕，以减小齿根的应力集中；提高轴及支承的刚度，使载荷沿齿宽分布均匀；选择合适的模数和采用正变位齿轮，以增大齿根的厚度等。

（二）疲劳点蚀

轮齿在啮合时，齿面实际上只是一小面积接触，工作表面上任一点所产生的接触应力系由零（该点未进入啮合时）增加到一最大值（该点啮合时），也就是接触应力按脉动循环变化，当接触应力超过齿面材料的接触疲劳极限时，在载荷的多次重复作用下，齿面表层将产生微小的疲劳裂纹，随着工作的继续，疲劳裂纹将逐渐扩展，致使金属微粒剥落，形成凹坑，这种现象称为疲劳点蚀，如图 7-33 所示。当齿面点蚀严重时，轮齿的工作表面遭到破坏，啮合情况恶化，造成传动不平稳并产生噪声，使齿轮不能正常地工作。实践表明，点蚀常出现在闭式软齿面传动的轮齿节线附近；对于开式齿轮传动，由于磨损较快，很少出现点蚀。

防止疲劳点蚀的措施有：提高齿面硬度及接触精度；降低齿面的粗糙度；提高润滑油黏度等。

（三）齿面磨损

齿面磨损通常分为两种情况，一种是运转初期，相啮合的齿面间所发生的磨合磨损，也

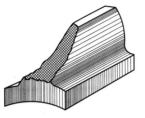

图 7-32　轮齿折断

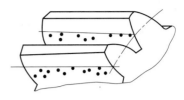

图 7-33　疲劳点蚀

称跑合磨损，它的危害程度不大，反而起着抛光作用；另一种是由于灰尘、金属屑等硬颗粒进入齿面啮合处所引起的磨粒磨损，如图 7-34 所示，磨粒磨损是开式齿轮传动的主要失效形式之一。磨损过大时，齿厚明显变薄，齿侧间隙大大增加，一方面降低了轮齿的抗弯强度，严重时引起轮齿折断；另一方面产生冲击和噪声，使工作情况恶化，传动不平稳。

防止齿面磨损的措施有：采用闭式传动；提高齿面硬度；降低齿面粗糙度；采用良好的润滑方式等。

（四）齿面胶合

在高速重载的齿轮传动中，若润滑不良或齿面压力过大，会引起油膜破裂，致使齿面金属直接接触，在局部接触区产生高温熔化或软化而引起相互黏结，当两轮齿相互滑动时，较软的齿面沿滑动方向被撕成沟纹，这种现象称为胶合，如图 7-35 所示。发生胶合后，同样破坏了齿轮的工作表面，致使啮合情况恶化，传动不平稳，产生噪声，严重时导致齿轮传动失效。

图 7-34　齿面磨损

图 7-35　齿面胶合

防止齿面胶合的措施有：提高齿面的硬度；降低齿面的粗糙度；采用抗胶合能力强的齿轮副材料；采用抗胶合性能好的润滑油等。

（五）齿面塑性变形

在低速、重载且启动频繁的齿轮传动中，较软的齿面在过大的应力作用下，轮齿材料会由于屈服而产生塑性流动，如图 7-36 所示，从而形成齿面局部的塑性变形，破坏了轮齿的工作齿廓，严重地影响了传动的平稳性。

防止塑性变形的措施有：提高齿面的硬度；避免频繁启动和过载等。

由上述分析可知，开式齿轮传动的主要失效形式是齿面磨损和轮齿折断；闭式软齿面齿轮传动的主要失效形式是齿面点蚀和胶合；闭式硬齿面齿轮传动的主要失效形式是轮齿折断。

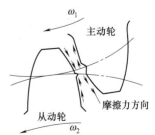

图 7-36　齿面塑性变形

五、标准直齿轮传动

(一)直齿圆柱齿轮传动的受力分析及载荷计算

1. 直齿圆柱齿轮传动的受力分析

进行轮齿的受力分析是齿轮强度计算的前提,也是轴和轴承设计的基础。

一对外啮合标准直齿轮传动如图 7-37 所示,在工作中一般齿轮传动采用润滑油(或脂)进行润滑,故两啮合轮齿间的摩擦力通常很小,可以忽略不计。由力学可知,此时主动轮齿作用在从动轮齿上的力为一法向力 F_{n_2},其反作用力 F_{n_1} 也是法向力,沿着啮合线 N_1N_2 方向。为了便于分析,通常将 F_{n_1} 分解为两个相互垂直的分力,即圆周力 F_{t_1} 和径向力 F_{r_1},它们的大小分别为

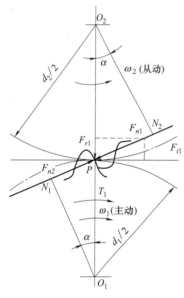

图 7-37 轮齿的受力分析

$$\left. \begin{aligned} F_{t_1} &= \frac{2T_1}{d_1} = F_{t_2} \\ F_{r_1} &= F_{t_1}\tan\alpha = F_{r_2} \\ F_{n_1} &= \frac{F_{t_1}}{\cos\alpha} = F_{n_2} \end{aligned} \right\} \quad (7\text{-}26)$$

式中　T_1——小齿轮传递的名义转矩,$N \cdot mm$,其大小为 $T_1 = 9.55 \times 10^6 P_1/n_1$;

　　　P_1——小齿轮传递的名义功率,kW;

　　　n_1——小齿轮的转速,r/min;

　　　d_1——小齿轮的分度圆直径,mm;

　　　α——啮合角,对于标准齿轮 $\alpha = 20°$。

根据作用力与反作用力的关系,作用在主动轮和从动轮上的同名力大小相等、方向相反,即 $F_{r_1} = -F_{r_2}$、$F_{t_1} = -F_{t_2}$。主动轮所受圆周力 F_{t_1} 的方向与该轮啮合点的圆周速度方向相反;从动轮所受圆周力 F_{t_2} 的方向与该轮啮合点的圆周速度方向相同。径向力 F_{r_1}、F_{r_2} 的方向分别由啮合点指向各自的轮心。

2. 计算载荷

上面提到的 F_n、F_t 和 F_r 等均为名义载荷。理论上,F_n 应沿齿宽均匀分布,但由于轴和轴承的变形、传动装置的制造和安装误差等,载荷沿齿宽的分布并不是均匀的,即出现载荷集中现象。如图 7-38 所示,齿轮位置对轴承不对称时,由于轴的弯曲变形,齿轮将相互倾斜,这时轮齿左端载荷增大 [图 7-38 (b)]。轴和轴承的刚度越小、齿宽 b 越宽,载荷集中越严重。此外,各种原动机和工作机的特性不同、齿轮制造误差以及轮齿变形等,还会引起附加动载荷。精度越低、圆周速度越高,附加动载荷就越大。因此,计算齿轮强度时,通常用计算载荷 KF_n 代替名义载荷 F_n,以考虑载荷集中和附加动载荷的影响。K 为载荷系数,其值可由表 7-9 查取。

$$F_{nc} = KF_n \quad (7\text{-}27)$$

式中　K——载荷系数(见表 7-9);

　　　F_n——受力分析中计算出的名义载荷。

表 7-9　载荷系数 K

原动机工作情况	工作机载荷特性		
	平稳或较平稳	中等冲击	严重冲击
工作平稳(如电动机、汽轮机等)	1.0~1.2	1.2~1.6	1.6~1.8
轻度冲击(如多缸内燃机)	1.2~1.6	1.6~1.8	1.9~2.1
中等冲击(如单缸内燃机)	1.6~1.8	1.8~2.0	2.2~2.4

注：斜齿、圆周速度低、精度高、齿宽系数小时取小值，直齿、圆周速度高、精度低、齿宽系数大时取大值。齿轮在两轴承之间对称布置时取小值，齿轮在两轴承之间不对称布置及悬臂布置时取大值。

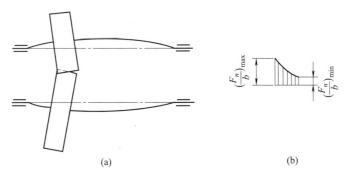

(a)　　　　　　　　　　(b)

图 7-38　轴的弯曲变形引起的齿向偏载

（二）直齿轮传动的强度计算

1. 齿面接触疲劳强度

（1）接触应力的计算理论

齿面疲劳点蚀破坏与齿面间的接触应力大小有关。接触应力的计算理论是由弹性力学中的赫兹公式进行求解的。如图 7-39 所示，当两个轴线平行的圆柱体相互接触并受压时，其接触面积为一狭长矩形，最大接触应力发生在接触区中线上，其值为

$$\sigma_H = \sqrt{\frac{F_n}{\pi b} \times \frac{\dfrac{1}{\rho_1} \pm \dfrac{1}{\rho_2}}{\dfrac{1-\mu_1^2}{E_1} + \dfrac{1-\mu_2^2}{E_2}}} \tag{7-28}$$

式中　σ_H——最大接触应力；

ρ——综合曲率半径，$\rho = \dfrac{1}{\rho_1} \pm \dfrac{1}{\rho_2}$，正号用于外接触，负号用于内接触；

b——接触长度；

F_n——作用在圆柱体上的载荷；

E_1，E_2——两圆柱体材料的弹性模量；

μ_1，μ_2——两圆柱体材料的泊松比，对于钢或铁 $\mu_1 = \mu_2 = 0.3$。

（2）齿面接触应力计算的力学模型

齿轮在工作时，齿轮的啮合点是变化的，而渐开线齿廓上各点的曲率是不相同的。因此按式（7-28）计算齿面的接触强度时，需要确定究竟要对齿轮啮合点哪一点的应力进行分析。实践表明，点蚀通常首先在靠近节点附近的齿根端的表面出现，原因是节点附近一般只有一对轮齿啮合，且节点附近滑动速度小，不易形成油膜。因此，在工程上为计算方便，接触疲劳强度计算通常以节点为计算点。图 7-40 所示为两个互相啮合的渐开线轮齿在节点接触，为了应用式（7-28）进行计算，用一对圆柱体代替它（图 7-40 中的虚线圆），两圆柱体的半

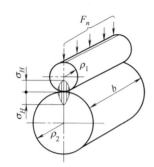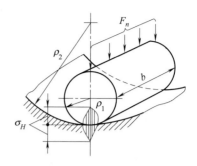

图 7-39   两圆柱体的接触应力

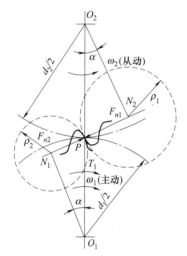

图 7-40   齿面接触应力计算
的力学模型

径 ρ_1、ρ_2 分别等于两齿廓在节点的曲率半径 N_1P、N_2P。

（3）齿面接触强度计算

为了防止齿面疲劳点蚀，要求 $\sigma_H \leqslant [\sigma_H]$。由力学模型可知，对于标准直齿圆柱齿轮，其齿轮节点处的齿廓曲率半径为

$$\rho_1 = N_1P = \frac{d_1}{2}\sin\alpha , \rho_2 = N_2P = \frac{d_2}{2}\sin\alpha$$

令 $u = d_2/d_1 = z_2/z_1$，可得

$$\frac{1}{\rho_1} \pm \frac{1}{\rho_2} = \frac{\rho_2 \pm \rho_1}{\rho_1\rho_2} = \frac{2(d_2 \pm d_1)}{d_1 d_2 \sin\alpha} = \frac{u \pm 1}{u} \times \frac{2}{d_1\sin\alpha}$$

令 $Z_E = \sqrt{\dfrac{1}{\pi\left(\dfrac{1-\mu_1^2}{E_1} + \dfrac{1-\mu_2^2}{E_2}\right)}}$，称为弹性系数，其值与

齿轮的材料有关，可查表 7-10。

表 7-10   弹性系数 Z_E

材料	灰铸铁	球墨铸铁	铸钢	锻钢	夹布胶木
锻钢	162.0	181.4	188.9	189.8	56.4
铸钢	161.4	180.5	188.0	—	—
球墨铸铁	156.6	173.9	—	—	—
灰铸铁	143.7	—	—	—	—

将 $1/\rho$、b 及 $F_{nc} = KF_n = \dfrac{KF_t}{\cos\alpha} = \dfrac{2KT_1}{d_1\cos\alpha}$ 代入式（7-28），得

$$\sigma_H = \sqrt{\frac{1}{\pi\left(\dfrac{1-\mu_1^2}{E_1} + \dfrac{1-\mu_2^2}{E_2}\right)}} \times \sqrt{\frac{2}{\sin\alpha\cos\alpha}} \times \sqrt{\frac{2KT_1}{bd_1^2} \times \frac{u \pm 1}{u}}$$

$$= Z_E \times \sqrt{\frac{2}{\sin\alpha\cos\alpha}} \times \sqrt{\frac{2KT_1}{bd_1^2}\frac{u \pm 1}{u}} \leqslant [\sigma_H] \tag{7-29}$$

令 $Z_H = \sqrt{\dfrac{2}{\sin\alpha\cos\alpha}}$ ，称为区域系数，对于标准齿轮，$Z_H = 2.5$，代入式（7-29）得到

$$\sigma_H = Z_H Z_E \sqrt{\frac{2KT_1}{bd_1} \times \frac{u \pm 1}{u}} \leqslant [\sigma_H] \tag{7-30}$$

令 $\varphi_d = \dfrac{b}{d_1}$ 为齿宽系数，代入上式，可得齿面接触疲劳强度的设计公式

$$d_1 \geqslant \sqrt[3]{\frac{2KT_1}{\phi_d} \times \frac{u \pm 1}{u} \left(\frac{Z_E Z_H}{[\sigma_H]}\right)^2} \ \text{mm} \tag{7-31}$$

式中 u——齿数比，其值为 $u = z_2/z_1$；

         b——轮齿的宽度，一般取 b 为大齿轮的宽度 b_2，mm；为了便于安装和调整，通常小齿轮的宽度为 $b_1 = b_2 + (5\sim10)$ mm，且 b_1，b_2 常取为整数；

σ_H，$[\sigma_H]$——齿轮的齿面接触应力和材料的许用接触应力，MPa。

（4）注意事项

应用式（7-30）和式（7-31）时，"+"号用于外啮合，"−"号用于内啮合。两相啮合的齿轮其齿面接触应力是相等的，即 $\sigma_{H1} = \sigma_{H2}$；但由于两齿轮的材料、齿面硬度一般不同，故其许用接触应力不相等，即 $[\sigma_{H1}] \neq [\sigma_{H2}]$；由于两个齿轮中有一个齿轮产生疲劳点蚀，则判定传动失效，所以在应用式（7-30）、式（7-31）进行设计时，$[\sigma_H]$ 应取 $[\sigma_{H1}]$、$[\sigma_{H2}]$ 两者中较小的。

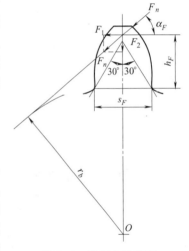

图 7-41 齿根危险截面

2. 齿根弯曲疲劳强度

（1）齿根弯曲应力计算的力学模型

计算弯曲强度时，假定全部载荷仅由一对轮齿承担，显然，当载荷作用于齿顶时，齿根所受的弯曲力矩最大。当轮齿在齿顶啮合时相邻的一对轮齿也处于啮合状态（因重合度恒大于1），载荷理应由两对轮齿分担。但考虑加工和安装误差，对一般精度的齿轮按一对轮齿承担全部载荷计算较为安全。

计算时将轮齿看作悬臂梁，如图 7-41 所示。其危险截面可用 30°切线法确定，即作与轮齿对称中心线成 30°夹角并与齿根圆角相切的斜线，而认为两切点连线是危险截面位置（轮齿折断的实际情况与此基本相符），危险截面处齿厚为 s_F。

（2）齿根弯曲强度计算

法向力 F_n 与轮齿对称中心线的垂线的夹角为 α_F，F_n 可分解为 $F_1 = F_n\cos\alpha_F$ 和 $F_2 = F_n\sin\alpha_F$ 两个分力，F_1 使齿根产生弯曲应力，F_2 则产生压缩应力，因后者较小故通常略去不计。齿根危险截面的弯曲力矩为

$$M = KF_n h_F \cos\alpha_F$$

式中，K 为载荷系数；h_F 为弯曲力臂。

危险截面的弯曲截面系数 W 为

$$W = \frac{bs_F^2}{6}$$

故危险截面的弯曲应力为

$$\sigma_F = \frac{M}{W} = \frac{6KF_n h_F \cos\alpha_F}{bs_F^2} = \frac{6KF_t h_F \cos\alpha_F}{bs_F^2 \cos\alpha} = \frac{KF_t}{bm} \times \frac{6\left(\dfrac{h_F}{m}\right)\cos\alpha_F}{\left(\dfrac{s_F}{m}\right)^2 \cos\alpha}$$

令
$$Y_{Fa} = \frac{6\left(\dfrac{h_F}{m}\right)\cos\alpha_F}{\left(\dfrac{s_F}{m}\right)^2 \cos\alpha} \qquad (7\text{-}32)$$

Y_{Fa} 称为齿形系数。因 h_F 和 s_F 均与模数成正比，故 Y_{Fa} 只与齿形中的尺寸比例有关，而与模数无关，见图 7-42。考虑在齿根部有应力集中，引入应力集中系数 Y_{Sa}，见图 7-43。由此可得轮齿弯曲强度的验算公式

$$\sigma_F = \frac{2KT_1 Y_{Fa} Y_{Sa}}{bd_1 m} = \frac{2KT_1 Y_{Fa} Y_{Sa}}{bm^2 z_1} \leqslant [\sigma_F] \qquad (7\text{-}33)$$

以 $b = \phi_d d_1$ 代入上式得

$$m \geqslant \sqrt[3]{\frac{2KT_1}{\phi_d z_1^2} \frac{Y_{Fa} Y_{Sa}}{[\sigma_F]}} \text{ mm} \qquad (7\text{-}34)$$

式中，$[\sigma_F]$ 为许用弯曲应力，$[\sigma_F] = \dfrac{\sigma_{FE}}{S_F}$ MPa；σ_{FE} 为试验轮齿失效概率为 $1/100$ 时的齿根弯曲疲劳极限值，见表 7-5，若轮齿两面工作时，应将表中的数值 $\times 0.7$；S_F 为安全系数，见表 7-11。

用式（7-33）验算弯曲强度时，应该对大、小齿轮分别进行验算；用式（7-34）计算 m 时，应比较 $\dfrac{Y_{Fa1} Y_{Sa1}}{[\sigma_{F1}]}$ 与 $\dfrac{Y_{Fa2} Y_{Sa2}}{[\sigma_{F2}]}$，以大值代入公式求 m。注意：算得的 m 值除了应是最小值，还应圆整为标准模数值。传递动力的齿轮，其模数不宜小于 1.5mm。选定模数后，齿轮实际的分度圆直径应由 $d = mz$ 算出。对于开式传动，为考虑齿面磨损，可将算得的 m 值加大 $10\% \sim 15\%$。

表 7-11　最小安全系数 S_H、S_F 的参考值

使用要求	$S_{H\min}$	$S_{F\min}$
高可靠率（失效概率$\leqslant 1/10000$）	1.5	2.0
较高可靠度（失效概率$\leqslant 1/1000$）	1.25	1.6
一般可靠度（失效概率$\leqslant 1/100$）	1.0	1.25

注：对于一般工业用齿轮传动，可用一般可靠度。

（3）设计圆柱齿轮时的材料和参数选取

1）材料　转矩不大时，可试选用碳素结构钢，若计算出的齿轮直径太大，则可选用合金结构钢。轮齿进行表面热处理可提高接触疲劳强度，但表面热处理后轮齿会变形，要进行磨齿。表面渗氮齿形变化小，不用磨齿，但氮化层较薄。尺寸较大的齿轮可用铸钢，但生产批量小时以锻造较经济。转矩小时，也可选用铸铁。要减小传动噪声，其中一个甚至两个可选用夹布塑料。

2）主要参数

① 齿数比 u　$u = z_2/z_1$ 由传动比 $i = n_1/n_2$ 而定，为避免大齿轮齿数过多导致径向尺寸过大，一般应使 $i \leqslant 7$。

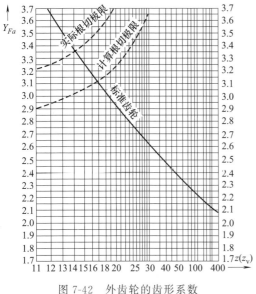

图 7-42　外齿轮的齿形系数

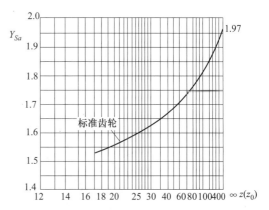

图 7-43　外齿轮齿根修正系数（应力集中系数）

② 齿数 z　标准齿轮的齿数应不小于 17，一般可取 $z_1 > 17$。齿数多，有利于增加传动的重合度，使传动平稳，但当分度圆直径一定时，增加齿数会使模数减小，有可能造成轮齿弯曲强度不够。

设计时，最好使 a 值为整数，因中心距 $a = m(z_1 + z_2)/2$，当模数 m 值确定后，调整 z_1、z_2 值，可达此目的。调整 z_1、z_2 值后，应保证满足接触强度和弯曲强度，并使 u 值与所要求的 i 值的误差不超过 $\pm 3\% \sim 5\%$。

③ 齿宽系数 ϕ_d 及齿宽 b　ϕ_d 取得大，可使齿轮径向尺寸减小，但将使其轴向尺寸增大，导致沿齿向载荷分布不均。ϕ_d 的取值可参考表 7-12。

表 7-12　齿宽系数 ϕ_d

齿轮相对于轴承的位置	齿面硬度	
	软齿面	硬齿面
对称布置	0.8～1.4	0.4～0.9
非对称布置	0.2～1.2	0.3～0.6
悬臂布置	0.3～0.4	0.2～0.25

注：轴及其支座刚性较大时取大值，反之取小值。

齿宽可由 $b = \phi_d / d_1$ 算得，b 值应加以圆整，作为大齿轮的齿宽 b_2，而使小齿轮的齿宽 $b_1 = b_2 + (5 \sim 10)\text{mm}$，以保证轮齿有足够的啮合宽度。

六、斜齿轮传动

斜齿圆柱齿轮传动的强度计算方法与直齿轮基本相同，只是由于斜齿轮齿形的特点，使其轮齿受力情况及应力分析等方面不同于直齿轮。因此在进行强度计算时，除了要掌握共性外，还应特别地注意其特殊性，如斜齿轮螺旋角、端面、轴面重合度等对轮齿强度的影响。

（一）轮齿的受力分析

图 7-44 所示为标准斜齿圆柱齿轮，其受力分析与标准直齿圆柱齿轮基本相同，若不计摩擦，作用在齿面间的法向力 F_n 可以分解为 3 个分力，即圆周力 F_t、径向力 F_r 和轴向力 F_a。各力的大小为

$$F_{t_1} = \frac{2T_1}{d_1} = F_{t_2}$$

$$F_{r_1} = \frac{F_{t_1}\tan\alpha_n}{\cos\beta} = F_{r_2}$$

$$F_{a_1} = F_{t_1}\tan\beta = F_{a_2}$$

$$(7\text{-}40)$$

式中 β——标准斜齿轮的螺旋角，一般 $\beta = 8° \sim 20°$；

α_n——法面压力角，对于标准斜齿轮，规定 $\alpha_n = 20°$。

式中其他符号的含义、单位及其确定方法与直齿圆柱齿轮相同。

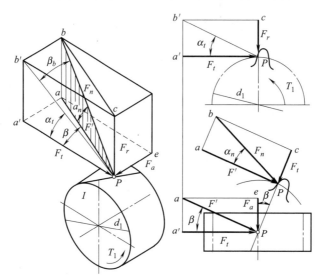

图 7-44 斜齿轮的轮齿受力分析

各分力方向为：圆周力 F_t 的方向在主动轮上与运动方向相反，在从动轮上与运动方向相同；径向力 F_r 的方向对两轮都是指向各自的轴心；轴向力 F_a 的方向可由轮齿的工作面受压来决定，其法向压力在轴向的分量，即为所受轴向力 F_a 的方向。对于主动轮，其工作面是转动方向的前面；对于从动轮，轮齿的工作面是转动方向的后面，见图 7-45。β 角为螺旋角，β 角取得大，则重合度增大，使传动平稳，但轴向力也增加，因而增加轴承的负载，一般取 $\beta = 8° \sim 20°$。

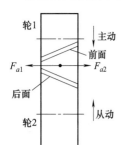

图 7-45 轴向力的方向

（二）轮齿的强度计算

斜齿圆柱齿轮传动的强度是按轮齿的法面进行分析的，其基本原理与直齿圆柱齿轮传动相似。但是斜齿圆柱齿轮传动的重合度较大，同时相啮合的轮齿较多，轮齿的接触线是倾斜的，而且在法面内斜齿轮的当量齿轮的分度圆半径也较大，因此斜齿轮的接触应力和弯曲应力均比直齿轮有所降低。关于斜齿轮强度问题的详细讨论，可参阅机械类机械设计教材。下面直接写出经简化处理的斜齿轮强度计算公式。

一对钢制标准斜齿轮传动的齿面接触应力及强度条件为

$$\sigma_H = Z_E Z_H Z_\beta \sqrt{\frac{2KT_1}{bd_1^2} \times \frac{u \pm 1}{u}} \leqslant [\sigma_H]\text{MPa} \qquad (7\text{-}36)$$

$$d_1 \geqslant \sqrt[3]{\frac{2KT_1}{\phi_d} \times \frac{u \pm 1}{u}\left(\frac{Z_E Z_H Z_\beta}{[\sigma_H]}\right)^2} \text{ mm} \tag{7-37}$$

式中　Z_E——材料弹性系数，由表 7-10 查取；

　　　Z_H——节点区域系数，标准齿轮的 $Z_H = 2.5$；

　　　Z_β——螺旋角系数 $Z_\beta = \sqrt{\cos\beta}$。

　　齿根弯曲疲劳强度条件为

$$\sigma_F = \frac{2KT_1}{bd_1 m_n} Y_{Fa} Y_{Sa} \leqslant [\sigma_F] \text{MPa} \tag{7-38}$$

$$m_n \geqslant \sqrt[3]{\frac{2KT_1}{\phi_d z_1^2} \times \frac{Y_{Fa} Y_{Sa}}{[\sigma_F]}\cos^2\beta} \text{ mm} \tag{7-39}$$

式中　Y_{Fa}——齿形系数，由当量齿数 $z_v = \dfrac{z}{\cos^3\beta}$ 查得；

　　　Y_{Sa}——应力集中系数，由 z_v 查得。

七、直齿锥齿轮传动

（一）轮齿的受力分析

　　图 7-46 所示为锥齿轮轮齿受力情况。直齿圆锥齿轮的受力分析与直齿圆柱齿轮基本相同，若不计摩擦，工作时作用在直齿圆锥齿轮齿面上的力为一法向力 F_n。为了便于分析和计算，假设该法向力 F_n 集中作用在齿宽中点的分度圆处，其直径用 d_{m_1} 表示，法向力 F_n可分解为三个分力，方向如图 7-46 所示，大小为：

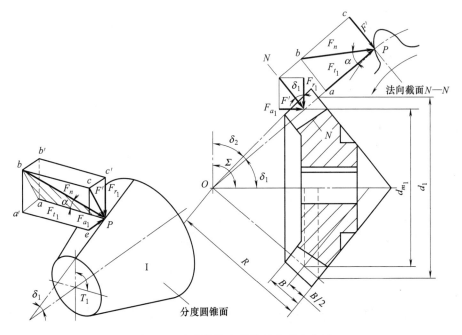

图 7-46　直齿圆锥齿轮的轮齿受力分析

$$\left.\begin{array}{l} F_{t_1} = \dfrac{2T_1}{d_{m_1}} = F_{t_2} \\[2mm] F_{t_1} = F'\cos\delta_1 = F_{t_1}\tan\alpha\cos\delta_1 = F_{a_2} \\[2mm] F_{a_1} = F'\sin\delta_1 = F_{t_1}\tan\alpha\cos\delta_1 = F_{r_2} \end{array}\right\} \qquad (7\text{-}40)$$

式中，d_{m_1} 为小齿轮齿宽中点的分度圆直径，由图 7-46 中几何关系可得

$$d_{m_1} = d_1 - b\sin\delta_1$$

圆周力 F_t 的方向在主动轮上与运动方向相反，在从动轮上与运动方向相同。径向力 F_r 的方向对两轮都是垂直指向齿轮轴线。轴向力 F_a 的方向对两个齿轮都是由小端指向大端。当 $\delta_1 + \delta_2 = 90°$时，

$$\sin\delta_1 = \cos\delta_2$$
$$\cos\delta_1 = \sin\delta_2$$

小齿轮上的径向力和轴向力在数值上分别等于大齿轮上的轴向力和径向力，但其方向相反，如图 7-47 所示。

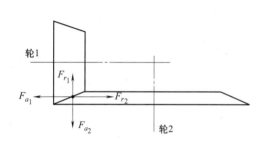

图 7-47　大小圆锥齿轮的作用力

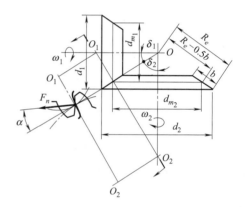

图 7-48　直齿圆锥齿轮的当量轮齿分析

（二）强度计算

1. 接触疲劳强度计算

可以近似认为，一对直齿锥齿轮传动和位于齿宽中点的一对当量圆柱齿轮传动（如图 7-48 所示）的强度相等。由此可得轴交角为 90°的一对钢制直齿锥齿轮的齿面接触强度验算公式

$$\sigma_H = Z_E Z_H \sqrt{\frac{KF_{t_1}}{bd_{mv_1}}\cdot\frac{u_v+1}{u_v}} \leqslant [\sigma_H]$$

式中，d_{mv_1} 为小齿轮在平均直径处的当量齿轮直径；u_v 为大小当量齿轮齿数比。

由上式可知，当传动比和传递的圆周力一定时，增大当量齿轮直径或齿宽 b 可使接触应力减小。将有关当量齿轮的几何关系式代入上式，可得接触强度校核公式

$$\sigma_H = Z_E Z_H \sqrt{\frac{KF_{t_1}}{bd_1(1-0.5\phi_R)}\cdot\frac{\sqrt{u^2+1}}{u}} \leqslant [\sigma_H] \qquad (7\text{-}41)$$

式中，ϕ_R 为齿宽系数，$\phi_R = \dfrac{b}{R_e}$；b 为齿宽；R_e 为锥距（图 7-48）。一般取 $\phi_R = 0.25 \sim 0.3$，$u = \dfrac{z_2}{z_1}$，对一级直齿锥齿轮传动，取 $u \leqslant 5$。

由式 (7-41) 可得锥齿轮接触疲劳强度设计公式

$$d_1 \geqslant \sqrt[3]{\frac{4KT_1}{\phi_R u(1-0.5\phi_R)^2}\left(\frac{Z_E Z_H}{[\sigma_H]}\right)^2} \tag{7-42}$$

2. 弯曲疲劳强度计算

$$\sigma_F = \frac{KF_{t_1}}{bm_m}Y_{Fa}Y_{Sa} = \frac{KF_{t_1}Y_{Fa}Y_{Sa}}{bm(1-0.5\phi_R)} \leqslant [\sigma_F] \tag{7-43}$$

$$m \geqslant \sqrt[3]{\frac{4KT_1}{\phi_R z_1^2(1-0.5\phi_R)^2\sqrt{u^2+1}}\frac{Y_{Fa}Y_{Sa}}{[\sigma_H]}} \ \text{mm} \tag{7-44}$$

式中，m 为大端模数；Y_{Fa} 为齿形系数，根据当量齿数 $z_v = \dfrac{z}{\cos\delta}$ 在图 7-43 上查取；Y_{Sa} 为齿根应力集中系数，按 $z_v = \dfrac{z}{\cos\delta}$ 在图 7-44 上查取。

第四节 蜗杆传动

一、蜗杆传动的特点和类型

（一）蜗杆传动的特点

蜗杆传动是在空间交错的两轴间传递运动和动力的一种传动机构，如图 7-49 所示，由蜗杆和蜗轮组成，两轴线交错的夹角可为任意值，常用于交错角为 90°的两轴间传递运动和动力。传动中一般蜗杆是主动件，蜗轮是从动件。这种传动由于具有下述特点，而广泛应用于各种机器和仪器中。

① 当使用单头蜗杆（相当于单线螺纹）时，蜗杆每旋转一周，蜗轮只转过一个齿距，因而能实现大的传动比。在动力传动中，一般传动比 $i = 5 \sim 80$；在分度机构或手动机构的传动中，传动比可达 300；若只传递运动，传动比可达 1000。由于传动比大，零件数目又少，因而结构很紧凑。

② 在蜗杆传动中，由于蜗杆齿是连续不断的螺旋齿，它和蜗轮齿是逐渐进入啮合及逐渐退出啮合的，同时啮合的齿对又较多，故冲击载荷小，传动平稳，噪声小。

③ 当蜗杆的螺旋线升角小于啮合面的当量摩擦角时，蜗杆传动便具有自锁性。

④ 蜗杆传动与螺旋齿轮传动相似，在啮合处有相对滑动。当滑动速度很大，工作条件不够良好时，会产生较严重的摩擦与磨损，从而引起过分发热，使润滑情况恶化，摩擦损失较大，效率低。当传动具有自锁性时，效率仅为 0.4 左右。由于摩擦与磨损严重，常需耗用有色金属制造蜗轮（或轮圈），以便与钢制蜗杆配对组成减摩性良好的滑动摩擦副，成本较高。

蜗杆传动通常用于减速装置，但也有个别机器用作增速装置。

（二）蜗杆传动的类型

根据蜗杆形状的不同，蜗杆传动可分为圆柱蜗杆传动（如图 7-49 所示）、环面蜗杆传动（如图 7-50 所示）和锥蜗杆传动（如图 7-51 所示）三种类型。

圆柱蜗杆传动按其螺旋面的形状又分为**阿基米德蜗杆**（ZA 蜗杆）和**渐开线蜗杆**（ZI 蜗杆）等。

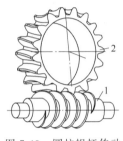

图 7-49　圆柱蜗杆传动

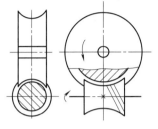

图 7-50　环面蜗杆传动

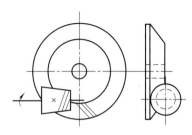

图 7-51　锥蜗杆传动

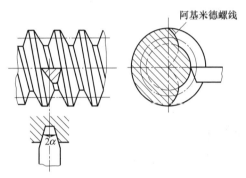

图 7-52　阿基米德圆柱蜗杆

车削阿基米德蜗杆与加工梯形螺纹类似。车刀切削刃夹角 $2\alpha=40°$，加工时切削刃的半面通过蜗杆轴线，如图 7-52 所示。因此切出的齿形，在包含轴线的截面内为侧边呈直线的齿条，而在垂直于蜗杆轴线的截面内为阿基米德螺线。

渐开线蜗杆的齿形，在垂直于蜗杆轴线的截面内为渐开线，在包含蜗杆轴线的截面内为凸廓曲线。这种蜗杆可以像圆柱齿轮那样用滚刀铣切，适用于成批生产。

和螺纹一样，蜗杆有左、右旋之分，常用的是右旋蜗杆。

对于一般动力传动，常按照 7 级精度（适用于蜗杆圆周速度 $v_1 < 7.5\text{m/s}$）、8 级精度（$v_1 < 3\text{m/s}$）和 9 级精度（$v_1 < 1.5\text{m/s}$）制造。

二、圆柱蜗杆传动的主要参数和几何尺寸

（一）圆柱蜗杆传动的主要参数及其选择

圆柱蜗杆传动的主要参数有模数、压力角、蜗杆头数、蜗轮齿数及蜗杆的直径等，如图 7-53 所示。进行蜗杆传动设计时，首先要正确地选择参数。

1. 模数 m 和压力角 α

和齿轮传动一样，蜗杆传动的几何尺寸也以模数为主要计算参数。蜗杆和蜗轮啮合时，在中间平面上，蜗杆的轴向模数、压力角应与蜗轮的端面模数、压力角分别相等，即

$$m_{a_1}=m_{t_2}=m$$

$$\alpha_{a_1}=\alpha_{t_2}$$

圆柱蜗杆的轴向压力角为标准值（20°），其轴向模数 m 也为标准值；相应于切削刀具，ZA 蜗杆取轴向压力角为标准值，ZI 蜗杆取法向压力角为标准值。蜗杆轴向压力角与法向压力角的关系为

$$\tan\alpha_a = \frac{\tan\alpha_n}{\cos\gamma}$$

式中，γ 为导程角。

2. 蜗杆的分度圆直径 d_1

在蜗杆传动中，为了保证蜗杆与配对蜗轮的正确啮合，常用与蜗杆具有同样尺寸的蜗轮滚刀来加工与其配对的蜗轮。这样，只要有一种尺寸的蜗杆，就得有一种对应的蜗轮滚刀。对

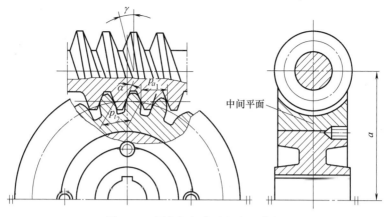

图 7-53　圆柱蜗杆传动的主要参数

于同一模数，可以有很多不同直径的蜗杆，因而对每一模数都要配备很多蜗轮滚刀。显然，这样很不经济。为了限制蜗轮滚刀的数目及便于滚刀的标准化，对每一标准模数规定了一定数量的蜗杆分度圆直径，并将分度圆直径与模数的比值称为蜗杆的直径系数，用 q 表示。

$$q = \frac{d_1}{m} \tag{7-45}$$

d_1 与 q 已有标准值。常用的标准模数 m 和蜗杆分度圆直径 d_1 及直径系数 q 查手册可得（略）。如果采用非标准滚刀或飞刀切制蜗轮，d_1 与 q 值可不受标准的限制。

3. 蜗杆头数

蜗杆头数可根据要求的传动比和效率来选定。单头蜗杆传动的传动比可以较大，但效率较低，如要提高效率，应增加蜗杆的头数。但蜗杆头数过多，导程角过大，又会给加工带来困难。所以，通常蜗杆头数取为 1、2、4、6。

4. 导程角

蜗杆的直径系数和蜗杆头数选定之后蜗杆分度圆柱上的导程角也就确定了。由图 7-54 可知

$$\tan\gamma = \frac{p_z}{\pi d_1} = \frac{z_1 p_a}{\pi d_1} = \frac{z_1 m}{d_1} = \frac{z_1}{q} \tag{7-46}$$

式中，p_a 为蜗杆轴向齿距。

5. 传动比 i 和齿数比 u

传动比　　　　$i = \dfrac{n_1}{n_2}$

式中，n_1、n_2 分别为蜗杆和蜗轮的转速，$\mathrm{r/min}$。

齿数比　　　　$u = \dfrac{z_2}{z_1}$

式中，z_2 为蜗轮的齿数。

当蜗杆为主动时，

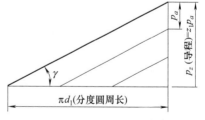

图 7-54　导程角与导程的关系

$$i = \frac{n_1}{n_2} = \frac{z_2}{z_1} = u \tag{7-47}$$

6. 蜗轮齿数 z_2

蜗轮齿数主要根据传动比来确定。应注意：为了避免用蜗轮滚刀切制蜗轮时产生根切与干涉，理论上应使 $z_{2\min} \geqslant 17$。但当 $z_2 < 26$ 时，啮合区要显著减小，将影响传动的平稳性，而在 $z_{2\min} \geqslant 30$ 时，则可始终保持有两对以上的齿啮合，所以通常规定 z_2 大于 28。对于动力传

动一般不大于 80，这是由于蜗轮直径不变时，z_2 越大，模数就越小，将使轮齿的弯曲强度削弱；当模数不变时，蜗轮尺寸将要增大，使相啮合的蜗杆支承间距加长，这将降低蜗杆的弯曲刚度，容易产生挠曲而影响正常的啮合。蜗杆头数 z_1 与蜗轮齿数的推荐值见表 7-13。

表 7-13   蜗杆头数 z_1 与蜗轮齿数的推荐值

$i=z_2/z_1$	z_1	z_2	$i=z_2/z_1$	z_1	z_2
≈5	6	29	14～30	2	29～61
7～15	4	31	29～82	1	29～82

7. 蜗杆传动的标准中心距 a

蜗杆传动的标准中心距为

$$a=\frac{1}{2}(d_1+d_2)=\frac{1}{2}(q+z_2)m \tag{7-48}$$

标准普通圆柱蜗杆传动的基本尺寸和参数查相关手册可得，此不赘述。

（二）圆柱蜗杆传动的几何尺寸

蜗杆传动的几何尺寸及其计算公式如图 7-55 及表 7-14、表 7-15 所示。

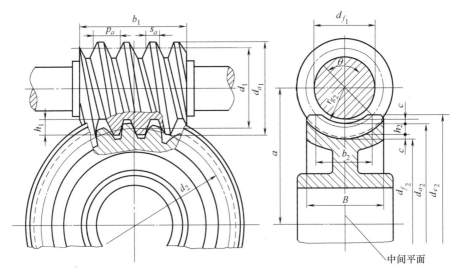

图 7-55   圆柱蜗杆传动的基本几何尺寸

表 7-14   普通圆柱蜗杆传动基本几何尺寸计算关系式

名称	代号	计算关系式	说明
中心距	a	$a=\dfrac{d_1+d_2}{2}=0.5m(q+z_2)$	按规定选取
蜗杆头数	z_1		按规定选取
蜗轮齿数	z_2	$z_2=iz_1$	按传动比确定
齿形角	α	$\alpha_a=20°$ 或 $\alpha_n=20°$	按蜗杆类型确定
模数	m	$m=m_a=\dfrac{m_n}{\cos\gamma}$	按规定选取
传动比	i	$i=\dfrac{n_1}{n_2}$	蜗杆为主动，按规定选取
齿数比	u	$u=\dfrac{z_2}{z_1}$，当蜗杆为主动时，$i=u$	
蜗杆直径系数	q	$q=\dfrac{d_1}{m}$	

续表

名称	代号	计算关系式	说明
蜗杆轴向齿距	p_a	$p_a = \pi m$	
蜗杆导程	p_z	$p_z = \pi m z_1$	
蜗杆分度圆直径	d_1	$d_1 = mq$	按规定选取
蜗杆齿顶圆直径	d_{a_1}	$d_{a_1} = d_1 + 2h_{a_1} = d_1 + 2h_a^* m$	
蜗杆齿根圆直径	d_{f_1}	$d_{f_1} = d_1 - 2h_{f_1} = d_1 - 2(h_a^* m + c^*)$	
蜗杆导程角	γ	$\tan\gamma = \dfrac{m z_1}{d_1} = \dfrac{z_1}{q}$	
蜗轮分度圆直径	d_{a_2}	$d_{a_2} = d_2 + 2h_{a_2}$	
蜗轮齿根圆直径	d_{f_2}	$d_{f_2} = d_2 - 2h_{f_2}$	

表 7-15　蜗轮宽度 B、顶圆直径 d_{e_2} 及蜗杆齿轮 b_1 的计算公式

z_1	B	d_{e_2}	x_2	b_1	
1	≤$0.75d_{a_1}$	≤$d_{a_2}+2m$	0	≥$(11+0.06z_2)m$	当变位系数 x_2 为中间值时,b_1 取 x_2 邻近两公式所求值的较大者。
2		≤$d_{a_2}+1.5m$	-0.5	≥$(8+0.06z_2)m$	
			-1.0	≥$(10.5+z_1)m$	
			0.5	≥$(11+0.1z_2)m$	经磨削的蜗杆,按左式所求的 b_1 应再增加下列值:
			1.0	≥$(12+0.1z_2)m$	当 $m<10$mm 时,增加 25mm;
4	≤$0.67d_{a_1}$	≤$d_{a_2}+m$	0	≥$(12.5+0.09z_2)m$	当 $m=10\sim16$mm 时,增加 $35\sim40$mm;
			-0.5	≥$(9.5+0.09z_2)m$	当 $m>16$mm 时,增加 50mm
			-1.0	≥$(10.5+z_1)m$	
			0.5	≥$(12.5+0.1z_2)m$	
			1.0	≥$(13+0.1z_2)m$	

三、蜗杆传动的失效形式、材料和结构

（一）蜗杆传动的失效形式及常用材料

和齿轮传动一样,蜗杆传动的失效形式也有点蚀（齿面接触疲劳破坏）、齿根折断、齿面胶合及过度磨损等。由于材料和结构上的原因,蜗杆螺旋齿部分的强度总是高于蜗轮轮齿的强度,所以失效经常发生在蜗轮轮齿上。因此,一般只对蜗轮轮齿进行承载能力计算。由于蜗杆与蜗轮齿面间有较大的相对滑动,从而增加了产生胶合和磨损失效的可能性,尤其在某些条件下（润滑不良）,蜗杆传动因齿面胶合而失效的可能性更大。因此,蜗杆传动的承载能力往往受到抗胶合能力的限制。

在开式传动中多发生齿面磨损和轮齿折断,因此应以保证齿根弯曲疲劳强度作为开式传动的主要设计准则。

在闭式传动中,蜗杆副多因齿面胶合或点蚀而失效。因此,通常是按齿面接触疲劳强度进行设计,而按齿根弯曲疲劳强度进行校核。此外,闭式蜗杆传动,由于散热较为困难,还应做热平衡核算。

由上述蜗杆传动的失效形式可知,蜗杆、蜗轮的材料不仅要求具有足够的强度,而且要具有良好的磨合和耐磨性能。

蜗杆一般用碳钢或合金钢制成。高速重载蜗杆常用 15Cr 或 20Cr,并渗碳淬火;也可采用 40、45 钢或 40Cr 并淬火。这样可以提高表面硬度,增加耐磨性。通常要求蜗杆淬火后的

硬度为 40～55HRC，经氮化处理后的硬度为 55～62HRC。一般不太重要的低速、中载的蜗杆，可采用 40 或 45 钢，并调质处理，其硬度为 220～300HBS。

常用的蜗轮材料为铸造锡青铜 (ZCuSn10P1、ZCuSn5Pb5Zn5)、铸造铝铁青铜 (ZCuAl10Fe3) 及灰铸铁 (HT150、HT200) 等。锡青铜耐磨性最好，但价格较高，用于滑动速度 $v_s \geq 3\text{m/s}$ 的重要传动；铝铁青铜的磨性较锡青铜差一些，但价格便宜，一般用于滑动速度 $v_s \leq 4\text{m/s}$ 的传动；如果滑动速度不高 ($v_s < 2\text{m/s}$)，对效率要求也不高时，可采用灰铸铁。为了防止变形，常对蜗轮进行时效处理。

（二）蜗杆传动的结构

蜗杆螺旋部分的直径不大，所以绝大多数和轴制成一体，称为蜗杆轴，结构形式如图 7-56 所示，其中图 (a) 所示的结构无退刀槽，加工螺旋部分时只能用铣制的办法，图 (b) 所示的结构则有退刀槽，螺旋部分可以车制，也可以铣制，但这种结构的刚度比前一种差。当蜗杆螺旋部分的直径较大时，可以将蜗杆与轴分开制作。

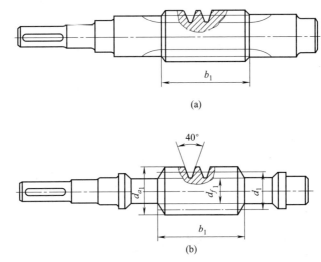

图 7-56　蜗杆的结构形式

常用的蜗轮结构形式有以下几种：

1. 齿圈式

如图 7-57 (a) 所示，这种结构由青铜齿圈及铸铁轮芯组成。齿圈与轮芯多用 H7/r6 配合，并加装 4～6 个紧定螺钉（或用螺钉拧紧后将头部锯掉），以增强连接的可靠性。螺钉直径取作 $(1.2～1.5)m$，m 为蜗轮的模数。螺钉拧入深度为 $(0.3～0.4)B$，B 为蜗轮宽度。为了便于钻孔，应将螺孔中心线由配合缝向材料较硬的轮芯部分偏移 2～3mm。这种结构多用于尺寸不太大或工作温度变化较小的地方，以免热胀冷缩影响配合的质量。

2. 螺栓连接式

如图 7-57 (b) 所示，可用普通螺栓连接或用铰制孔用螺栓连接，螺栓的尺寸和数目可参考蜗轮的结构尺寸取定，然后做适当的校核。这种结构装拆比较方便，多用于尺寸较大或容易磨损的蜗轮。

3. 整体浇铸式

如图 7-57 (c) 所示，主要用于铸铁蜗轮或尺寸很小的青铜蜗轮。

4. 拼铸式

如图 7-57 (d) 所示，这是在铸铁轮芯上加铸青铜齿圈，然后切齿，只用于成批制造的蜗轮。

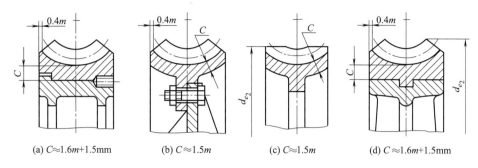

(a) $C≈1.6m+1.5mm$　　(b) $C≈1.5m$　　(c) $C≈1.5m$　　(d) $C≈1.6m+1.5mm$

图 7-57　蜗轮的结构形式（m 为蜗轮模数，m 和 C 的单位均为 mm）

第五节　连　　接

一、螺纹连接

（一）螺纹连接的基本类型

螺纹连接有以下四种基本类型

1. 螺栓连接

螺栓连接是将螺栓穿过被连接件的光孔，拧紧螺母后将连接件固连成一体的一种连接方式，如图 7-58 所示。

螺栓连接分为普通螺栓连接和铰制孔用螺栓连接。普通螺栓连接，如图 7-58（a）所示，螺栓与孔之间有间隙，结构简单，装拆方便，应用广泛。而铰制孔用螺栓连接，如图 7-58（b）所示，螺栓杆与螺栓孔是相互配合的，常采用基孔制过渡配合，适用于承受垂直于螺栓轴线的横向载荷。

2. 螺钉连接

螺钉直接旋入被连接件的螺纹孔中，省去了螺母，如图 7-59（a）所示，因此，结构比较简单，若经常装拆，则易损坏螺纹，故适用于被连接件之一太厚，且不必经常装拆的场合。

3. 双头螺柱连接

双头螺柱多用于较厚的被连接件或为了使结构紧凑而采用盲孔的连接，如图 7-59（b）所示。双头螺柱连接允许多次装拆而不损坏被连接零件。

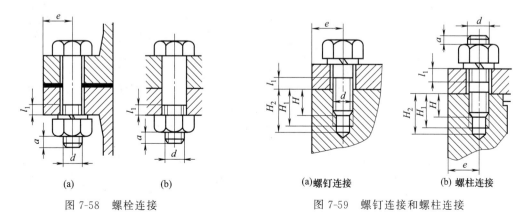

(a)　　　　　(b)　　　　　　　　　(a)螺钉连接　　　　(b)螺柱连接

图 7-58　螺栓连接　　　　　　　　图 7-59　螺钉连接和螺柱连接

4. 紧定螺钉连接

紧定螺钉连接是将紧定螺钉拧入一被连接件上的螺纹孔，并以螺钉末端直接顶住另一被连接件的表面或相应的孔穴，以固定两被连接件的相对位置，如图 7-60 所示。这种连接多用于传力不大的力或力矩，多用于轴和轴上零件的连接。

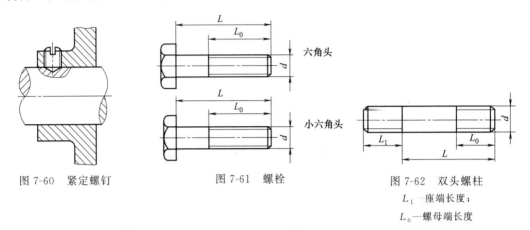

图 7-60　紧定螺钉　　　　图 7-61　螺栓　　　　图 7-62　双头螺柱

L_1—座端长度；

L_0—螺母端长度

（二）螺纹连接件

螺纹连接件的类型很多，在机械制造中常见的螺纹连接件有螺栓、双头螺柱、螺钉、螺母和垫圈等。这类零件大多已标准化，设计时可根据有关标准选用。

1. 螺栓

螺栓头部形状很多，最常用的有大六角头和小六角头，如图 7-61 所示。小六角头螺栓尺寸小，质量轻，但不适宜装拆频繁，被连接件抗压强度低和易锈蚀的场合。

2. 双头螺柱

双头螺柱两端都有螺纹，如图 7-62 所示，旋入被连接件螺纹孔的一端称为座端，另一端为螺母端，其公称长度为 L。

3. 螺钉

螺钉的结构形式与螺栓相同，但头部形式较多，如六角头、圆柱头、半圆头、沉头、内六角头、十字槽头、吊环螺钉，具体形式如图 7-63 所示，以适应对装配空间、拧紧程度、连接外观和拧紧工具的要求。

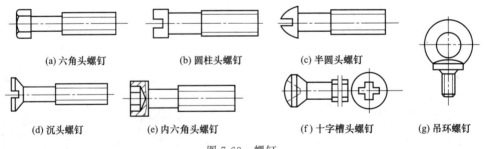

(a) 六角头螺钉　　　(b) 圆柱头螺钉　　　(c) 半圆头螺钉

(d) 沉头螺钉　　(e) 内六角头螺钉　　(f) 十字槽头螺钉　　(g) 吊环螺钉

图 7-63　螺钉

4. 紧定螺钉

紧定螺钉的头部和尾部制有各种形状，常见的头部形状有一字槽，如图 7-64（a）所示，螺钉的末端主要起紧定作用，常见的尾部形状有锥端、平端、圆尖端等各种形状，如图 7-64（b）、（c）和（d）所示。

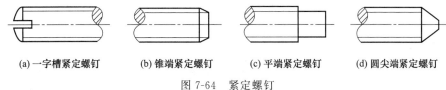

(a) 一字槽紧定螺钉 　(b) 锥端紧定螺钉 　(c) 平端紧定螺钉 　(d) 圆尖端紧定螺钉

图 7-64　紧定螺钉

5. 螺母

螺母的形状有六角形、圆形等，如图 7-65（a）、（b）、（c）、（d）所示。六角螺母有三种不同厚度［图 7-65（a）、（b）、（c）］，薄螺母用于尺寸受限制的地方，厚螺母用于经常装拆易于磨损之处。圆螺母常用丁轴上零件的轴向固定。

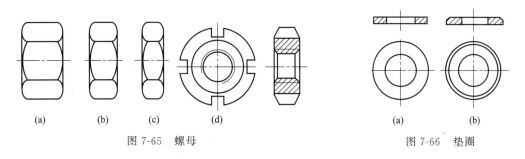

(a) 　(b) 　(c) 　(d)

图 7-65　螺母

(a) 　(b)

图 7-66　垫圈

6. 垫圈

垫圈的作用是增加被连接件的支承面积和避免拧紧螺母时擦伤被连接件的表面。常用的平垫圈如图 7-66（a）和（b）所示。

螺纹紧固件按制造精度分为 A、B、C 三级（不一定每个类别都备齐 A、B、C 三级，详见有关手册），A 级精度最高。A 级螺栓、螺母、垫圈组合可用于重要的、要求装备精度高的、受冲击或变载荷的连接；B 级用于较大尺寸的紧固件；C 级用于一般螺栓连接。

二、键、销连接

键连接结构简单、工作可靠、装拆方便，因此应用很广。键是标准件，分为平键、半圆键、楔键和切向键等多种。设计时应根据各类键的结构和应用特点进行选择。销的主要用途是固定零件之间的相对位置，也用于轴和轮毂的连接或其他零件间的连接，通常只传递不大的载荷。销还可以用在安全装置中作为过载剪断元件，称为安全销，当过载时，销即断裂，以保证安全。销的常用材料为 35 钢、45 钢和 Q235。

（一）平键连接

平键的两侧面是工作面，上表面与轮毂槽底之间留有间隙。这种键定心性较好，易装拆。常用的平键有普通平键和导向平键。

1. 普通平键

普通平键的端部形状可制成圆头（A 型）、方头（B 型）和单圆头（C 型）。

2. 导向平键

导向平键较长，需用螺钉固定在槽中，为了装拆方便，在键上制出起键螺纹孔。键与轮毂之间采用间隙配合，便于实现轴上零件的轴向移动。如变速箱的滑移齿轮即可采用导向平键。

（二）半圆键连接

半圆键以两侧面为工作面，具有定心较好的优点。半圆键连接的优点是装拆方便；缺点是键槽对轴的削弱较大，只适用轻载连接。

（三）楔键连接和切向键连接

1. 楔键连接

楔键的上下面为工作面，楔键的上表面和与它相配合的轮毂键槽底面均有 1：100 的斜度。装配时把楔键打入轴和轮毂槽内，其工作面上产生很大的挤压力，工作时靠这个挤压力产生的摩擦力传递转矩，并能承受单方向的轴向力。楔键分为普通楔键和钩头楔键两种，钩头楔键的钩头是方便拆键用的。

楔键的主要缺点是键楔紧后，轴和轮毂的配合产生偏心和偏斜，因此，楔键连接一般用于定心精度要求不高和低转速的场合。

2. 切向键连接

切向键是由一对楔键组成的。装配时将两键楔紧，键的窄面是工作面，工作面上的压力沿轴的切线方向作用，能传递很大的转矩，用一对切向键时，只能单向传递转矩。当要双向传递转矩时，须采用两对互成 120°分布的切向键。由于切向键对键的强度削弱较大，因此，常用在直径大于 100mm 的轴上。

（四）销连接

销的基本形式有圆柱销和圆锥销。圆柱销经过多次装拆，其定位精度会降低。圆锥销及其销孔制成 1：50 的锥度，其安装比圆柱销方便，多次装拆对定位精度的影响也比圆柱销小，自锁性好。

三、胶接

胶接是利用胶黏剂在连接面上产生的机械结合力、物理吸附力和化学键合力而使两个胶接件连接起来的工艺方法。胶接工艺简便，不需要复杂的工艺设备，胶接操作不必在高温高压下进行，因而胶接件不易产生变形，接头应力分布均匀。在通常情况下，胶接接头具有良好的密封性、电绝缘性和耐腐蚀性。

复习思考题

1. 与平带传动相比，V 带传动在工业中应用更为广泛，为什么？
2. 打滑和弹性滑动有什么区别？
3. 链传动有哪些主要特点？适用于什么场合？
4. 链传动的主要失效形式有哪些？
5. 齿轮传动的主要失效形式有哪些？闭式和开式传动的失效形式有哪些不同？
6. 蜗杆传动的主要特点是什么？它适用于哪些场合？
7. 蜗杆传动与齿轮传动相比，在失效形式方面有何异同？为什么？
8. 常见的平键连接有哪几种？
9. 销连接的基本形式有哪些？
10. 什么是胶接？有什么特点？

第八章

轮　系

在复杂的现代机械中，为了满足各种不同的需要，常常采用一系列齿轮组成的传动系统。这种由一系列相互啮合的齿轮（蜗杆、蜗轮）组成的传动系统称为轮系。本章主要讨论轮系的常见类型及各种类型轮系传动比的计算方法。

第一节　定轴轮系及其传动比

一、定轴轮系的定义

在传动时，所有齿轮的回转轴线固定不变的轮系称为定轴轮系。定轴轮系是最基本的轮系，应用很广，如图 8-1 所示。

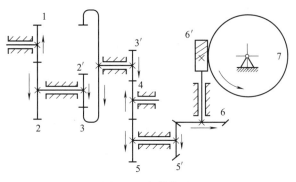

图 8-1　定轴轮系

二、定轴轮系的传动比

定轴轮系传动比数值的计算，以图 8-1 所示轮系为例说明如下：z_1、z_2、$z_{2'}$…表示各轮的齿数，n_1、n_2、$n_{2'}$…表示各轮的转速。因同一轴上的齿轮转速相同，故 $n_2 = n_{2'}$，$n_3 = n_{3'}$，$n_5 = n_{5'}$，$n_6 = n_{6'}$。由前章内容可知，一对互相啮合的定轴齿轮的转速比等于其齿数反比，故各对啮合齿轮的传动比数值为：

$$i_{12} = \frac{n_1}{n_2} = \frac{z_2}{z_1}; \quad i_{23} = \frac{n_2}{n_3} = \frac{n_{2'}}{n_3} = \frac{z_3}{z_{2'}}; \quad i_{34} = \frac{n_3}{n_4} = \frac{n_{3'}}{n_4} = \frac{z_4}{z_{3'}};$$

$$i_{45} = \frac{n_4}{n_5} = \frac{z_5}{z_4}; \quad i_{56} = \frac{n_5}{n_6} = \frac{n_{5'}}{n_6} = \frac{z_6}{z_{5'}}; \quad i_{67} = \frac{n_6}{n_7} = \frac{n_{6'}}{n_7} = \frac{z_7}{z_{6'}}$$

设与轮 1 固连的轴为输入轴，与轮 7 固连的轴为输出轴，则输入轴与输出轴的传动比数值为：

$$i_{17}=\frac{n_1}{n_7}=\frac{n_1}{n_2}\times\frac{n_2}{n_3}\times\frac{n_3}{n_4}\times\frac{n_4}{n_5}\times\frac{n_5}{n_6}\times\frac{n_6}{n_7}=i_{12}i_{23}i_{34}i_{45}i_{56}i_{67}=\frac{z_2z_3z_4z_5z_6z_7}{z_1z_{2'}z_{3'}z_4z_{5'}z_{6'}}$$

上式表明，定轴轮系传动比的数值等于组成该轮系的各对啮合齿轮传动比的连乘积，其大小等于各对啮合齿轮中所有的从动轮齿数的连乘积与所有的主动轮齿数的连乘积之比。以上结论可以推广到一般情况。设轮 1 为起始主动轮，轮 k 为最末从动轮，则定轴轮系始末两轮传动比数值计算的一般公式为

$$i_{1k}=\frac{n_1}{n_k}=\frac{轮\ 1\ 到轮\ k\ 间所有从动轮齿数的乘积}{轮\ 1\ 到轮\ k\ 间所有主动轮齿数的乘积}=\frac{z_2z_3z_3\cdots z_k}{z_1z_2z_3\cdots z_{(k-1)}} \tag{8-1}$$

定轴轮系各轮的相对转向可以通过逐对齿轮标注箭头的方法来确定，即从已知（或假定已知）齿轮的转向开始，循着运动传递路线，逐对对啮合传动齿轮进行转向判断，并用画箭头法标出各齿轮的转向，直至确定出所要求齿轮的转向为止。

主、从动轮的转向箭头方向的确定方法如下。

① 对于圆柱齿轮，外啮合时，转向箭头方向相反，即转向相反；内啮合时，转向箭头方向相同，即转向相同。

② 对于圆锥齿轮，转向箭头或同时指向节点或同时背向节点。

③ 对于蜗轮蜗杆传动，其转向可根据两轮在节点处的重合点间的速度关系来判断，具体确定如下：将蜗杆看作螺杆，蜗轮看作螺母，对于右旋蜗杆用右手定则进行判断：拇指伸直，其余四指握拳，令四指弯曲方向与蜗杆转向方向一致，则拇指所指方向即螺杆相对螺母的前进方向。按照相对运动原理，螺母相对于螺杆的运动方向应与此相反，进而确定蜗轮的转向。同理，对于左旋蜗杆应采用左手定则进行判断。

各种类型齿轮机构的标注箭头规则如图 8-2 所示。一对平行轴外啮合齿轮 [图 8-2 (a)]，其两轮转向相反，故用方向相反的箭头表示。一对平行轴内啮合齿轮 [图 8-2 (b)]，其两轮转向相同，故用方向相同的箭头表示。

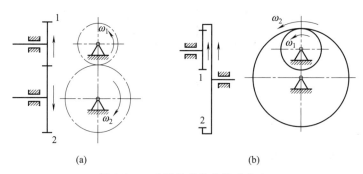

(a) (b)

图 8-2　一对圆柱齿轮的转动方向

图 8-3 所示的一对圆锥齿轮，其啮合点的速度大小、方向均相同，其转向用一对方向相对或相背的箭头表示。

图 8-4 所示的蜗杆传动，蜗杆为右旋蜗杆，故用右手定则判断：拇指伸直，其余四指握拳，令四指弯曲方向与蜗杆转向方向一致，则拇指所指方向（向左）即螺杆相对螺母的前进方向。因蜗杆不能轴向移动，故蜗轮上的啮合点反向（向右）运动，从而致使蜗轮逆时针方向转动。

当起始主动轮 1 和最末从动轮 k 的轴线相平行时，两轮转向的同异可以用传动比的正负

表达。当两轮转向相同时（n_1 和 n_k 同号），传动比为"＋"；当两轮转向相反时（n_1 和 n_k 异号），传动比为"－"。因此，平行二轴间的定轴轮系传动比的计算公式为

$$i_{1k} = \frac{n_1}{n_k} = (\pm) \frac{z_2 z_3 z_4 \cdots z_k}{z_1 z_{2'} z_{3'} \cdots z_{(k-1)'}} \tag{8-2}$$

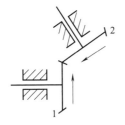

图 8-3　圆锥齿轮机构的转向

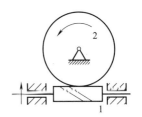

图 8-4　蜗杆机构的转向

例 8-1　如图 8-1 所示的轮系中，已知各轮齿数 $z_1 = 18$，$z_2 = 36$，$z_{2'} = 20$，$z_3 = 80$，$z_{3'} = 20$，$z_4 = 18$，$z_5 = 30$，$z_{5'} = 15$，$z_6 = 30$，$z_{6'} = 2$（右旋），$z_7 = 60$ 和 $n_1 = 1440 \text{r/min}$，其转向如图 8-1 所示，求传动比 i_{17}、i_{15}、i_{25} 和蜗轮的转速和转向。

解：按画箭头规则，从轮 2 开始，顺次标出各对啮合齿轮的转动方向。由图可见，1、7 二轮轴线不平行，1、5 两轮转向相反，2、5 两轮转向相同，故由式（8-1）得

$$i_{17} = \frac{n_1}{n_7} = \frac{z_2 z_3 z_4 z_5 z_6 z_7}{z_1 z_{2'} z_{3'} z_4 z_{5'} z_{6'}} = \frac{36 \times 80 \times 18 \times 30 \times 30 \times 60}{18 \times 20 \times 20 \times 18 \times 15 \times 2} = 720(\uparrow,\circlearrowleft)$$

$$i_{15} = (-) \frac{z_2 z_3 z_4 z_5}{z_1 z_{2'} z_{3'} z_4} = (-) \frac{36 \times 80 \times 18 \times 30}{18 \times 20 \times 20 \times 18} = -12$$

$$i_{25} = (+) \frac{z_3 z_4 z_5}{z_{2'} z_{3'} z_4} = (+) \frac{80 \times 18 \times 30}{20 \times 20 \times 18} = +6$$

$$n_7 = \frac{n_1}{i_{17}} = \frac{1440}{720} = 2 \text{r/min}$$

1、7 两轮轴线不平行，由画箭头判断，n_7 为逆时针方向。

例 8-2　如图 8-5 所示轮系，蜗杆的头数 $z_1 = 1$，右旋；蜗轮的齿数 $z_2 = 26$。一对圆锥齿轮 $z_3 = 20$，$z_4 = 21$。一对圆柱齿轮 $z_5 = 21$，$z_6 = 28$。若蜗杆为主动轮，其转速 $n_1 = 1500 \text{r/min}$，试求齿轮 6 的转速 n_6 的大小和转向。

解：根据定轴轮系传动比公式：

$$i_{16} = \frac{n_1}{n_6} = \frac{z_2 z_4 z_6}{z_1 z_3 z_3} = \frac{26 \times 21 \times 28}{1 \times 20 \times 21} = 36.4$$

转向如图 8-5 所示。

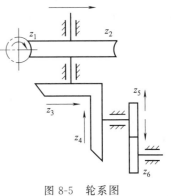

图 8-5　轮系图

第二节　周转轮系及其传动比

一、周转轮系的定义

如图 8-6 所示的轮系，齿轮 2 除了绕自身几何轴线 O_2 转动外，当 H 杆转动时，O_2 将绕齿轮 1 的几何轴线 O_1 转动。这种至少有一个齿轮的几何轴线位置是发生变化的轮系，称

为周转轮系。

周转轮系根据其机构自由度不同，又可以分为两类。

1. 差动轮系

机构的自由度数为2的周转轮系称为差动轮系，如图8-6（a）所示。在这种轮系中应有两个原动件，才能确定其他各构件的运动。

2. 行星轮系

机构的自由度为1的周转轮系称为行星轮系，如图8-6（b）、（c）所示。在这种轮系中，其中有一个中心轮1或3是固定不动的。

在周转轮系中，如图8-6（a）所示，齿轮1、3的几何轴线是固定不动的，但是齿轮2活套在杆H的小轴上，它一方面绕自己的几何轴线O_2转动（自转），另一方面又随杆H绕几何轴线OH转动（公转），其运动犹如行星，故称为行星轮。而轴线固定不动的齿轮1、3称为太阳轮（或中心轮）。支持行星轮作自转和公转的构件H称为行星架（或系杆）。在图8-6（a）所示的周转轮系中，行星架H与太阳轮1、3的几何轴线必须重合，否则不能运动。

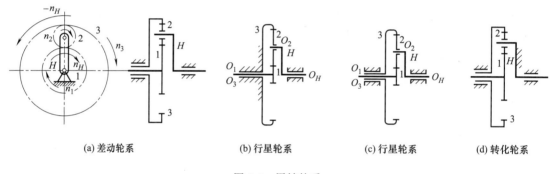

(a) 差动轮系   (b) 行星轮系   (c) 行星轮系   (d) 转化轮系

图 8-6　周转轮系

由上述可知，一个周转轮系必须具有一个行星架，一个或几个行星轮，以及与行星轮相啮合的太阳轮。工程上，行星架常以H表示。

二、周转轮系的传动比

在周转轮系中，由于各齿轮的几何轴线并非全部固定不动，所以，不能直接用定轴轮系的传动比公式（8-1）来进行计算。但根据相对运动原理，如果对图8-7（a）的周转轮系整体加一个与行星架H大小相等、转向相反的公共转速"$-n_H$"。则各构件间的相对运动并不改变，此时，行星架H变成了"静止不动"。这样原来的周转轮系就转化为定轴轮系，如图8-6（d）所示，该定轴轮系称为原来周转轮系的转化轮系。在转化轮系中，各构件相对行星架H的转速，分别用$n_1{}^H$、$n_2{}^H$、$n_3{}^H$…表示，它们与原周转轮系中各构件的转速关系见表8-1。

表 8-1　轮系中各构件的转速

构件	原来各构件的转速	转化轮系中各构件的转速
太阳轮 1	n_1	$n_1{}^H = n_1 - n_H$
行星轮 2	n_2	$n_2{}^H = n_2 - n_H$
太阳轮 3	n_3	$n_3{}^H = n_3 - n_H$
行星架 H	n_H	$n_H{}^H = n_H - n_H = 0$

图 8-6（d）的转化轮系可视为定轴轮系，其传动比用 i_{13}^H 表示。由定轴轮系的传动比公式（8-1）可得

$$i_{13}^H = \frac{n_1^H}{n_3^H} = \frac{n_1 - n_H}{n_3 - n_H}$$

推广到一般情况，设 n_G、n_K 分别为平面周转轮系中任意两齿轮 G、K 的转速，将上式写成通式，可得传动比的基本公式为

$$n_{GK}^H = \frac{n_G^H}{n_K^H} = \frac{n_G - n_H}{n_K - n_H} = (\pm)\frac{\text{转化轮系从 }G\text{ 到 }K\text{ 所有从动轮齿数的乘积}}{\text{转化轮系从 }G\text{ 到 }K\text{ 所有主动轮齿数的乘积}} \tag{8-3}$$

计算周转轮系的传动比时，还需要注意以下几点：

① 注意 $i_{GK}^H \neq i_{GK}$，其中 $i_{GK}^H = \dfrac{n_G^H}{n_K^H}$ 是转化轮系的传动比；$i_{GK} = \dfrac{n_G}{n_K}$ 是周转轮系的传动比。

② 式（8-3）齿数比前的符号，只适用于平行轴周转轮系。

③ 对于非平行轴周转轮系，若所列传动比 i_{GK}^H 中两齿轮 G、K 的轴线与行星架 H 轴线相互平行，则仍可用公式（8-3）进行求解，齿数比前的符号应在其转化轮系中用画箭头的方法来确定。若所列传动比中两齿轮 G、K 的轴线与行星架 H 轴线不相互平行，则不能用公式（8-3）进行求解。

④ 计算时，尤其要注意各转速 n_G、n_K、n_H 间的符号关系。一般可事先假设某一个转向为正向，若其他转向相同，以正值代入；相反以负值代入。

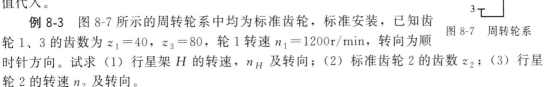

图 8-7 周转轮系

例 8-3 图 8-7 所示的周转轮系中均为标准齿轮，标准安装，已知齿轮 1、3 的齿数为 $z_1 = 40$，$z_3 = 80$，轮 1 转速 $n_1 = 1200\text{r/min}$，转向为顺时针方向。试求（1）行星架 H 的转速，n_H 及转向；（2）标准齿轮 2 的齿数 z_2；（3）行星轮 2 的转速 n_2 及转向。

解：（1）设 n_1 顺时针转向为正

由式（8-3）得到

$$i_{13}^H = \frac{n_1^H}{n_3^H} = \frac{n_1 - n_H}{n_3 - n_H} = -\frac{z_2 z_3}{z_1 z_2} = -\frac{z_3}{z_1}$$

将 $z_1 = 40$，$z_3 = 80$，$n_1 = 1200\text{r/min}$，$n_3 = 0$ 等代入上式得

$$\frac{n_1 - n_H}{n_3 - n_H} = \frac{1200 - n_H}{0 - n_H} = -\frac{80}{40}$$

$$n_H = 400\text{r/min}$$

n_H 为正值说明其转向与 n_1 相同，即为顺时针转向。

（2）根据两个太阳轮 1、3 的轴线与行星架的轴线必须重合，可得各标准齿轮分度圆半径的关系式为

$$r_3 = r_1 + 2r_2$$

因为 $r_1 = mz_1/2$、$r_2 = mz_2/2$、$r_3 = mz_3/2$，代入上式简化，得 $z_3 = z_1 + 2z_2$

$$z_2 = \frac{z_3 - z_1}{2} = \frac{80 - 40}{2} = 20$$

（3）

$$i_{12}^H = \frac{n_1 - n_H}{n_2 - n_H} = -\frac{z_2}{z_1}$$

将 $z_1=40$，$z_2=20$，$n_1=1200\mathrm{r/min}$，$n_H=400\mathrm{r/min}$ 等代入上式得

$$\frac{n_1-n_H}{n_2-n_H}=\frac{1200-400}{n_2-400}=-\frac{20}{40}$$

$$n_2=-1200\mathrm{r/min}$$

n_2 结果为负值，说明其转向与 n_1 相反，即为逆时针转向。

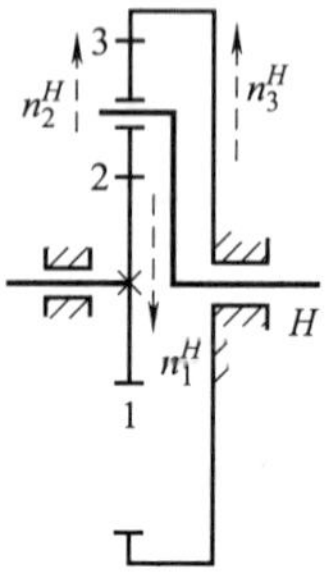

例 8-4　在图 8-8 所示的行星轮系中，已知各齿轮齿数为 $z_1=27$、$z_2=17$、$z_3=61$，齿轮 1 的转速 $n_1=6000\mathrm{r/min}$，求传动比 i_{1H} 和行星架 H 的转速 n_H。

解： 将行星架视为固定，画出轮系中各轮的转向，如图 8-8 中虚线箭头所示（虚线箭头不是齿轮真实转向，只表示假想的转化轮系中的齿轮转向），由式（8-3）得

図 8-8　行星轮系

$$i_{13}^H=\frac{n_1^H}{n_3^H}=\frac{n_1-n_H}{n_3-n_H}=(-)\frac{z_2 z_3}{z_1 z_2}$$

图中 1、3 两轮虚线箭头反向，故取"－"。由此得

$$\frac{n_1-n_H}{0-n_H}=(-)\frac{61}{27}$$

解得

$$i_{1H}=\frac{n_1}{n_H}=1+\frac{61}{27}\approx 3.26$$

$$n_H=\frac{n_1}{i_{1H}}=\frac{6000}{3.26}\approx 1840\mathrm{r/min}$$

i_{1H} 为正，n_H 转向与 n_1 相同。

利用式（8-3）还可计算出行星齿轮 2 的转速 n_2

$$i_{12}^H=\frac{n_1^H}{n_2^H}=\frac{n_1-n_H}{n_2-n_H}=(-)\frac{z_2}{z_1}$$

代入已知数值

$$\frac{6000-1840}{n_2-1840}=(-)\frac{17}{27}$$

解得

$$n_2\approx -4767\mathrm{r/min}$$

负号表示 n_2 的转向与 n_1 相反。

例 8-5　在图 8-9 所示直齿轮组成的差动轮系中，已知 $z_1=60$、$z_2=40$、$z_{2'}=z_3=20$，若 n_1 和 n_3 均为 $120\mathrm{r/min}$，但转向相反（如图中实线箭头所示），求 n_H 的大小和方向。

解： 将 H 固定，画出转化轮系各轮的转向，如虚线箭头所示。由式（8-3）可得

$$i_{13}^H=\frac{n_1^H}{n_3^H}=\frac{n_1-n_H}{n_3-n_H}=(+)\frac{z_2 z_3}{z_1 z_{2'}}$$

上式中的"＋"号是由轮 1 和轮 3 虚线箭头同向而确定的，与实线箭头无关。设实线箭头朝上为正，则 $n_1=120\mathrm{r/min}$，$n_3=-120\mathrm{r/min}$，代入上式得

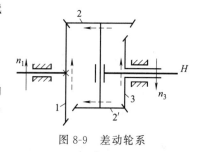

图 8-9　差动轮系

$$\frac{120-n_H}{-120-n_H}=(+)\frac{40}{60}$$

得　$n_H=600\mathrm{r/min}$，n_H 的转向与 n_1 相同，箭头朝上。

本例中行星齿轮 2-2′ 的轴线和齿轮 1（或齿轮 3）及行星架 H 的轴线不平行，所以不能

用式（8-3）来计算 n_2。

图 8-9 标注两种箭头，实线箭头表示齿轮真实转向，对应于 n_1、n_3…；虚线箭头表示虚拟的转化轮系中的齿轮转向，对应于 n_1^H、n_2^H、n_3^H。运用式（8-3）时，i_{13}^H 的正负取决于 n_1^H 和 n_3^H，即取决于虚线箭头。而代入 n_1、n_3 数值时又必须根据实线箭头判定其正负。

第三节 复合轮系及其传动比

一、复合轮系的定义

复合轮系是指由几个基本周转轮系或定轴轮系和周转轮系组合而成的轮系。在机械中，经常用到复合轮系。

二、复合轮系的传动比

由于整个复合轮系不可能转化成一个单一的定轴轮系，所以不能只用一个公式来求解，正确的方法是将复合轮系中的定轴轮系部分和周转轮系部分区分开来分别计算。因此，复合轮系传动比计算的方法和步骤如下。

（一）分清轮系

分清轮系就是要分清复合轮系中哪些部分属于定轴轮系，哪些部分属于周转轮系。正确区分各个轮系的关键在于找出各个基本周转轮系。找基本周转轮系的一般方法是：先找出行星轮，即找出那些几何轴线绕另一齿轮的几何轴线转动的齿轮；支持行星轮的那个构件就是行星架；几何轴线与行星架的回转轴线相重合，且直接与行星轮相啮合的定轴齿轮就是中心轮。这些行星轮、行星架、中心轮构成一个基本周转轮系。区分出各个基本周转轮系以后，剩下的就是定轴轮系。

（二）分别计算

定轴轮系部分按定轴轮系的传动比方法计算，而周转轮系部分必须按周转轮系传动比计算，应分别列出它们的计算式。

（三）联立求解

即根据轮系各部分列出的计算式，进行联立求解。下面结合具体例题来说明复合轮系传动比的计算。

例 8-6 在图 8-10 所示的电动卷扬机减速器中，已知各轮齿数为 $z_1=24$，$z_2=52$，$z_{2'}=21$，$z_3=78$，$z_{3'}=18$，$z_4=30$，$z_5=78$，求 i_{1H}。

解： 在该轮系中，双联齿轮 2-2′ 的几何轴线是绕着齿轮 1 和 3 的轴线转动的，所以是行星轮；支持它运动的构件（卷筒 H）就是行星架；和行星轮相啮合的齿轮 1 和 3 是两个中心轮。这两个中心轮都能转动，所以齿轮 1、2-2′、3 和行星架 H 组成一个差动轮系。剩下的齿轮 3′、4、5 是一个定轴轮系。二者合在一起便构成一个复合轮系。其中齿轮 5 和卷筒 H 是同一构件。

在差动轮系中，

$$i_{13}^H = \frac{n_1^H}{n_3^H} = \frac{n_1 - n_H}{n_3 - n_H} = (-)\frac{52 \times 78}{24 \times 21} \qquad (1)$$

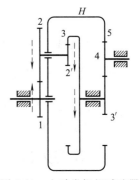

图 8-10 电动卷扬机减速器

在定轴轮系中

$$i_{35}=\frac{n_3}{n_5}=(-)\frac{z_5}{z_{3'}}=(-)\frac{78}{18}=-\frac{13}{3}\qquad(2)$$

由式（2）得

$$n_3=-\frac{13}{3}n_5=-\frac{13}{3}n_H$$

代入式（1）

$$\frac{n_1-n_H}{-\frac{13}{3}n_H-n_H}=-\frac{169}{21}$$

得

$$i_{1H}=43.9$$

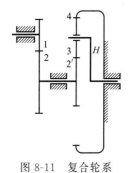

图 8-11　复合轮系

例 8-7　如图 8-11 所示的轮系中，已知各轮齿数为 $z_1=20$，$z_2=40$，$z_{2'}=20$，$z_3=30$，$z_4=80$，求 i_{1H}。

解： 图示的是一个周转轮系和一个定轴轮系组成的复合轮系。周转轮系的主要标志是它具有行星轮，而行星轮必然又与中心轮相啮合。行星架、行星轮和中心轮是基本周转轮系的三种主要构件，它们组成了周转轮系运动的单元。因此在求解之前，应首先找出行星架，然后明确行星轮和中心轮，以它们为单元来求解。

本题中几何中心变化的齿轮是行星轮 3，支撑行星轮的构件是行星架 H，而与行星轮 3 相啮合的齿轮 2、4 则是中心轮。把行星架相对固定，得到该周转轮系的转化机构。转化机构的传动比为

$$i_{2'4}^{H}=\frac{n_2-n_H}{n_4-n_H}=-\frac{z_4}{z_{2'}}=-\frac{80}{20}=-4$$

因为 $n_4=0$，因此，化简之后的 $i_{2H}=\frac{n_2}{n_H}=+5$，由齿轮 1 和齿轮 2 所组成的定轴轮系得知

$$i_{12}=\frac{n_1}{n_2}=-\frac{z_2}{z_1}=-\frac{40}{20}=-2$$

因此求得　　　$$i_{1H}=i_{12}i_{2H}=\frac{n_1\times n_2}{n_2\times n_H}=(-2)\times(+5)=-10$$

第四节　轮系的应用

轮系在机械中的应用十分广泛，主要有以下几个方面。

一、实现相距较远的传动

当两轴中心距较大时，若仅用一对齿轮传动，两齿轮的尺寸就较大，结构很不紧凑。若改用定轴轮系传动，则缩小传动装置所占空间。

二、获得大传动比

K-H-V 型行星齿轮传动，用很少的齿轮可以达到很大的传动比。

三、实现变速换向和分路传动

所谓变速和换向是指主动轴转速不变时，利用轮系使从动轴获得多种工作速度，并能方便地在传动过程中改变速度的方向，以适应工件条件的变化。其中换向是指在主动轴转向不变的情况下，利用惰轮可以改变从动轮的转向。

所谓分路传动是指主动轴转速一定时，利用轮系将主动轴的一种转速同时传到几根从动轴上，获得所需的各种转速。

四、运动的合成与分解

利用差动轮系的双自由度特点，可把两个运动合成为一个运动。图 8-12 所示的差动轮系就常被用来进行运动的合成。

差动轮系不仅能将两个独立的运动合成为一个运动，而且还可将一个基本构件的主动转动按所需比例分解成另两个基本构件的不同运动。汽车后桥的差速器就利用了差动轮系的这一特性。

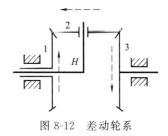

图 8-12　差动轮系

复习思考题

1. 什么是定轴轮系？什么是复合轮系？如何把复合轮系分解成为简单的基本轮系？

2. 计算周转轮系传动比时，从动轮（从动行星架）的转向为什么不能用画箭头的方法确定？

3. 什么是复合轮系？如何把复合轮系分解成为简单的基本轮系？

4. 什么叫惰轮？惰轮在轮系中有什么作用？

5. 差动轮系与行星轮系有何特点？

第九章

轴　系

第一节　轴

一、轴的功用和类型

　　轴是机器中的重要零件之一，其功能用来支持旋转的机械零件（如齿轮、带轮等），使转动零件具有确定的位置，并传递运动和力。

　　根据承受载荷的不同，轴可分为转轴、传动轴和心轴三种。转轴既传递转矩又承受弯矩，如齿轮减速器中的轴［如图 9-1（a）所示］；传动轴只传递转矩而不承受弯矩或弯矩很小，如汽车的传动轴［如图 9-1（b）所示］；心轴则只承受弯矩而不传递转矩，如铁路车辆的轴和自行车的前轴［如图 9-1（c）和（d）所示］。

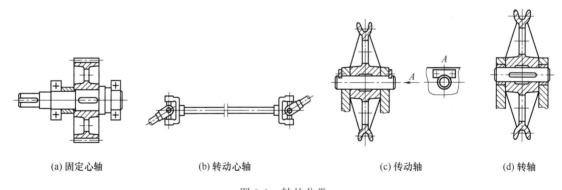

| (a) 固定心轴 | (b) 转动心轴 | (c) 传动轴 | (d) 转轴 |

图 9-1　轴的分类

二、轴的材料

　　轴的材料主要是碳钢和合金钢。钢轴的毛坯多数用轧制圆钢和锻件，有的则直接用圆钢。由于碳钢比合金钢价廉，对应力集中的敏感性较低，同时也可以用热处理或化学热处理的办法提高其耐磨性和抗疲劳强度，故采用碳钢制造轴尤为广泛，其中最常用的是 45 钢。合金钢比碳钢具有更高的力学性能和更好的淬火性能，因此，传递大动力，并要求减小尺寸与质量，提高轴颈的耐磨性，以及处于高温或低温条件下工作的轴，常采用合金钢。各种热处理（如高频淬火、渗碳、氮化、氰化等）以及表面强化处理（如喷丸、滚压等），对提高轴的抗疲劳强度都有着显著的效果。高强度铸铁和球墨铸铁容易做成复杂的形状，且其有价廉、良好的吸振性和耐磨性，以及对应力集中的敏感性较低等优点，可用于制造外形复杂的轴。

三、轴的结构设计

轴的结构设计包括确定轴的合理外形和全部结构尺寸。轴的结构主要包含如下内容。

（一）拟定轴上零件的装配方案

拟定轴上零件的装配方案是进行轴的结构设计的前提，它决定轴的基本形式。所谓装配方案就是预定出轴上主要零件的装配方向、顺序和相互关系。如图 9-2 所示，图中的装配方案是：齿轮、套筒、右端轴承、轴承端盖、半联轴器依次从轴的右端向左安装，左端只装轴承及其端盖。这样就对各轴段的粗细顺序做了初步安排。拟定装配方案时，一般应考虑几个方案，进行分析比较选择。

（二）轴上零件的定位

为了防止轴上零件受力时发生沿轴向或周向的相对运动，轴上零件除了有游动或空转的要求外，还必须进行轴向和周向定位，以保证其准确的工作位置。

1. 零件的轴向定位

轴上零件的轴向定位是通过轴肩、轴环、套筒、轴端挡圈、轴承端盖（如图 9-2 所示）和圆螺母等来保证的。

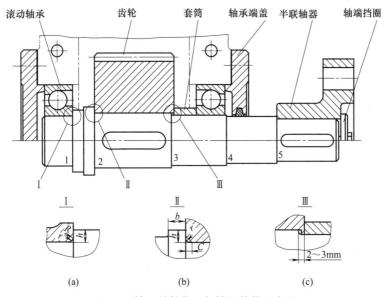

图 9-2　轴上零件装配与轴的结构示意图

轴肩分为定位轴肩（如图 9-2 所示的轴肩 1、2、5）和非定位轴肩（轴肩 3、4）两类。利用轴肩定位是最方便可靠的方法，但采用轴肩就必然会使轴的直径加大，而且轴肩处将因截面突变而引起应力集中。另外，轴肩过多时也不利于加工。因此，轴肩定位多用于轴向力较大的场合。

轴环［如图 9-1（b）所示］的功用与轴肩相同，轴环宽度 $b \geqslant 1.4h$。

套筒定位，如图 9-2（c）所示，结构简单，定位可靠，轴上不需开槽、钻孔和切制螺纹，因而不影响轴的疲劳强度，一般用于轴上两个零件之间的定位。如两零件的间距较大时，不宜采用套筒定位，以免增大套筒的质量及材料用量。因套筒与轴的配合较松，如轴的转速很高时，也不宜采用套筒定位。

　　轴端挡圈适用于固定轴端零件，可以承受较大的轴向力。轴端挡圈可采用单螺钉固定（如图 9-2 所示），为了防止轴端挡圈转动造成螺钉松脱，可加圆柱销锁定轴端挡圈［如图 9-3（a）所示］，也可采用双螺钉加止动垫片防松［如图 9-3（b）所示］等固定方法。

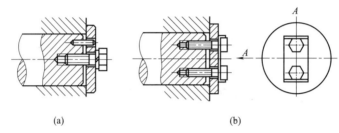

(a)　　　　　　　　　　(b)

图 9-3　轴端挡圈定位

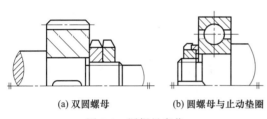

(a) 双圆螺母　　　(b) 圆螺母与止动垫圈

图 9-4　圆螺母定位

　　圆螺母定位（如图 9-4 所示）可承受大的轴向力，但轴上螺纹处有较大的应力集中，会降低轴的疲劳强度，故一般用于固定轴端的零件，有双圆螺母［如图 9-4（a）所示］和圆螺母与止动垫圈［如图 9-4（b）所示］两种形式。当轴上两零件间距离较大不宜使用套筒定位时，也常采用圆螺母定位。

　　轴承端盖用螺钉或榫槽与箱体连接而使滚动轴承的外圈得到轴向定位。在一般情况下，整个轴的轴向定位也常利用轴承端盖来实现，如图 9-2 所示。

　　利用弹性挡圈（如图 9-5 所示）、紧定螺钉（如图 9-6 所示）及锁紧挡圈（如图 9-7 所示）等进行轴向定位，只适用于零件上的轴向力不大的场合。紧定螺钉和锁紧挡圈常用于光轴上零件的定位。此外，对于承受冲击载荷和同心度要求较高的轴端零件，也可采用圆锥面定位（如图 9-8 所示）。

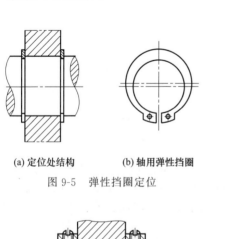

(a) 定位处结构　　　(b) 轴用弹性挡圈

图 9-5　弹性挡圈定位

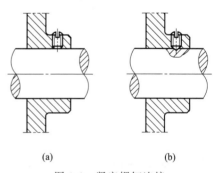

(a)　　　　　　　　　(b)

图 9-6　紧定螺钉连接

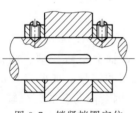

图 9-7　锁紧挡圈定位

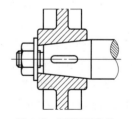

图 9-8　圆锥面定位

2. 零件的周向定位

周向定位的目的是限制轴上零件与轴发生相对转动。常用的周向定位零件有键、花键、销、紧定螺钉，也可采用过盈配合等，其中紧定螺钉只用在传力不大之处。

第二节 轴 承

一、滚动轴承的基本类型和特点

滚动轴承已经标准化，在各种机械中被广泛使用，它具有摩擦阻力小、起动快和效率高等优点。由专业化轴承厂大批生产，制造成本较低，类型和尺寸系列多，选用及更换方便。设计人员的任务主要是熟悉标准、正确选用。

（一）滚动轴承的结构

滚动轴承一般是由内圈 1、外圈 2、滚动体 3 和保持架 4 组成（如图 9-9 所示）。内圈装在轴上，外圈装在机座或零件的轴承孔内。内外圈上有滚道，当内外圈相对旋转时，滚动体将沿滚道滚动。保持架的作用是把滚动体均匀地隔开。

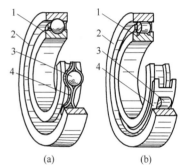

(a)　　(b)

图 9-9　滚动轴承的构造

（二）滚动轴承的基本类型和特点

滚动轴承按其承受载荷的作用方向不同，可分为向心滚动轴承和推力滚动轴承，其具体类型和特点见表 9-1。

表 9-1　常用滚动轴承的类型和性能特点

轴承类型		结构简图、承载方向	类型代号	特性
向心滚动轴承	调心球轴承		1	因外圈滚道表面是以轴承中点为中心的球面，故能自动调心，允许内圈（轴）相对外圈（外壳）轴线偏斜量≤2°～3°。一般不宜承受纯轴向载荷
	调心滚子轴承		2	性能、特点与调心球轴承相同，但具有较大的径向承载能力，允许内圈对外圈轴线偏斜量≤1.5°～2.5°
	圆锥滚子轴承		3	可以同时承受径向载荷及轴向载荷（30000 型以径向载荷为主，30000B 型以轴向载荷为主）。外圈可分离，安装时可调整轴承游隙，一般成对使用
	深沟球轴承		6	主要承受径向载荷，也可同时承受小的轴向载荷。当量摩擦系数最小。在高转速时，可用来承受纯轴向载荷。工作中允许内、外圈轴线偏斜量≤8′～16′，大量生产，价格最低

	轴承类型		结构简图、承载方向	类型代号	特性
向心滚动轴承	角接触球轴承			7	可以同时承受径向载荷及轴向载荷，也可以单独承受轴向载荷。能在较高转速下正常工作。由于一个轴承只能承受单向的轴向力，因此一般成对使用。承受轴向载荷的能力与接触角有关。接触角大的，承受轴向载荷的能力也高
推力滚动轴承	推力球轴承	单向		5	只能承受轴向载荷。高速时离心力大，钢球与保持架磨损，发热严重，寿命降低，故极限转速很低。为了防止钢球与滚道之间的滑动，工作时必须加有一定的轴向载荷。轴线必须与轴承座底面垂直，载荷必须与轴线重合，以保证钢球载荷的均匀分配
		双向			
	圆柱滚子轴承	外圈无挡边		N	有较大的径向承载能力。外圈（或内圈）可以分离，故不能承受轴向载荷，滚子由内圈（或外圈）的挡边轴向定位，工作时允许内、外圈有少量的轴向错动。内外圈轴线的允许偏斜量很小（2′～4′）。此类轴承还可以不带外圈或内圈
		内圈无挡边		NU	
	滚针轴承			NA	在同样内径条件下，与其他类型轴承相比，其外径最小，内圈与外圈可以分离，工作时允许内、外圈有少量的轴向错动。有较大的径向承载能力。一般不带保持架。摩擦系数较大

二、滚动轴承的代号

在常用的各类滚动轴承中，每一种类型又可做成几种不同的结构、尺寸和公差等级，以便适应不同的技术要求。为了统一表中各类轴承的特点，便于组织生产和选用，GB/T 272—2017 规定了轴承代号的表示方法。

滚动轴承代号由基本代号、前置代号和后置代号组成，用字母和数字等表示。轴承代号的构成见表 9-2。

（一）基本代号

基本代号用来表明轴承的内径、直径系列、宽度系列和类型，现分述如下。

1. 轴承内径代号

轴承内径代号是指轴承内圈的内径，常用 d 表示。基本代号右起第一、二位数字为内径代号。对常用内径 $d=20\sim480$mm 的轴承，内径一般为 5 的倍数，这两位数字表示轴承内径尺寸被 5 除得的商数，如 04 表示 $d=20$mm；12 表示 $d=60$mm 等。内径代号还有一些例外的，如对于内径为 10mm、12mm、15mm、17mm 的轴承，内径代号依次为 00、01、02、和 03。

2. 轴承的直径系列

即结构、内径相同的轴承在外径和宽度方面的变化系列用基本代号右起第三位数字表示。直径系列代号有 7、8、9、0、1、2、3、4 和 5，对应的相同内径轴承的外径尺寸依次递增。

3. 轴承的宽度系列

即结构、内径和直径系列都相同的轴承，在宽度方面的变化系列。对于推力轴承，是指高度系列。用基本代号右起第四位数字表示。宽度系列代号有 8、0、1、2、3、4、5 和 6，对应同一直径系列的轴承，其宽度依次递增。多数轴承在代号中不标出代号 0，但对于调心滚子轴承和圆锥滚子轴承，宽度系列代号 0 应标出。直径系列代号和宽度系列代号统称为尺寸系列代号。

表 9-2　滚动轴承代号的构成

前置代号	基本代号					后置代号						
	五	四	三	二	一							
		尺寸系列代号										
轴承分部件代号	类型代号	宽度系列代号	直径系列代号	内径代号		内部结构代号	密封与防尘结构代号	保持架及其材料代号	特殊轴承材料代号	公差等级代号	游隙代号	多轴承配置代号	其他代号

注：基本代号下面的一至五表示代号自右向左的位置序数。

4. 轴承类型代号

用基本代号右起第五位数字（或字母）表示轴承类型代号，其表示方法见表 9-2。

（二）后置代号

轴承的后置代号是用字母和数字等表示轴承的结构、公差及材料的特殊要求等。后置代号的内容很多，包含有内部结构代号、轴承的公差等级代号、轴承径向游隙系列代号等。

（三）前置代号

轴承的前置代号用于表示轴承的分部件，用字母表示。如用 L 表示可分离套圈；K 表示轴承的滚动体与保持架组件等。

实际应用中，标准滚动轴承类型是很多的，其中有些轴承的代号也是比较复杂的。以上介绍的代号是轴承代号中最基本、最常用的部分，熟悉了这部分代号就可以识别和查选常用的轴承。

三、滚动轴承的选用原则

要想保证轴承顺利工作，除了正确选择轴承类型和尺寸外，还应该正确选用和设计轴承装置。轴承装置的设计主要是正确解决轴承的安装、配置、紧固、调节、润滑、密封等问题。一般来说，一根轴需要两个支点，每个支点可由一个或一个以上的轴承组成。合理的轴承固定应考虑轴在机器中有正确的位置、防止轴向窜动以及轴受热膨胀后不致将轴承卡死等因素。常用的轴承固定的方法有以下几种。

（一）双支点各单向固定

图 9-10（a）所示为轴承在轴上和轴承座中最常见的固定方式之一。对于工作温度不高的短轴，可采用图 9-10（a）所示的结构，即轴的两个支承各限制一个方向的移动，两个支承共同限制了轴的双向移动，这种轴承固定方式称为两端固定。考虑工作时轴总会因受热而膨胀，因此，在端盖与轴承外圈端面之间应留有膨胀补偿间隙 c（一般为 $0.2\sim0.3mm$）。

（二）一支点双向固定，另一端支点游动

对于工作温度较高的长轴，随温度变化轴的伸长量较大，可采用图 9-11 所示的结构，即一端轴承固定（图中左端）并限制轴的双向移动，而另一端轴承为游动支承（轴承可随轴的伸缩在轴承座中沿轴向游动）。这种轴承的固定方式称为一端固定、一端游动。

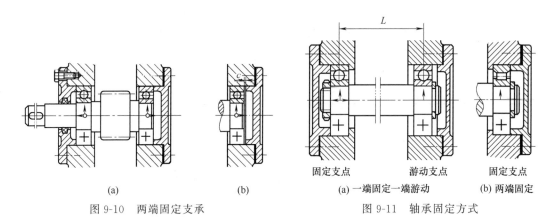

图 9-10　两端固定支承　　　　　　　　图 9-11　轴承固定方式

（三）滚动轴承的轴向紧固

滚动轴承轴向紧固的方法很多，内圈紧固的常用方法有：①用轴用弹性挡圈嵌在轴的沟槽内，主要用于轴向力不大及转速不高的场合，如图 9-12（a）所示；②用螺钉固定的轴端挡圈紧固，可用于在高转速下承受大的轴向力的场合，如图 9-12（b）所示；③用圆螺母和止动垫圈紧固，主要用于轴承转速高、承受较大的轴向力的场合，如图 9-12（c）所示；④用紧定衬套、止动垫圈和圆螺母紧固，用于光轴上的、轴向力和转速都不大的、内圈为圆锥孔的轴承。内圈的另一端，常以轴肩作为定位面。为了便于轴承拆卸，轴肩的高度应低于轴承内圈的厚度。

外圈轴向紧固的常用方法有：①用嵌入外壳沟槽内的孔用弹性挡圈紧固，用于轴向力不大且需减小轴承装置尺寸的场合，如图 9-13（a）所示；②用轴用弹性挡圈嵌入轴承外圈的止动槽内紧固，用于带有止动槽的深沟球轴承，当外壳不便设凸肩或外壳为剖分式结构时，

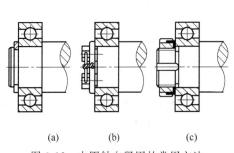

（a）　　　　（b）　　　　（c）

图 9-12　内圈轴向紧固的常用方法

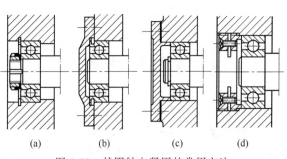

（a）　　　（b）　　　（c）　　　（d）

图 9-13　外圈轴向紧固的常用方法

如图 9-13（b）所示；③用轴承盖紧固，用于高转速及很大轴向力时的各类向心、推力和向心推力轴承，如图 9-13（c）所示；④用螺纹环紧固，用于轴承转速高、轴向载荷大，而不适于使用轴承盖紧固的情况，如图 9-13（d）所示。

四、滚动轴承的润滑和密封

润滑和密封，对滚动轴承的使用寿命有很大影响。润滑的主要目的是减小摩擦与磨损。滚动接触部位形成油膜时，还有吸收振动、降低工作温度等作用。

密封的作用是防止灰尘、水分等进入轴承，并阻止润滑剂流失。

滚动轴承密封方法的选择与润滑剂的种类、工作环境、温度、密封表面的圆周速度有关。密封方法可分为两大类：接触式密封和非接触式密封。

五、滑动轴承概述

滑动轴承多用在高速、高精度、重载、结构上要求剖分或低速但有冲击等场合中。如在汽轮机、内燃机、大型电机以及破碎机、水泥搅拌机、滚筒清砂机等机器中均广泛使用滑动轴承。

滑动轴承（向心滑动轴承）按结构不同常分为整体式径向滑动轴承和对开式径向滑动轴承。

1. 整体式径向滑动轴承

整体式径向滑动轴承的结构形式如图 9-14 所示。它由轴承座和减摩材料制成的整体轴套组成。轴承座上面设有安装润滑油杯的螺纹孔。在轴套上开有油孔，并在轴套的内表面上开有油槽。这种轴承的优点是结构简单、成本低廉。缺点是轴套磨损后，轴承间隙过大时无法调整；另外，只能从轴颈端部装拆，对于重型机器的轴或具有中间轴颈的轴，装拆很不方便或无法安装。所以这种轴承多用在低速、轻载或间歇性工作的机器中，如某些农业机械、手动机械等。

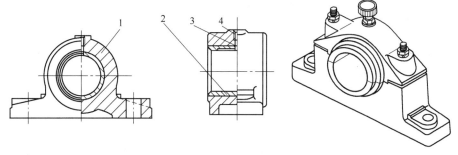

图 9-14 整体式径向滑动轴承
1—轴承座；2—整体轴套；3—油孔；4—螺纹孔

2. 对开式径向滑动轴承

对开式径向滑动轴承的结构形式如图 9-15 所示。它由轴承座、轴承盖、剖分式轴瓦和双头螺柱等组成。轴承座和轴承盖的剖分面常做成阶梯形，以便对中和防止横向错动。轴承盖上部开有螺纹孔，用以安装油杯或油管。剖分式轴瓦由上、下两部分组成，通常是下轴瓦承受载荷，上轴瓦不承受载荷。为了节省贵重金属或因其他需要，常在轴瓦内表面上贴附一层轴承衬。在轴瓦内壁不承受载荷的表面上开设油槽，润滑油通过油孔和油槽流进轴承间隙。

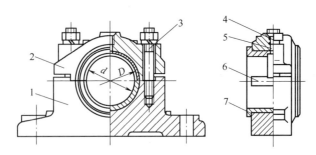

图 9-15　对开式径向滑动轴承

1—轴承座；2—轴承盖；3—双头螺杜，4—螺纹孔；5—油孔；6—油槽；7—剖分式轴瓦

第三节　联轴器与离合器

一、联轴器、离合器的类型和应用

联轴器和离合器都也是轴系中常用的零部件，是用来连接两轴，使两轴一起转动并传递转矩的装置。联轴器连接的两轴在工作时不能分开，只有停车后经过拆卸才能将它们分开。离合器是一种随时能使主、从动轴两者接合或分开的机械传动装置，通常用作操纵机械系统的起动、停止、换向、变速，有的离合器还可以用作安全装置，当轴传递的转矩超过规定值时自行断开或滑脱，以保证机械中的主要零件不致因过载而损坏。联轴器和离合器是机械传动中的通用部件，大部分已标准化。

离合器主要用来连接两轴，使其一起转动并传递转矩。对离合器的基本要求是：接合平稳、分离迅速、工作可靠；操作和维护方便；外廓尺寸小、重量轻；耐磨性和散热性好。离合器的种类很多，按控制方法的不同，可分为操纵式离合器和自动式离合器两类。前者的接合和分离需要人工操纵，后者则能按照预定的条件自行接合或分离。操纵式离合器主要有啮合式和摩擦式两类。啮合式离合器靠牙的互相啮合传递转矩，摩擦式离合器靠摩擦力传递转矩。

二、刚性联轴器

（一）固定式刚性联轴器

1. 套筒联轴器

套筒联轴器是由钢或铸铁制造的套筒，通过键或销钉与两轴连接。这种联轴器的构造简单，制造容易，径向尺寸小，适用于两轴同心度高、工作平稳、无冲击载荷的工作条件。缺点是装拆方便，如图 9-16 所示为销连接的套筒联轴器。

2. 凸缘联轴器

凸缘联轴器如图 9-17 所示，它由两个带有凸缘的半联轴器组成，分别用键与两轴连接，并用螺栓将这两个半联轴器联成一体。凸缘联轴器有两种对中方法：一种方法是利用一个半联轴器端面上的凸肩和另一个半联轴器端面上相应的凹槽相互配合而对中，如图 9-17 （a）所示，拆卸时，须将轴作轴向移动才能使两轴分离；另一种方法是两个半联轴器用铰制孔用螺栓连接，靠螺栓杆与螺栓孔的配合对中，利用螺栓杆承受的剪切与挤压来传递转矩，如图 9-17 （b）所示。装拆时，轴不必轴向移动，可用于经常装拆的场合。

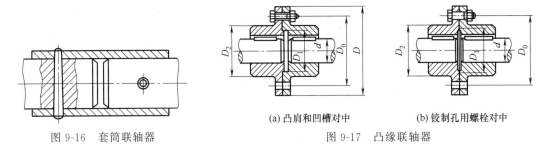

图 9-16　套筒联轴器

(a) 凸肩和凹槽对中　　(b) 铰制孔用螺栓对中

图 9-17　凸缘联轴器

（二）可移式刚性联轴器

1. 十字滑块联轴器

如图 9-18（a）所示，十字滑块联轴器由两个端部开有径向矩形凹槽的半联轴器和一个两端有凸榫的中间滑块组成。滑块两端凸榫的中线相互垂直，并分别嵌在两半联轴器的凹槽中构成移动副。运转时，若两轴线有相对径向偏移，则可借中间滑块两端面上的凸榫在其两侧半联轴器的凹槽对中滑动来得到补偿，如图 9-18（b）所示。

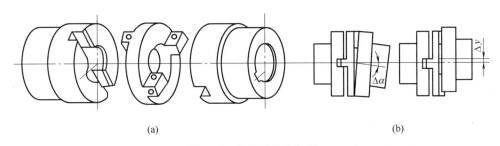

(a)　　　　　　　　　　　　(b)

图 9-18　十字滑块联轴器

2. 齿式联轴器

齿式联轴器如图 9-19 所示，它由两个带外齿的内套筒、带内齿圈的外套筒和连接螺栓等组成。两个带内齿的内套筒通过键与轴相连，又通过轮齿与带内齿圈的外套筒构成动连接，两个带内齿圈的外套筒在其凸缘处用螺栓连成一体。齿式联轴器是通过齿的啮合传递转矩的。为了减少轮齿的磨损和相对滑移的阻力，在外壳内贮有润滑油。为了能补偿两轴线的综合偏移，外齿套筒的齿顶常制成鼓形，并取较大的齿侧间隙。

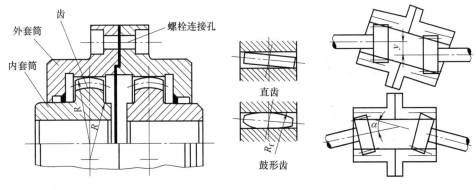

图 9-19　齿式联轴器

3. 万向联轴器

万向联轴器中常见的有十字轴式万向联轴器，如图 9-20（a）所示。它利用中间连接件十字轴 3 连接两边的半联轴器，两轴线间夹角较大。单个十字轴万向联轴器的主动轴 1 作等速度转动时，其从动轴 2 作变角速转动。为避免这种现象，可采用两个万向联轴器，使两次角速度变动的影响相互抵消，从而使主动轴 1 与从动轴 2 同步转动，如图 9-20（b）所示，中间轴两端的叉形接头应位于同一平面内，并使主、从动轴与中间轴的夹角相等，这样就能保证从动轴的角速度与主动轴同步。

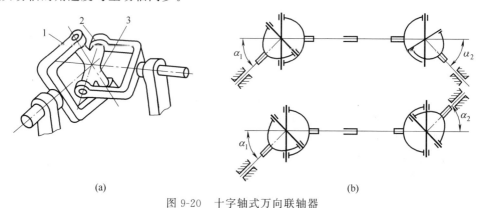

(a)   (b)

图 9-20   十字轴式万向联轴器

三、弹性联轴器

（一）弹性套柱销联轴器

弹性套柱销联轴器的结构与凸缘联轴器相似，只是用套有弹性套的柱销代替连接螺栓来把两个半联轴器连接起来，如图 9-21 所示。为了提高其吸振能力，常使它具有梯形的剖面。主动轴的转矩通过半联轴器、弹性套、柱销等传至从动轴。在工作时，由于弹性套的变形而释放弹性势能，从而减轻振动与冲击。

安装弹性套柱销联轴器时，应留出间隙 C，如图 9-21 所示，以便被连接的两轴作较小的轴向位移。弹性套柱销联轴器扭转范围较大，弹性较好，能缓冲吸振，无需润滑。适宜频繁启动，正、反转频繁变换，转速高（低速不宜使用）的中小功率的场合。

（二）弹性柱销联轴器

弹性柱销联轴器的结构与弹性套柱销联轴器相似，只是用弹性尼龙柱销代替弹性套柱销作为中间连接件，如图 9-22 所示。在两端用螺钉固定挡板，以防止柱销脱落。

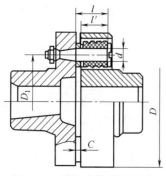

图 9-21   弹性套柱销联轴器

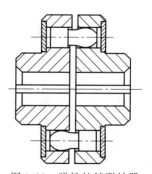

图 9-22   弹性柱销联轴器

弹性柱销联轴器的特点及应用类似于弹性套柱销联轴器，而且结构更简单，安装和维护方便，使用寿命长，能传递较大的转矩，适用于轴向窜动较大，正、反转或启动频繁、转速较高的场合。

四、牙嵌离合器

如图 9-23 所示，牙嵌离合器由两个端面带牙的半离合器组成，其中一个半离合器用键和螺钉固定在主轴上，另一个半离合器则用导向平键或花键与从动轴构成动连接，通过操纵机构可使它在轴上作轴向移动，以实现两半离合器的接合与分离。在主动轴端的半离合器上装一个对中环，从动轴的轴端始终置于对中环的内孔中构成动连接，以保证两轴的对中。当离合器接合时，从动轴与中环同步旋转；当离合器分离时，对中环继续旋转而从动轴不转。

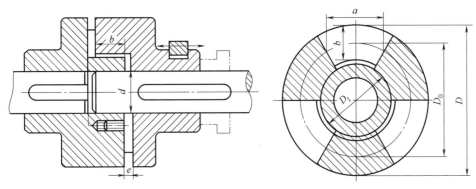

图 9-23　牙嵌离合器

五、圆盘摩擦离合器

圆盘摩擦离合器可分为单片式、多片式两类。

（一）单片式摩擦离合器

如图 9-24 所示，单片式摩擦离合器由主、从两个摩擦片组成，主动摩擦片固定在主动轴上，从动摩擦片通过导向平键与从动轴构成动连接。操纵滑环，可使从动摩擦片作轴向移动，以实现摩擦片的接合与分离。

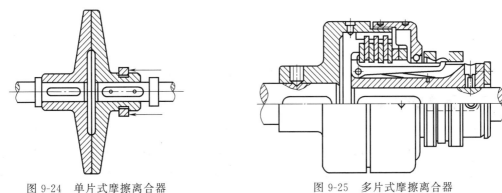

图 9-24　单片式摩擦离合器　　　　　　图 9-25　多片式摩擦离合器

当通过滑环在从动摩擦片上加一轴向力使两摩擦片压紧时，主动轴上的转矩就通过两片接触面上的摩擦力传到了从动轴上。单片式摩擦离合器的结构简单，传递的转矩小，在实际生产中常采用多片式摩擦离合器。

（二）多片式摩擦离合器

如图 9-25 所示，多片式摩擦离合器主要由内、外两组摩擦片和内、外两个套筒组成。外摩擦片靠外齿与外套筒上的凹槽构成动连接，而外套筒又用平键固连在主动轴上。内摩擦片靠内齿与内套筒上的凹槽也构成动连接，内套筒则用平键或花键与从动轴相固连。当操纵装置使锥套向左移动时，杠杆就把两组摩擦片互相压紧，使从动轴随主动轴一起旋转。压紧力的大小可通过改变调节螺母的位置来实现。当锥套向右移动时，两组摩擦片就松开，离合器处于分离状态。

第四节　弹　簧

弹性连接是靠弹性变形工作的弹性元件进行的连接。弹簧就是日常生活应用最多的一种弹性元件。由于它具有刚性小、弹性大、在载荷作用下容易产生弹性变形等特性，被广泛地应用于各种机器、仪表及日常用品中。

一、弹簧的功用

弹簧是一种常见的机械零件，几乎所有的工业产品，例如飞机、火车、汽车等运输工具，电气设备，仪器仪表，动力机械，工具机械，农业机械，甚至小至钟表、门锁或自动伞等日常家庭用品也都离不开弹簧。弹簧外形虽然简单，但是在机械中却起着非常重要的作用，如果一个弹簧损坏，机械的某个部分以至整台机械设备都会失效或停止运转，因此愈来愈引起人们的重视。目前世界各国对弹簧的设计、选材、制造、热处理和检验都有严格的标准和准则。

弹簧的作用总体来讲就是利用材料的弹性和弹簧结构的特点，使它在产生或恢复变形时，能够把机械功或动能转变为变形能，或把变形能转变为机械功或动能。正是由于这种特性，弹簧可用于机械产品的减震或缓冲、运动控制、能量贮存、力和扭矩测量中，并可作为机械的动力。弹簧在机械工程中应用极广，主要用于如下几个方面。

（1）用来施加力，为机构的构件提供约束力，以消除间隙对运动精度的影响。例如凸轮机构中可以用弹簧保持从动件紧贴凸轮。

（2）储存或吸收能量，用作发动机。其能量通过预先绕紧而积蓄在弹簧中，例如钟表发条。

（3）吸收冲击能，隔离振动。主要用作运输机械（汽车、铁路车辆等）、仪器以及机器的隔振基础等。

（4）提供弹性，根据弹性元件的弹性变形来测量力，例如用于测量仪器中。

二、弹簧的类型

弹簧的种类很多，分类的方法也很多。按承受的载荷类型分，有拉压弹簧、扭转弹簧和弯曲弹簧等；按结构形状分，有圆柱螺旋弹簧、非圆柱螺旋弹簧、板弹簧、碟形弹簧、环形弹簧、片弹簧、扭杆弹簧、平面涡卷弹簧和恒力弹簧等；按材料分，有金属弹簧、非金属的空气弹簧和橡胶弹簧等；按弹簧材料产生的应力类型分，有产生弯曲应力的螺旋扭转弹簧、平面涡卷弹簧、碟形弹簧和板弹簧，产生扭应力的螺旋拉压弹簧和扭杆弹簧，产生拉压应力的环形弹簧等。常用弹簧的类型及其特性如表 9-3 所示。

表 9-3　常用弹簧的类型与特性

类型	名称	简图	特性线	性能
圆柱螺旋弹簧	圆形截面圆柱螺旋压缩弹簧			特性线呈线性,刚度稳定,结构简单,制造方便,应用较广,在机械设备中多用于缓冲、减振以及储能和运动控制等中
	矩形截面圆柱螺旋压缩弹簧			在同样的空间条件下,矩形截面圆柱螺旋压缩弹簧比圆形截面圆柱螺旋压缩弹簧的刚度大,吸收能量多,特性线更接近于直线,刚度更接近于常数
	扁形截面圆柱螺旋压缩弹簧			与圆形截面圆柱螺旋压缩弹簧比较,储存能量大,压并高度低,压缩量大,因此被广泛用于发动机阀门机构、离合器和自动变速器等安装空间比较小的装置上
	不等节距圆柱螺旋压缩弹簧			当载荷增大到一定程度后,随着载荷的增大,弹簧从小节距开始依次逐渐并紧,刚度逐渐增大,特性线由线性变为渐增型。因此其自振频率为变值,可较好地消除或缓和共振的影响,多用于高速变载机构
	多股圆柱螺旋弹簧			材料为细钢丝拧成的钢丝绳。在未受载荷时,钢丝绳各根钢丝之间的接触比较松,当外载荷达到一定程度时,接触紧密起来,这时弹簧刚性增大,因此多股螺旋弹簧的特性线有折点。比相同截面材料的普通圆柱螺旋弹簧强度高,减振作用大。在武器和航空发动机中常有应用

续表

类型	名称	简图	特性线	性能
圆柱螺旋弹簧	圆柱螺旋拉伸弹簧			性能和特点与圆形截面圆柱螺旋压缩弹簧相同,它主要用于受拉伸载荷的场合,如联轴器过载安全装置中用的拉伸弹簧以及棘轮机构中棘爪复位拉伸弹簧
	圆柱螺旋扭转弹簧			承受扭转载荷,主要用于压紧和储能以及传动系统中的弹性环节,具有线性特性线,应用广泛,如用于测力计及强制气阀关闭机构
变径螺旋弹簧	圆锥形螺旋弹簧			作用与不等节距螺旋弹簧相似,载荷达到一定程度后,弹簧从大圈到小圈依次逐渐并紧,簧圈开始接触后,特性线为非线性,刚度逐渐增大,自振频率为变值,有利于消除或缓和共振,防共振能力较等节距压缩弹簧强。这种弹簧结构紧凑,稳定性好,多用于承受较大载荷和减振,如应用于重型振动筛的悬挂弹簧及东风型汽车变速器
	蜗卷螺旋弹簧			蜗卷螺旋弹簧和其他弹簧相比,在相同的空间内可以吸收较大的能量,而且可利用其板间存在的摩擦来衰减振动。常用于需要吸收热膨胀变形而又需要阻尼振动的管道系统或与管道系统相连的部件中,例如火力发电厂汽、水管道系统中。其缺点是板间隙小,淬火困难,也不能进行喷丸处理,此外制造精度也不够高
	扭转弹簧			结构简单,但材料和制造精度要求高。主要用作轿车和小型车辆的悬挂弹簧,内燃机中气门辅助弹簧,以及空气弹簧,稳压器的辅助弹簧

类型	名称	简图	特性线	性能
蝶形弹簧	普通碟形弹簧			承载缓冲和减振能力强。采用不同的组合可以得到不同的特性线。可用于压力安全阀、自动转换装置、复位装置、离合器等
	环形弹簧			广泛应用于需要吸收大能量但空间尺寸受到限制的场合，如机车牵引装置弹簧，起重机和大炮的缓冲弹簧，锻锤的减振弹簧，飞机的制动弹簧等
	平面蜗卷弹簧			游丝是小尺寸金属带盘绕而成的平面蜗卷弹簧。可用作测量元件（测量游丝）或压紧元件（接触游丝）
				发条主要用作储能元件。发条工作可靠、维护简单，被广泛应用于计时仪器和时控装置中，如钟表、记录仪器、家用电器等，也可用于机动玩具中作为动力源
	片弹簧			片弹簧是一种矩形截面的金属片，主要用于载荷和变形都不大的场合。可用作检测仪表或自动装置中的敏感元件、电接触点、棘轮机构棘爪、定位器等压紧弹簧及支承或导轨等
	钢板弹簧			钢板弹簧由多片弹簧钢板叠合组成。广泛应用于汽车、拖拉机、火车中作悬挂装置，起缓冲和减振作用，也用于各种机械产品中作减振装置，具有较高的刚度
	橡胶弹簧			橡胶弹簧因弹性模量较小，可以得到较大的弹性变形，容易实现所需要的非线性特性。形状不受限制，各个方向的刚度可根据设计要求自由选择。同一橡胶弹簧能同时承受多方向载荷，因而可使系统的结构简化。橡胶弹簧在机械设备上的应用正在日益扩展

续表

类型	名称	简图	特性线	性能
	橡胶-金属螺旋复合弹簧			特性线为渐增型。此种橡胶-金属螺旋复合弹簧与橡胶弹簧相比有较大的刚性,与金属弹簧相比有较大的阻尼。因此,它具有承载能力大、减振性强、耐磨损等优点。适用于矿山机械和重型车辆的悬架结构等
	空气弹簧			空气弹簧是利用空气的可压缩性实现弹性作用的一种非金属弹簧。用在车辆悬挂装置中可以大大改善车辆的动力性能,从而显著提高其运行舒适度,所以空气弹簧在汽车和火车上得到了广泛应用
膜片及膜盒	波纹膜片			用于测量与压力成非线性的各种量值,如管道中液体或气体流量、飞机的飞行速度和高度等
	平膜片			用作仪表的敏感元件,并能起隔离两种不同介质的作用,如因压力或真空产生变形形成的柔性密封装置等
	膜盒		特性线随波纹数密度、深度而变化	为了便于安装,将两个相同的膜片沿周边连接成盒状
	压力弹簧管			在流体的压力作用下末端产生位移,通过传动机构将位移传递到指针上,用于压力计、温度计、真空计、液位计、流量计等

三、弹簧的材料

弹簧材料及性能可以查阅相关手册、规范和标准。常用的弹簧钢主要如下。

（一）碳素弹簧钢

这种弹簧钢（如65钢、70钢）的优点是价格便宜,原材料来源方便;缺点是弹性极限低，多次重复变形后易失去弹性，并且不能在 130℃ 的温度下正常工作。

（二）低锰弹簧钢

这种弹簧钢（如 65Mn）与碳素弹簧钢相比，优点是渗透性较好、强度较高；缺点是淬火后容易产生裂纹及热脆性。但由于价格便宜，所以一般机械上常用于制造尺寸不大的弹簧，如离合器弹簧等。

（三）硅锰弹簧钢

这种钢（如 60Si2MnA）中加入了硅，所以可以提高弹性极限，并提高了回火稳定性，因而可以在更高的温度下回火，从而得到良好的力学性能。硅锰弹簧钢在工业上得到了广泛的应用，一般用于制造汽车、拖拉机的螺旋弹簧。

（四）铬矾钢

这种钢（如 50CrVA）中加入了钒以达到细化组织，提高钢的刚度和韧性的目的。这种材料的耐疲劳和抗冲击性能良好，并能在 $-40 \sim 210℃$ 的温度下可靠地工作，但价格较贵。它多用于要求较高的场合，如用于制造航空发动机调节系统中的弹簧。

选择材料时，应考虑弹簧的用途、重要程度、使用条件（包括载荷性质、大小及循环特性、工作持续时间、工作温度和周围介质情况等）、加工、热处理和经济性等因素。同时，也要参照现有设备中使用的弹簧，选择较为合理的材料。

复习思考题

1. 轴受载荷的情况可以分为哪三类？试分析汽车的传动轴、铁路车辆的轴以及自行车的前后轴各受何种类型的载荷？它们各属于哪类轴？

2. 轴上零件的轴向位置由轴向定位和周向固定确定，主要的轴向定位方式有_____、_____、_____，主要的周向固定方式有_____、_____、_____、_____。

3. 根据承受载荷的不同，轴可分为_____、_____和_____三种。自行车前轴为_____轴，中轴为_____轴。转轴所受的载荷类型是_____；心轴所受的载荷类型是_____。

4. 滚动轴承是由哪几部分组成的？每部分的作用是什么？试说明下列滚动轴承代号的含义：6005，N209/P6，7207C，30209/ P5。

5. 滚动轴承润滑与密封的目的是什么？

6. 自行车飞轮是一种单向离合器，试画出其简图并说明为何要采用单向离合器。

7. 弹簧的功用是什么？试列举弹簧的常见类型及应用。

第十章

计算机辅助设计

第一节 概 述

SolidWorks 是目前流行的计算机辅助设计软件之一，它是一个基于 Windows 平台的三维设计软件，作为重要的实体建模软件，已广泛地应用在机械设计中。SolidWorks 主要采用参数化和特征造型技术进行建模，能方便、快捷地创建和修改大量复杂形状的实体，从而大大缩短零件设计周期，更加清晰地表现工程师的设计意图。

SolidWorks 公司成立于 1993 年，SolidWorks95 是 SolidWorks 公司在 1995 年推出的第一个基于 Windows 操作系统的实体造型软件。历经数年开发，SolidWorks 已经推向市场，其功能更加完善，使用更加方便。通过本章的学习，使读者了解 SolidWorks 的主要功能、二维草图、三维建模的基本操作，掌握运用 SolidWorks 进行产品建模的基本方法。

第二节 二维草图的绘制

在 SolidWorks 中，草图是用于生成草图特征的，这些特征包括拉伸、旋转、扫描、放样。图 10-1 所示为一个相同的草图形成的不同类型的特征。本节只介绍其中的拉伸特征。其他类型的特征将会在后续章节中逐步介绍。

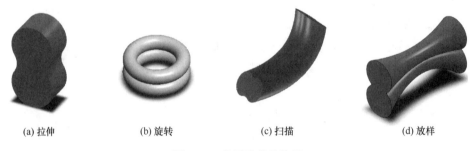

(a) 拉伸   (b) 旋转   (c) 扫描   (d) 放样

图 10-1 草图形成的特征

一、创建草图平面

草图是一种二维的平面图，用于定义特征的形状、尺寸和位置，是三维造型的基础。与其说是"草图"不如说是"截面轮廓"更贴切一些。因为草图是二维的，因此创建任何草图，都必须先确定它所依附的草图平面。这个草图平面实际上是一种"可变的、可关联的、用户自定义的坐标系"。有些类似于 AutoCAD 中的 UCS 的概念，但却是可以参数驱动的。草图设计的过程一般为：先绘图，再修改尺寸和约束，然后重新生成。如此反复，直到完成。如图 10-2 所示。

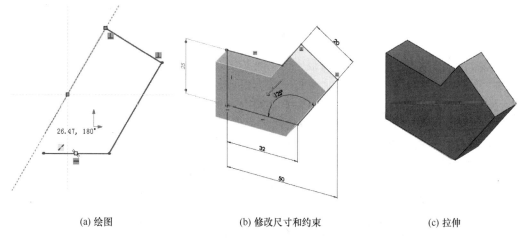

| (a) 绘图 | (b) 修改尺寸和约束 | (c) 拉伸 |

图 10-2　草图与拉伸

草图平面的创建，有以下几种方式。

（1）以基础坐标系创建草图平面　在零件设计环境下，创建新草图平面时，可以选定某个基础坐标系的某坐标平面作为草图平面。SolidWorks 自带一个原始的基础坐标系，包括 3 个面、3 个坐标轴和一个原点，就像 AutoCAD 中的 WCS。在 FeatureManager 设计树中可以选定这样的坐标面，如图 10-3 所示。默认状态下，在图形区域中这些基准面是不可见的，只有在 FeatureManager 设计树中选择某一个时才可以看见。

图 10-3　基础坐标系

（2）在已有特征上的平面创建草图平面　在创建新草图平面时，选定某个特征上的平面，SoildWorks 将根据这个平面创建新的草图平面。这个已有特征就成为新特征的基础，新特征将具有与这个"已有特征"的关联关系。当这个基础发生变化时，新特征也会自动关联更新。

（3）在参考面上创造草图平面　可以像生成其他特征一样生成参考平面，从而在参考平面上创建草图平面。这种方法的直接后果就是草图平面本身也可以进行参数驱动，整个草图平面上的二维草图也因此具有了可以直接驱动的第三个坐标参数。

（4）在装配中创建草图平面　在装配环境中创建新零件时，草图平面以现有零件上某特征上的平面为基础创建，以后新建的零件，将自动具有在这个平面上与原有零件"贴合"这样的装配关系，并能与在这个平面上的原有零件的轮廓投影自动形成基于装配的形状与尺寸关联。

二、基本图形绘制

在使用 SolidWorks 绘制草图前，有必要先了解一下【草图】操控面板中各工具的作用。其中，选择工具是整个 SolidWorks 软件中用途最广的工具，使用该工具可以达到以下目的：①选取草图实体。②拖动草图实体或端点以改变草图形状。③选择模型的边线或面。④拖动选框以选取多个草图实体。

1.【草图】操控面板

SolidWorks 提供草图绘制工具来方便地绘制草图实体。如图 10-4 所示为【草图】操控面板。不过并非所有的草图绘制工具对应的按钮都会出现在【草图】操控面板中。

图 10-4 【草图】控制面板

如果要重新安排【草图】操控面板中的工具按钮，可如下操作。

(1) 选择【工具】→【自定义】命令打开【自定义】对话框。

(2) 单击【命令】标签，打开【命令】选项卡。

(3) 在【类别】列表中选择【草图】。

(4) 单击一个按钮以查看【说明】方框内对该按钮的说明，如图 10-5 所示。

(5) 在对话框内单击要使用的图标按钮，将其拖动放置到【草图绘制】工具栏中。

(6) 如果要删除工具栏上的按钮，只要单击并将其从工具栏拖动放回按钮区域即可。

(7) 更改结束后，单击【确定】按钮。

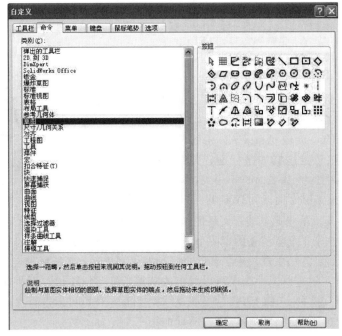

图 10-5 对按钮的说明

2. 直线的绘制

在所有的图形实体中，直线是最基本的图形实体。如果要绘制一条直线，可如下操作。

(1) 单击直线按钮，或选择【工具】→【草图绘制实体】→【直线】命令，此时出现【直线】属性管理器，鼠标指针变为形状。

(2) 单击图形区域，标出直线的起始处。

(3) 以下列方法之一完成直线：

① 将鼠标指针拖动到直线的终点然后释放。

② 释放鼠标，将鼠标指针移动到直线的终点，然后再次单击。

(4) 当鼠标指针变为时，表示捕捉到了点；当变为形状时，表示绘制水平直线；当变为 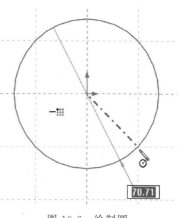 形状时，表示绘制竖直直线。

（5）如果要对所绘制的直线进行修改，单击选择工具按钮 ，用以下方法完成对直线的修改：

① 选择一个端点并拖动此端点来延长或缩短直线。

② 选择整个直线拖动到另一个位置来移动直线。

③ 选择一个端点并拖动它来改变直线的角度。

（6）如果要修改直线的属性，可以在草图中选择直线，然后在【直线】属性管理器中编辑其属性。

3. 圆的绘制

圆也是草图绘制中经常使用的图形实体。创建圆的默认方式是指定圆心和半径。如果要绘制圆，可如下操作。

（1）单击圆按钮 ，或选择【工具】→【草图绘制实体】→【圆】命令，鼠标指针变为 形状。

（2）单击图形区域来放置圆心，此时出现【圆】属性管理器。

（3）拖动鼠标来设定半径，系统会自动显示半径的值，如图 10-6 所示。

（4）如果要对绘制的圆进行修改，可以使用选择工具 拖动圆的边线来缩小或放大圆，也可以拖动圆的中心来移动圆。

（5）如果要修改圆的属性，可以在草图中选择圆，然后在【圆】属性管理器中编辑其属性。

图 10-6 绘制圆

三、基本的三维模型

一般来说，三维模型是具有长、宽（或直径、半径等）和高的三维几何体。图 10-7 中列举了几种典型的基本模型，它们是由三维空间的几个面拼成的实体模型，这些面形成的元素是线，构成线的基础是点，要注意三维几何图形中的点是三维概念的点，也就是说，点需要由三维坐标系（例如笛卡儿坐标系）中的 X、Y、Z 三个坐标来定义。用 CAD 软件创建基本三维模型的一般操作步骤如下。

（1）首先要选取或定义一个用于定位的三维坐标系或三个垂直的空间平面，如图 10-8 所示。

图 10-7 基本三维视图

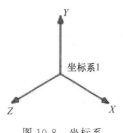

图 10-8 坐标系

（2）选定一个面（一般称为草绘面），作为二维平面几何图形的绘制平面。

（3）在草绘面上创建形成三维模型所需的横断面和轨迹线等二维平面几何图形。

（4）形成三维立体模型。

四、复杂的三维模型

图 10-9 所示的就是一个由基本的三维几何体构成的较复杂的三维模型。在目前的 CAD 软件中，对于这类复杂的三维模型有两种创建方法，下面先介绍通过对一些基本的三维模型做布尔运算（并、交、差）来形成复杂的三维模型的方法。如图 10-9 所示的较复杂三维模型创建的一般操作步骤如下：

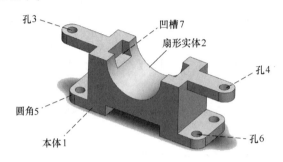

图 10-9　复杂三维模型

（1）用基本三维模型的创建方法，创建本体 1。

（2）在本体 1 上减去一个扇形实体形成实体 2。

（3）在凸台上减去一个圆柱体形成孔 3。

（4）在凸台上减去一个圆柱体形成孔 4。

（5）本体 1 上减去两个截面为弧的柱体形成圆角 5。

（6）在本体 1 上减去四个圆柱体形成孔 6。

（7）在本体 1 上减去一个长方体形成凹槽 7。

这种方法的优点是：无论什么形状的形体，它都能创建。但其缺点也有不少：

第一，用 CAD 创建的所有三维模型将来都要进行生产、加工和装配，以获得真正的产品，所以我们希望 CAD 软件在创建三维模型时，从创建的原理、方法和表达方式上，应该有很强的工程意义（即制造意义）。像圆角、倒角、肋（筋）和壳等这类工程意义很强的几何形状，显然用布尔运算的方法创建时，从创建原理和表达方式上，其工程意义不是很明确，因为它强调的是点、线、面和体等这些没有什么实际工程意义的术语，以及由这些要素构成的几何形状的并、交、差运算。

第二，这种方法的图形和 NC 处理等的计算非常复杂，需要较高配置的计算机硬件，同时用这种方法创建的模型一般需要得到边界评估的支持来处理图形和 NC 计算等问题。

五、"特征"与三维建模

目前，"特征"或者"基于特征的"这些术语在 CAD 领域中频繁出现，在创建三维模型时，普遍认为这是一种更直接、更有用的创建表达方式。

下面是一些书中或文献中对特征的定义：

①"特征"表示与制造操作和加工工具相关的形状和技术属性。

②"特征"是需要一起引用的成组几何或者拓扑实体。

③"特征"是用于生成、分析和评估设计的单元。

一般来说，"特征"构成一个零件或者装配件的单元，虽然从几何形状上看，它也包含作为一般三维模型基础的点、线、面或者实体单元，但更重要的是，它具有工程制造意义，也就是说基于特征的三维模型具有常规几何模型所没有的附加的工程制造等信息。

用"特征添加"的方法创建三维模型的好处如下：

① 表达更符合工程技术人员的习惯，并且三维模型的创建过程与其加工过程十分相近，软件容易上手和深入学习。

② 添加特征时，可附加三维模型的工程制造等信息。

③ 由于在模型的创建阶段，特征结合于零件模型中，并且采用来自数据库的参数化通用特征来定义几何形状，这样在设计进行阶段就可以很容易地做出一个更为丰富的产品工艺，能够有效地支持下游活动的自动化，如模具和刀具等的准备、加工成本的早期评估等。

下面以图 10-10 为例，说明用"特征"创建三维模型的一般操作步骤。

（1）创建或选取作为模型空间定位的基准特征，如基准面、基准线或基准坐标系。

（2）用前面介绍的"基本三维模型的创建方法"，创建基础拉伸特征——本体 1。

（3）在本体 1 上加上一个拉伸特征——凸台-拉伸 2。

（4）在本体 1 上加上一个孔特征——孔 3。

（5）在本体 1 上镜像孔特征——孔 4。

（6）在本体 1 上添加两个圆角特征——圆角 5。

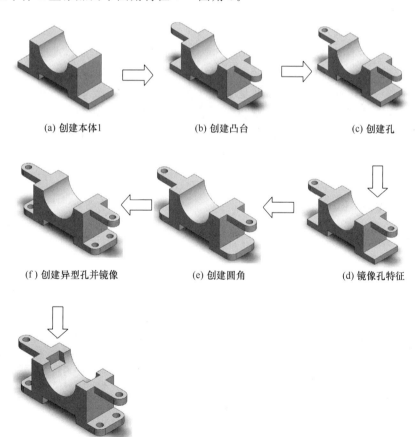

(a) 创建本体1　　　　　(b) 创建凸台　　　　　(c) 创建孔

(f) 创建异型孔并镜像　　(e) 创建圆角　　　　(d) 镜像孔特征

(g) 创建切除-拉伸特征

图 10-10　复杂三维模型的创建过程

（7）在本体 1 上添加一个异型孔特征并镜像——孔 6。

（8）在本体 1 上添加切除-拉伸 1 特征——切除-拉伸 1。

第三节　实体建模的一般过程

用 SolidWorks2012 创建零件模型的方法十分灵活，主要有以下几种：

1. "积木"式的方法

这是大部分机械零件的实体三维模型的创建方法。这种方法是先创建一个反映零件主要形状的基础特征，然后在这个基础特征上添加其他特征，如拉伸、旋转、倒角和圆角特征等。

2. 由曲面生成零件的实体三维模型的方法

这种方法是先创建零件的曲面特征，然后把曲面转换成实体模型。

3. 从装配体中生成零件的实体三维模型的方法

这种方法是先创建装配体，然后在装配体中创建零件。

第四节　设　计　树

一、设计树概述

SolidWorks 的设计树一般出现在窗口左侧，它的功能是以树的形式显示当前活动模型中的所有特征或零件，在树的顶部显示根（主）对象，并将从属对象（零件或特征）置于其下。在零件模型中，设计树列表的顶部是零部件名称，下方是每个特征的名称；在装配体模型中，设计树列表的顶部是总装配，总装配下是各子装配和零件，每个子装配下则是该子装配中的每个零件的名称，每个零件名的下方是零件的各个特征的名称。

如果打开了多个 SolidWorks 窗口，则设计树内容只反映当前活动文件（即活动窗口中的模型文件）。

二、设计树界面简介

SolidWorks 的设计树界面如图 10-11 所示。

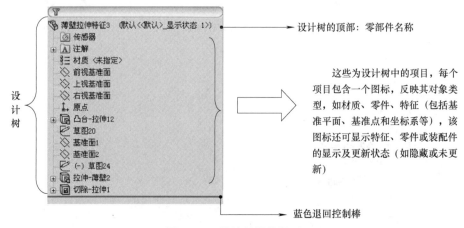

图 10-11　设计树操作界面

三、设计树的作用与一般规则

1. 设计树的作用

（1）在设计树中选取对象　可以从设计树中选取要编辑的特征或零件对象，当要选取的特征或零件在图形区的模型中不可见时，此方法尤为有用；当要选取的特征和零件在模型中禁用选取时，仍可在设计树中进行选取操作。

（2）更改项目的名称　在设计树的项目名称上缓慢单击两次，然后输入新名称，即可更改所选项目的名称。

（3）在设计树中使用快捷命令　单击或右击设计树中的特征名或零件名，可打开一个快捷菜单，从中可选取相对于选定对象的特定操作命令。

（4）确认和更改特征的生成顺序　设计树中有一个蓝色退回控制棒，作用是指明在创建特征时特征的插入位置。在默认情况下，它的位置总是在模型树列出的所有项目的最后。可以在模型树中将其上下拖动，将特征插入到模型的其他特征之间。将控制棒移动到新位置时，控制棒后面的项目将被隐含，这些项目将不在图形区的模型上显示。

可在退回控制棒位于任何地方时保存模型。当再次打开文档时，可使用【向前推进】命令，或直接拖动控制棒至所需位置。

（5）添加自定义文件夹以插入特征　在设计树中添加新的文件夹，可以将多个特征拖动到新文件夹中，以减小设计树的长度，其操作方法有两种：

① 使用系统自动创建的文件夹。在设计树中右击某一个特征，在系统弹出的快捷菜单中选择【添加到新文件夹】命令，一个新文件夹就会出现有设计树中，且用右键单击的特征会出现在文件夹中，用户可重命名文件夹，并可将多个特征拖动到文件夹中。

② 创建新文件夹。在设计树中右击某一个特征，在系统弹出的快捷菜单中选择"生成新文件夹"命令，一个新文件夹就会出现在设计树中，用户可重命名文件夹，并可将多个特征拖动到文件夹中。

将特征从所创建的文件夹中移除的方法是：在设计树中将特征从文件夹拖动到文件夹外部，然后释放鼠标，即可将该特征从文件夹中移除。

（6）设计树的其他作用

① 传感器可以监视零件和装配体的所选属性，并在数值超出指定阈值时发出警告。

② 在设计树中右击"注解"文件夹，可以控制尺寸和注解的显示。

③ 可以记录"设计日志"，并"添加附加件"到"设计活页夹"文件夹。

④ 在设计树中右击"材质"，可以添加或修改应用到零件的材质。

⑤ 在"光源与相机"文件夹中可以添加或修改光源。

2. 设计树的一般规则

（1）项目图标左边的"＋"符号表示该项目包含关联项，单击"＋"可以展开该项目并显示其内容，若要一次折叠所有展开的项目，可用快捷键【Shift】＋【C】或右击设计树顶部的文件名，然后从系统弹出的快捷菜单中选择"折叠项目"命令。

（2）草图有过定义、欠定义、无法解出的草图和完全定义四种类型，在设计树中分别用"（＋）""（－）""（?）"表示，完全定义时草图无前缀；装配体也有四种类型，前三种与草图一致，第四种类型为固定，在设计树中以"（f）"表示。

（3）若需重建已经更改的模型，则特征、零件或装配体前会显示重建模型符号 ██。

（4）在设计树顶部显示锁形的零件，则不能对其进行编辑，此零件通常是 Toolbox 或其他标准库零件。

第五节　特征的编辑与编辑定义

一、编辑特征尺寸

特征尺寸的编辑是指对特征的尺寸和相关修饰元素进行修改，以下将举例说明其操作方法。

1. 显示特征尺寸值

（1）打开文件"SolidWorks 建模 \ 薄壁拉伸特征 3. SLDPRT"。

（2）在图 10-12 所示模型（薄壁拉伸特征 3_block）的设计树中，双击要编辑的特征（或直接在图形区双击要编辑的特征），此时该特征的所有尺寸都显示出来，如图 10-13 所示，以便进行编辑。

图 10-12　设计树

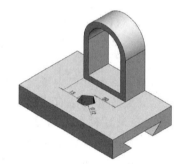

图 10-13　编辑零件模型的尺寸

图 10-14　【修改】对话框

2. 修改特征尺寸值

通过上述方法进入尺寸的编辑状态后，如果要修改特征的某个尺寸值，方法如下：

（1）在模型中双击要修改的某个尺寸，系统弹出图 10-14 所示的【修改】对话框。

（2）在【修改】对话框的文本框中输入新的尺寸，并单击对话框中的确定按钮✔。

（3）编辑特征的尺寸后，必须进行重建操作，重新生成模型，这样修改后的尺寸才会重新驱动模型。方法是选择下拉菜单【编辑】→【重建模型】命令（或单击【标准】工具栏中的 🔘 按钮）。

3. 修改特征尺寸的修饰

如果要修改特征的某个尺寸的修饰，其一般操作步骤如下：

（1）双击选中要修改尺寸的特征，在模型中单击要修改其修饰的某个尺寸，此时系统弹出图 10-15 所示的【尺寸】对话框。

（2）在【尺寸】对话框中可对尺寸数值、字体、公差/精度和显示等相应修饰项设置修改。

① 单击对话框中的 公差/精度(P) ，系统将展开图 10-16 所示的 公差/精度(P) 区域，在此区域中可以进行尺寸公差/精度的设置。

② 单击对话框中的 引线 选项卡，系统将切换到图 10-17 所示的界面，在该界面中可对 尺寸界线/引线显示(W) 进行设置。选中 ☑ 自定义文字位置 复选框，可以对文字位置进行设置。

③ 单击【尺寸】窗口【数值】选项卡中的 标注尺寸文字(T) ，系统将展开图 10-18 所示的【标注尺寸文字】区域，在该区域中可进行尺寸文字的修改。

④ 单击【尺寸】窗口中的 其它 选项卡，系统切换到图 10-19 所示的界面，在该界面中可进行单位和文本字体的设置。

图 10-15　【尺寸】对话框

图 10-16　【尺寸精度】区域

图 10-17　【引线】选项卡

图 10-18　【标注尺寸文字】区域

图 10-19　【其它】选项卡

二、查看特征父子关系

在设计树中右击要查看的特征（如拉伸-薄壁 1），从系统弹出的图 10-20 所示的快捷菜单中选择 父子关系... (I) 命令，系统弹出图 10-21 所示的【父子关系】对话框，在对话框中可查看所选特征的父特征和子特征。

三、删除特征

删除特征的一般操作步骤如下：

① 选择命令。在图 10-20 所示的快捷菜单中，选择 ✕ 删除... (L) 命令，系统弹出图 10-22 所示的【确认删除】对话框。

② 定义是否删除内含的特征。在【确认删除】对话框中选中 ☑同时删除内含的特征(F) 复选框。

③ 单击对话框中的 是(Y) ，完成特征的删除。

图 10-20　快捷菜单

图 10-21　【父子关系】对话框

图 10-22　【确认删除】对话框

四、特征的编辑定义

当特征创建完毕后，如果需要重新定义特征的属性、横断面的形状或特征的深度选项，就必须对特征进行"编辑定义"，也叫"重定义"。下面以模型（薄壁拉伸特征 3）的"切除-拉伸"特征为例，说明特征编辑定义的操作方法。

1. 重定义特征的属性

① 在图 10-23 所示模型（薄壁拉伸特征 3）的设计树中，右击"切除-拉伸 1"特征，在系统弹出的快捷菜单中，选择【切除-拉伸】命令 ，此时【切除-拉伸 1】窗口将显示出来，以便进行编辑，如图 10-24 所示。

图 10-23　设计树

图 10-24　【切除-拉伸 1】窗口

② 在窗口中重新设置特征的深度类型和深度值及拉伸方向等属性。

③ 单击窗口中的确定按钮 ，完成特征属性的修改。

2. 重定义特征的横断面草图

① 在图 10-25 所示的设计树中右击"切除-拉伸 1"特征，在系统弹出的图 10-26 所示的快捷菜单中选择 命令，进入草绘环境，如图 10-27 所示。

② 在草图绘制环境中修改特征草绘横断面的尺寸、约束关系和形状等。

③ 单击草绘工具栏中的 按钮，退出草图绘制环境，完成特征的修改。

图 10-25　设计树

图 10-26　快捷菜单

图 10-27　【草图绘制平面】窗口

练习题

1. 绘制下列草图。

① 图 1 绘图提示：草绘图形时，最好能借助"原点"图标以增加有效约束条件。

② 图 2 绘图提示：主要利用圆周阵列命令。

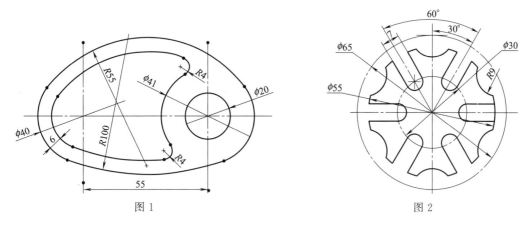

图 1

图 2

2. 根据图 3 和图 4 所示零件的视图，创建该零件的实体模型。

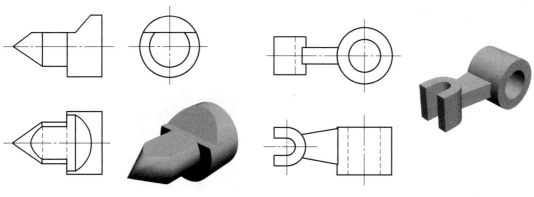

图 3

图 4

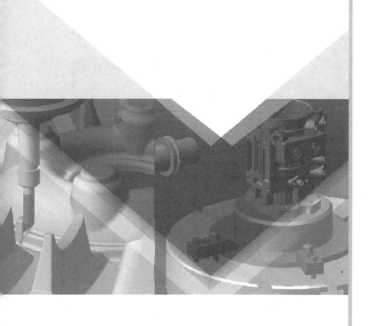

第三篇

机械制造基础

第十一章

工程材料

第一节　工程材料的性能与结构

一、工程材料分类

工程材料主要指广泛应用于工业领域的材料，即满足不同工程用途所使用的材料。工程材料种类繁多，用途广泛，分类方法也有多种。

（1）工程材料按其化学成分可分为金属材料、非金属材料（有机、无机）和复合材料三大类

金属材料包括纯金属和以金属元素为主构成的合金，其主要特征是具有金属光泽，良好的塑性、导电性、导热性，较高的刚度和正的电阻温度系数。这是工程领域中用量最大的一类材料。依据其成分又分为钢铁材料和非铁金属（即有色金属）材料两大类，其中钢铁材料因具有优良的力学性能、工艺性能和低成本等综合优势，占据了主导地位，达金属材料用量的 95%，并且这种趋势仍将延续一段时间。

非金属材料中，有机高分子材料又称聚合物，由相对分子质量很大的大分子组成。其主要特征是质地轻，比强度高，弹性好，耐磨耐蚀，易老化，刚性差，高温性能差。工程上使用的高分子材料包括塑料、合成橡胶、合成纤维等。高分子材料具备金属材料所不具备的某些特性，发展很快，应用日益广泛，已成为工程上不可缺少的甚至不可取代的重要材料。无机非金属材料主要是硅酸盐、金属与非金属元素的化合物（氧化物、碳化物、氮化物等），如陶瓷、水泥、玻璃、耐火材料等，因陶瓷历史悠久、应用广泛，常称为陶瓷材料。其主要特征是耐高温、耐蚀，高硬度，高脆性，无塑性。

复合材料是由两种或两种以上不同化学性质或不同组织结构的物质，通过人工制成的一种多相固体材料。复合材料保持所组成材料的各自优点，还有着单一材料不具备的优良性能，其力学性能和功能可以根据使用需要进行设计制造。

（2）工程材料按性能特点和用途不同可分为结构材料和功能材料两大类

结构材料主要是利用材料的强度、硬度、韧性、弹性等力学性能，用以制造受力为主的构件，满足工程结构上的需要，是机械工程、建筑工程、交通运输、能源工程等方面的物质基础。

功能材料主要是利用材料所具有的电、光、声、磁、热等功能和物理效应来满足特定功能需要的一类材料。功能材料在电子、红外、激光、能源、计算机、通信、电子、空间等许多新技术的发展中起着十分重要的作用。

二、金属的力学性能

金属材料的性能包括使用性能和工艺性能。使用性能是指金属材料在使用过程中表现出来的力学、物理和化学性能。其中，力学性能又称机械性能，是指金属在外力作用下表现出来的性能，表示金属材料抵抗外力的能力。工艺性能是指金属材料在加工制造过程中所表现出来的性能，如铸造性、焊接性、切削加工性等，金属的工艺性能与力学性能密切相关。

评定材料的力学性能指标可采用国家标准规定的实验，根据实验条件不同可分为静力学性能（如强度、塑性、硬度）、动力学性能（如冲击韧性、疲劳强度）和高温力学性能（蠕变强度、持久强度与高温强度）。本节仅介绍强度、塑性、硬度、冲击韧性和疲劳强度五种最为常用的力学性能。

（一）强度

在外力作用下材料抵抗变形与断裂的能力称为强度。它是零件承受载荷后抵抗发生断裂或超过容许限度的残余变形的能力。也就是说，强度是衡量零件本身承载能力（即抵抗失效能力）的重要指标，强度是机械零部件首先应满足的基本要求。

1. 拉伸试验

依据国家标准 GB/T 228.1—2010《金属材料　拉伸试验　第1部分：室温试验方法》，将材料制成标准拉伸试样，然后在拉伸试验机上进行静载拉伸试验，并由计算机记录下试样在拉伸过程中的"力-变形"曲线，直至试样被拉断。常用试样的断面为圆形，并有长（$L_0 = 10d_0$）、短（$L_0 = 5d_0$）之分，如图 11-1 所示。图中 d_0 为圆试样平行长度的原始直径（mm），L_0 为原始标距长度（mm），S_0 为试样平行长度的原始横截面积，L_u 和 S_u 分别为断后标距长度（mm）和断后最小横截面积。

拉伸试验以退火低碳钢为试样所得的拉伸曲线最为典型，如图 11-2 所示。由曲线描述可知金属变形过程分为六个阶段。

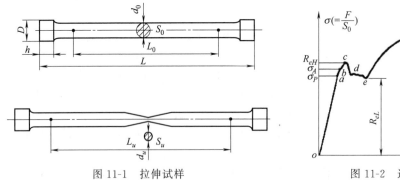

图 11-1　拉伸试样

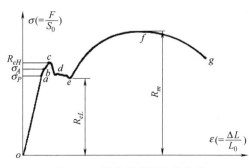

图 11-2　退火低碳钢拉伸曲线

第1阶段：弹性变形阶段（oa）。

弹性变形阶段有两个特点：

① 从宏观看，力与伸长量成直线关系，弹性伸长量与力的大小和试样标距长短成正比，与材料弹性模量及试样横截面积成反比。

② 变形是完全可逆的。加力时产生变形，卸力后变形完全恢复。

oa 线段的 a 点是应力-应变呈直线关系的最高点，这点的应力叫理论比例极限，超过 a 点，应力-应变则不再呈直线关系，即不再符合虎克定律。

第2阶段：滞弹性阶段（ab）。

在此阶段，应力-应变出现了非直线关系，其特点是：当力加到 b 点时然后卸力，应变仍可回到原点，但不是沿原曲线轨迹回到原点，在不同程度上滞后于应力回到原点，形成一个闭合环，加力和卸力所表现的特性仍为弹性行为，只不过有不同程度的滞后，因此称为滞弹性阶段，这个阶段的过程很短。这个阶段也称理论弹性阶段，当超过 b 点时，就会产生微塑性应变。

第 3 阶段：微塑性应变阶段（bc）。

这一阶段是材料在加力过程中屈服前的微塑性变形阶段。

第 4 阶段：屈服阶段（cde）。

这一阶段是金属材料不连续屈服的阶段，也称间断屈服阶段。其现象是当力加至 c 点时，突然产生塑性变形，由于试样变形速度非常快，以致试验机夹头的拉伸速度跟不上试样的变形速度，试验力不能完全有效地施加于试样上，在这个曲线阶段表现出力不同程度的下降，而试样塑性变形急剧增加，直至达到 e 点结束。当达到 c 点时，在试样的外表面能观察到与试样轴线呈 45°的明显滑移带。在此期间，应力相对稳定，试样不产生应变硬化。

c 点是拉伸试验的一个重要的性能判据点，de 范围内的最低点也是重要的性能判据点，分别称上屈服点和下屈服点。e 点是屈服的结束点，所对应的应变是判定板材性能的重要指标。

第 5 阶段：塑性应变硬化阶段（ef）。

屈服阶段结束后，试样在塑性变形下产生应变硬化，在 e 点应力不断上升，在这个阶段内试样的变形是均匀和连续的，在此过程中，必须不断继续施加力才能使塑性变形增加，直至 f 点。f 点通常是应力-应变曲线的最高点（特殊材料除外），此点所对应的应力是重要的性能判据。

第 6 阶段：颈缩变形阶段（fg）。

当力施加至 f 点时，试验材料的应变硬化与几何形状导致的软化达到平衡，此时力不再增加，试样最薄弱的截面中心部分开始出现微小空洞，然后扩展连接成小裂纹，试样的受力状态由两向变为三向受力状态。裂纹扩展的同时，在试样表面可看到产生缩颈变形，在拉伸曲线上，从 f 点到 g 点力是下降的，但是在试样缩颈处，由于截面积已变小，实际应力大大增加。试验达到 g 点时试样完全断裂。

许多脆性材料在拉伸过程中不出现明显屈服现象，只有 3～4 个阶段，即

oa——弹性变形阶段、ab——滞弹变形阶段、bf——应变硬化阶段（对淬火钢而言，到 f 点即断裂；对中强钢有缩颈变形阶段）。

2. 强度指标

① 上屈服强度 R_{eH}：试样发生屈服而力首次下降前的最高应力，对应 C 点。

② 下屈服强度 R_{eL}：屈服期间的最低应力，对应 e 点。

当金属材料在拉伸试验过程中没有明显屈服现象发生时，应测定规定塑性延伸强度 R_p 或规定残余延伸强度 R_r。可采用 $R_{p0.2}$ 或 $R_{r0.2}$ 表示。$R_{p0.2}$ 表示规定塑性延伸率为 0.2% 时的应力；$R_{r0.2}$ 表示规定残余延伸率为 0.2% 时的应力。其中，0.2 表示试样施加并卸除应力后引伸计标距的延伸等于引伸计标距的 0.2%。

③ 抗拉强度 R_m：在最大力点所对应的应力，对应 f 点。

注意：最大力是指屈服阶段之后的最大力，当材料无明显屈服时，则指试验期间的最大力。

强度问题十分重要，许多房屋、桥梁、堤坝等的倒塌，飞机、航天飞船的坠毁都是由于强度不够造成的。所以在工程设计中，强度问题常列为最重要的问题之一。为了确保强度满

足要求，必须在给定的环境（如外力和温度）下对结构进行强度计算或强度试验，即计算出材料或结构在给定环境下的应力和应变，并根据强度理论确定材料或结构是否被破坏。

（二）塑性

塑性是指在外力作用下，材料能稳定地发生永久变形而不断裂的能力。通常用断后伸长率 A 和断面收缩率 Z 代表塑性指标，塑性指标也是通过光滑试样静拉伸试验测得。

$$A = \frac{L_u - L_0}{L_0} \times 100\%$$

$$Z = \frac{S_0 - S_u}{S_0} \times 100\%$$

（三）硬度

硬度是衡量材料软硬程度的指标，表示材料抵抗局部塑性变形的能力。一般情况下，硬度越高，材料的耐磨性也越好。金属材料的硬度以压入法测定最多，常用的压入硬度指标有布氏硬度和洛氏硬度。

1. 布氏硬度

图 11-3 所示为布氏硬度测试原理示意图，即用一规定的载荷 P（N），把规定直径的硬质合金球压入金属表层，保持规定的时间，卸去载荷后，测出球冠形压痕的直径，并根据式（11-1）进行计算（布氏硬度定义为球冠形压痕表面积所受的力）。

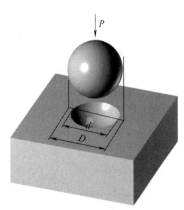

图 11-3　布氏硬度测试原理示意图

$$\mathrm{HB} = \frac{P}{F} = \frac{P}{\pi D h} = \frac{2P}{\pi D (D - \sqrt{D^2 - d^2})}$$

$$h = \frac{D}{2} - \frac{1}{2}\sqrt{D^2 - d^2} \tag{11-1}$$

式中　P——载荷，kgf（1kgf≈10N）；

　　　F——压痕表面积，mm^2；

　　　D——压头直径，mm；

　　　d——压痕直径，mm；

　　　h——压痕深度，mm。

传统的布氏硬度计以淬火钢球为压头，以 HBS 表示，常用的钢球直径为 10mm，载荷为 30000N（3000 kgf），主要用于 450HBS 以下的灰铸铁、软钢和非铁合金等。2002 年以后，这种硬度计停止使用。

采用硬质合金球压头时标为 HBW，可测试 650HBW 以下的淬火钢材。GB/T231.1—2009 标准对压头直径和载荷范围进行了规定。500HBW 5/750/10～15，表示直径 $D = 5$mm 的硬质合金球压头在 750kgf 下保持 10～15s 测得的硬度值为 500HBW。

布氏硬度法测试值较为稳定，准确度较洛氏硬度法高，缺点是测量费时，且压痕较大，不适于成品检测。

为了避免钢球发生塑性变形而导致测量不准确，当材料的布氏硬度≥650HBW 时，改用洛氏硬度测定法。

2. 洛氏硬度

洛氏硬度试验的原理如图 11-4 所示，是将初载 P_0 和主载 P_1 组合成总载荷 P，把金刚石压头或钢球压头压入金属表层，卸去主载 P_1，在初载条件下测得主载 P_1 的压入深度，计算硬度值。

实际测量时，洛氏硬度值可直接在硬度计刻度盘上读出。按载荷不同，选择的压头也不同，相应的洛氏硬度有 HRC、HRB、HRA 三种类型，此值为一无名数。各种洛氏硬度标尺的硬度符号、试验条件和应用范围，见表 11-1。

洛氏硬度法测试简便、迅速，压痕小，不损失零件，可用于成品检验。其缺点是测得的硬度值重复性差，需要在不同部位测量三次，取平均值。

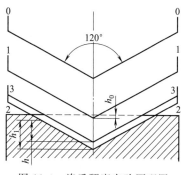

图 11-4　洛氏硬度实验原理图

表 11-1　洛氏硬度实验适用范围

标尺	测量范围	初载荷/N	主载荷/N	压头类型	适用范围
HRA	60～88	98.07	490.3	120°金刚石圆锥体	硬质合金、表面淬火层、渗碳层
HRB	20～100	98.07	882.6	直径 1.588mm 钢球	退火钢、正火钢及非铁金属
HRC	20～67	98.07	1373.0	120°金刚石圆锥体	调质钢、淬火钢等

（四）冲击韧性

材料在冲击载荷作用下抵抗断裂的能力称为冲击韧性。常用标准试样的冲击吸收功 A_k 表示。A_k 由夏比摆锤冲击试验测得，国家标准 GB/T 229—2007 对整个试验做了相应的规定，其原理如图 11-5 所示。把带 U 形或 V 形缺口的标准试样放在冲击试验机上，用摆锤自由落下将其冲断，所消耗的功即为冲击吸收功 $A_{kV(U)}$，可直接在试验机刻度盘上读出。用 $A_{kV(U)}$ 除以试样断口处截面积 F，即得材料的冲击韧度 $a_{kV(U)}$，单位为 $J \cdot cm^{-2}$，如下式：

$$a_{kV(U)} = \frac{A_{kV(U)}}{F}$$

$a_{kV(U)}$ 值越大，材料的冲击韧性越好，材料越可靠。

材料的冲击韧度值与温度有关。有一些材料，在常温实验时并不显示脆性，而在较低温度下则可能发生脆断，这一温度叫作"脆性转变温度"。金属材料的脆性转变温度越低，代表金属越能在低温下承受冲击载荷，使用越可靠。材料不同，冲击韧性的脆性转变温度也不同，如图 11-6 所示。

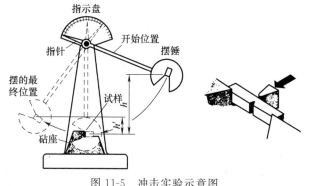

图 11-5　冲击实验示意图

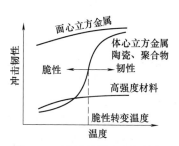

图 11-6　不同材料冲击韧性与温度曲线关系示意图

（五）疲劳强度

许多汽车零件是在重复或交变应力作用下工作的，如传动轴，连杆、弹簧等。所谓重复或交变应力是指应力的大小和方向随时间周期性变化。在多次重复或交变应力作用下，金属材料在远低于金属的屈服强度时即发生断裂的现象，称为"疲劳"。

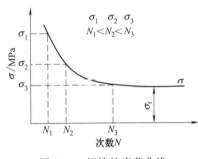

图 11-7   钢铁的疲劳曲线

实验证明，钢铁材料所受重复或交变应力 σ 与其断裂前所能承受的应力循环次数 N 之间有关系。两者之间的关系曲线称为疲劳曲线，如图 11-7 所示。

从曲线可以看出，应力值 σ 愈低，则断裂前的循环次数 N 愈多，当应力降到某一定值后，疲劳曲线与横坐标轴平行，即表示当应力达到此值时，材料可经受无数次循环应力而不断裂。金属在无数次交变载荷作用下不致引起断裂的最大应力称为疲劳强度。当交变应力是对称循环应力时，疲劳极限用符号 σ_{-1} 表示，对钢铁来说，当 N 达到 10^7 周次时，曲线便出现水平线，所以把经受 10^7 次循环而不破坏的最大应力定为钢铁的疲劳强度。钢的 σ_{-1} 约为 R_m 的一半，有色金属循环次数取 10^8 次。为了提高零件的疲劳强度，除在设计时应考虑结构形状，避免应力集中外，还应提高零件的表面质量，如减少表面粗糙度、表面喷丸、滚压、表面淬火及表面化学热处理等。

三、金属的结构与结晶

不同金属材料具有不同的力学性能，即使同一种金属材料在不同的条件下其力学性能也是不同的，从本质上来说，这种差异是由其内部构造决定的。因此，掌握金属的内部构造及其对金属性能的影响，对于金属材料的选用和加工具有非常重要的意义。

（一）金属的晶体结构

1. 晶体与非晶体

根据原子在物质内部聚集状态的不同，可将物质分为晶体与非晶体两大类。非晶体物质内部的原子是无规则杂乱堆积的，而晶体物质内部的原子是按一定规律排列的。在自然界中，除少数物质（如松香、玻璃、沥青、树胶等）属于非晶体外，绝大多数的固态物质都是晶体。一般情况下，固体金属都是晶体。晶体与非晶体相比，其根本区别在于它们的原子排列方式不同，因此，它们性能也有明显的差异。如晶体内部在不同的方向上具有不同的性能，即各向异性。而非晶体则不具备这一特点，是各向同性的。

2. 晶体结构的基本概念

晶体内部的原子是按一定的几何规律排列的。如果把金属中的原子近似地看成是刚性的小球，则金属晶体就是由刚性小球按一定的几何规律堆积而成的，如图 11-8 （a）所示。为了形象地表示晶体中原子排列的规律，可以把原子简化为一个点，再假设地将这些点用线条连接起来，就得到了一个空间格架，称为结晶格子，简称晶格，如图 11-8 （b）所示。由图可见，一个体积相当大的晶格是由许多形状、大小相同的小几何单元重复堆积而成的。能够完整地反映晶格特征的最小几何单元称为晶胞，如图 11-8 （c）所示。分析一个晶胞的形状及原子排列的规律，即可知整个晶体中原子排列的规律。

晶胞的大小和形状用晶胞棱边长度 a、b、c 及棱间夹角 α、β、γ 来表示，如图 11-9 所示。晶胞的棱边长度称为晶格常数，其单位用埃（Å）来表示（$1 \text{ Å} = 10^{-10} \text{ m}$）。图 11-9 所示为简单立方晶格的晶胞，其三个棱边长度相等（即 $a=b=c$），三个棱边夹角也相等（$\alpha=\beta=\gamma=90°$）。

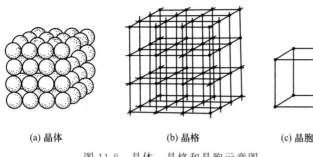

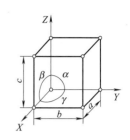

(a) 晶体　　　　　　(b) 晶格　　　　(c) 晶胞

图 11-8　晶体、晶格和晶胞示意图

图 11-9　晶胞的表示方法

3. 金属晶格的常见类型

在已知的金属元素中，除少数具有复杂的晶体结构外，大多数金属具有三种简单的晶体结构。

（1）体心立方晶格　晶胞是一个立方体，如图 11-10（a）所示，晶胞的中心和八个顶角各有一个原子，每个顶角上的原子为周围八个晶胞所共有。属于这类晶格的金属有铁（α-Fe）、铬（Cr）、钒（V），钨（W），钼（Mo）等。这类金属通常塑性较好。

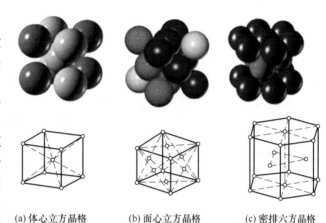

(a) 体心立方晶格　　　(b) 面心立方晶格　　　(c) 密排六方晶格

图 11-10　金属晶格的常见类型

（2）面心立方晶格　晶胞为一个立方体，如图 11-10（b）所示，晶胞的八个顶角和六个面的中心各有一个原子。属于这类晶格的金属有铝（Al）、铜（Cu）、铅（Pb）、镍（Ni）、铁（γ-Fe）等。这类金属的塑性优于体心立方晶格的金属。

（3）密排六方晶格　晶胞是一个六棱柱体，如图 11-10（c）所示。原子位于上下两面的中心处和 12 个顶点上，棱柱内部还包含着三个原子。属于这类晶格的金属有镁（Mg）、铍（Be）、镉（Cd）、锌（Zn）等。这类金属通常较脆。

（二）金属的结晶

金属由液态转变为固态时的凝固过程，即晶体结构形成的过程称为结晶。

1. 纯金属的冷却曲线及过冷度

纯金属从液态转变为固态的过程是原子从无序到有序的过程，这一过程是在一定温度下进行的，这一温度称为结晶温度。金属的结晶温度可以通过热分析法来得到。

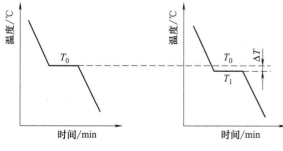

(a) 理论结晶温度　　　(b) 实际结晶温度

图 11-11　纯金属结晶时的冷却曲线

在极其缓慢的冷却条件下，所测得的结晶温度称为理论结晶温度（T_0）。但是在生产实践中，金属自液态向固态结晶时都有较大的冷却速度，此时金属要在理论结晶温度以下某一温度才开始结晶。金属的实际结晶温度（T_1）较理论结晶温度（T_0）低，这一现象称为过冷现象。理论结晶温度与实际结晶温度之差 ΔT（$T_0 - T_1$）叫作过冷度，如图 11-11（b）所示。

金属结晶时的过冷度与冷却速度有关。冷却速度越大，过冷度也越大，即金属的实际结晶温度越低。这是由于冷却速度增大时，金属的结晶过程发生滞后现象，因而在较低温度时才开始结晶。

2. 纯金属的结晶过程

在液态金属中，原子的活动能力很强，作不规则的热运动。随着金属液体的温度逐渐下降，原子的活动能力随之减弱，原子间的吸引力逐渐增强。当达到结晶温度时，首先在液体中某些部分，有一些原子规则地排列起来，形成细微的晶体。这些小晶体中，体积较小的不能稳定存在，很快地又消散在液体中。只有那些体积足够大的，才可以稳定存在，并进一步长大，这样的小晶体称为结晶核心，简称晶核，如图 11-12 所示。晶核形成后依靠吸附周围液体的原子而长大，同时液态金属中又会不断地产生新的晶核，并不断长大，直到全部液体转变成固体，结晶过程结束。因此，结晶过程是由晶核的产生和晶核的长大这两个基本过程组成的，并且两个过程又是先后或同时进行的。

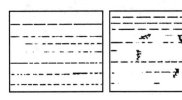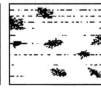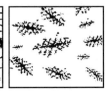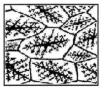

图 11-12　纯金属结晶过程示意图

在晶体长大的过程中，晶体彼此接触后，在接触处被迫停止生长，规则的外形遭到了破坏，凝固后，便形成了许多互相接触而外形不规则的晶体，这些外形不规则的晶体通称为晶粒。由于各晶粒是由不同的晶核长大而来的，故每个晶粒的晶格位向都不同，所以自然地形成分界面，晶粒之间的分界面称为晶界。

3. 晶粒大小对力学性能的影响

实验表明，晶粒大小对力学性能有很大影响，晶粒越细，金属的力学性能越好，反之则力学性能越差。表 11-2 说明了晶粒大小对纯铁力学性能的影响。

表 11-2　晶粒大小对纯铁力学性能的影响

晶粒平均直径/μm	$R_m/(N/mm^2)$	$R_{eH}/(N/mm^2)$	A/%
7.0	184	34	30.6
2.5	216	45	39.5
2.0	268	58	48.8
1.6	270	66	50.7

为了提高金属的力学性能，必须控制金属结晶后的晶粒大小。而金属晶粒的大小主要取决于结晶时的生核率 N（单位时间、单位体积内所形成的晶核数目）与晶核的长大速度 G。生核率越大，晶核数目就越多，晶核长大的余地越小，结晶后晶粒越细小。长大速度越小，在晶核长大的时间内，产生的晶核越多，晶粒数目就越多，晶粒越细小。因此，细化晶粒的根本途径是控制生核率与长大速度。常用的方法有以下几种。

（1）增加过冷度　如图 11-13 所示，生核率和长大速度都随过冷度 ΔT 增大而增大，但在很大的范围内生核率比长大速度变化更快，因此增加过冷度总能使晶粒

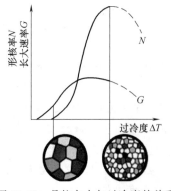

图 11-13　晶粒大小与过冷度的关系

细化。在铸造生产中，用金属型浇铸得到的铸件比用砂型浇铸得到的铸件晶粒细，这是因为在金属型中冷却散热快，过冷度大。

（2）变质处理　在浇铸前向金属液体中加入一些能促进生核或作为晶核的物质，使晶粒细化。这种方法称为变质处理或孕育处理。在铸铁铸造时加入硅铁、在铸造铝硅合金时加入钠的化合物，都能达到细化晶粒的目的。

（3）附加振动　金属在结晶时，对液态金属附加机械振动、超声波振动，电磁振动等措施，使刚刚结晶的金属经振动而破碎、碎晶，增加了生核率，从而使晶粒细化。用细化晶粒强化金属的方法称为细晶强化，它是强化金属材料的基本途径之一。

（三）金属的同素异构转变

金属在固态下随温度的改变由一种晶格转变为另一种晶格的现象，称为同素异构转变。由同素异构转变得到的不同晶格的晶体称为同素异晶体。同一金属的同素异晶体，按其稳定存在的温度，由低温到高温，依次用希腊字母 α、β、γ、δ 等表示。具有同素异构转变的金属有铁（Fe）、钴（Co）、钛（Ti）、锡（Sn）、锰（Mn）等。

图 11-14 为纯铁的同素异构转变曲线。由图可知，液态纯铁在 1538℃ 进行结晶，得到具有体心立方晶格的 δ-Fe，继续冷却到 1394℃ 时发生同素异构转变，δ-Fe 转变为面心立方晶格的 γ-Fe，再继续冷却到 912℃ 时又发生同素异构转变，γ-Fe 转变为体心立方晶格的 α-Fe。再继续冷却，晶格的类型不再发生变化。这些转变可以用下式表示：

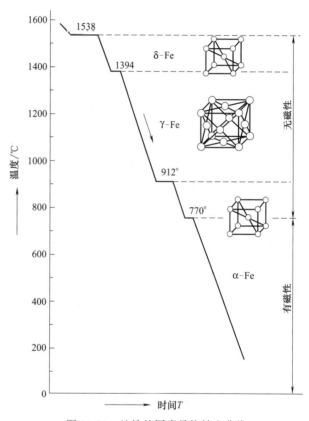

图 11-14　纯铁的同素异构转变曲线

$$\delta\text{-Fe} \underset{}{\overset{1394℃}{\Longleftrightarrow}} \gamma\text{-Fe} \underset{}{\overset{912℃}{\Longleftrightarrow}} \alpha\text{-Fe}$$

（体心立方晶格）　　　　（面心立方晶格）　　　　（体心立方晶格）

金属的同素异构转变与液态金属的结晶过程相似，遵循液体结晶的一般规律：恒温结晶；转变时有过冷现象，放出（或吸收）潜热；转变过程也是由生核和长大两个基本过程组成。

铁的同素异构转变是铁一种极重要的特性。正是由于铁能发生同素异构转变，才能使钢和铸铁能够进行各种热处理，从而改变其组织和性能。

（四）实际金属的晶体结构

1. 多晶体结构

在晶体内部，如果晶格位向是完全一致的，则这种晶体称为单晶体，如图 11-15（a）所示。而在实际生产中，金属材料的体积即使很小，其内部仍包含了许许多多外形不规则的小晶体（晶粒），这种由许多晶粒组成的晶体称为多晶体，如图 11-15（b）所示。实际金属都

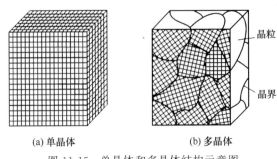

图 11-15   单晶体和多晶体结构示意图

是多晶体结构。

由于单晶体在不同的晶面和晶向上原子排列的疏密程度不同，因此在不同的方向上性能有差异，这种现象称为各向异性或有向性。而多晶体由于各个晶粒的位向不同，它们的有向性彼此抵消，呈现无向性，称为伪无向性。

2. 晶体缺陷

金属原子排列绝对规则的晶体是理想晶体，而实际金属晶体其原子排列总是会有不规则的区域，通常把这种区域称为晶体缺陷。晶体缺陷对金属的性能有重要影响。常见的缺陷有点缺陷（空位和间隙原子）、线缺陷（位错）和面缺陷（晶界）三种，其形式分别如图 11-16～图 11-18 所示。在点缺陷周围，由于原子间原来的平衡关系被破坏，使周围的原子离开原来的平衡位置，发生靠拢和撑开的现象，称晶格畸变。晶格畸变可使金属材料抵抗塑性变形的能力提高，从而使金属强度提高。位错受力后，沿某些晶面移动而导致金属变形，当金属晶体中位错及其他缺陷增多时，由于它们之间的相互作用，而使位错运动的阻力增大，从而使金属强度提高。晶界处的原子排列与晶界相似，也是不规则的，也产生晶格畸变。面缺陷是位错运动的障碍，晶粒越细小，界面越多，晶格畸变越大，位错阻力越大，金属强度越高。

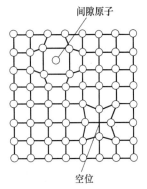

图 11-16   空位和间隙原子示意图

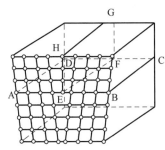

图 11-17   刃型位错示意图

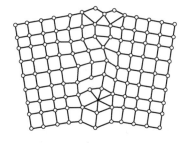

图 11-18   晶界的过渡结构示意图

（五）合金结构与合金相图

一般来说，纯金属有良好的导电性、导热性、塑性等，但强度、硬度低，成本较高，种类又有限，无法满足人们对金属材料提出的多种多样的要求。因此，除特殊需要外，工业上应用最广泛的金属材料是合金。合金是两种或两种以上的金属元素或金属元素与非金属元素组成的金属材料。

1. 相关术语

合金比纯金属复杂得多，为便于研究，先介绍相关名词及其含义。

（1）相

晶体中化学成分一致，物理状态相同，与其他部分有明显界面的部分称为相，如：水和冰虽然化学成分相同，但物理状态不同，因此为两个相。冰可碎成许多块，但还是一个固相。

（2）组织

组织是指由单相或多相组成的具有一定形态的聚合物，一般指组成金属的相，以及相与相的配置状态。纯金属的组织是由一个相组成，合金的组织可以是一个相，也可以是两个相或两个以上的相。通常所指的组织包括：基本结构是纯金属还是化合物；晶粒是粗的还是细的；第二相分布是在晶界还是在晶内；第二相形状是片状、粒状、网状等；第二相分散度是大的还是小的。

用显微镜观察到的金属材料的特征和形貌称为显微组织，显微组织对金属的性能起重要作用。

2. 合金的基本结构

合金在熔化状态时，若各组元能相互溶解成为均匀溶液，则说明只有一个相。在冷却结晶过程中，由于各组元间相互作用不同，可以得到固溶体、金属化合物及机械混合物三种类型的结构。

（1）固溶体　一种组元均匀地溶解在另一种组元中而形成的晶体相称为固溶体，形成固溶体后，晶格保持不变的组元称溶剂，晶格消失的组元称溶质。固溶体是单相，它的晶格类型与溶剂组元相同。根据溶质原子在溶剂晶格中的分布情况不同，固溶体可分为置换固溶体及间隙固溶体两种类型。

① 置换固溶体。溶剂晶格结点上的原子被溶质原子所代替的晶体相，如图 11-19（a）所示。

② 间隙固溶体。指溶质原子分布在溶剂晶格间隙处而形成的晶体相，如图 11-19（b）所示。显然，只有溶剂原子直径较大而溶质原子直径很小时，才能形成这种固溶体。例如，碳溶解在 α-Fe 中形成的固溶体就是间隙固溶体。

应当指出，由于溶质原子与溶剂原子总有大小和性能上的差别（如图 11-20 所示），无论形成置换固溶体还是间隙固溶体，其晶格常数必然有所变化，导致晶格发生歪扭、畸变，使晶体的位错运动阻力增大，合金塑性变形抗力增大，由此强化了合金。这种因为形成固溶体而引起合金强度、硬度升高的现象称为固溶强化，固溶强化是改善金属材料性能的重要途径之一。

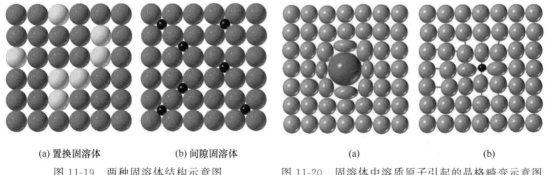

(a) 置换固溶体　　　(b) 间隙固溶体
图 11-19　两种固溶体结构示意图　　　　图 11-20　固溶体中溶质原子引起的晶格畸变示意图

（2）金属化合物　合金中各组元原子按一定整数比结合而成的晶体相，称为金属化合物。它具有自己特殊的晶格，与各组元不同，因此化合物也是单相，而且也可以看成是一个组元。例如钢中的渗碳体 Fe_3C，它的晶格、性能与组成它的组元完全不同，纯铁的硬度约为 80HBS，石墨的硬度约为 3HBS，而 Fe_3C 的硬度达 800HBW，脆性也很大。

（3）机械混合物　纯金属、固溶体、金属化合物都是组成合金的基本相，机械混合物就是两种以上的相紧密混合而成的独立整体。机械混合物的性能取决于组成各相的性能，以及各自的数量、形状、大小与分布等。

3. 铁碳合金相图

合金的结晶过程比纯金属要复杂得多，需要用相图才能表达清楚。合金相图就是表示在十分缓慢的冷却条件（平衡条件）下，合金状态与温度及成分之间关系的图形，亦称状态图、平衡图。工业上应用最为广泛的合金是钢和铸铁，二者均属于铁碳合金，由于含碳量大于 6.69％ 的铁碳合金在工业上没有应用价值，故只研究含碳量小于 6.69％ 的铁碳合金，其组元是 Fe 和 Fe_3C。

（1）铁碳合金的基本相及组织　铁碳合金在液态时可以无限互溶，在固态时碳能溶解于铁的晶格中，形成间隙固溶体。当含碳量超过铁的溶解度时，多余的碳便与铁形成化合物 Fe_3C。此外还可以形成由固溶体与化合物（Fe_3C）组成的机械混合物。铁碳合金的基本相及组织有如下五种。

① 铁素体。碳溶解在 α-Fe 中形成的间隙固溶体称为铁素体，用符号"F"表示。它保持 α-Fe 的体心立方晶格，最大间隙半径为 0.36Å，而碳原子半径为 0.77Å，大于最大间隙半径。按上述情况，α-Fe 中几乎不能溶解碳原子，实际上，由于 α-Fe 存在着许多晶体缺陷（如空位、位错、晶界），这些晶体缺陷都是碳原子可能存在的地方，所以碳可以溶入 α-Fe 中，但溶解度很小。在 727℃ 时，最大溶解度为 0.0218％，在室温时降为 0.008％。图 11-21 所示为铁素体显微组织图。铁素体溶解碳量很小，所以性能几乎与纯铁相同，强度、硬度（80HBS）较低，但塑性、韧性较好。工业上的纯铁含碳量为 0.006％～0.0218％，几乎全部是铁素体组织。

② 奥氏体。碳溶解于 γ-Fe 中形成的间隙固溶体称为奥氏体，用符号"A"表示。它保持 γ-Fe 的面心立方晶格，晶格间隙半径较大，所以溶碳能力比 α-Fe 大得多。727℃ 时为 0.77％，在 1148℃ 时最大达 2.11％。奥氏体具有良好的塑性和较低的变形抗力，是多数钢种在高温进行压力加工时要求的组织。

③ 渗碳体。渗碳体是铁与碳形成的金属化合物，用 Fe_3C 表示。当碳的含量超过其在铁中的溶解度时，多余的碳就会和铁按一定比例化合而形成 Fe_3C，称为渗碳体。渗碳体含碳量为 6.69％，具有复杂的晶格，如图 11-22 所示，它的硬度很高（800HBS），脆性很大，而塑性和韧性几乎等于零，在钢中，渗碳体的大小、形状及分布对钢的性能影响很大。

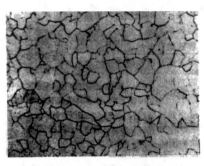

图 11-21　铁素体组织

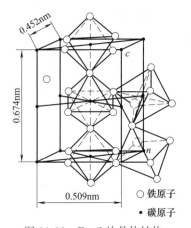

○ 铁原子
• 碳原子

图 11-22　Fe_3C 的晶体结构

④ 珠光体。铁素体和渗碳体组成的机械混合物称为珠光体，用符号"P"表示。它是奥氏体在冷却过程中，在 727℃ 的恒温下发生共析转变而得到的产物，只存在于 727℃ 以下。珠光体中的铁素体与渗碳体是片层交替排列的，其显微组织如图 11-23 所示。珠光体的平均含碳量

为 0.77%，其力学性能介于铁素体和渗碳体之间，强度较高，硬度适中，具有一定的塑性。

⑤ 莱氏体。含碳量为 4.3% 的铁碳合金，在 1148℃ 时，从液体中同时结晶出奥氏体和渗碳体的机械混合物，称为莱氏体，用符号 "Ld" 表示。由于奥氏体在 727℃ 时转变为珠光体，所以在室温时，莱氏体由珠光体和渗碳体组成。为区别起见，将 727℃ 以上的莱氏体称为高温莱氏体（Ld）；727℃ 以下的莱氏体称为低温莱氏体（L'd）。图 11-24 所示为低温莱氏体显微组织。莱氏体的性能与渗碳体相似，硬度很高（700HBS），塑性很差。

图 11-23　珠光体组织

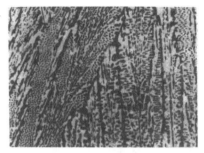

图 11-24　低温莱氏体组织

铁碳合金的基本相及组织中，铁素体、奥氏体、渗碳体是基本相，珠光体和莱氏体则是由基本相组成的多相组织。

（2）铁碳合金相图分析　铁碳合金相图是表示在极缓慢冷却（或极缓慢加热）的情况下，不同成分的铁碳合金的状态或组织随温度变化的一种图形，是研究钢、铁的基本工具。目前应用的铁碳合金相图只研究含碳 0～6.69% 的部分，即 $Fe\text{-}Fe_3C$ 相图，如图 11-25 所示。$Fe\text{-}Fe_3C$ 相图的左上角及左下角部分，生产中实用意义不大，为了便于分析研究，常进行简化，图 11-26 为简化的 $Fe\text{-}Fe_3C$ 相图。

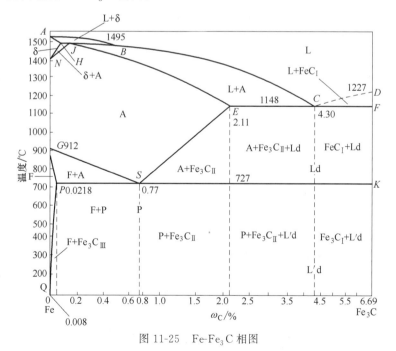

图 11-25　$Fe\text{-}Fe_3C$ 相图

① $Fe\text{-}Fe_3C$ 相图中主要特性点。相图中主要特性点有 A、C、D、E、G、P、S 等，其各点的物理意义见表 11-3。

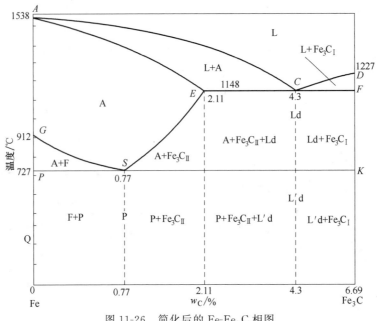

图 11-26　简化后的 Fe-Fe₃C 相图

表 11-3　Fe-Fe₃C 相图中的主要特性点

特性点	温度/℃	含碳量/%	含　　义
A	1538	0	纯铁的熔点
C	1148	4.3	共晶点,有共晶反应 $L_{4.3} \Leftrightarrow A_{2.11} + Fe_3C$
D	1227	6.69	Fe_3C 的熔点
E	1148	2.11	碳在 γ-Fe(A)中最大溶解度,钢与铁分的界点
G	912	0	纯铁的同素异构转变点 α-Fe $\Leftrightarrow \gamma$-Fe
P	727	0.0218	碳在 α-Fe 中最大溶解度点
S	727	0.77	共析点,有共析反应 $A_{0.77} \Leftrightarrow F_{0.0218} + Fe_3C$

　　② Fe-Fe₃C 相图中的主要特征线。ACD 线是液相线，此线以上合金处于液体状态，冷却时含碳量小于 4.3% 的合金在 AC 线开始结晶出奥氏体。含碳量大于 4.3% 的铁碳合金在 CD 线开始结晶出 Fe₃C，称一次渗碳体，并用 Fe₃C$_I$ 表示。AE 线是钢的固相线，钢液冷却到此温度线时，全部结晶为奥氏体。GS 线（A₃ 线）是含碳量小于 0.77% 的奥氏体开始析出铁素体的温度线。ES 线（A$_{cm}$ 线）是碳在奥氏体中的溶解度曲线，在 1148℃ 时，奥氏体的溶碳能力最大为 2.11%，随温度的降低，溶解度沿此线降低，到 727℃ 时，奥氏体的溶碳量为 0.77%，大于含碳量为 0.77% 的合金，当冷却到此线时，析出渗碳体，称为二次渗碳体，并用 Fe₃C$_Ⅱ$ 表示。ECF 线是生铁的固相线，又叫共晶线。合金冷却到此线时发生共晶反应。PSK 线（A₁ 线）又称共析线，在此线发生共析反应。

　　（3）铁碳合金成分、组织、性能之间的关系　由 Fe-Fe₃C 相图中的 E 点（2.11%C）将铁碳合金分为钢、白口铁两大部分，又由 S 点（0.77%C）及 C 点（4.3%C）再把钢和白口铁分别又分为三类。铁碳合金的含碳量与组织关系见表 11-4。三种基本组织（F、P、Fe₃C）的主要力学性能见表 11-5。

表 11-4　铁碳合金含碳量与组织关系

名称	含碳量/%	室温组织
亚共析钢	<0.77	F＋P
共析钢	0.77	P

续表

名称	含碳量/%	室温组织
过共析钢	0.77~2.11	P+Fe$_3$C$_{II}$
亚共晶白口铁	2.11~4.3	P+Fe$_3$C$_{II}$+L'd
共晶白口铁	4.3	L'd
过共晶白口铁	4.3~6.69	L'd+Fe$_3$C$_I$

表 11-5　铁素体、渗碳体、珠光体的主要力学性能

组织名称	符号	HB	σ_b/(N/mm^2)	δ/%	a_k/(J/cm^2)
铁素体	F	80	250	50	250
渗碳体	Fe$_3$C	800	—	≈0	≈0
珠光体	P	240	830	20~25	10~20

当含碳量不同时，三种组织（F、P、Fe$_3$C）在钢中比例不同，因而性能不同。图 11-27 所示为钢的含碳量与性能之间的关系。含碳量愈少，铁素体愈多，钢的强度、硬度低，而塑性和韧性值高。随着含碳量的增加，珠光体增加，强度、硬度不断提高，而塑性、韧性下降。当含碳量超过共析成分（0.77%C）时，钢中出现二次渗碳体，其强度、硬度继续上升，而含碳量超过 0.9% 时，由于渗碳体形成网状，虽然硬度不断增加，但强度开始下降。所以为了保证钢有较高强度、足够的塑性、韧性，含碳量一般不超过 1.3%。含碳量超过 2.11% 的铁碳合金，其组织以 Fe$_3$C 为主，断面呈银白色，故称白口铁。其性能是硬度高、脆性大，不易切削加工，不适于直接制造机器零件，但可作为可锻铸铁和炼钢原料。

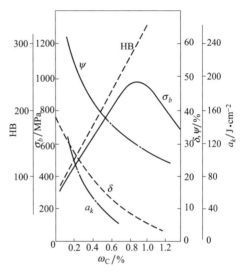

图 11-27　含碳量对钢力学性能的影响

4. Fe-Fe$_3$C 相图的应用及局限性

（1）Fe-Fe$_3$C 相图的应用

① Fe-Fe$_3$C 相图在钢铁材料选用方面的应用。建筑结构和各种型钢需用塑性、韧性好的材料，应选用含碳量较低的钢材。各种机器零件需要强度、塑性及韧性都较好的材料，应选用含碳量适中的中碳钢。各种工具要用硬度高及耐磨性好的材料，因此选用含碳量高的钢种。工业纯铁强度低，不宜作结构材料，但由于磁导率高，矫顽力低，可作软磁材料（如电磁铁的铁芯等）使用。白口铁硬脆，耐磨性和铸造性能好，适用于要求耐磨、不受冲击、形状复杂的铸件，例如拔丝模、冷轧辊、车轮、犁铧、球磨机的铁球等。

② Fe-Fe$_3$C 相图在铸造工艺方面的应用。根据 Fe-Fe$_3$C 相图可以确定合金的浇铸温度，浇铸温度一般在液相线以上 50~100℃，如图 11-28 所示。从相图可知，纯铁和共晶白口铁的铸造性能最好。因为它们的凝固温度区间最小（为零），流动性好，分散缩孔少，可获得致密铸件，所以铸铁的成分在生产上总是选在共晶成分附近。在铸钢生产中，含碳量规定在 0.15%~0.6% 之间，因为这一范围内钢的结晶区间较小，铸造性能好。

③ 在热锻、热轧工艺方面的应用。钢处于奥氏体状态时强度较低，塑性较好，因此钢的锻造或轧制温度必须选在单相奥氏体区。一般始锻及始轧温度控制在固相线以下 100~

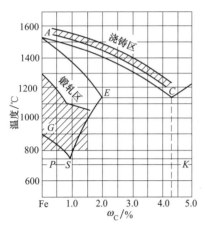

图 11-28　Fe-Fe₃C 相图与
铸锻工艺的关系

200℃范围内，如图 11-28 所示。但始锻及始轧温度不能过高，以免钢材严重氧化或发生过烧（晶界熔化）。终锻及终轧温度不能过低，以免因钢材塑性差而导致锻裂、轧裂。

④ 在热处理工艺方面的应用。依据相图可以确定热处理工艺（如退火、淬火等）的加热温度。具体将在热处理一章中详细阐述。

（2）Fe-Fe₃C 相图的局限性

① Fe-Fe₃C 相图反映的是平衡相。相图能给出平衡条件下的相、相的成分和各相的相对重量，但不能给出相的形状、大小和空间相互配置的关系。

② Fe-Fe₃C 相图只反映铁碳二元合金中相的平衡状态。实际生产中应用的钢和铸铁，除了铁和碳以外，往往含有其他的元素。其他元素的含量较高时，将使相图发生重大变化。此时，铁碳相图已不适用。

③ Fe-Fe₃C 相图反映的平衡组织，只有在非常缓慢的冷却和加热的情况下才能达到。就是说，相图没有反映时间的作用。所以钢铁在实际的生产和加工过程中，当冷却和加热速度较快时，常常不能用相图来分析问题。

必须指出，对于普通的钢和铸铁，在基本上不违背平衡的情况下，例如在炉中冷却，或在空气中冷却时，铁碳相图的应用是有足够的可靠性和准确性的。而对于特殊的钢和铸铁，或在距平衡条件较远的情况下，利用 Fe-Fe₃C 相图来分析问题是不准确的，但它仍然是分析问题的参考依据。

第二节　常用工程材料

一、碳素钢

目前工业上使用的钢铁材料中，碳钢占有很重要的地位。由于碳钢冶炼方便，加工容易，价格低廉，性能可以满足许多场合要求，故在工业中应用非常广泛。

（一）碳钢的分类

1. 按钢的含碳量分类

（1）低碳钢　$\omega_C \leqslant 0.25\%$。

（2）中碳钢　$0.25\% < \omega_C \leqslant 0.6\%$。

（3）高碳钢　$\omega_C > 0.6\%$。

2. 按钢的质量分类

主要是根据钢中含有害杂质 S、P 的多少来分。

（1）普通碳素钢　$\omega_S \leqslant 0.055\%$，$\omega_P \leqslant 0.045\%$。

（2）优质碳素钢　$\omega_S \leqslant 0.040\%$，$\omega_P \leqslant 0.040\%$。

（3）高级优质碳素钢　$\omega_S \leqslant 0.030\%$，$\omega_P \leqslant 0.035\%$。

3. 按用途分类

（1）碳素结构钢　这类钢主要用于制造各种工程构件（如桥梁、船舶、建筑等）和机器零件（如齿轮、轴、螺钉、螺母、连杆等），一般属于低碳钢和中碳钢。

（2）碳素工具钢　这类钢主要用于制造各种刀具、量具、模具，一般含碳量较高，属于高碳钢。

（二）常存杂质对碳钢性能的影响

碳钢是指含碳量小于 2.11％的铁碳合金，但实际使用的碳钢中还含有少量的锰、硅、硫、磷等，这些元素是从矿石、燃料和冶炼等渠道进入钢中的，统称为杂质，它们对钢的性能有一定的影响。

1. 锰

锰是炼钢时用锰铁脱氧而残留在钢中的，锰能够清除钢中的 FeO，改善钢的品质，降低钢的脆性；锰还能与硫化合成 MnS，消除硫的有害作用，改善钢的热加工性能。在碳钢中含锰量通常在 0.25％～0.80％之间，锰大部分溶于铁素体中，形成置换固溶体（含锰铁素体），使铁素体强化；一部分锰也能溶于 Fe_3C 中，形成合金渗碳体，锰还能增加珠光体的相对量，并使它细化，从而提高钢的强度；当含锰量不大时，对钢的性能影响并不显著。

2. 硅

硅也是作为脱氧剂而加入钢中的，在镇静钢中含硅量通常在 0.10％～0.40％之间，在沸腾钢中只含有 0.03％～0.07％的硅。大部分硅溶于铁素体，使铁素体强化，提高了钢的强度及硬度，但塑性、韧性下降，少部分硅存在于硅酸盐夹杂物中。当含硅量不大时，对钢的性能影响不显著。

3. 硫

硫是在炼钢时由矿石、燃料带进钢中来的，硫只能溶于钢液中，在固态铁中硫几乎不能溶解，而以 FeS 的形式存在，FeS 与 Fe 形成低熔点的共晶体，熔点为 985℃，分布在晶界。当钢材在 1000～1200℃进行热加工时，共晶体熔化，使钢材变脆，这种现象称为热脆性。此外，含硫质量分数较高时，还会使钢铸件在铸造应力作用下产生热裂纹。在焊接时产生 SO_2，还会使焊缝产生气孔和缩松。为此，钢中含硫量必须严格控制。

增加钢中含锰量，可消除硫的有害作用。锰与硫的化学亲和力大于铁与硫的亲和力，所以硫与锰形成 MnS，熔点为 1620℃，高于热加工温度，而且在高温下具有一定的塑性，不会产生热脆。在一般工业用钢中，锰的质量分数常为硫质量分数的 5～10 倍。

4. 磷

磷是由矿石和生铁等炼钢原料带入钢中的，无论高温还是低温，磷在铁中具有较大的溶解度，所以磷都固溶于铁素体中，具有很强的固溶强化作用，使钢的强度、硬度显著提高，但是剧烈地降低钢的韧性，尤其是低温韧性急剧下降，这种现象称为冷脆。所以磷是一种有害的杂质，钢中含磷量要严格控制。

（三）碳钢的编号和用途

1. 碳素结构钢

碳素结构钢含碳量低，具有较高的强度和良好的塑性与韧性，同时工艺性能（焊接性和冷成形性）优良，冶炼成本低。因此，碳素结构钢广泛应用在一般建筑、工程结构及普通机械零件中。碳素结构钢通常热轧成扁平成品（钢板、钢带等）或型材（圆钢、方钢、工字钢、钢筋等）供应，使用中一般不再进行热处理，在热轧状态下直接使用。按国家标准 GB/T 700—2006，碳素结构钢的牌号见表 11-6。

碳素结构钢的牌号是以钢材厚度（或直径）不大于 16mm 钢的屈服点（R_{eH}、R_{eL}）数值划分的，并且还有质量等级和脱氧方法的细划分，见表 11-6。其各符号含义为：

Q——钢屈服点，"屈"字汉语拼音首位字母；

A、B、C、D——分别为质量等级；

F——沸腾钢，"沸"字汉语拼音首位字母；

Z——镇静钢，"镇"字汉语拼音首位字母；

b——半镇静钢，"半"字汉语拼音首位字母，用小写 b 为便于与质量等级 B 相区别；

TZ——特殊镇静钢，"特镇"两字汉语拼音首位字母。

表 11-6　碳素结构钢牌号与化学成分（GB/T 700—2006）

牌号	等级	化学成分(质量分数)不大于/%					脱氧方法
		C	Mn	Si	S	P	
Q195	—	0.12	0.50	0.30	0.040	0.035	F、Z
Q215	A	0.15	1.20	0.35	0.050	0.045	F、Z
	B				0.045		
Q235	A	0.22	1.40	0.35	0.050	0.045	F、Z
	B	0.20			0.045		
	C	0.17			0.040	0.040	Z
	D				0.035	0.035	TZ
Q275	A	0.24	1.50	0.35	0.050	0.045	F、Z
	B	0.21			0.045	0.045	Z
	C	0.22			0.040	0.040	Z
	D	0.20			0.035	0.035	TZ

在牌号组成表示方法中，"A"级 S、P 含量最高，质量等级最低；"D"级 S、P 含量最低，质量等级最高。"Z"与"TZ"符号予以省略。

例如：Q235AF，表示 $\sigma_s \geqslant 235\text{MPa}$ 的 A 级碳素结构钢（属沸腾钢）。

碳素结构钢的特性和应用见表 11-7；碳素结构钢的力学性能见表 11-8。

表 11-7　碳素结构钢的特性和应用

牌号	主要特性	应用举例
Q195	具有较高的塑性、韧性和焊接性能，良好的压力加工性能，但强度低	用于制造对强度要求不高，便于加工成形的坯件，如钢丝、紧固件、日用小五金、犁铧、烟筒、屋面板、铆钉、薄板、焊管等
Q215		
Q235	具有良好的塑性、韧性和焊接性能、冷冲压性能，以及一定的强度、好的冷弯性能	广泛用于一般要求的零件和焊接结构，如受力不大的拉杆、连杆、销、轴、螺钉、螺母、套圈、支架、机座、建筑结构、桥梁等
Q275	具有较高的强度、较好的塑性和切削加工性能、一定的焊接性能，小型零件可以淬火强化	用于制造要求强度较高的零件，如齿轮、轴、链轮、键、螺栓、螺母、农机用型钢、输送链等

2. 优质碳素结构钢

这类钢中有害杂质及非金属夹杂物含量较少，化学成分控制得也较严格，塑性和韧性较高，多用于制造较重要零件。

这类钢的编号方法是以平均含碳量的万分数表示的，例如，平均含碳量为 0.45% 的优质碳素结构钢，就称为 45 钢。若牌号后加 Mn，则为含锰量较高的优质碳素结构钢，其淬透性和强度比相应普通含锰量的钢稍高，可用于制造截面稍大或强度要求稍高的弹性零件。优质碳素结构钢的牌号及化学成分、力学性能见表 11-9。

表 11-8 碳素结构钢的力学性能

牌号	等级	拉伸试验 屈服点 R_{eH}/MPa 钢材厚度（直径）/mm 不小于						抗拉强度 R_m/MPa	伸长率 A/% 钢材厚度（直径）/mm 不小于					冲击试验 温度/℃	V形冲击功（纵向）/J 不小于
		≤16	>16~40	>40~60	>60~100	>100~150	>150~200		≤40	>40~60	>60~100	>100~150	>150~200		
Q195	—	(195)	(185)	—	—	—	—	315~430	33	—	—	—	—	—	—
Q215	A	215	205	195	185	175	165	335~450	31	30	29	27	26	—	—
	B													20	27
Q235	A	235	225	215	205	195	185	375~500	26	25	24	22	21	—	—
	B													20	27
	C													0	27
	D													-20	27
Q275	A	275	265	255	245	225	215	410~540	22	21	20	18	17	—	—
	B													20	27
	C													0	27
	D													-20	27

表 11-9 优质碳素结构钢的牌号、化学成分及力学性能

牌号	化学成分（%）					机械性能						
	C	Si	Mn	S	P	屈服点 R_{eL}/MPa	抗拉强度 R_m/MPa	伸长率 A/% 不小于	断面收缩率 Z/% 不小于	冲击韧性 K_{U2}/(J/cm²) 不小于	热轧钢 HBS 不大于	退火钢 HBS 不大于
08F	0.05~0.11	≤0.03	0.25~0.50	<0.035	<0.035	175	295	35	60	—	131	—
10	0.07~0.13	0.17~0.37	0.35~0.65	<0.035	<0.035	205	335	31	55	—	137	—
20	0.17~0.23	0.17~0.37	0.35~0.65	<0.035	<0.035	245	410	25	55	—	156	—
35	0.32~0.39	0.17~0.37	0.50~0.80	<0.035	<0.035	315	530	20	45	55	197	187
40	0.37~0.44	0.17~0.37	0.50~0.80	<0.035	<0.035	335	570	19	45	47	217	197
45	0.42~0.50	0.17~0.37	0.50~0.80	<0.035	<0.035	355	600	16	40	39	229	207
50	0.47~0.55	0.17~0.37	0.50~0.80	<0.035	<0.035	375	630	14	40	31	241	229
60	0.57~0.65	0.17~0.37	0.50~0.80	<0.035	<0.035	400	675	12	35	—	255	229
65	0.62~0.70	0.17~0.37	0.50~0.80	<0.035	<0.035	410	695	10	30	—	255	229
65Mn	0.62~0.70	0.17~0.37	0.90~1.20	<0.035	<0.035	430	735	9	30	—	285	229

优质碳素结构钢主要用于制造重要的机械零件，一般都要经过热处理之后使用。随着优质碳素结构钢含碳量的增加，其强度、硬度提高，而塑性、韧性降低。因此，不同牌号的优质碳素结构钢具有不同的力学性能及用途。优质碳素结构钢的特性和应用见表11-10。

表 11-10　优质碳素结构钢的特性和应用

牌号	主要特性	应用举例
08F	优质沸腾钢，强度、硬度低，塑性极好。深冲压、深拉延等冷加工性好，焊接性好。成分偏析倾向大，时效敏感性强（钢经时效处理后，韧性下降），故冷加工时，可采用消除应力热处理或水韧处理，防止冷加工断裂	易轧成薄板、薄带、冷变形材、冷拉钢丝。用作冲压件、压延件，各类不承受载荷的覆盖件，渗碳、渗氮、碳氮共渗件，制作各类套筒、靠模、支架
10	强度低（稍高于08钢），塑性、韧性很好，焊接性优良，无回火脆性。易冷热加工成形，淬透性很差，正火或冷加工后切削性能好	宜用冷轧、冷冲、冷镦、冷弯、热轧、热挤压、热镦等工艺成形，制造要求受力不大、韧性高的零件，如摩擦片、深冲器皿、汽车车身、弹体等
20	强度、硬度稍高于15F、15钢，塑性和焊接性都好，热轧或正火后韧性好	制作不太重要的中、小型渗碳、碳氮共渗件，锻压件，如杠杆轴、变速箱变速叉、齿轮、重型机械拉杆、钩环等
35	强度适当，塑性较好，冷塑性高，焊接性尚可。冷态下可局部镦粗和拉丝。淬透性低，正火或调质后使用	适于制造小截面零件，可承受较大载荷的零件，如曲轴、杠杆、连杆、钩环等，各种标准件、紧固件
40	强度较高，可切削性良好，冷变形能力中等，焊接性差。无回火脆性，淬透性低，易生水淬裂纹，多在调质或正火态使用，两者综合性能相近，表面淬火后可用于制造承受较大应力件	适于制造曲轴心轴、传动轴、活塞杆、连杆、链轮、齿轮等，作焊接件时需先预热，焊后缓冷
45	最常用中碳调质钢，综合力学性能良好，淬透性低，水淬时易生裂纹。小型件宜采用调质处理，大型件宜采用正火处理	主要用于制造强度高的运动件，如透平机叶轮、压缩机活塞、轴、齿轮、齿条、蜗杆等。焊接件注意焊前预热，焊后消除应力退火
50	高强度中碳结构钢，冷变形能力低，可切削性中等。焊接性差，无回火脆性，淬透性较低，水淬时易生裂纹，使用状态有正火、淬火后回火、高频表面淬火，适用于在动载荷及冲击作用不大的条件下耐磨性高的机械零件	锻造齿轮、拉杆、轧辊、轴摩擦盘、机床主轴、发动机曲轴、农业机械犁铧、重载荷心轴及各种轴类零件等，以及较次要的减震弹簧、弹簧垫圈等
60	具有高强度、高硬度和高弹性，冷变形时塑性差，可切削性能中等，焊接性不好，淬透性差，水淬易生裂纹，故大型件用正火处理	轧辊、轴类、轮毂、弹簧圈、减振弹簧、离合器、钢丝绳
65	适当热处理或冷作硬化后具有较高强度与弹性，焊接性不好，易形成裂纹，不宜焊接，可切削性差，冷变形塑性低，淬透性不好，一般采用油淬，大截面件采用水淬油冷或正火处理。其特点是在相同组态下其疲劳强度可与合金弹簧钢相当	宜用于制造截面形状简单、受力小的扁形或螺旋形弹簧零件，如气门弹簧、弹簧环等，也宜用于制造高耐磨性零件，如轧辊、曲轴、凸轮及钢丝绳等
65Mn	强度、硬度、弹性和淬透性均比65钢高，具有过热敏感性和回火脆性倾向，水淬有形成裂纹倾向。退火态可切削性尚可，冷变形塑性低，焊接性差	受中等载荷的板弹簧，直径达7～20mm螺旋弹簧及弹簧垫圈、弹簧环。高耐磨性零件，如磨床主轴、弹簧卡头、精密机床丝杠、犁、切刀、螺旋辊子轴承上的套环、铁道钢轨等

3. 碳素工具钢

这类钢的编号方法是在"碳"或"T"后加数字，数字表示钢中平均含碳量的千分数。例如，碳7（T7）、碳12（T12）分别表示平均含碳量为 0.7% 和 1.2% 的碳素工具钢。碳素工具钢的牌号、化学成分及性能见表11-11。

表 11-11 碳素工具钢的牌号、化学成分、硬度（GB/T 1298—2008）

牌号	化学成分/%					退火钢的硬度 HBS，不大于	淬火温度/℃ 及冷却剂	淬火后钢的硬度 HRC，不小于
	C	Mn	Si	S	P			
T7	0.65～0.74	≤0.40	≤0.35	≤0.030	≤0.035	187	800～820 水	62
T8	0.75～0.84						780～800 水	
T8Mn	0.80～0.90	0.40～0.60						
T9	0.85～0.94	≤0.40				192		
T10	0.95～1.04					197	760～780 水	
T11	1.05～1.14					207		
T12	1.15～1.24							
T13	1.25～1.35					217		

注：1. 高级优质钢（钢号后加 A），S≤0.020%，P≤0.030%。

2. 钢中允许有残余元素，Cr≤0.25%，Ni≤0.20%，Cu≤0.25%。当制造铅浴淬火钢丝时，钢中残余元素含量 Cr≤0.10%，Ni≤0.12%，Cu≤0.20%，三者之和不大于 0.40%。

碳素工具钢都是优质以上的钢，若为高级优质碳素工具钢，则在钢号后面加一个"高"字或 A，例如碳 12 高（或 T12A）。

碳素工具钢一般以退火状态供应，使用时须进行适当的热处理，各种碳素工具钢淬火后的硬度相近，但随含碳量的增加，钢中未溶渗碳体增多，钢的耐磨性增加，而韧性降低。碳素工具钢的特性和应用见表 11-12。

表 11-12 碳素工具钢的特性和应用

牌号	主要特性	应用举例
T7 T7A	经热处理（淬火、回火）之后，可得到较高的强度和韧性以及相当的硬度，但淬透性低、淬火变形，而且热硬度低	用于制作承受撞击、振动载荷、韧性较好、硬度中等且切削能力不高的各种工具，如小尺寸风动工具（冲头、凿子），木工用的凿和锯，压模、锻模、钳工工具、铆钉冲模、车床顶针、钻头、钻岩石的钻头、镰刀、剪铁皮的剪子，还可用于制作弹簧、销轴、杆、垫片等耐磨、承受冲击、韧性不高的零件，T7 还可制作手用大锤、钳工锤头、瓦工用的抹子
T8 T8A	经淬火回火处理后，可得到较高的硬度和良好的耐磨性，但强度和塑性不高，淬透性低，加热时易过热，易变形，热硬性低，承受冲击载荷的能力低	用于制造切削刀口在工作中不变热的、硬度和耐磨性较高的工具，如木材加工用的铣刀、埋头钻、斧、凿、纵向手锯、圆锯片、滚子、铅锡合金压铸板和型芯、简单形状的模子和冲头、软金属切削刀具、打眼工具、钳工装配工具、铆钉冲模、虎钳口以及弹性垫圈、弹簧片、卡子、销子、夹子、止动圈等
T8Mn T8MnA	性能和 T8、T8A 相近，由于合金元素锰的作用，淬透性比 T8、T8A 好。能获得较深的淬硬层，可以制作截面较大的工具	用途和 T8、T8A 相似
T9 T9A	性能和 T8、T8A 相近	用于制作硬度、韧性较高，但不受强烈冲击振动的工具，如冲头、冲模、木工工具、切草机刀片、收割机中切割零件
T10 T10A	钢的韧性较好，强度较高，耐磨性比 T8、T8A、T9、T9A 均高，但热硬性低，淬透性不高，淬火变形较大	用于制造切削条件较差，耐磨性较高，且不受强烈振动、要求韧性及锋刃的工具，如钻头、丝锥、车刀、刨刀、扩孔工具、螺丝板牙、铣刀、切烟和切纸机的刀刃、锯条、机用细木工具、拉丝模、直径或厚度为 6～8mm 断面均匀的冷切边模及冲孔模、卡板量具以及用于制作冲击不大的耐磨零件，如小轴、低速传动轴承、滑轮轴、销子等
T11 T11A	具有较好的韧性和耐磨性、较高的强度和硬度，而且对晶粒长大和形成碳化物网的敏感性较小，但淬透性低，热硬性差，淬火变形大	用于制造钻头、丝锥、手用锯金属的锯条、形状简单的冲头和阴模、剪边模和剪冲模
T12 T12A	具有高硬度和高耐磨性，但韧性较低，热硬性差，淬透性不好，淬火变形大	用于制造冲击小、切削速度不高、高硬度的各种工具，如铣刀、车刀、钻头、铰刀扩孔钻、丝锥、板牙、刮刀、切烟丝刀、锉刀、锯片、切黄铜用工具、羊毛剪刀、小尺寸的冷切边模及冲孔模，以及高硬度但冲击小的机械零件
T13 T13A	在碳素工具钢中，是硬度和耐磨性最好的工具钢，韧性较差，不能承受冲击	用于制造要求极高硬度但不受冲击的工具，如刮刀、剃刀、拉丝工具、刻锉刀纹的工具、钻头、硬石加工用的工具、锉刀、雕刻用工具、剪羊毛刀片等

4. 碳素铸钢

在生产中，一些形状复杂的零件，从工艺上难于用锻压方法生产，从性能上用力学性能较低的铸铁又不能满足要求。此时常采用铸钢件。铸造碳钢的铸造性能比铸铁差，但力学性能大大优于铸铁，工程上广泛用于制造重型机械、矿山机械、冶金机械、机车车辆上的零件和构件。一般工程用铸造碳钢的牌号、化学成分、力学性能和用途见表 11-13。

表 11-13   工程用铸造碳钢的牌号、化学成分、力学性能（GB/T 11352—2009）

牌号	主要化学成分 $w/\%$				室温力学性能（不小于）				
	C ≤	Si ≤	Mn ≤	P、S ≤	$R_{eH}(R_{p0.2})$ /MPa	R_m /MPa	$A/\%$	$Z/\%$	A_{kV}/J
ZG200-400	0.20		0.80		200	400	25	40	30
ZG230-450	0.30				230	450	22	32	25
ZG270-500	0.40	0.60	0.90	0.035	270	500	18	25	22
ZG310-570	0.50				310	570	15	21	15
ZG340-640	0.60				340	640	10	18	10

一般工程用铸造碳钢的特性和应用见表 11-14。

表 11-14   铸造碳钢的特性和应用

牌号	主要特性	应用举例
ZG200-400	有良好的塑性、韧性和焊接性能	用于受力不大、要求韧性高的各种机械零件，如机座、变速箱壳体等
ZG230-450	有一定的强度和较好的塑性、韧性，焊接性能良好，可加工性尚好	用于受力不大、要求韧性较高的各种机械零件，如砧座、外壳、轴承盖、底板、阀体、犁柱等
ZG270-500	有较高的强度和较好的塑性，铸造性能良好，焊接性能尚好，可加工性好	用于轧钢机机架、轴承座、连杆、箱体、曲轴、缸体等
ZG310-570	强度和可加工性良好，塑性、韧性较低	用于负荷较高的零件，如大齿轮、缸体、制动轮、辊子、机架等
ZG340-640	有高的强度、硬度和耐磨性，可加工性中等，焊接性较差，铸造时流动性好，但裂纹敏感性较大	用于齿轮、棘轮、叉头等

二、合金钢

碳素钢价格低廉、生产和加工方便，并且通过改变碳的含量和采取相应的热处理，可以满足许多工业上所要求的性能，因而至今仍是工业上应用最广泛的钢铁材料，占钢材总量的80%。但碳钢存在一些不足，限制了它的使用。

（1）淬透性低   对于直径大于 20～25mm 的零件，即使水淬也难淬透。因此，在整个截面上的性能分布不均匀，这就限制了其应用于性能要求高的大型构件。

（2）力学性能低   如 20 钢的强度 $R_m \geq 410$MPa，而 16Mn 仅加入少量的 Mn，强度就提高为 $R_m \geq 520$MPa。可见，对于承受高负荷的零件，当采用碳钢时，就要增大尺寸，致使设备变得庞大、笨重。再例如调质处理的碳钢，若保证较高的强度，则韧性较低；若保证较好的韧性，则强度较低。

（3）不能满足特殊性能的要求   碳钢在抗氧化、耐蚀、耐热、耐低温、耐磨损以及特殊电磁性等方面往往较差，不能满足特殊使用性能的要求。

为了改善钢的组织与性能，有意识地在碳钢中加入某些合金元素，就得到了合金钢。合金钢淬透性好，力学性能高，还具有耐腐蚀、抗氧化、耐磨损等特殊性能，但是工艺复杂，价格较贵，因而只应用在要求较高的场合。

（一）合金元素在钢中的作用

合金钢中常用的合金元素有锰（Mn）、硅（Si）、铬（Cr）、钼（Mo）、钨（W）、钒（V）、钛（Ti）、铌（Nb）、锆（Zr）、镍（Ni）钴（Co）等。

合金元素在钢中可以与铁和碳形成固溶体（包括合金奥氏体、合金铁素体、合金马氏体）和碳化物（包括合金渗碳体、特殊碳化物），也可以相互之间形成金属间化合物，从而改变钢的组织和性能。

（二）合金钢的分类及牌号

1. 合金钢的分类

合金钢的种类繁多，分类方法也较多，常用分类方法如下。

（1）按合金元素的含量分

①低合金钢：合金元素总的质量分数小于 5%；②中合金钢：合金元素总的质量分数在 5%～10% 之间；③高合金钢：合金元素总的质量分数大于 10%。

（2）按用途分　合金钢分为合金结构钢、合金工具钢、特殊性能钢三类。

合金结构钢又分为低合金高强度结构钢、合金渗碳钢、合金调质钢、合金弹簧钢、轴承钢、易切钢、超高强度钢。

合金工具钢又分为刃具钢、模具钢、量具钢。

特殊性能钢又分为不锈钢、耐热钢、耐磨钢。

2. 合金钢的牌号

（1）合金结构钢　低合金高强度结构钢的牌号表示方法与碳素结构钢相同，其他合金结构钢的牌号通常由四部分组成。

① 平均含碳量：以两位阿拉伯数字表示（以万分之几计）。

② 合金元素含量：以化学元素符号及阿拉伯数字表示。具体表示方法为：平均含量小于 1.50% 时，牌号中仅标明元素，一般不标明含量；平均含量为 1.50%～2.49%、2.50%～3.49%、3.50%～4.49%、4.50%～5.49%……时，在合金元素后相应写上 2、3、4、5……

③ 钢材冶金质量：即高级优质钢、特级优质钢分别以 A、E 表示，优质钢不用字母表示。

④ 必要时：产品用途、特性或工艺方法的表示符号。

例如：含碳量为 0.17%～0.23%，含铬量为 1.00%～1.30%，含锰量为 0.80%～1.10%，含钛量为 0.04%～0.10% 的合金结构钢，牌号为 20CrMnTi。

（2）合金工具钢　合金工具钢的牌号通常由两部分组成。

① 平均含碳量：小于 1.00% 时，采用一位数字表示含碳量（以千分之几计）；大于 1.00% 时，不标明含碳量。

② 合金元素含量：以化学元素符号及阿拉伯数字表示，表示方法与合金结构钢第二部分相同。低铬（平均含铬量小于 1%）合金工具钢，在铬含量（以千分之几计）前加数字"0"。

高速工具钢牌号表示方法与合金结构钢相同，但在牌号头部一般不标明含碳量的阿拉伯数字。为了区别牌号，在牌号头部可以加"C"表示高碳高速工具钢。

例如：含碳量为 0.73%～0.83%，含钨量为 17.20%～18.70%，含铬量为 3.80%～4.50%，含钒量为 1.00%～1.20% 的高速钢，牌号为 W18Cr4V。

（3）特殊性能钢　不锈钢和耐热钢的牌号采用合金元素符号和表示各元素含量的阿拉伯

数字表示。各元素含量的阿拉伯数字表示应符合如下规定。

① 含碳量：用两位或三位阿拉伯数字表示含碳量的最佳控制值（以万分之几或十万分之几计）。只规定含碳量上限者，当含碳量上限不大于 0.10% 时，以其上限的 3/4 表示含碳量；当含碳量上限大于 0.10% 时，以其上限的 4/5 表示含碳量。例如：含碳量上限分别为 0.08%、0.20%、0.15% 时，含碳量分别以 06、16、12 表示。

对超低碳不锈钢（含碳量不大于 0.030% 时），用三位阿拉伯数字表示含碳量最佳控制值（以十万分之几计）。例如：含碳量上限为 0.030%、0.020% 时，其牌号中的含碳量分别以 022、015 表示。

规定含碳量上、下限者，以平均含碳量×100 表示。例如：含碳量为 0.16%～0.25% 时，其牌号中的含碳量以 20 表示。

② 合金元素含量：以化学元素符号及阿拉伯数字表示，表示方法同合金结构钢第二部分。钢中有意加入的铌、钛、锆、氮等合金元素，虽然含量很低，也应在牌号中标出。

例如：含碳量不大于 0.08%，含铬量为 18.00%～20.00%，含镍量为 8.00%～11.00% 的不锈钢，牌号为 06Cr19Ni10。含碳量不大于 0.030%，含铬量为 16.00%～19.00%，含钛量为 0.10%～1.00% 的不锈钢，牌号为 022Cr18Ti。

（三）合金结构钢的性能及应用

1. 低合金高强度结构钢

低合金高强度结构钢是指含有少量锰、钒、铌、钛等合金元素，用于工程和一般结构的钢种，低合金高强度结构钢的强度比碳素结构钢高 30%～150%，并在保持低碳（≤0.20%）的条件下，获得不同的强度等级。用低合金高强度结构钢代替碳素结构钢使用，可以减轻结构自重，节约金属材料消耗，提高结构承载能力并延长其使用寿命。

低合金高强度结构钢的牌号、化学成分见表 11-15；低合金高强度结构钢的拉伸试验力学性能见表 11-16；低合金高强度结构钢的特性和应用见表 11-17。

表 11-15　我国常用的几种低合金高强度结构钢的牌号和化学成分（GB/T 1591—2008）

牌号	质量等级	化学成分/%												
		C	Si	Mn	P	S	Nb	V	Ti	Cr	Ni	Cu	N	Mo
		≤												
Q345	A	0.20	0.50	1.70	0.035	0.035	0.07	0.15	0.20	0.30	0.50	0.30	0.012	0.10
	B				0.035	0.035								
	C				0.030	0.030								
	D	0.18			0.030	0.025								
	E				0.025	0.020								
Q390	A	0.20	0.50	1.70	0.035	0.035	0.07	0.20	0.20	0.30	0.50	0.30	0.015	0.10
	B				0.035	0.035								
	C				0.030	0.030								
	D				0.030	0.025								
	E				0.025	0.020								
Q420	A	0.20	0.50	1.70	0.035	0.035	0.07	0.20	0.20	0.30	0.80	0.30	0.015	0.20
	B				0.035	0.035								
	C				0.030	0.030								
	D				0.030	0.025								
	E				0.025	0.020								
Q460	C	0.20	0.60	1.80	0.030	0.030	0.11	0.20	0.20	0.30	0.80	0.55	0.015	0.20 B:0.004
	D				0.030	0.025								
	E				0.025	0.020								

表 11-16　我国常用的几种低合金高强度结构钢的拉伸试验力学性能 （GB/T 1591—2008）

牌号	质量等级	屈服强度/MPa 厚度（直径，边长）/mm									抗拉强度/MPa 厚度（直径，边长）/mm							断后伸长率/% 厚度（直径，边长）/mm					
		≤16	>16~40	>40~63	>63~80	>80~100	>100~150	>150~200	>200~250	>250~400	≤40	>40~63	>63~80	>80~100	>100~150	>150~250	>250~400	≤40	>40~63	>63~100	>100~150	>150~250	>250~400
Q345	A	≥345	≥335	≥325	≥315	≥305	≥285	≥275	≥265	—	470~630	470~630	470~630	470~630	450~600	450~600	—	≥20	≥19	≥19	≥18	≥17	—
	B	≥345	≥335	≥325	≥315	≥305	≥285	≥275	≥265	—	470~630	470~630	470~630	470~630	450~600	450~600	—	≥20	≥19	≥19	≥18	≥17	—
	C	≥345	≥335	≥325	≥315	≥305	≥285	≥275	≥265	—	470~630	470~630	470~630	470~630	450~600	450~600	—	≥21	≥20	≥20	≥19	≥18	≥17
	D	≥345	≥335	≥325	≥315	≥305	≥285	≥275	≥265	≥265	470~630	470~630	470~630	470~630	450~600	450~600	450~600	≥21	≥20	≥20	≥19	≥18	≥17
	E	≥345	≥335	≥325	≥315	≥305	≥285	≥275	≥265	≥265	470~630	470~630	470~630	470~630	450~600	450~600	450~600	≥21	≥20	≥20	≥19	≥18	≥17
Q390	A	≥390	≥370	≥350	≥330	≥330	≥310	—	—	—	490~650	490~650	490~650	490~650	470~620	—	—	≥20	≥19	≥19	≥18	—	—
	B	≥390	≥370	≥350	≥330	≥330	≥310	—	—	—	490~650	490~650	490~650	490~650	470~620	—	—	≥20	≥19	≥19	≥18	—	—
	C	≥390	≥370	≥350	≥330	≥330	≥310	—	—	—	490~650	490~650	490~650	490~650	470~620	—	—	≥20	≥19	≥19	≥18	—	—
	D	≥390	≥370	≥350	≥330	≥330	≥310	—	—	—	490~650	490~650	490~650	490~650	470~620	—	—	≥20	≥19	≥19	≥18	—	—
	E	≥390	≥370	≥350	≥330	≥330	≥310	—	—	—	490~650	490~650	490~650	490~650	470~620	—	—	≥20	≥19	≥19	≥18	—	—
Q420	A	≥420	≥400	≥385	≥360	≥360	≥340	—	—	—	520~680	520~680	520~680	520~680	500~650	—	—	≥19	≥18	≥18	≥18	—	—
	B	≥420	≥400	≥385	≥360	≥360	≥340	—	—	—	520~680	520~680	520~680	520~680	500~650	—	—	≥19	≥18	≥18	≥18	—	—
	C	≥420	≥400	≥385	≥360	≥360	≥340	—	—	—	520~680	520~680	520~680	520~680	500~650	—	—	≥19	≥18	≥18	≥18	—	—
	D	≥420	≥400	≥385	≥360	≥360	≥340	—	—	—	520~680	520~680	520~680	520~680	500~650	—	—	≥19	≥18	≥18	≥18	—	—
	E	≥420	≥400	≥385	≥360	≥360	≥340	—	—	—	520~680	520~680	520~680	520~680	500~650	—	—	≥19	≥18	≥18	≥18	—	—
Q460	C	≥460	≥440	≥420	≥400	≥400	≥380	—	—	—	550~720	550~720	550~720	550~720	530~700	—	—	≥17	≥16	≥16	≥16	—	—
	D	≥460	≥440	≥420	≥400	≥400	≥380	—	—	—	550~720	550~720	550~720	550~720	530~700	—	—	≥17	≥16	≥16	≥16	—	—
	E	≥460	≥440	≥420	≥400	≥400	≥380	—	—	—	550~720	550~720	550~720	550~720	530~700	—	—	≥17	≥16	≥16	≥16	—	—

表 11-17　低合金高强度结构钢的特性和应用

牌号	主要特性	应用举例
Q345	综合力学性能好,焊接性及冷、热加工性能和耐蚀性能均好,C、D、E 级钢具有良好的低温韧性	船舶、锅炉、压力容器、石油储罐、桥梁、电站设备、起重运输机械及其他较高载荷的焊接结构件
Q390		
Q420	强度高,特别是在正火或正火加回火状态有较高的综合力学性能	大型船舶、桥梁、电站设备、中高压锅炉、高压容器、机车车辆、起重机械、矿山机械及其他大型焊接结构件
Q460	强度最高,在正火、正火加回火或淬火加回火状态有很高的综合力学性能,全部用铝补充脱氧,质量等级为 C、D、E 级,可保证钢的良好韧性	备用钢种,用于各种大型工程结构及要求强度高、载荷大的轻型结构

2. 合金渗碳钢

合金渗碳钢是指经过渗碳热处理后使用的低碳合金钢,主要用于制造在摩擦力、交变接触应力和冲击条件下工作的零件,如汽车、拖拉机、重型机床中的齿轮,内燃机的凸轮轴等。这些零件的表面要求有高的硬度和耐磨性及高的接触疲劳强度,心部则要求有良好的韧性。

合金渗碳钢的碳含量较低,仅为 $0.10\% \sim 0.25\%$,这样可以保证零件心部有足够的韧性。常加入的合金元素有 Cr、Ni、Mn、B,这些元素除了提高钢的淬透性,改善零件心部组织与性能外,还能提高渗碳层的强度与韧性,尤其以 Ni 的作用最为显著。此外钢中还加入微量的 V、Ti、W、Mo 等元素以形成特殊碳化物,阻止奥氏体晶粒在渗碳温度下长大,使零件在渗碳后能进行预冷直接淬火,并提高零件表面硬度和接触疲劳强度及韧性。

合金渗碳钢的热处理一般都是渗碳后直接进行淬火和低温回火,其表层组织为细针状回火高碳马氏体＋粒状碳化物＋少量残余奥氏体,硬度为 $58 \sim 64HRC$,心部组织为铁素体(或屈氏体)＋低碳马氏体,硬度为 $35 \sim 45HRC$。

常用渗碳钢的牌号和化学成分见表 11-18。

表 11-18　常用的合金渗碳钢的牌号和化学成分　(GB/T 3077—1999)

牌号	化学成分/%						
	C	Si	Mn	Cr	Mo	V	其他
20Mn2	$0.17 \sim 0.24$	$0.17 \sim 0.37$	$1.40 \sim 1.80$	—	—	—	—
20Cr	$0.18 \sim 0.24$	$0.17 \sim 0.37$	$0.50 \sim 0.80$	$0.70 \sim 1.00$	—	—	—
20MnV	$0.17 \sim 0.24$	$0.17 \sim 0.37$	$1.30 \sim 1.60$	—	—	$0.07 \sim 0.12$	—
20CrMn	$0.17 \sim 0.23$	$0.17 \sim 0.37$	$0.90 \sim 1.20$	$0.90 \sim 1.20$	—	—	—
20CrMnTi	$0.17 \sim 0.23$	$0.17 \sim 0.37$	$0.80 \sim 1.10$	$1.00 \sim 1.30$	—	—	Ti:$0.04 \sim 0.10$
20MnTiB	$0.17 \sim 0.24$	$0.17 \sim 0.37$	$1.30 \sim 1.60$	—	—	—	B:$0.0005 \sim 0.0035$ Ti:$0.04 \sim 0.10$
18Cr2Ni4WA	$0.13 \sim 0.19$	$0.17 \sim 0.37$	$0.30 \sim 0.60$	$1.35 \sim 1.65$	—	—	—

常用合金渗碳钢的力学性能见表 11-19。常用合金渗碳钢的特性和应用见表 11-20。

3. 合金调质钢

合金调质钢是指经过调质处理(淬火＋高温回火)后使用的中碳合金结构钢,主要用于制造受力复杂、要求有良好综合力学性能的重要零件,如精密机床的主轴、汽车的后桥半轴、发动机的曲轴、连杆螺栓、锻锤的锤杆等。

合金调质钢的含碳量为 $0.25\% \sim 0.50\%$,多为 0.40% 左右,以保证钢经调质处理后有足够的强度和塑性、韧性。常加入的合金元素有 Mn、Cr、Si、Ni、B 等,它们的主要作用是增加淬透性,强化铁素体,有时加入微量的 V,以细化晶粒。在含 Cr、Mn、Cr-Ni、Cr-Mn 的钢中常加入适量的 Mo、W,以防止或减轻第二类回火脆性。

表 11-19　常用合金渗碳钢的力学性能

牌号	试样毛坯尺寸/mm	热处理					力学性能					
		淬火			回火		抗拉强度 R_m /MPa	屈服强度 R_{eH} /MPa	伸长率 A /%	断面收缩率 Z /%	冲击吸收功 A_{kU2} /J	退火或高温回火供应状态布氏硬度 HBS10/3000
		加热温度/℃		冷却剂	加热温度/℃	冷却剂						
		第一次淬火	第二次淬火				≥		≥			≤
20Mn2	15	850	—	水、油	200	水、空	785	590	10	40	47	187
		880	—	水、油	440	水、空						
20Cr	15	880	780~820	水、油	200	水、空	835	540	10	40	47	179
20MnV	15	880	—	水、油	200	水、空	785	590	10	40	55	187
20CrMn	15	850	—	油	200	水、空	930	735	10	45	47	187
20CrMnTi	15	880	870	油	200	水、空	1080	850	10	45	55	217
20MnTiB	15	860	—	油	200	水、空	1130	930	10	45	55	187
18Cr2Ni4WA	15	950	850	空	200	水、空	1180	835	10	45	78	269

表 11-20　常用合金渗碳钢的特性和应用

牌号	主要特性	应用举例
20Mn2	具有中等强度、较小截面尺寸的 20Mn2 和 20Cr 性能相似,低温冲击韧性、焊接性能较 20Cr 好,冷变形时塑性高,切削加工性良好,淬透性比相应的碳钢要高,热处理时有过热、脱碳敏感性及回火脆性倾向	用于制造截面尺寸小于 50mm 的渗碳零件,如渗碳的小齿轮、小轴、力学性能要求不高的十字头销、活塞销、柴油机套筒、气门顶杆、变速齿轮操纵杆、钢套,热轧及正火状态下用于制造螺栓、螺钉、螺母及铆焊件等
20Cr	比 15Cr 和 20 钢的强度和淬透性高,经淬火+低温回火后,能得到良好的综合力学性能和低温冲击韧性,无回火脆性,渗碳时,钢的晶粒仍有长大倾向,因而应进行二次淬火以提高心部韧性,不宜降温淬火,冷弯变形时塑性较高,可进行冷拉丝,高温正火或调质后,切削加工性良好,焊接性较好(焊前一般应预热至 100~150℃)	用于制造小截面(小于 30mm),形状简单,转速较高,载荷较小,表面耐磨,心部强度较高的各种渗碳或碳氮共渗零件,如小齿轮、小轴、阀、活塞销、衬套棘轮、托盘、凸轮、蜗杆、牙形离合器等,对热处理变形小、耐磨性要求高的零件,渗碳后应进行一般淬火或高频淬火,如小模数(小于 3mm)齿轮、花键轴、轴等,也可作调制钢用于制造低速、中载(冲击)的零件
20MnV	性能好,可以代替 20Cr、20CrNi 使用,其强度、韧性及塑性均优于 15Cr 和 20Mn2,淬透性亦好,切削加工性尚可,渗碳后,可以直接淬火,不需要第二次淬火来改善心部组织,焊接性能好,但热处理时,在 300~360℃时有回火脆性	用于制造高压容器、锅炉、大型高压管道等的焊接构件(工作温度不超过 450~475℃),还用于制造冷轧、冷拉、冷冲压加工的零件,如齿轮、自行车链条、活塞销等,还广泛用于制造直径小于 20mm 的矿用链环
20CrMn	强度、韧性均高,淬透性良好,热处理后所得到的性能优于 20Cr,淬火变形小,低温韧性良好,切削加工性较好,但焊接性能低,一般在渗碳淬火或调质后使用	用于制造重载大截面的调质零件及小截面的渗碳零件,当用于制造中等负载、冲击较小的中小零件时,代替 20CrNi 使用,如用于制造齿轮、轴、摩擦轮、蜗杆调速器的套筒等
20CrMnTi	淬火+低温回火后,综合力学性能和低温冲击韧性良好,渗碳后具有良好的耐磨性和抗弯强度,热处理工艺简单,热加工和冷加工性较好,但高温回火时有回火脆性倾向	是应用广泛、用量很大的一种合金结构钢,用于制造汽车拖拉机中截面尺寸小于 30mm 的中载或重载、冲击耐磨且高速的各种重要零件,如齿轮轴、齿圈、齿轮、十字轴、滑动轴承支承的主轴、蜗杆、牙形离合器,有时还可以代替 20SiMoVB、20MnTiB 使用
20MnTiB	具有良好的力学性能和工艺性能,正火后切削加工性良好,热处理后的疲劳强度较高	较多地用于制造汽车、拖拉机中尺寸较小、中载荷的各种齿轮及渗碳零件,可代替 20CrMnTi 使用
18Cr2Ni4WA	属于高强度、高韧性、高淬透性的高级合金渗碳结构钢,在油淬时,截面尺寸小于 200mm 可完全淬透,空冷淬火时全部淬透直径为 110~130mm。经渗碳、淬火及低温回火后表面硬度及耐磨性均高,心部强度和韧性也都很高,是渗碳钢中力学性能最好的钢种。工艺性能差,热加工易产生白点,锻造时变形阻力较大,氧化皮不易清理。可切削性也差,不能用一般退火来降低硬度,应采用正火及长时间回火,在冷变形时塑性和焊接性也较差	适用于制造截面尺寸较大、载荷较重,又要求良好韧性和低缺口敏感性的重要零件,如大截面齿轮、传动轴、曲轴、花键轴、活塞销及精密机床上控制进刀的涡轮等。进行调质处理后,可用于制造承受重载荷和振动下工作的零件,如重型和中型机械制造业中的连杆、齿轮、曲轴、减速器轴及内燃机车、柴油机上受重载荷的螺栓等。调质后再经氮化处理,还可制作高速大功率发动机曲轴等

根据淬透性,将合金调质钢分为三类。

(1) 低淬透性合金调质钢　如 40Cr、40MnB 等,用于制造截面尺寸小或载荷较小的零件,如连杆螺栓、机床主轴等。

(2) 中淬透性合金调质钢　如 35CrMo、38CrSi 等,用于制造截面尺寸较大、载荷较大的零件,如火车发动机曲轴、连杆等。

(3) 高淬透性合金调质钢　如 38CrMoAlA、40CrNiMoA 等,用于制造截面尺寸大、载荷大的零件,如精密机床主轴、汽轮机主轴、航空发动机曲轴、连杆等。

合金调质钢的热处理为淬火+高温回火,即调质,其组织为回火索氏体,具有良好的综合力学性能。

常用合金调质钢的牌号和化学成分见表 11-21。

表 11-21　常用的合金调质钢的牌号和化学成分（GB/T 3077—1999）

牌号	化学成分/%					
	C	Si	Mn	Cr	Mo	其他
45Mn2	0.42～0.49	0.17～0.37	1.40～1.80	—	—	—
40MnB	0.37～0.44	0.17～0.37	1.10～1.40	—	—	B：0.0005～0.0035
40MnVB	0.37～0.44	0.17～0.37	1.10～1.40	—	V：0.05～0.10	B：0.0005～0.0035
40Cr	0.37～0.44	0.17～0.37	0.50～0.80	0.80～1.10	—	—
40CrMn	0.37～0.45	0.17～0.37	0.90～1.20	0.90～1.20	—	—
30CrMnSi	0.27～0.34	0.90～1.20	0.80～1.10	0.80～1.10	—	—
35CrMo	0.32～0.40	0.17～0.37	0.40～0.70	0.80～1.10	0.15～0.25	—
38 CrMoAl	0.35～0.42	0.20～0.45	0.30～0.60	1.35～1.65	0.15～0.25	Al：0.70～1.10
40CrNi	0.37～0.44	0.17～0.37	0.50～0.80	0.45～0.75	—	Ni：1.00～1.40

常用合金调质钢的力学性能见表 11-22。常用合金调质钢的特性和应用见表 11-23。

4. 合金弹簧钢

弹簧的材料要求具有较高的弹性极限、屈服极限和疲劳强度，同时，还应具有足够的塑性和韧性，以便绕制成形。合金弹簧钢的含碳量为 0.45%～0.7%。为了提高塑性、韧性、弹性极限和淬透性以及回火稳定性，常加入的合金元素有硅、锰、铬、钒等。

合金弹簧钢按照加工和热处理可分为两类。

（1）热成形弹簧用钢　热成形弹簧多用热轧钢丝或钢板，在热成形后进行淬火和中温回火。

（2）冷成形弹簧用钢　冷成形弹簧一般用冷拉弹簧钢丝在冷态下制成。因已有很高的强度和足够的塑性，不进行淬火和回火处理，只进行一次低温退火（200～300℃）处理，以消除冷卷时造成的内应力并使弹簧定形。如用退火钢丝（片）绕制，绕制后需进行淬火和中温回火处理。

常用合金弹簧钢的牌号和化学成分见表 11-24；常用合金弹簧钢的力学性能见表 11-25；常用合金弹簧钢的特性和应用见表 11-26。

5. 滚动轴承钢

滚动轴承钢是用来制造滚动轴承中的滚柱、滚珠、滚针和内外圈的钢材。滚动轴承钢要求有高而均匀的硬度和耐磨性、高的弹性极限、疲劳强度和抗压强度，还要有足够的韧性和淬透性，同时具有一定的抗腐蚀能力。

为了保证滚动轴承钢的高硬度、高耐磨性，要求含碳量为 0.95%～1.05%，并加入铬元素，以增加淬透性和耐磨性。若含碳量或含铬量过高，均增加残余奥氏体量，会降低硬度及尺寸稳定性。滚动轴承钢的牌号和化学成分见表 11-27；滚动轴承钢的特性和应用见表 11-28。

（四）合金工具钢的性能及应用

工具钢是用于制造刃具、模具、量具的钢种。虽然其使用目的不同，但作为工具钢必须具有高硬度、高耐磨性、足够的韧性以及小的变形量等。因此，有些钢是可以通用的，既可做刃具又可做模具、量具。

表 11-22　常用合金调质钢的力学性能

牌号	试样毛坯尺寸/mm	热处理					力学性能					
		淬火			回火		抗拉强度 R_m /MPa	屈服强度 R_{eH} /MPa	伸长率 A /%	断面收缩率 Z /%	冲击吸收功 A_{kU2} /J	退火或高温回火供应状态布氏硬度 HBS10/3000
		加热温度/℃		冷却剂	加热温度/℃	冷却剂						
		第一次淬火	第二次淬火				≥	≥	≥	≥	≥	≤
45Mn2	25	840	—	油	550	水、油	885	735	10	45	47	217
40MnB	25	850	—	油	500	水、油	785	590	10	40	55	187
40MnVB	25	850	—	油	520	水、油	980	785	10	45	47	207
40Cr	25	850	—	油	520	水、油	980	785	9	45	47	207
40CrMn	25	840	—	油	550	水、油	980	835	9	45	47	229
30CrMnSi	25	880	—	油	520	水、油	1080	885	10	45	39	229
35CrMo	25	850	—	油	550	水、油	980	835	12	45	63	229
38CrMoAl	30	940	—	水、油	640	水、油	980	835	14	50	71	229
40CrNi	25	820	—	油	500	水、油	980	785	10	45	55	241

表 11-23 常用合金调质钢的特性和应用

牌号	主要特性	应用举例
45Mn2	中碳调质锰钢,其强度、塑性及耐磨性均优于40钢,并具有良好的热处理工艺及切削加工性,焊接性差,当含碳量在下限时,需要预热至100～425℃才能焊接,存在回火脆性、过热敏感性,水冷易产生裂纹	用于制造重载工作的各种机械零件,如曲轴、车轴、轴、半轴、杠杆、连杆、操纵杆、蜗杆、活塞杆、承载的螺栓、螺钉、加固环、弹簧,当制造直径小于40mm的零件时,其静强度及疲劳性能与40Cr相近,可代替40Cr制作小直径的重要零件
40MnB	具有高强度、高硬度、良好的塑性及韧性,高温回火后,低温冲击韧性良好,调质或淬火+低温回火后,承受动载荷能力有所提高,淬透性和40Cr相近,回火稳定性比40Cr低,有回火脆性倾向,冷热加工性良好,工作温度范围为-20～425℃	用于制造拖拉机、汽车及其他通用机器设备中的中、小重要调质零件,如汽车半轴、转向轴、花键轴、蜗杆和机床主轴、齿轮等,可代替40Cr制造较大截面的零件,如卷扬机中轴,制造小尺寸零件时,可代替40CrNi使用
40MnVB	综合力学性能优于40Cr,具有高强度、高韧性和塑性,淬透性良好,热处理的过热敏感性较小,冷拔、切削加工性均好	常用于代替40Cr、45Cr及38SiCr,制造低温回火、中温回火及高温回火状态的零件,还可代替42CrMo、40CrNi制造重要调质件,如机床和汽车上的齿轮、轴等
40Cr	经调质处理后,具有良好的综合力学性能、低温冲击韧性及低的缺口敏感性,淬透性良好,油冷时可得到较高的疲劳强度,水冷时复杂形状的零件易产生裂纹,冷弯塑性中等,正火或调质后切削加工性好,但焊接性不好,易产生裂纹,焊前应预热到100～150℃,一般在调质状态下使用,还可以进行碳氮共渗和高频表面淬火处理	使用最广泛的钢种之一,调质处理后用于制造中速、中载的零件,如机床齿轮、轴、蜗杆、花键轴、顶针套等,调质并高频表面淬火后用于制造表面高硬度、耐磨的零件,如齿轮、轴、主轴、曲轴、心轴、套筒、销子、连杆、螺钉、螺母、进气阀等,经淬火及中温回火后用于制造重载、中速冲击的零件,如油泵转子、滑块、齿轮、主轴、套环等,经淬火及低温回火后用于制造重载、低冲击、耐磨的零件,如蜗杆、主轴、套环等,碳氮共渗处理后制造尺寸较大、低温冲击韧性较高的传动零件,如轴、齿轮等
40CrMn	强度高,可切削性良好,淬透性比40Cr大,与40CrNi相近,在油中临界淬透直径为27.5～74.5mm,热处理时淬火变形小,但形状复杂的零件,淬火时易开裂,回火脆性倾向严重,横向冲击值稍低,白点敏感性比铬镍钢稍低	适用于制造在高速与弯曲载荷下工作的轴、连杆和高速、高载荷的无强力冲击载荷的齿轮轴、齿轮、水泵转子、离合器、小轴、心轴等;在化工工业中可制造直径小于100mm,而强度要求超过785MPa的高压容器盖板上的螺栓;在运输和农业机械制造业中多用作不重要的零件;在制作温度不太高的零件时可以和40CrMo、40CrNi互换使用,以制作大型调质件
30CrMnSi	高强度调质结构钢,具有很高的强度和韧性,淬透性较高,冷变形塑性中等,切削加工性能良好,有回火脆性倾向,横向的冲击韧性差,焊接性能较好,但厚度大于3mm时,应先预热到150℃,焊后需热处理,一般调质后使用	多用于制造高负载、高速的各种重要零件,如齿轮、轴、离合器、链轮、砂轮轴、轴套、螺栓、螺母等,也用于制造耐磨、工作温度不高的零件、变载荷的焊接构件,如高压鼓风机的叶片、阀板以及非腐蚀性管道管子
35CrMo	高温下具有高的持久强度和蠕变强度,低温冲击韧性较好,工作温度高温可达500℃,低温可至-110℃,并具有高的静强度、冲击韧性及较高的疲劳强度,淬透性良好,无过热倾向,淬火变形小,冷变形时塑性尚可,切削加工性中等,但有第一类回火脆性,焊接性不好,焊前需预热至150～400℃,焊后热处理以消除应力,一般在调质处理后使用,也可在高、中频表面淬火或淬火及低、中温回火后使用	用于制造承受冲击、弯扭、高载荷的各种机器中的重要零件,如轧钢机人字齿轮、曲轴、锤杆、连杆、紧固件、汽轮发动机主轴、车轴、发动机传动零件,大型电动机轴、石油机械中的穿孔器,工作温度低于400℃的锅炉用螺栓,低于510℃的螺母,化工机械中高压无缝厚壁的导管(450～500℃,无腐蚀介质)等,还可代替40CrNi用于制造高载荷传动轴、汽轮发电机转子、大截面齿轮、支承轴(直径小于500mm)等
38CrMoAl	高级渗氮钢,具有很高的渗氮性能和力学性能、良好的耐热性和耐蚀性,经渗氮处理后,能得到高的表面硬度、高的疲劳强度及良好的抗过热性,无回火脆性,切削加工性尚可,高温工作温度可达500℃,但冷变形时塑性低,焊接性差,淬透性低,一般在调质及渗氮后使用	用于制造高疲劳强度、高耐磨性、热处理后尺寸精确、强度较高的各种尺寸不大的渗氮零件,如汽缸套、座套、底盖、活塞螺栓、检验规、精密磨床主轴、车床主轴、精密丝杠和齿轮、蜗杆、高压阀门、阀杆、仿模、滚子、样板、汽轮机的调速器、转动套、固定套、塑料挤压机上的一些耐磨零件
40CrNi	中碳合金调质钢,具有高强度、高韧性以及高淬透性,调质状态下,综合力学性能良好,低温冲击韧性良好,有回火脆性倾向,水冷易产生裂纹,切削加工性良好,但焊接性差	用于制造锻造和冷冲压且截面尺寸较大的重要调质件,如连杆、圆盘、曲轴、齿轮、轴、螺钉等

表 11-24　常用合金弹簧钢的牌号和化学成分（GB/T 1222—2007）

牌号	化学成分/%								
	C	Si	Mn	Cr	V	Ni	Cu	P	S
						≤			
65Mn	0.62～0.70	0.17～0.37	0.90～1.20	≤0.25	—	0.25	0.25	0.035	0.035
60Si2Mn	0.56～0.64	1.50～2.00	0.70～1.00	≤0.35	—	0.35	0.25	0.035	0.035
55SiCrA	0.51～0.59	1.20～1.60	0.50～0.80	0.50～0.80	—	0.35	0.25	0.025	0.025
55CrMnA	0.52～0.60	0.17～0.37	0.65～0.95	0.65～0.95	—	0.35	0.25	0.025	0.025
50CrVA	0.46～0.54	0.17～0.37	0.50～0.80	0.80～1.10	0.10～0.20	0.35	0.25	0.025	0.025
60CrMnBA	0.56～0.64	0.17～0.37	0.70～1.00	0.70～1.00	B:0.0005～0.004	0.35	0.25	0.025	0.025

表 11-25　常用合金弹簧钢的力学性能

牌号	热处理			力学性能，≥				
	淬火温度/℃	淬火介质	回火温度/℃	抗拉强度/MPa	屈服强度/MPa	断后伸长率		断面收缩率/%
						A/%	$A_{11.3}$/%	
65Mn	830	油	540	980	785	—	8	30
60Si2Mn	870	油	480	1275	1180	—	5	25
55SiCrA	860	油	450	1450～1750	1300	6	—	25
55CrMnA	830～860	油	460～510	1225	1080	9	—	20
50CrVA	850	油	500	1275	1130	10	—	40
60CrMnBA	830～860	油	460～520	1225	1080	9	—	20

表 11-26　常用合金弹簧钢的特性和应用

牌号	主要特性	应用举例
65Mn	锰提高淬透性,12mm 的钢材在油中可以淬透,表面脱碳倾向比硅钢小,经热处理后的综合力学性能优于碳钢,但有过热敏感性和回火脆性	小尺寸各种扁、圆弹簧,坐垫弹簧,弹簧发条,也可制作弹簧环、气门簧、离合器簧片、刹车弹簧、冷卷螺旋弹簧
60Si2Mn	钢的强度和弹性极限较 55Si2Mn 稍高,淬透性也较高,在油中临界淬透直径为 35～73mm	汽车、拖拉机、机车上的减震板簧和螺旋弹簧,气缸安全阀簧,止回阀簧,还可用作 250℃ 以下非腐蚀介质中的耐热弹簧
55SiCrA	与硅锰钢相比,当塑性相近时,具有较高的抗拉强度和屈服强度,淬透性较大,有回火脆性	用于承受高压力及工作温度在 300～350℃ 以下的弹簧,如调速器弹簧、汽轮机汽封弹簧、破碎机用弹簧等
55CrMnA	有较高强度、塑性和韧性,淬透性较好,过热敏感性比锰钢低,比硅锰钢高,脱碳倾向比硅锰钢小,回火脆性大	用于车辆、拖拉机上制作负荷较重、应力较大的板簧和直径较大的螺旋弹簧
50CrVA	有良好的力学性能和工艺性能,淬透性较高。加入钒使钢的晶粒细化,降低过热敏感性,提高强度和韧性,具有高疲劳强度,是一种较高级的弹簧钢	用作较大截面的高负荷重要弹簧及工作温度小于 300℃ 的阀门弹簧、活塞弹簧、安全阀弹簧等
60CrMnBA	性能与 60CrMnA 基本相似,但有更好的淬透性,在油中临界淬透直径为 100～150mm	适用于制造大型弹簧,如推土机上的叠板弹簧、船舶上的大型螺旋弹簧和扭力弹簧

表 11-27　滚动轴承钢的牌号和化学成分（GB/T 18254—2002）

牌号	化学成分/%								
	C	Si	Mn	Cr	Mo	P	S	Ni	Cu
						≤			
GCr4	0.95～1.05	0.15～0.30	0.15～0.30	0.35～0.50	≤0.08	0.025	0.020	0.25	0.20
GCr15	0.95～1.05	0.15～0.35	0.25～0.45	1.40～1.65	≤0.10	0.025	0.025	0.30	0.25 Ni+Cu≤0.50
GCr15SiMn	0.95～1.05	0.45～0.75	0.95～1.25	1.40～1.65	≤0.10	0.025	0.025	0.30	0.25 Ni+Cu≤0.50
GCr15SiMo	0.95～1.05	0.65～0.85	0.20～0.40	1.40～1.70	0.30～0.40	0.027	0.020	0.30	0.25
GCr18Mo	0.95～1.05	0.20～0.40	0.25～0.40	1.65～1.95	0.15～0.25	0.025	0.020	0.25	0.25

表 11-28 滚动轴承钢的特性和应用

牌号	主要特性	应用举例
GCr4	具有较好的冷变形塑性和可切削性,耐磨性比碳素工具钢高,但对形成白点敏感性高,焊接性差;热处理时有低温回火脆性倾向;淬透性差,在油中临界淬硬直径为 5~20mm(50%马氏体),一般经淬火及低温回火后使用	用于制造滚动轴承上的小直径钢球、滚子、滚针等
GCr15	淬透性好,耐磨性好,疲劳寿命高,冷加工塑性变形中等,有一定的切削加工性,焊接性差,一般经淬火及低温回火后使用	用于制造大型机械轴承的钢球、滚子和套圈,还可以制造耐磨、高接触疲劳强度的较大负荷的机器零件,如牙轮钻头的转动轴、叶片、泵钉子、靠模、套筒、心轴、机床丝杠、冷冲模等
GCr15SiMn	耐磨性和淬透性比 GCr15 更高,冷加工塑性中等,焊接性差,对白点形成敏感,热处理时有回火脆性	用于制造大型轴承的套圈、钢球和滚子,还可制造高耐磨、高硬度的零件,如轧辊、量规等,应用和特性与 GCr15 相近

1. 刃具钢

刃具是用来进行切削加工的工具,主要指车刀、铰刀、刨刀、钻头等。刃具钢要求有高硬度(>HRC60)、高耐磨性、高的热硬性以及足够的强度、韧性。

(1) 低合金刃具钢 低合金刃具钢是在碳素工具钢的基础之上添加总量不超过 5% 的合金元素,如 Cr、Mn、W、V 等,以提高淬透性、红硬性及耐磨性。通常含碳量为 0.75%~1.45%。合金元素 Cr、Mn、Si 的作用主要是提高钢的淬透性,同时强化马氏体基体,提高回火稳定性,使其在 230~260℃ 回火后硬度仍保持在 60HRC 以上,从而保证一定的热硬性。W、V 主要是形成碳化物,提高硬度和耐磨性,并细化晶粒,从而改善韧性。

低合金刃具钢为了改善切削性能的预先热处理为球化退火,最终热处理为淬火和低温回火,处理后的组织为回火马氏体、合金碳化物和少量残余奥氏体。常用的低合金刃具钢见表 11-29。合金工具钢的牌号、化学成分见表 11-29。

表 11-29 常用合金工具钢的牌号、化学成分

钢组	牌号	化学成分/%								
		C	Si	Mn	Cr	W	Mo	V	Al	其他
量具刃具用钢	9SiCr	0.85~0.95	1.20~1.60	0.30~0.60	0.95~1.25					Co:≤1.00
	Cr2	0.95~1.10	≤0.40	≤0.40	1.30~1.65	—	—			
冷作模具钢	Cr12	2.00~2.30	≤0.40	≤0.40	11.5~13.0	—				
	Cr12MoV	1.45~1.70	≤0.40	≤0.40	11.0~12.5		0.40~0.60	0.15~0.30		
	9Mn2V	0.85~0.95	≤0.40	1.70~2.00				0.10~0.25		
	CrWMn	0.90~1.05	≤0.40	0.80~1.10	0.90~1.20	1.20~1.60				Nb:0.20~0.35
热作模具钢	5CrMnMo	0.50~0.60	0.25~0.60	1.20~1.60	0.60~0.90	—	0.15~0.30			
	5CrNiMo	0.50~0.60	≤0.40	0.50~0.80	0.50~0.80	—	0.15~0.30			Ni:1.40~1.80
	3Cr2W8V	0.30~0.40	≤0.40	≤0.40	2.20~2.70	7.50~9.00		0.20~0.50		

(2) 高速钢 高速钢又称白钢、锋钢,是一种高碳高合金工具钢,经热处理后,高速钢

在 600℃ 左右仍然保持高的硬度，可达 62HRC 以上，从而保证其切削性能和耐磨性。高速钢刀具的切削速度比碳素工具钢和低合金工具钢刀具提高 1～3 倍，耐用性增加 7～14 倍。高速钢还有很高的淬透性，甚至在空气中冷却也能形成马氏体组织，故又称"风钢"。高速钢的含碳量为 0.75%～1.65%，合金元素总量大于 10%，加入的合金元素有 W、Mo、Cr、V、Co 等。高速钢广泛用于制造各种用途和类型的高速切削工具，如车刀、刨刀、拉刀、铣刀、钻头等。

常用的几种高速钢的牌号、化学成分见表 11-30。常用高速工具钢的硬度见表 11-31，常用高速工具钢的特性和应用见表 11-32。

表 11-30 常用高速钢的牌号、化学成分（GB/T 9943—2008）

牌号	化学成分/%						
	C	Mn	Si	Cr	V	W	Mo
W18Cr4V	0.73～0.83	0.10～0.40	0.20～0.40	3.80～4.50	1.00～1.20	17.20～18.70	—
W6Mo5Cr4V2	0.80～0.90	0.15～0.40	0.20～0.45	3.80～4.40	1.75～2.20	5.50～6.75	4.50～5.50
W6Mo5Cr4V2Al	1.05～1.15	0.15～0.40	0.20～0.60	3.80～4.40	1.75～2.20	5.50～6.75	4.50～5.50 Al: 0.80～1.20
W2Mo9Cr4VCo8	1.05～1.15	0.15～0.40	0.15～0.65	3.50～4.25	0.95～1.35	1.15～1.85	9.00～10.00 Co7.75～8.75

表 11-31 常用高速工具钢的硬度

牌号	交货硬度 退火态 HBW≤	试样热处理制度及淬回火硬度					
		预热温度 /℃	淬火温度/℃		淬火介质	回火温度/℃	硬度 HRC≥
			盐浴炉	箱式炉			
W18Cr4V	255	800～900	1250～1270	1260～1280	油或盐浴	550～570	63
W6Mo5Cr4V2	255		1200～1220	1210～1230		540～560	64
W6Mo5Cr4V2Al	269		1200～1220	1230～1240		550～570	65
W2Mo9Cr4VCo8	269		1170～1190	1180～1200		540～560	66

表 11-32 常用高速工具钢的特性和应用

牌号	主要特性	应用举例
W18Cr4V	具有良好的热硬性，在 600℃ 时，仍具有较高的硬度和较好的切削性，被磨削加工性好，淬火过热敏感性小，比合金工具钢的耐热性能好。但由于其碳化物较粗大，强度和韧性随材料尺寸增大而下降，因此仅适于制造一般刀具，不适于制造薄刃或较大的刀具	广泛用于制造加工中等硬度或软材料的各种刀具，如车刀、铣刀、拉刀、齿轮刀具、丝锥等；也可制造冷作模具，还可用于制造高温下工作的轴承、弹簧等耐磨、耐高温的零件
W6Mo5Cr4V2	具有良好的热硬性和韧性，淬火后表面硬度可达 HRC64～66，这是一种含钼低钨高速钢，成本较低，是仅次于 W18Cr4V 而获得广泛应用的一种高速工具钢	适于制造钻头、丝锥、板牙、铣刀、齿轮刀具、冷作模具等
W6Mo5Cr4V2Al	含铝超硬型高速钢，具有高热硬性、高耐磨性、热塑性好，且高温硬度高，工作寿命长	适于加工各种难加工材料，如高温合金、超高强度钢、不锈钢等，可制作车刀、镗刀、铣刀、钻头、齿轮刀具、拉刀等
W2Mo9Cr4VCo8	高碳高钴超硬型高速钢，具有高的室温及高温硬度，热硬性好，可磨削性好，刀刃锋利	适于制作各种高精度复杂刀具，如成形铣刀、精拉刀、专用钻头、车刀、刀头及刀片，对于加工铸造高温合金、钛合金、超高强度钢等难加工材料，均可得到良好的效果

（3）硬质合金 硬质合金是将高熔点、高硬度的金属碳化物粉末和黏结剂混合，压制成

型，再经烧结而成的一种粉末冶金材料，主要用作切削工具。其硬度高（87～93HRA）、热硬性高（可达 1000℃ 左右）、耐磨性好。与高速钢相比，切削速度提高 4～7 倍，寿命提高 5～8 倍。可切削淬火钢，奥氏体钢等。但由于它的硬度高、性脆，不能直接切削加工。通常制成不同形状、尺寸的刀片，采用机械夹固或钎焊方法固定在刀体上。

2. 模具钢

模具是用于进行压力加工的工具，模具通常用模具钢制作而成。根据工作条件不同，可将模具分为冷作模具和热作模具两大类。冷作模具是使金属在冷态下变形的模具，如冷挤压模、冷镦模、冷拉延模、冷弯曲模及切边模等。这类模具工作时实际温度不超过 200～300℃。热作模具是使金属在热态下变形的模具，如热挤压模、热锻模、热冲裁模等。这类模具工作时，型腔表面的温度可达到 600℃ 以上。

3. 量具钢

量具是机械加工过程中控制加工精度的测量工具，如卡尺、千分尺、块规、塞规及样板等。量具钢没有专用钢种，尺寸小、形状简单、精度较低的量具，采用碳素工具钢（T10A、T12A）制造；精度要求高的量具采用低合金刃具钢、GCr15 等制造，见表 11-27。合金工具钢的特性和应用见表 11-33。

（五）特殊性能钢

特殊性能钢是指具有特殊使用性能的钢，包括不锈钢、耐热钢、耐磨钢和磁钢等。

1. 不锈钢

表 11-33　合金工具钢的特性和应用

牌号	主要特性	应用举例
9SiCr	淬透性比铬钢好，直径 45～50mm 的工件在油中可以淬透，耐磨性好，具有较好的回火稳定性，可加工性差，热处理时变形小，但脱碳倾向大	适用于耐磨性好、切削不剧烈且变形小的刃具，如板牙、丝锥、钻头、铰刀、齿轮铣刀、拉刀等，还可用作冷冲模及冷轧辊
Cr2	淬火后的硬度高，耐磨性好，淬火变形不大，但高温塑性差	多用于低速、进给量小、加工材料不很硬的切削刀具，如车刀、插刀、铣刀、铰刀等，还可用作量具、样板、量规、偏心轮、冷轧辊、钻套和拉丝模，也可作大尺寸的冷冲模
Cr12	高碳高铬钢，具有高强度、耐磨性和淬透性，淬火变形小，较脆，导热性差，高温塑性差	多用于制造耐磨性能高、不承受冲击的模具及加工材料不硬的刃具，如车刀、铰刀、冷冲模、冲头及量规、样板、量具、凸轮销、偏心轮、冷轧辊、钻套和拉丝模
Cr12MoV	淬透性及淬火回火后的硬度、强度、韧性均高于 Cr12，截面为 300～400mm 以下的工件可完全淬透，耐磨性和塑性也较好，高温塑性差	适用于各种铸、锻模具，如各种冲孔凹模、切边模、滚边模、封口模、拉丝模、钢板拉伸模、螺纹搓丝板、标准工具和量具
9Mn2V	淬透性和耐磨性比碳素工具钢高，淬火后变形小	适用于各种变形小、耐磨性高的精密丝杠、磨床主轴、样板、凸轮、量块、量具及丝锥、板牙、铰刀，以及压铸轻金属及合金的推入装置
CrWMn	淬透性和耐磨性及淬火后的硬度比铬钢及铬硅钢高，且韧性较好，淬火后的变形比铬锰钢更小，缺点是形成碳化物网状程度严重	多用于制造变形小、长而形状复杂的切削刀具，如拉刀、长丝锥、长铰刀、专用铣刀、量规及形状复杂、高精度的冷冲模
5CrMnMo	不含镍的锤锻模具钢，具有良好的韧性、强度和高耐磨性，对回火脆性不敏感，淬透性好	适用于中、小型热锻模，且边长≤300～400mm
5CrNiMo	特性与 5CrMnMo 相近，高温下强度、韧性及耐热疲劳性高于 5CrMnMo	适用于形状复杂、冲击载荷大的各种中、大型锤锻模

续表

牌号	主要特性	应用举例
3Cr2W8V	常用的压铸模具钢,具有较低的含碳量,以保证高韧性及良好的导热性,同时含有较多的易形成碳化物的铬、钨,高温下有高硬度、强度,相变温度较高,耐热疲劳性良好,淬透性也较好,断面厚度≤100mm 可淬透,但韧性和塑性较差	适于做高温、高应力但不受冲击的压模,如平锻机上的凸凹模、镶块、铜合金挤压模等,还可做螺钉及热剪切刀

不锈钢是能抵抗大气腐蚀或能抵抗酸、碱化学介质腐蚀的钢。不锈钢获得抗腐蚀性能的最基本元素是铬,铬在氧化性介质中能形成一层氧化膜（Cr_2O_3）,以防止钢的表面被外界介质进一步氧化和腐蚀。当含铬量达到 12％时,钢的电极电位跃增,有效地提高了钢的抗电化学腐蚀性。所以,不锈钢中含铬量不少于 12％,铬含量越多,钢的耐蚀性越好。

碳是不锈钢中降低耐蚀性的元素,因为碳在钢中会形成铬的碳化物,降低基本金属中的含铬量,这些碳化物会破坏氧化膜的耐蚀性。因此,从提高钢的抗腐蚀性能来看,希望含碳量越低越好。但含碳量关系到钢的力学性能,还应根据不同情况,保留一定的含碳量。

不锈钢按金相组织不同,常用的有以下三类。

（1）铁素体型不锈钢　这类钢含碳量较低（≤0.12％）,而以铬为主要合金元素。常见的有 1Cr17、1Cr28、0Cr17Ti 等。一般用于工作应力不大的化工设备、容器及管道。

（2）马氏型不锈钢　这类钢含碳量稍高（平均含碳量 0.1％～0.45％）,淬透性好,油淬或空冷能得到马氏体组织。具有较高强度、硬度和耐磨性,是不锈钢中力学性能最好的钢。缺点是耐蚀性稍低,可焊性差。这类钢有 1Cr13、2Cr13、3Cr13、4Cr13、9Cr18 等。主要用于制造力学性能要求较高,耐蚀性要求较低的零件。

（3）奥氏体型不锈钢　这是一类典型的铬镍不锈钢,含碳量较低（≤0.15％）。当钢中含铬达 18％左右,含镍达 8％～10％时,钢在常温时便可获得单一的奥氏体组织。铬镍不锈钢的 18-8 型是不锈钢中抗蚀性最好的钢。无磁性,且塑性、韧性及冷变形、焊接工艺性良好,但切削加工性能较差。主要钢号有 0Cr18Ni9、2Cr18Ni9 等。这类钢主要用于制作耐蚀性要求较高及需要冷变形和焊接的低负荷零件,也可用于仪表、电力等工业制作无磁性零件。这类钢热处理不能强化,只有通过冷变形提高其强度。

2. 耐热钢

耐热钢是指在高温条件下仍能保持足够强度和能抵抗氧化而不起皮的钢。为了提高抗氧化的能力,钢中主要加入铬、硅、铝等元素。这些元素与氧化的合能力比铁强,能在表面形成一层致密的氧化膜 Cr_2O_3、SiO_2、Al_2O_3,能有效地阻止金属元素向外扩散和氧、氮、硫等腐蚀性元素向里扩散,保护金属免受侵蚀。这些抗氧化性的元素越多,抗氧化能力越强。为了提高钢的高温强度,向钢中加入高熔点元素钨、钼,使其固溶于铁,增加钢的抗蠕变（即受力时产生缓慢连续变形的现象）的能力。此外加入钒、钛,析出弥散碳化物,能提高钢的高温强度。常用耐热钢有 15CrMo、1Cr18Ni9Ti、1Cr13Si3、4Cr9Si2、1Cr23Ni13 等。

3. 耐磨钢

有些零件,如拖拉机和坦克的履带板和轧石板等,在工作时受到强烈的撞击和摩擦磨损,因此要求具有特别高的耐磨性及很高的韧性,目前工业上应用最广泛的耐磨钢是高锰钢（ZGMn13）。ZGMn13 钢的含锰量为 12％～14％,含碳量为 1％～1.3％,属于奥氏体钢,其力学性能为:$R_M=1050$MPa、$R_e=400$MPa、$A=80$％、$Z=50$％、HBS=210。从上列数据来看,Mn 钢的屈服强度不高,只有抗拉强度的 40％,延伸率及断面收缩率很高,说明具有相当高的韧性，它的硬度虽不高，但却有很高的耐磨性。它之所以有很高的耐磨性是由于 Mn 使钢在常温下呈单一的奥氏体组织，奥氏体经受高压冲击因塑性变形而产生冷加工硬化，使钢强化而获得高的耐磨性。高锰钢的耐磨性只在高压下才表现出来，反之，在低压下并不耐磨。

三、铸铁

铸铁是含碳量大于 2.11%（一般为 2.5%～4.0%）并含有较多 Si、Mn、S、P 等元素的多元铁碳合金。与钢相比，虽然抗拉强度、塑性、韧性较低，但却具有优良的铸造性能、可切削加工性、减振性、耐磨性等，而且铸铁来源广、价格低廉、工艺简单，是机械制造业中最重要的材料之一。

实际应用的铸铁，其碳主要是以游离态的石墨形式存在的。正是由于石墨的存在，使得铸铁具备了碳钢所没有的性能，比如优异的切削加工性能（切屑易于脆断）、很好的耐磨性（因石墨的润滑作用）、低的缺口敏感性（石墨使其对缺口不敏感）等。

（一）铸铁的分类

根据铸铁中石墨形态（分为片状、团絮状、球状、蠕虫状，如图 11-29 所示）的不同，可将铸铁分为四种。

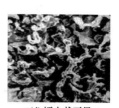

(a) 片状石墨　　(b) 球状石墨　　(c) 团絮状石墨　　(d) 蠕虫状石墨

图 11-29　铸铁的石墨形态

1. 灰铸铁

在显微组织中，石墨呈片状的铸铁。此类铸铁生产工艺简单、价格低廉，工业应用最广，在各类铸铁的总产量中，灰铸铁占 80% 以上。

2. 可锻铸铁

在显微组织中，石墨呈团絮状的铸铁。此类铸铁生产工艺时间很长，成本较高，故应用不如灰铸铁广。可锻铸铁可以锻造。

3. 球墨铸铁

在显微组织中，石墨呈球状的铸铁。此类铸铁生产工艺比可锻铸铁简单，且力学性能较好，工业应用较多。

4. 蠕墨铸铁

在显微组织中，石墨呈蠕虫状的铸铁，蠕虫状是介于片状与球状之间的一种结晶形态，此类铸铁是在 20 世纪 60 年代发展起来的一种新型铸铁。

（二）铸铁的牌号及应用

1. 灰铸铁

（1）化学成分与组织　灰铸铁的成分：ω_C 为 2.5%～4.0%，ω_{Si} 为 1.0%～2.5%，ω_{Mn} 为 0.5%～1.4%，$\omega_S \leqslant 0.10\%～0.15\%$，$\omega_P \leqslant 0.12\%～0.25\%$。由于碳、硅含量较高，所以具有较强的石墨化能力，铸态显微组织有三种：铁素体＋片状石墨、铁素体＋珠光体＋

片状石墨、珠光体＋片状石墨。

（2）性能与应用   灰铸铁具有高的抗压强度、优良的耐磨性和消振性，低的缺口敏感性。由于石墨的强度与塑性几乎为零，因而灰铸铁的抗拉强度与塑性、韧性远比钢低，且石墨的量越大，石墨片的尺寸越大、越尖，分布越不均匀，铸铁的抗拉强度与塑韧性则越低。灰铸铁主要用于制造汽车、拖拉机中的气缸体、气缸套、机床的床身等承受压力及振动的零件。

若将液态灰铸铁进行孕育处理，即浇铸前在铸铁液中加入少量孕育剂（如硅铁或硅钙合金）作为人工晶核，细化石墨片，即得到孕育铸铁（变质铸铁），其显微组织为细珠光体＋细石墨片，强度、硬度都比变质前高。可用于制造压力机的机身、重负荷机床的床身、液压缸等机件。

（3）牌号   灰铸铁的牌号及应用见表 11-34。牌号中 HT 为"灰铁"二字的汉语拼音字首，其后数字表示最低抗拉强度。

2. 球墨铸铁

（1）化学成分与组织   球墨铸铁的成分：ω_C 为 $3.8\% \sim 4.0\%$，ω_{Si} 为 $2.0\% \sim 2.8\%$，ω_{Mn} 为 $0.6\% \sim 0.8\%$，$\omega_S < 0.04\%$，$\omega_P < 0.1\%$，$\omega_{Re} < 0.03\% \sim 0.05\%$。其铸态显微组织为铁素体＋球状石墨、铁素体＋珠光体＋球状石墨、珠光体＋球状石墨。

为了使石墨呈球状，浇铸前需向铁水中加入一定量的球化剂（如 Mg、Re）进行球化处理，同时在球化处理后还要加入少量的硅铁或硅钙铁合金立即进行孕育处理，以促进石墨化，增加石墨球的数量，减小球的尺寸。

表 11-34   灰铸铁的牌号、性能及应用（GB/T 9439—2010）

牌号	铸件壁厚 /mm	单铸试棒 R_m 下限 /MPa	铸件预期抗拉强度 R_m 下限 /MPa	显微组织 主要基体	显微组织 石墨	应用举例
HT100	5～40	100	—	F	粗片状	用于制造只承受轻载荷的简单铸件，如盖、外罩、托盘、油盘、手轮、支架、底板、把手、冶矿设备中的高炉平衡锤、炼钢炉重锤等
HT150	5～10	150	155	F+P	较粗片状	用于制造承受中等弯曲力、摩擦面间压强高于 500kPa 的铸件，如机床的工作台、溜板、底座、汽车的齿轮箱、进排气管、泵体、阀体、阀盖等
HT150	10～20	150	130	F+P	较粗片状	
HT150	20～40	150	110	F+P	较粗片状	
HT150	40～80	150	95	F+P	较粗片状	
HT150	80～150	150	80	F+P	较粗片状	
HT150	150～300	150	—	F+P	较粗片状	
HT200	5～10	200	205	P	中等片状	用于制造要求保持气密性并承受较大弯曲应力的铸件，如机床床身、立柱、齿轮箱体、刀架、油缸、活塞、带轮等
HT200	10～20	200	180	P	中等片状	
HT200	20～40	200	155	P	中等片状	
HT200	40～80	200	130	P	中等片状	
HT200	80～150	200	115	P	中等片状	
HT200	150～300	200	—	P	中等片状	
HT225	5～10	225	230	P	中等片状	
HT225	10～20	225	200	P	中等片状	
HT225	20～40	225	170	P	中等片状	
HT225	40～80	225	150	P	中等片状	
HT225	80～150	225	135	P	中等片状	
HT225	150～300	225	—	P	中等片状	

续表

牌号	铸件壁厚 /mm	单铸试棒 R_m 下限 /MPa	铸件预期抗拉强度 R_m 下限 /MPa	显微组织		应用举例
				主要基体	石墨	
HT250	5～10	250	250	细 P	较细片状	适于制造炼钢用轨道板、汽缸套、泵体、阀体、齿轮箱体、齿轮、划线平板、水平仪、机床床身、立柱、油缸、内燃机的活塞环、活塞等
	10～20		225			
	20～40		195			
	40～80		170			
	80～150		155			
	150～300		—			
HT275	10～20	275	250			
	20～40		220			
	40～80		190			
	80～150		175			
	150～300		—			
HT300	10～20	300	270	细 P	细小片状	机床导轨、受力较大的机床床身、立柱机座等；通用机械的水泵出口管、吸入盖等；动力机械中的液压阀体、蜗轮、汽轮机隔板、泵壳、大型发动机缸体、缸盖
	20～40		240			
	40～80		210			
	80～150		195			
	150～300		—			
HT350	10～20	350	315			大型发动机气缸体、缸盖、衬套；水泵缸体、阀体、凸轮等；机床导轨、工作台等摩擦件；需经表面淬火的铸件
	20～40		280			
	40～80		250			
	80～150		225			
	150～300		—			

（2）性能与应用　由于球墨铸铁中的石墨呈球状，对基体的割裂作用小，应力集中也小，使基体的强度得到了充分的发挥。研究表明，球墨铸铁的基体强度利用率可达70%～90%，而灰铸铁的基体强度利用率仅为30%～50%。因此，球墨铸铁既具有灰铸铁的优点，如良好的铸造性、耐磨性、可切削加工性及低的缺口敏感性等，又具有与中碳钢相媲美的抗拉强度、弯曲疲劳强度及良好的塑性与韧性。此外，还可以通过合金化及热处理来改善与提高它的性能。所以，生产上已用球墨铸铁代替中碳钢及中碳合金钢（如45钢、42CrMo钢等）制造发动机的曲轴、连杆、凸轮轴和机床的主轴等。

（3）牌号　球墨铸铁的牌号、性能及应用见表11-35，牌号中的"QT"为球铁二字的汉语拼音字首，其后面的两组数字分别代表抗拉强度下限和延伸率下限。R代表室温（23℃）下的冲击性能不低于14J，L代表低温（－20℃）冲击功不低于12J。

表11-35　球墨铸铁的牌号、性能及应用（GB/T 1348—2009）

牌号	主要基体组织	力学性能				应用举例
		R_m 下限 /MPa	$R_{p0.2}$ 下限 /MPa	A 下限 /%	硬度 HBW	
QT350-22L	F	350	220	22	≤160	泵、阀体、受压容器等
QT350-22R	F	350	220	22	≤160	
QT350-22	F	350	220	22	≤160	
QT400-18L	F	400	240	18	120～175	承受冲击、震动的零件，如汽车、拖拉机的轮毂、驱动桥壳、差速器壳、拨叉，农机具零件、中低压阀门、输水及输气管道，压缩机上高低压汽缸、电动机壳、齿轮箱、飞轮壳等
QT400-18R	F	400	250	18	120～175	
QT400-18	F	400	250	18	120～175	
QT400-15	F	400	250	15	120～180	
QT450-10	F	450	310	10	160～210	

续表

牌号	主要基体组织	力学性能				应用举例
		R_m 下限 /MPa	$R_{p0.2}$ 下限 /MPa	A 下限 /%	硬度 HBW	
QT500-7	F+P	500	320	7	170～230	强度与塑性中等的零件,如机器座架、传动轴、飞轮、电动机架、内燃机的机油泵齿轮、铁路机车车辆轴瓦
QT550-5	F+P	550	350	5	180～250	
QT600-3	P+F	600	370	3	190～270	载荷大、耐磨、受力复杂的零件,如汽车、拖拉机的曲轴、连杆、凸轮轴、气缸套、部分磨床、铣床、车床的主轴,机床蜗杆、蜗轮、轧钢机轧辊、大齿轮、小型水轮机主轴、气缸体、桥式起重机大小滚轮等
QT700-2	P	700	420	2	225～305	
QT800-2	P 或 S	800	480	2	245～335	
QT900-2	B+S 或回火马氏体	900	600	2	280～360	高强度、耐磨、耐疲劳的零件,如汽车后桥螺旋锥齿轮、大减速器齿轮、传动轴、内燃机曲轴、凸轮轴等

3. 可锻铸铁

(1) 化学成分与组织　可锻铸铁的成分:ω_C 为 2.4%～2.8%,ω_{Si} 为 1.2%～2.0%,ω_{Mn} 为 0.4%～1.2%,$\omega_S \leqslant 0.1\%$,$\omega_P \leqslant 0.2\%$。此类铸铁是将亚共晶成分的白口铸铁进行石墨化退火,使其中的 Fe_3C 在高温下分解形成团絮状的石墨而获得的。根据石墨化退火工艺不同,可以形成铁素体基体及珠光体基体两类可锻铸铁。

(2) 性能与应用　由于可锻铸铁中的石墨呈团絮状,对基体的割裂作用小,故其强度、塑性及韧性均比灰铸铁高,尤其是珠光体可锻铸铁可与铸钢媲美,但是不能锻造。通常可用于铸造形状复杂、要求承受冲击载荷的薄壁零件,如汽车、拖拉机的前后轮壳、差速器壳、转向节壳等。但由于其生产周期长,工艺复杂,成本高,不少可锻铸铁零件已逐渐被球墨铸铁所代替。

(3) 牌号　可锻铸铁的牌号、性能及应用见表 11-36。牌号中"KT"为可铁二字的汉语拼音字首,"KTH"表示黑心可锻铸铁,"KTZ"表示珠光体可锻铸铁,它们后面的两组数字分别表示抗拉强度下限和延伸率下限。

表 11-36　常用可锻铸铁的牌号、性能及用途(GB/T 9440—2010)

种类	牌号	试样直径 /mm	力学性能				应用举例
			R_m 下限 /MPa	$R_{p0.2}$ 下限 /MPa	A 下限 /%	硬度 HBW	
黑心可锻铸铁	KTH275-05	12 或 15	275	—	5	≤150	汽车、拖拉机零件,如后桥壳、轮壳、转向机构壳体、弹簧钢板支座等。机床附件,如钩形扳手、螺纹绞扳手等;各种管接头、低压阀门、农具等
	KTH300-06		300	—	6		
	KTH330-08		330	—	8		
	KTH350-10		350	200	10		
	KTH370-12		370	—	12		
珠光体可锻铸铁	KTZ450-06		450	270	6	150～200	曲轴、凸轮轴、连杆、齿轮、活塞环、轴套、耙片、万向接头、棘轮、扳手、传动链条
	KTZ500-05		500	300	5	165～215	
	KTZ550-04		550	340	4	180～230	
	KTZ600-03		600	390	3	195～245	
	KTZ650-02		650	430	2	210～260	
	KTZ700-02		700	530	2	240～290	
	KTZ800-01		800	600	1	270～320	

4. 蠕墨铸铁

（1）化学成分与组织 蠕墨铸铁的成分：ω_C 为 $3.5\% \sim 3.9\%$，ω_{Si} 为 $2.2\% \sim 2.8\%$，ω_{Mn} 为 $0.4\% \sim 0.8\%$，ω_S、$\omega_P < 0.1\%$。其铸态显微组织为铁素体＋蠕虫状石墨、铁素体＋珠光体＋蠕虫状石墨、珠光体＋蠕虫状石墨。为了使石墨呈蠕虫状，浇铸前向高于 $1400℃$ 的铁水中加入稀土硅钙合金（ω_{Re} 为 $10\% \sim 15\%$，$\omega_{Si} \approx 50\%$，ω_{Ca} 为 $15\% \sim 20\%$）进行蠕化处理，处理后加入少量孕育剂（硅铁或硅钙铁合金）以促进石墨化。由于蠕化剂中含有球化元素 Mg、Re 等，故在大多数情况下，蠕虫状石墨与球状石墨共存。

（2）性能与应用 与片状石墨相比，蠕虫状石墨的长宽比值明显减小，尖端变圆变钝，对基体的切割作用减小，应力集中减小，故蠕墨铸铁的抗拉强度、塑性、疲劳强度等均优于灰铸铁，而接近铁素体基体的球墨铸铁。此外，这类铸铁的导热性、铸造性、可切削加工性均优于球墨铸铁，而与灰铸铁相近。

蠕铁用于制造在热循环载荷条件下工作的零件，如钢锭模、玻璃模具、柴油机汽缸、汽缸盖、排气刹车等，以及结构复杂、要求高强度的铸件，如液压阀阀体、耐压泵的泵体等。

（3）牌号 蠕墨铸铁的牌号、性能及应用见表 11-37。牌号中 RuT 为"蠕"的汉语拼音全拼和"铁"的汉语拼音字首，其后数字表示抗拉强度下限。

表 11-37　常用蠕墨铸铁的牌号、性能及用途（GB/T 26655—2011）

牌号	主要基体组织	力学性能				应用举例
		R_m 下限 /MPa	$R_{p0.2}$ 下限 /MPa	A 下限 /%	硬度 HBW	
RuT300	F	300	210	2	140～210	排气管；大功率船用、机车、汽车和固定式内燃机缸盖；增压器壳体；纺织机、农机零件
RuT350	F＋P	350	245	1.5	160～220	机床底座；托架和联轴器；大功率船用、机车、汽车和固定式内燃机缸盖；钢锭模、铝锭模；焦化炉炉门、门框、保护板、桥管阀体、装煤孔盖座；变速箱体；液压件
RuT400	P＋F	400	280	1.0	180～240	内燃机的缸体、缸盖；机床底座，托架和联轴器；载重卡车制动鼓、机车车辆制动盘、泵壳和液压件；钢锭模、铝锭模；玻璃模具
RuT450	P	450	315	1.0	200～250	汽车内燃机缸体和缸盖；汽缸套；载重卡车制动盘；泵壳和液压件；玻璃模具；活塞环
RuT500	P	500	350	0.5	220～260	高负荷内燃机缸体；汽缸套

四、有色金属及其合金

金属材料分为黑色金属和有色金属两大类。黑色金属在工业中主要是指钢铁材料，而有色金属是指除黑色金属以外的其余金属，如铝、铜、锌、镁、铅、钛、锡等。与黑色金属相比，有色金属具有许多优良的特性，因此在工业领域尤其是高科技领域应用广泛。

（一）铜及铜合金

纯铜呈玫瑰红色，因它表面经常形成一层紫红色的氧化物，俗称紫铜。铜的熔点为 $1083℃$，密度为 $8.9g/cm^3$，具有面心立方晶格，无同素异构转变。

铜的导电性和导热性仅次于金和银，是最常用的导电、导热材料。铜的化学稳定性高，在大气、淡水和冷凝水中有良好的耐蚀性。铜无磁性，塑性高（$A = 50\%$），但强度较低（$R_m = 200 \sim 250MPa$），可采用冷加工进行形变强化。由于纯铜强度低，一般不宜直接作为结构材料使用。除了用于制造电线、电缆、导热零件及耐腐蚀器件外，多作为配制铜合金的原料。我国工业纯铜有 T1～T4 四个牌号。"T"为铜的汉语拼音字首，其后的数字表示序号，序号越大，纯度越低。

为了提高铜材的强度，一般采用加入合金元素制成各种铜合金。铜合金分为黄铜、青铜和白铜三大类。以锌作为主要合金元素的铜合金称为黄铜，以镍作为主要合金元素的铜合金称为白铜。除黄铜和白铜之外，其他的铜合金统称为青铜。在普通机器制造业中，应用较为广泛的是黄铜和青铜。

1. 黄铜

黄铜是以锌为主要合金元素，因呈金黄色，故称黄铜。按化学成分的不同，分为普通黄铜和特殊黄铜。普通黄铜是指铜锌二元合金，其锌含量小于50％，牌号以"H＋数字"表示。其中 H 为"黄"字汉语拼音字头，数字表示平均含铜量，如 H62 表示含 Cu62％和 Zn38％的普通黄铜。特殊黄铜是在普通黄铜中加入铅、铝、锰、锡、铁、镍、硅等合金元素所组成的多元合金，其牌号以"H＋第二主添加元素的化学符号＋铜含量＋除锌以外的各添加元素含量（数字间以"-"隔开）"表示（注：黄铜中锌为第一主添加元素，但牌号中不体现锌含量）。如 HMn58-2 表示含 Cu58％和 Mn2％，其余为 Zn 的特殊黄铜。若材料为铸造黄铜，则在其牌号前加"Z"，如 ZH62、ZHMn58-2。表 11-38 列出了常用黄铜的牌号、化学成分、性能与用途。

2. 白铜

白铜是指以镍为主要合金元素（含量低于50％）的铜合金。按成分可将白铜分为简单白铜和特殊白铜。简单白铜即铜镍二元合金，其牌号以"B＋数字"表示，后面的数字表示镍的含量，如 B30 表示含 Ni30％的白铜合金。特殊白铜是在简单白铜的基础上加入了铁、锌、锰、铝等辅助合金元素的铜合金，其牌号以"B＋主要辅加元素符号＋镍的百分含量＋主要辅加元素含量"表示，如 BFe5-1，表示含 Ni5％、Fe1％的白铜合金。

表 11-38　常用黄铜的牌号、化学成分、性能及用途

类别	代号	化学成分/%		铸造方法	力学性能			用途举例
		Cu	其他		R_m/MPa	A/%	HBW	
普通黄铜	H80	79.0～81.0	Zn 余量	—	640	5	145	造纸网、薄壁管
	H70	68.5～71.5	Zn 余量	—	660	3	150	弹壳、造纸用管、机械和电气零件
	H68	67.0～70.0	Zn 余量	—	660	3	150	复杂的冷冲件和深冲件，散热器外壳，导管
	H62	60.5～63.5	Zn 余量	—	500	3	164	销钉、铆钉、螺帽、垫圈、导管、散热器
	ZCuZn38（ZH62）	60.0～63.0	Zn 余量	S	295	30	590	一般结构件和耐蚀件，如法兰、阀座、手柄和螺母
				J	295	30	685	
	H59	57.0～60.0	Zn 余量	—	500	10	103	机械、电气用零件，焊接件，热冲压件
特殊黄铜	HPb59-1	57.0～60.0	Pb0.8～1.9 Zn 余量	—	650	16	140	热冲压及切削加工零件，如销子、螺钉、垫圈等
	HAl59-3-2	57.0～60.0	Al0.7～1.5 Ni2.0～3.0 Zn 余量	—	650	15	150	船舶、电机等常温下工作的高强度耐蚀零件
	HSn90-1	88.0～91.0	Sn0.25～0.75 Zn 余量	—	520	5	148	汽车拖拉机弹性套管等
	HMn58-2	57.0～60.0	Mn1.0～2.0 Zn 余量	—	700	10	175	船舶和弱电用零件

续表

类别	代号	化学成分/%		铸造方法	力学性能			用途举例
		Cu	其他		R_m/MPa	A/%	HBW	
特殊黄铜	HSi80-3	79.0～81.0	Si2.5～4.0 Fe0.6Mn0.5 Zn 余量	—	600	8	160	耐磨锡青铜的代用品
	ZCuZn25Al6-Fe3Mn3 (ZHAl66-6-3-2)	60.0～66.0	Al2.5～5.0 Fe1.5～4.0 Mn1.5～4.0 Zn 余量	S	725	10	1570	高强、耐磨零件,如桥梁支承板、螺母、螺杆、耐磨板、滑块和涡轮等
				J	740	7	1665	

注:S 代表砂模;J 代表金属模。

白铜延展性好、硬度高、色泽美观、耐腐蚀、富有深冲性能,被广泛用于造船、石油化工、电器、仪表、医疗器械、日用品、工艺品等领域,另外,白铜还是重要的电阻和热电偶合金。但是由于其主要添加元素镍比较稀缺,所以价格比较昂贵。

3. 青铜

青铜是指以除锌和镍以外的其他元素为主要合金元素的铜合金。其牌号为"Q+第一主添加元素化学符号+各添加元素的百分含量(数字间以"-"隔开)",如 QSn4-3 表示成分为 4% 的 Sn、3% 的 Zn、其余为铜的锡青铜。若为铸造青铜,则在牌号前再加"Z"。青铜合金中,工业用量最大的为锡青铜和铝青铜,强度最高的为铍青铜。

(1)锡青铜 锡青铜是我国历史上使用最早的有色合金,也是常用的有色合金之一。锡含量是决定锡青铜性能的关键,含锡 5%～7% 的锡青铜塑性最好,适用于冷热压力加工。典型牌号为 QSn5-5-5,主要用于仪表的耐磨、耐蚀零件,以及弹性零件及滑动轴承、轴套等;而含锡量大于 10% 时,合金强度升高,但塑性却很低,只适于铸造用。典型牌号为 ZSn-10-2,主要用于制造阀、泵壳、齿轮、涡轮等零件。锡青铜在造船、化工机械、仪表等工业中有广泛的应用。

(2)铝青铜 铝青铜是无锡青铜中用途最为广泛的一种,根据合金的性能特点,铝青铜中含铝量一般控制在 12% 以内。工业上压力加工用铝青铜的含铝量一般低于 5%～7%;含铝 10% 左右的合金强度高,可用于热加工或铸造用材。铝青铜的耐蚀性、耐磨性都优于黄铜和锡青铜,而且还具有耐寒、冲击时不产生火花等特性。可用于制造齿轮、轴套、蜗轮等在复杂条件下工作的高强度抗磨零件以及弹簧和其他高耐腐蚀性的弹性零件。

(3)铍青铜 铍青铜指含铍 1.7%～2.5% 的铜合金,其时效硬化效果极为明显,通过淬火时效,可获得很高的强度和硬度,抗拉强度 R_m 可达 1250～1500MPa,HBS 可达 350～400,远远超过了其他铜合金,且可与高强度合金钢相媲美。由于铍青铜没有自然时效效应,故其一般供应态为淬火态,易于成形加工,可直接制成零件后再时效强化。

(二)铝及铝合金

铝及铝合金在工业上是仅次于钢的一种重要金属,尤其是在航空、航天、电力工业及日常用品行业中得到广泛应用。

铝的熔点为 660.37℃,密度为 2.7g/cm³,具有面心立方晶格,无同素异构转变。铝的强度、硬度很低(R_m=80～100MPa,20HBS),塑性很好(A=30%～50%,Z=80%)。所以铝适于各种冷、热压力加工,制成各种形式的材料,如丝、线、箔、片、棒、管和带等。铝的导电和导热性能良好,仅次于金、银、铜,居第四位。

根据铝中杂质含量的不同,铝分为工业高纯铝和工业纯铝。工业高纯铝有 LG1～LG5 等牌号,其顺序号越大,纯度越高。通常只用于科研、化工以及一些特殊用途。工业纯铝有

L1～L7 等牌号，其顺序号越大，纯度越低。通常用来制造导线、电缆及生活用品，或作为生产铝合金的原材料。

由于铝的强度低，因此不宜作承力结构材料使用。在铝中加入硅、铜、镁、锌、锰等合金元素而制成铝基合金，其强度比纯铝高几倍，可用于制造承受一定载荷的机械零件。

铝合金的种类很多，根据合金元素的含量和加工工艺特点，可以分为变形铝合金和铸造铝合金两大类。以压力加工方法生产的铝合金，称为变形铝合金，变形铝合金根据特点和用途可分为防锈铝合金、硬铝合金、超硬铝合金和锻铝合金。常用变形铝合金的牌号、化学成分、力学性能及用途见表 11-39。用来直接浇铸各种形状的机械零件的铝合金称为铸造铝合金。常用铸造铝合金的牌号、化学成分、力学性能及用途见表 11-40。铝合金可用于汽车、装甲车、坦克、飞机及舰艇的部件，如汽车发动机壳体、活塞、轮毂，飞机机身及机翼的蒙皮；还可以用于建筑行业的门窗框架、日常生活用品及家具等。

表 11-39　常用变形铝合金的牌号、化学成分、力学性能及用途

类别	代号	化学成分/%					力学性能			用途
		Cu	Mg	Mn	Zn	其他	R_m/MPa	A/%	HBS	
防锈铝合金	5A05 (LF5)	—	4.8～5.5	0.3～0.6	—	—	270	23	70	焊接油箱、油管、焊条、铆钉以及中等载荷零件及制品
	3A21 (LF21)	—	—	1.0～1.6	—	—	130	23	30	焊接油箱、油管、焊条、铆钉以及轻载荷零件及制品
硬铝合金	2A01 (LY1)	2.2～3.0	0.2～0.5	—	—	—	300	24	70	工作温度不超过 100℃ 的结构用中等强度铆钉
	2A11 (LY11)	3.8～4.8	0.4～0.8	0.4～0.8	—	—	420	18	100	中等强度的结构零件，如骨架，模锻的固定接头、支柱、螺旋桨叶片、局部镦粗的零件、螺栓和铆钉
	2A12 (LY12)	3.8～4.9	1.2～1.8	0.3～0.9	—	—	480	11	131	高强度的结构零件，如骨架、蒙皮、隔框、肋、梁、铆钉等 150℃ 以下工作的零件
超硬铝合金	7A04 (LC4)	1.4～2.0	1.8～2.8	0.2～0.6	5.0～7.0	Cr0.10～0.25	600	12	150	结构中主要受力件，如飞机大梁、桁架、加强框、蒙皮接头及起落架
	7A09 (LC9)	1.2～2.0	2.0～3.0	0.15	5.1～6.1	Cr0.16～0.30	680	7	190	
锻铝合金	2A50 (LD5)	1.8～2.6	0.4～0.8	0.4～0.8	—	Si0.7～1.2	420	13	105	形状复杂中等强度的锻件及模锻件
	2A70 (LD7)	1.9～2.5	1.4～1.8	—	—	Ti0.02～0.10 Ni0.9～1.5 Fe0.9～1.5	440	13	120	内燃机活塞和在高温下工作的复杂锻件，板材可作高温下工作的结构件
	2A14 (LD10)	3.9～4.8	0.4～0.8	0.4～1.0	—	Si0.5～1.2	480	19	135	承受重载荷的锻件和模锻件

表 11-40　常用铸造铝合金的牌号、化学成分、力学性能及用途

类别	牌号	代号	化学成分/%	铸造方法	热处理	力学性能			用途
						R_m/MPa	A/%	HBS	
铝硅合金	ZAlSi12	ZL102	Si10.0～13.0	SB	F	143	4	50	形状复杂的零件，如飞机、仪器零件、抽水机壳体
				JB	F	153	2	50	
				SB	T2	133	4	50	
				J	T2	143	3	50	

类别	牌号	代号	化学成分/%	铸造方法	热处理	力学性能			用途
						R_m/MPa	A/%	HBS	
铝硅合金	ZAlSi9Mg	ZL104	Si8.0~10.5 Mg0.17~0.30 Mn0.2~0.5	J J	T1 T6	192 231	1.5 2	70 70	工作温度在220℃以下形状复杂的零件,如电动机壳体、气缸体
	ZAlSi5Cu1Mg	ZL105	Si4.5~5.5 Cu1.0~1.5 Mg0.40~0.60	J J	T5 T7	231 173	0.5 1	70 65	工作温度在250℃以下形状复杂的零件,如风冷发动机气缸头、机闸、液压泵壳体
	ZAlSi7Cu4	ZL107	Si6.5~7.5 Cu3.5~4.5	SB J	T6 T6	241 271	2.5 3	90 100	强度和硬度较高的零件
	ZAlSi2Cu1-Mg1Ni1	ZL109	Si11.0~13.0 Cu0.5~1.5 Mg0.8~1.3 Ni0.8~1.5	J J	T1 T6	192 241	0.5 —	90 100	较高温度下工作的零件,如活塞
	ZAlSi9Cu2Mg	ZL111	Si8.0~10.0 Cu1.3~1.8 Mg0.4~0.6 Mn0.10~0.35 Ti0.10~0.35	SB J	T6 T6	251 310	1.5 2	90 100	活塞及高温下工作的零件
铝铜合金	ZAlCu5Mn	ZL201	Cu4.5~5.3 Mn0.6~1.0 Ti0.15~0.35	S S	T4 T5	290 330	3 4	70 90	内燃机气缸头、活塞等
	ZAlCu10	ZL202	Cu9.0~11.0	S J	T6 T6	163 163	— —	100 100	高温下工作不受冲击的零件
	ZAlCu4	ZL203	Cu4.0~5.0	J J	T4 T5	202 222	6 3	60 70	中等载荷、形状比较简单的零件
铝镁合金	ZAlMg10	ZL301	Mg9.5~11.5	S	T4	280	9	20	舰船配件
	ZAlMg5Si1	ZL303	Si0.8~1.3 Mg4.5~5.5 Mn0.1~0.4	S 或 J	F	143	1	55	氨用泵体
铝锌合金	ZAlZn11Si7	ZL401	Si6.0~8.0 Mg0.1~0.3 Zn9.0~13.0	J	T1	241	1.5	90	结构形状复杂的汽车、飞机、仪器零件,也可制造日用品
	ZAlZn6Mg	ZL402	Mg0.5~0.65 Cr0.4~0.6 Zn5.0~6.5 Ti0.15~0.25	J	T1	231	4	70	

注:J表示金属模;S表示砂模;B表示变质处理;F表示铸态;T1表示人工时效;T2表示退火;T4表示固溶处理+自然时效;T5表示固溶处理+不完全人工时效;T6表示固溶处理+完全人工时效;T7表示固溶处理+稳定化处理。

(三)钛及钛合金

钛在地壳中的储量十分丰富,仅次于铝、铁、镁,居金属元素中的第四位。钛及钛合金具有密度小、重量轻、比强度高、耐高温、耐腐蚀以及良好的低温韧性和焊接性等特点,是一种理想的轻质结构材料,特别适于航空航天、化工、导弹、造船等领域。但由于钛在高温时异常活泼,钛及钛合金的熔炼、浇铸、焊接和热处理等都要在真空或惰性气体中进行,加工条件严格,加工成本较高,因此在一定程度上限制了它的应用。

钛在固态有两种同素异构体,882.5℃以下为具有密排六方晶格的 α-Ti,882.5℃以上直到熔点为体心立方晶格的 β-Ti。工业纯钛的牌号按纯度分为4个等级:TA0、TA1、TA2、TA3。TA后的数字越大,纯度越低,强度增大,塑性降低。

钛合金是以钛为基加入其他元素组成的合金。利用 α-Ti、β-Ti 两种结构的不同特点,添加适当的合金元素，可得到不同组织的钛合金。钛合金按退火组织不同分为 α 钛合金、β 钛合金、(α+β) 钛合金三类，分别以 TA、TB、TC 加顺序号表示。

1. α 钛合金

这类合金主要加入的元素是铝（Al）、锡（Sn）、锆（Zr），合金在室温和使用温度下均处于 α 单相状态，组织稳定，具有良好的抗氧化性、焊接性和耐蚀性，不可热处理强化，室温强度低，但高温强度高。典型的牌号是 T7，成分为 Ti-5Al-2.5Sn，其使用温度不超过 500℃，主要用于制造导弹的燃料罐、超音速飞机的涡轮机匣等。

2. β 钛合金

这类合金主要加入的元素是钼（Mo）、钒（V）、铬（Cr）等，未经热处理就具有较高的强度，但稳定性差，不宜在高温下使用。典型的牌号是 TB1，成分为 Ti-13Al-13V-11Cr，一般在 350℃ 以下使用，适用于制造压气机叶片、轴、轮盘等重载的回转件以及飞机构件等。

3. (α+β) 钛合金

这类合金是双相合金，兼有 α、β 钛合金的优点。组织稳定性好，具有良好的韧性、塑性和高温变形能力，能较好地进行压力加工，高温强度高，其热稳定性略次于 α 钛合金。典型的牌号是 TC4，成分为 Ti-6Al-4V，强度高，塑性好，在 400℃ 组织稳定，蠕变强度高。低温时具有良好的韧性，适于制造 400℃ 以下长期工作的零件，或要求一定高温强度的发动机零件，以及在低温下使用的火箭、导弹的液氢燃料箱部件等。

五、非金属材料

（一）塑料

塑料是以合成树脂为主要成分，加入各种添加剂，在加工过程中可塑制成各种形状的高分子材料，具有质轻、绝缘、减摩、耐蚀、消音、吸振、廉价、美观等优点，广泛应用于工业生产和日常生活中。

1. 塑料的组成

塑料主要由合成树脂和添加剂组成，合成树脂是其主要成分；添加剂是为了改善塑料的使用性能或成型工艺性能而加入的其他组分，包括填料（又称填充剂或增强剂）、增塑剂、固化剂（又称硬化剂）、稳定剂（又称防老化剂）、润滑剂、着色剂、阻燃剂、发泡剂、抗静电剂等。

2. 塑料的分类

（1）按树脂的性质分类　根据树脂在加热和冷却时所表现的性质，塑料可分为热塑性塑料和热固性塑料两类。

① 热塑性塑料。又称为热熔性塑料。这类塑料受热时软化，熔融为可流动的黏稠液体，冷却后成型并保持既得形状，再受热又可软化成熔融状，如此可反复进行多次，即具有可逆性。该塑料的优点是加工成型简便，具有较高的力学性能，废品回收后可再利用。缺点是耐热性、刚性较差。聚氯乙烯、聚苯乙烯、聚乙烯、聚酰胺（尼龙）、ABS、聚四氟乙烯（F-4）、聚甲基丙烯酸甲酯（有机玻璃）等，均属于这类塑料。

② 热固性塑料。热固性塑料在一定温度下软化熔融，可塑制成一定形状，经过一段时间的继续加热或加入固化剂后，化学结构发生变化即固化成型。固化后的塑料质地坚硬，性质稳定，不再溶入各种溶剂中，也不能再加热软化（温度过高便会自行分解）。因此，热固塑料只可一次成型。该类塑料耐热性好，抗压性好，但韧性较差，质地较脆。常用的热固性塑料有酚醛树脂、呋喃树脂、环氧树脂等。

（2）按塑料的应用范围分类

① 通用塑料。产量大，用途广，价格低廉，主要指通用性强的聚乙烯、聚氯乙烯、聚苯乙烯、聚丙烯、酚醛树脂和氨基塑料 6 大品种，占塑料总产量的 75% 以上。

② 工程塑料。力学性能比较好，可以替代金属在工程结构和机械设备中的应用，例如制造各种罩壳、轻载齿轮、干摩擦轴承、轴套、密封件、各种耐磨、耐蚀结构件、绝缘件等。常用的工程材料有聚酰胺（尼龙）、聚甲醛、酚醛树脂、聚甲基丙烯酸甲酯（有机玻璃）、ABS 等。

3. 塑料的性能特点

塑料有许多优点，如质轻、比强度高；良好的耐蚀性、减摩性与自润滑性；绝缘性、耐电弧性、隔音性、吸振性优良；工艺性能好。其主要缺点是强度、硬度、刚度低；耐热性、导热性差，热膨胀系数大；易燃烧，易老化。

4. 汽车常用塑料零件

（1）分电器盖和分火头　分电器是汽油发动机点火系统中的一个重要部件，分电器盖和分火头是分电器中的两个重要零件。其必须具备良好的绝缘性能，以保证零件本身不漏电。另外还要具备足够的强度，能经受得住高温的影响和汽油的腐蚀。所以，目前分电器盖和分火头是使用耐热、绝缘、化学稳定性及尺寸稳定性较好的酚醛压塑粉（通称胶木粉或电木粉）制成。

（2）制动蹄和离合器摩擦片　制动摩擦片是汽车制动装置中的重要元件，其功用是通过摩擦力使车轮转速降低或停止转动，它必须具备良好的摩擦性（即摩擦系数高）和散热性。所以，汽车制动摩擦片由摩擦性能优良的改性酚醛树脂、增强材料（石棉）、摩擦性能调节剂（如金属粉、屑或丝等物质）组成，将这些物质混合、干燥，然后用压制、挤出再加热和滚压的方法加工成型。离合器片是用带铜丝的石棉浸渍酚醛树脂、柏胶，并加上各种填料后热压而成。其中掺在制动摩擦片和离合器片中的金属粉及铜丝用来提高其导热性能，以便更好地散热。

（3）齿轮　汽车上的大部分齿轮是用金属材料制造的。由于塑料具有良好的吸振、消音性能，因此在传递负荷小的场合，也可用塑料来制造齿轮。如发动机中的正时齿轮，多数是以棉布为增强材料的布质酚醛塑料制造的，也有的是采用玻璃纤维增强的尼龙制造的。汽车上其他一些小齿轮，如车速表齿轮、机油泵齿轮等采用尼龙或聚甲醛来制造。

（4）轴承　汽车上的一些轴承，如钢板弹簧支架孔衬套、转向节孔衬套等，常采用各种塑料来制造。如东风 EQ1090 汽车的钢板弹簧支架孔衬套是采用聚甲醛来制造的。聚甲醛是一种性能优良、成本较低的优良轴承材料。

（二）橡胶

橡胶是一种具有高弹性的有机高分子材料，在较小的载荷下就能产生很大的变形，常作为弹性材料、密封材料、传动材料、防振和减振材料，广泛用于制造轮胎、胶管、软油箱、减振和密封零件等。

1. 橡胶的组成

橡胶制品主要是由生胶、各种配合剂和增强材料三部分组成的。

（1）生胶　生胶是未加配合剂的橡胶，是橡胶制品的主要组分，使用不同的生胶可以制成不同性能的橡胶制品。

（2）配合剂　配合剂的作用是提高橡胶制品的使用性能和改善加工工艺性能。配合剂种类很多，主要有硫化剂、硫化促进剂、增塑剂、补强剂、防老化剂、着色剂、增容剂等。此外，还有能赋予制品特殊性能的其他配合剂，如发泡剂、电性调节剂等。

（3）增强材料   增强材料主要作用是提高橡胶制品的强度、硬度、耐磨性和刚性等性能并限制其变形。主要增强材料有各种纤维织品、帘布及钢丝等，如轮胎中的帘布。

2. 橡胶的种类

橡胶按原料来源分为天然橡胶和合成橡胶两大类。按应用范围又分为通用橡胶和特种橡胶两大类。通用橡胶是指用于制造轮胎、工业用品、日常生活用品等量大而广的橡胶；特种橡胶是指在特殊条件（如高温、低温、酸、碱、油、辐射等）下使用的橡胶制品。

3. 橡胶的性能

橡胶突出的特性是高弹性，这与其分子结构有关。橡胶只有经过硫化处理才能使用，因为硫化将橡胶由线型高分子交联成为网状结构，使橡胶的塑性降低、弹性增加、强度提高、耐溶剂性增强，扩大高弹态温度范围。此外，橡胶还具有良好的绝缘性、耐磨性、阻尼性和隔音性。还可以通过添加各种配合剂或者经化学处理使其改性，以满足某些性能的要求，如耐辐射、导电、导磁等特性。

4. 常用橡胶

（1）天然橡胶   天然橡胶是将橡树流出的胶乳经过凝固、干燥、加压制成片状生胶，再经硫化处理成为可以使用的橡胶制品。天然橡胶有较好的弹性，抗拉强度可达 $25\sim35MPa$，有较好的耐碱性能，是电绝缘体。缺点是耐油和耐溶剂性能差，耐臭氧老化较差，不耐高温，使用温度在 $-70\sim110℃$ 范围。天然橡胶广泛用于制造轮胎、胶带、胶管、胶鞋等。

（2）通用合成橡胶   通用合成橡胶品种很多，常用的有以下几种。

① 丁苯橡胶（SBR）。丁苯橡胶由丁二烯和苯乙烯共聚而成，外观为浅褐色，是合成橡胶中产量最大的通用橡胶。丁苯橡胶强度较低，成型性较差，制成的轮胎的弹性不如天然橡胶，但其价格便宜，并能以任何比例与天然橡胶混合。它主要与其他橡胶混合使用，可代替天然橡胶，广泛用于制造轮胎、胶带、胶鞋等。

② 顺丁橡胶（BR）。顺丁橡胶由丁二烯单体聚合而成。其弹性、耐磨性、耐热性、耐寒性均优于天然橡胶，是制造轮胎的优良材料。缺点是强度较低，加工性能差，抗撕裂性差。主要用于制造轮胎，也可制作胶带、减震器、耐热胶管、电绝缘制品、三角皮带等。

③ 氯丁橡胶（CR）。氯丁橡胶由氯丁二烯聚合而成。其不仅具有可与天然橡胶相比拟的高弹性、高绝缘性、较高强度和高耐碱性，并且具有天然橡胶和一般通用橡胶所没有的优良性能，如耐油、耐溶剂、耐氧化、耐老化、耐酸、耐热、耐燃烧、耐挠曲等性能，故有"万能橡胶"之称。缺点是耐寒性差，密度大，生胶稳定性差。氯丁橡胶应用广泛，由于其耐燃烧，一旦燃烧能放出 HCl 气体阻止燃烧，故是制造耐燃橡胶制品的主要材料，如制作地下矿井的运输带、风管、电缆包皮等，还可作输送油或腐蚀介质的管道、耐热运输带、高速三角皮带及垫圈。

④ 乙丙橡胶（EPR）。由乙烯和丙烯共聚而成。乙丙橡胶的原料丰富、价廉、易得，结构稳定。它具有优异的抗老化性能，抗臭氧的能力比普通橡胶高百倍以上。绝缘性、耐热性、耐寒性好，使用温度范围宽（$-60\sim150℃$），化学稳定性好，对各种极性化学药品和酸、碱有较大的抗蚀性，但对碳氢化合物的油类稳定性差。主要缺点是硫化速度慢、黏结性差。用于制作轮胎、蒸汽胶管、胶带、耐热运输带、高电压电线包皮等。

（3）特种合成橡胶   特种橡胶种类很多，这里仅介绍常用的几种。

① 丁腈橡胶（NBR）。由丁二烯和丙烯腈共聚而成，是特种橡胶中产量最大的品种。丁腈橡胶有多种，其中主要是丁腈-18、丁腈-26、丁腈-40 等，数字代表丙烯腈含量，其含量高，则耐油性、耐溶剂和化学稳定性增加，强度、硬度和耐磨性提高，但耐寒性和弹性降

低。丁腈橡胶的突出优点是耐油性好，同时具有高的耐热性、耐磨性、耐老化、耐水、耐碱、耐有机溶剂等优良性能。缺点是耐寒性差，其脆化温度为$-20\sim-10℃$，耐酸性差、绝缘性差，不能作绝缘材料。主要用于制作耐油制品，如油箱、贮油槽、输油管、油封、燃料液压泵、耐油输送带等。

② 硅橡胶（SR）。由二甲基硅氧烷与其他有机硅单体共聚而成。由于硅橡胶的分子主链是由硅原子和氧原子以单键连接而成的，具有高柔性和高稳定性。硅橡胶的最大优点是不仅耐高温，而且耐低温，在使用温度$-100\sim350℃$范围内保持良好弹性；还有优异的抗老化性能，对臭氧、氧、光和气候的老化抗力大；绝缘性也很好。其缺点是强度和耐磨性低，耐酸碱性也差，而且价格较贵。主要用于飞机和宇航中的密封件、薄膜、胶管等，也用于耐高温的电线、电缆的绝缘层，由于硅橡胶无味无毒，可用于制造食品工业用耐高温制品，以及医用人造心脏、人造血管等。

③ 氟橡胶（FPR）。以碳原子为主链、含有氟原子的高聚物。由于含有键能很高的碳氟键，故氟橡胶有很高的化学稳定性。氟橡胶的突出优点是高的耐腐蚀性，它在酸、碱、强氧化剂中的耐蚀能力居各类橡胶之首，其耐热性也很好，最高使用温度为$300℃$，而且强度和硬度较高，抗老化性能强。其缺点是耐寒性差，加工性能不好，价格高。氟橡胶主要用于国防和高科技中，如高真空设备、火箭、导弹、航天飞行器的高级密封件、垫圈、胶管、减震元件等。

（三）陶瓷

1. 陶瓷概念

陶瓷是一种用天然硅酸盐（黏土、长石、石英等）或人工合成化合物（氮化物、氧化物、碳化物、硅化物、硼化物、氟化物）为原料，经粉碎、配制、成型和高温烧制而成的无机非金属材料。

2. 陶瓷分类

陶瓷按原料来源不同可分为普通陶瓷（传统陶瓷）和特种陶瓷（近代陶瓷）。普通陶瓷是以天然的硅酸盐矿物（黏土、长石、石英）为原料，经过原料加工、成型、烧结而成，因此这种陶瓷又叫硅酸盐陶瓷。特种陶瓷是采用纯度较高的人工合成化合物（如Al_2O_3、ZrO_2、SiC、Si_3N_4、BN），经配料、成型、烧结而制得。

陶瓷按用途可分为日用陶瓷和工业陶瓷两类，工业陶瓷又分为工程陶瓷和功能陶瓷。按化学组成分为氮化物陶瓷、氧化物陶瓷、碳化物陶瓷等。按性能分为高强度陶瓷、高温陶瓷、耐酸陶瓷等。

3. 陶瓷的性能与应用

与金属比较，陶瓷刚度大，具有极高的硬度，其硬度大多在$1500HV$以上，氮化硅和立方氮化硼具有接近金刚石的硬度，因此，陶瓷的耐磨性好，常用来制作新型的刀具和耐磨零件。陶瓷的抗压强度较高，但抗拉强度较低，塑性、韧性都很差，由于其冲击韧性与断裂韧性都很低，目前在工程结构和机械结构中应用很少。

陶瓷材料熔点高，大多在$2000℃$以上，在高温下具有极好的化学稳定性，所以广泛应用于工程中的耐高温场合。陶瓷的导热性低于金属材料，所以还是良好的隔热材料。大多数陶瓷材料具有高电阻率，是良好的绝缘体，因而大量用作电气工业中的绝缘子、瓷瓶、套管等。例如用陶瓷制作的内燃机火花塞，可承受的瞬间引爆温度达$2500℃$，并可满足高绝缘性及耐腐蚀性的要求。少数陶瓷还具有半导体的特性，可作整流器。一些现代陶瓷已成为国防、宇航等高科技领域中不可缺少的高温结构材料及功能材料。

六、复合材料

（一）复合材料的概念与分类

1. 复合材料的概念

复合材料是指由两种或两种以上不同性质的材料，通过不同的工艺方法人工合成的、各组分间有明显界面且性能优于各组成材料的多相材料。为满足性能要求，人们在不同的非金属之间、金属之间以及金属与非金属之间进行复合，使其既保持组成材料的最佳特性，又具有组合后的新特性，有些性能甚至超过各组成材料的性能的总和，从而充分地发挥材料的性能潜力。

2. 复合材料的分类

复合材料的分类标准不同，材料种类也不同，复合材料分类如下所示。

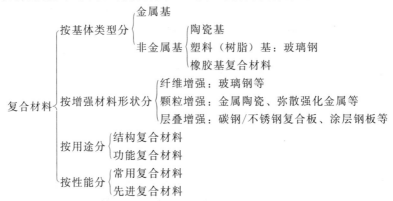

（二）复合材料的性能特点

由于复合材料能集中和发扬组成材料的优点，并能实行最佳结构设计，所以具有许多优越的特性。

1. 比强度和比弹性模量高

复合材料的比强度和比弹性模量都很高，是各类材料中最高的。高的比强度和比模量可使结构质量大幅度减轻，这意味着军用飞机可增加弹载、提高航速、改善机动特性，延长巡航；民用飞机可多载燃油，提高客载。

2. 抗疲劳性能好

首先，缺陷少的纤维的疲劳抗力很高；其次，基体的塑性好，能消除或减小应力集中区的大小和数量，使疲劳源（纤维和基体中的缺陷处、界面上的薄弱点）难以萌生出微裂纹，即使微裂纹形成，塑性变形也能使裂纹尖端钝化，减缓其扩展。而且由于基体中密布着大量纤维-树脂界面，疲劳断裂时，裂纹的扩展常要经历非常曲折和复杂的路径，因此复合材料的疲劳强度很高。

3. 减振性能好

构件的自振频率除与结构本身形状有关外，还与材料比弹性模量的平方根成正比。复合材料的比模量大，所以它的自振频率很高，在一般加载速度或频率的情况下不容易发生共振而导致快速脆断。另外，复合材料是一种非均质多相体系，其中有大量（纤维与基体之间）界面，界面对振动有反射和吸收作用。而且，一般来说基体的阻尼也较大。因此，在复合材料中振动的衰减频率都很快。

4. 耐热性好

增强剂纤维多有较高的弹性模量，因而常有较高的熔点和高温强度，且耐疲劳性能好，纤维和基体的相容性好，热稳定性也是很好的。

5. 断裂安全性高

纤维增强复合材料每平方厘米截面上有成千上万根隔离的细纤维，当其过载会使其中部分纤维断裂，载荷将力迅速重新分配到未断纤维上，不会造成构件在瞬间完全丧失承载能力而断裂，所以工作的安全性高。

此外，复合材料的减摩性、耐蚀性、自润滑性、可设计性以及工艺性能也都较好，因此在当代材料领域中占据越来越重要的地位。

（三）常用复合材料

1. 玻璃纤维复合材料

（1）玻璃纤维复合材料分类　玻璃纤维复合材料又称玻璃钢，分为热塑性和热固性两种。热塑性玻璃钢（FR-TP）是以玻璃纤维为增强剂和以热塑性树脂为黏结剂制成的复合材料。具有高的力学性能、介电性能、耐热性和抗老化性能，工艺性能也好。热塑性玻璃钢同热塑性材料相比，基体材料相同时，强度和疲劳性能可提高 2～3 倍以上，冲击韧性提高 2～4 倍（脆性塑料时），蠕变抗力提高 2～5 倍，达到或超过了某些金属的强度，因此可以用来取代这些金属。热固性玻璃钢（GFRP）是以玻璃纤维为增强剂和以热固性树脂为黏结剂制成的复合材料。常用的热固性树脂为酚醛树脂、环氧树脂、不饱和聚酯树脂和有机硅树脂四种。酚醛树脂出现最早，环氧树脂性能较好，应用较普遍。热固性玻璃钢集中了其组成材料的优点，具有重量轻、比强度高、耐腐蚀性能好、介电性能优越、成型性能良好等特点。

（2）玻璃纤维复合材料用途　玻璃钢的应用极广，从各种机器的护罩到形状复杂的构件，从各种车辆的车身到不同用途的配件，从电机电器上的绝缘抗磁仪表、器件，到石油化工中的耐蚀耐压容器、管道等，都有玻璃钢的应用，大量地节约了金属，提高了构件的性能水平。

2. 碳纤维复合材料

碳纤维复合材料是 20 世纪 60 年代迅速发展起来的。碳以石墨的形式出现，晶体为六方结构，六方体底面上的原子以强大的共价键结合，所以碳纤维比玻璃纤维具有更高的强度和高得多的弹性模量，并且在 2000℃ 以上的高温下强度和弹性模量基本上保持不变，在 -180℃ 以下的低温也不变脆。

（1）碳纤维树脂复合材料　碳纤维树脂复合材料的基体树脂目前应用最多的是环氧树脂、酚醛树脂和聚四氟乙烯。这类材料比玻璃钢的性能还要优越。其比重比铝轻、强度比钢高、弹性模量比铝合金和钢大、疲劳强度、冲击韧性高，耐水耐湿气，化学稳定性、导热性好，摩擦系数小，受 X 线辐射时强度和模量不变化。因此，可以用作宇宙飞行器的外层材料；人造卫星和火箭的机架，壳体、天线构架；各种机器中的齿轮、轴承等受载磨损零件；活塞、密封圈等受摩擦件；也可用作化工零件和容器等。

（2）碳纤维碳复合材料　这是一种新型的特种工程材料。除具有石墨的各种优点外，强度和冲击韧性比石墨高 5～10 倍，刚度和耐磨性高，化学稳定好，尺寸稳定性也好。目前已用于高温技术领域（如防热）、化工和热核反应装置中。在航天航空中用于制造鼻锥、飞船的前缘、超音速飞机的制动装置等。

（3）碳纤维金属复合材料　这是在碳纤维表面镀金属制成的复合材料。这种材料直到接近于金属熔点时仍有很好的强度和弹性模量。用碳纤维和铝锡合金制成的复合材料，是一种减摩性能比铝锡合金更优越、强度很高的高级轴承材料。

（4）碳纤维陶瓷复合材料　同石英玻璃相比，它的抗弯强度提高了约 12 倍，冲击韧性提高了约 40 倍，热稳定性也非常好，是有前途的新型陶瓷材料。

3. 硼纤维复合材料

（1）硼纤维树脂复合材料　其基体主要为环氧树脂、聚苯并咪唑和聚酰亚胺树脂等。硼纤维树脂复合材料的特点是：抗压强度（为碳纤维树脂复合材料的 2～2.5 倍）和剪切强度很高，蠕变小，硬度和弹性模量高，有很高的疲劳强度（达 340～390MN/m²），耐辐射，对水、有机溶剂和燃料、润滑剂都很稳定。由于硼纤维是半导体，所以它的复合材料的导热性和导电性很好。

硼纤维树脂材料主要应用于航空和宇航工业制造翼面、仪表盘、转子、压气机叶片、直升机螺旋桨叶的传动轴等。

（2）硼纤维金属复合材料　常用的基体为铝、镁及其合金、钛及其合金等。用高模量连续硼纤维增强的铝基复合材料的强度、弹性模量和疲劳极限一直到 500℃ 都比高强度铝合金和耐热铝合金高。它在 400℃ 时的持久强度为烧结铝的 5 倍，它的比强度比钢和钛合金还高，所以在航空和火箭技术中很有发展前途。

4. 金属纤维复合材料

作增强纤维的金属主要是强度较高的高熔点金属钨、钼、钢、不锈钢、钛、铍等。

（1）金属纤维金属复合材料　这类材料除了强度和高温强度较高外，主要是塑性和韧性较好，而且比较容易制造，有望用于飞机的许多构件。

（2）金属纤维陶瓷复合材料　这是改善陶瓷材料脆性的重要途径之一。采用金属纤维增强，可以充分利用金属纤维的韧性和抗拉能力。

七、新材料及其在军事上的应用

（一）新材料概述

新材料，通常是指对现代科学技术进步和国民经济发展以及综合国力提高有重大推动作用的最新发展或正在发展的材料。这些材料和传统材料相比具有优异的性能和特定的功能，应用广泛。毫不夸张地说，新材料是技术革命与创新的基石，是社会现代化的先导，是社会经济发展的基础，更是国防现代化的保证。正是由于新材料科技在社会发展和人类文明进程中的巨大作用，新材料技术已经同信息技术、生物技术一起成为 21 世纪最重要和最具发展潜力的领域，是世界各国竞相发展的首选方向。

（二）复合材料的军事应用

1. 军用飞机

主要被用来制作飞机水平尾翼、阻力板、减速板、整流片、前后缘条和机翼蒙皮、肋、前机身舱段和水平安定面、前掠翼等，可获得减重 20%～30% 的显著效果，使战斗机动性能得到充分发挥。

2. 弹箭武器

主要用于制造导弹的头锥、各级壳体、容器、级间段和连接器舱等，还可用于单兵火箭、对空导弹、步兵轻型反坦克武器的发射筒，可减轻携带重量。

3. 坦克装甲车辆

坦克装甲车辆应用复合材料始于 20 世纪 70 年代，为了防护和轻量化需求而用树脂基复合材料制造坦克复合装甲。其后，轻质化材料的应用研究逐步由非承力功能构件扩展到次承力和主承力构件上，如车体、炮塔、负重轮、扭力轴等。

4. 火炮

主要用于制造火炮身管、大架、摇架、热护套等部件，可以进一步降低火炮质量，提高火炮的机动性能。

5. 轻武器

轻武器采用复合材料制造枪托、护木、弹匣和复合枪管等部件。

6. 船艇

主要用于船体、声呐壳体、甲板、桅杆、各类隔板及门、窗框等的制造。

总之，复合材料的应用范围已经遍及航空与航天工业、陆上交通、水上运输、建筑工业、化学工业、通信工程、电器工业、娱乐休闲和其他方面，如轻型飞机、汽车外壳、海上石油平台、自行车，钓鱼竿等。虽然现今复合材料的增强体和基体可供选择的范围有限，其性能还不能完全满足材料设计的要求，且制备工艺复杂，成本较高，还不能完全取代传统材料。但是，由于其优异的性能，在许多特殊的应用场合，复合材料已成为其他材料无法匹敌的唯一候选者。

（三）纳米材料的军事应用

纳米材料是指固体颗粒小到纳米尺度（10^{-9}m）的超微粒子和晶粒尺寸小到纳米量级的固体和薄膜。从广义上讲，纳米材料是指在三维空间中至少有一维处于纳米尺度范围或由它们作为基本单元构成的材料。

纳米材料有许多不同于传统固体材料的特殊基本效应，在热学性能、磁学性能、光学性能和力学性能等方面显示出许多奇异的特性，因而在军事上有重要的应用。

1. 固体推进剂

固体推进剂是火箭和导弹发动机的动力源，其性能直接影响导弹武器的作战效能和生存能力，纳米金属粉应用于固体推进剂具有突出效应：燃烧速率是微米级的数倍；燃烧过程只需几分之一毫秒，且燃烧完全、燃烧效率高；在燃烧过程中无团聚和集块现象；提高推进剂的效率；降低压强指数、提高比冲。

纳米材料在固体推进剂中的应用研究重点集中在以下两个方面：一是纳米金属粉作为高能添加剂的应用研究；二是纳米金属氧化物作为燃烧催化剂在固体推进剂中的应用研究。目前，纳米铝颗粒已经在端羟基聚丁二烯推进剂（HTPB）、碳氢液体燃料推进剂中得到了成功应用。

2. 高能炸药

金属炸药是军用混合炸药的一个重要系列，广泛用作对空武器弹药、水下武器弹药、对舰武器弹药以及空对地武器弹药等，不但会使弹头的初速、射程得以提高，而且还会使弹药的质量减轻，便于携带和运输。

研究发现，目前应用于炸药中的金属粉，以铝粉为例，其粒度是影响炸药性能及做功能力的重要因素之一，金属铝粉颗粒越细，在爆轰区参与反应的程度越高，能量释放越迅速，爆轰越接近理想爆轰。在以 RDX 为主体的黏结炸药中，加入 20% 粒径为 50nm 的超细铝粉得到的新型复合炸药，其爆轰性能及做功能力明显高于含 20% 粒径为 $5\mu m$ 和 $50\mu m$ 的复合炸药，因此，纳米金属粉尤其适用于爆轰能量及威力指标要求高及小尺寸、弱约束条件下使用的武器弹药。

3. 常规武器装备

在军事领域中，纳米材料的发展与纳米技术的应用必将促使常规武器装备的性能得到很大的提高。如纳米陶瓷克服了传统陶瓷韧性差、不耐冲击的弱点，用于制造军用涡轮发动机的高温部件，可以提高发动机的效率、工作寿命和可靠性；同时纳米陶瓷具有高断裂韧性和耐冲击的性能，可有效提高主战坦克复合装甲的抗弹能力，增强速射武器陶瓷衬管的抗烧蚀性和抗冲击性。纳米粉体改性树脂基复合材料可代替钢材做兵器部件，大大减轻重量，提高可靠性、耐候性，特别适于在炎热潮湿、盐雾大、腐蚀重的环境下使用。纳米 AIN 的硬度特性能使金属表面提高耐磨性和抗腐蚀性能力，在枪管和炮管中使用可有效防烧蚀而延长武器使用寿命并提高弹丸初速。用金属纳米粉体制成的金属基复合材料，强度远高于一般的金属，又富有弹性。如果用这种材料制造轻武器的机件，会使它们的质量减少到原来的 1/10。纳米材料制成的钨合金弹芯能大大提高弹药的穿甲能力等。

4. 隐身武器装备

纳米粒子尺寸远小于红外和雷达波波长，比表面比常规粒子大 3～4 个数量级，磁损耗大，对红外线、雷达波等的透过率比常规材料大得多，使红外探测器和雷达接收到的反射信号变得很弱，很难发现被探测目标，有可能实现质轻、厚度薄、宽频带、高吸收、红外-微波兼容等要求，是一类非常有发展前途的高性能、多功能新型军用吸波材料，可用于隐身飞机及隐形军舰等。

5. 防护材料

与传统涂层相比，纳米结构涂层能使强度、韧性、耐腐蚀、耐磨、热障、抗剥蚀、抗氧化和抗热疲劳等性能得到显著改善，且一种涂层可同时具有上述多种性能。某些纳米微粒还有杀菌、阻燃、导电、绝缘等作用，可用这些纳米粒子制成防生物涂料、阻燃涂料、导电涂料和绝缘涂料。这些技术可有效解决舰艇动力推进装置螺旋桨的穴蚀问题以及潜艇、舰艇船体涂料的防污问题等。

此外，纳米材料对人体防护具有良好的应用潜能，可用来开发出先进的防弹材料、研制特殊的作战服，利用"铰合分子"制造出比人体肌肉强壮 10 倍的"肌肉"，打造出"刀枪不入"的士兵。

6. 信息存储与获取

碳纳米管可以充当电子快速通过的隧道，用于武器装备的信息系统，能使电子信息快速准确地传输到战场的每个角落。纳米磁性功能材料的磁记录密度比现有磁记录材料提高 20 倍，可使现有军用计算机磁盘存储能力提高近 10 倍，能大大改善战场复杂环境下电、磁、声、光、热等各种信息的获取、传输、处理、存储和显示能力，为武器平台的电子系统、综合电子系统提供更强的信息保障能力。此外纳米磁性功能材料还可用于抗电磁干扰器，使军事通信网、卫星接收保持良好工作状态。而且，纳米技术可以把现代作战飞机上的全部电子系统集成在一块芯片上，也能使目前需车载机载的电子战系统缩小至可由单兵携带，从而大大提高电子战的覆盖面。

7. 军服领域

研究人员发现，利用特殊的纳米技术对传统的材料进行处理，可以形成相互交错混杂的具有相反特性的二维纳米相区，使原来无法兼容的特性，通过它们的相互协同作用表现出来，从而生产出功能强大的新型军服面料。它有抗紫外老化和热老化以及保暖隔热作用，并大幅度地提高材料的弹性、强度、耐磨性和稳定性，使军服不但防油、防水、抗菌、抗污，清洁起来极其简便，而且穿着柔软舒适，在雨天、泅渡、穿越火场等方面更显优越性，更满足野战要求。

8. 电子对抗

纳米粉体的体积小、重量轻、下沉慢，且布朗运动引起微粒的位移变大，使其能在空气中迅速地扩散开。因此，采用纳米粉体作为遮蔽剂可显著增加留空时间，满足遮蔽弹的战术要求。其次，纳米粉体在很宽的波段内具有强吸波性，并且可以通过控制其粒径的大小来调节其吸收波段范围。因此，它在电子对抗中有着广阔的应用前景。

（四）隐身材料的军事应用

隐身技术是通过控制装备或人体信号特征，使其难以被发现、识别和跟踪打击的技术，与激光、巡航导弹技术统称为现代战争和现代军事的高新支柱技术，是现代战争取胜的决定因素之一。隐身技术的关键是隐身材料，在装备外形不能改变的前提下，隐身材料（stealth material）是实现隐身技术的物质基础。武器系统采用隐身材料可以降低被探测率，提高自身的生存率，增加攻击性，获得最直接的军事效益。因此隐身材料的发展及其在飞机、主战坦克、舰船、箭弹上的应用，将成为国防高技术的重要组成部分。

隐身材料按频谱可分为雷达波吸波隐身材料、可见光隐身材料、红外隐身材料、激光隐身材料及多频谱兼容与综合隐身材料等。按材料用途可分为隐身涂层材料和隐身结构材料两类。

1. 飞行器

据报道，美国航天飞机上 3 只火箭推进器的关键部件喷嘴以及先进的 MX 导弹发射管等，都是用先进的碳纤维复合材料制成；隐身飞机上可能较多地采用了混杂纤维增强复合材料，以增加吸波效果、拓宽吸波频带；结构陶瓷及陶瓷基复合材料将有望在高推比发动机上试用，美国用陶瓷基复合材料制成的吸波材料和吸波结构，加到 F-117 隐身飞机的尾喷管后，可以承受 1093℃的高温，而法国 Alcole 公司采用由玻璃纤维、碳纤维和芳酰胺纤维组成的陶瓷复合纤维制造出无人驾驶隐身飞机。特殊碳纤维增强的碳-热塑性树脂基复合材料具有极好的吸波性能，能使频率为 0.1MHz～50GHz 的脉冲大幅度衰减，现在已用于先进战斗机（ATF）的机身和机翼。另外 APC-2 是 CelionG40-700 碳纤维与 PEEK 复丝混杂纱单向增强的品级，特别适宜制造直升机旋翼和导弹壳体，美国隐身直升机 LHX 已经采用此种复合材料。

2. 导弹

导弹等武器目前除了在总体设计上减少雷达等目标的电磁信号特征、红外辐射特征和几何形状信号特征外，主要选择隐身材料来实现隐身，减少导弹的强散射部件（导弹系统中的雷达、通信、进气道、尾喷管、弹翼和导航等系统以及各种传感器都是强散射源）。美国、俄罗斯、欧洲各国、日本等在新一代导弹的研制中都把导弹的隐身性能作为导弹先进性的一个重要方面。新一代导弹几乎都具有隐身能力，而红外隐身涂层、各种先进复合材料和吸波材料也在导弹上得到了广泛的应用。

3. 坦克装甲车辆

自 20 世纪 70 年代开始，各国对地面武器装备（重点是坦克装甲车辆）的隐身材料和应用技术开展了大量研究工作。其中，装甲车辆用隐身材料已经日趋成熟。目前，各国的先进主战坦克上均已广泛采用了可对付可见光、近红外、远红外（热像）和毫米波的多功能隐身涂料或隐身器材，四波段以上的隐身材料及激光隐身材料已有应用，有效降低了目标特征信号。典型有美国"M1A2"、法国"勒克莱尔"、德国"豹-2"、英国"挑战者"、俄罗斯"T-80Y""黑鹰"等主战坦克。

4. 船艇

舰船用隐身材料分为吸波涂料和吸波结构材料两类。吸波涂料主要涂覆于舰艇或设备外表。使用吸波涂料一般可达到 10～30dB 的吸波率。吸波结构材料则用来制造舰艇或设备外表的壳体和构件。一般是以非金属为基体，填充吸波材料，形成既能减弱电磁波的散射又能承受一定载荷的结构复合材料。吸波结构材料在国外已得到成功应用，如瑞典海军在"斯米格"号上就使用了一种"克夫拉"玻璃钢复合板吸波结构材料。

在未来的战争中，潜艇是支配和控制海上作战的主要武器，而潜艇能实施突然袭击作战的关键取决于潜艇本身的隐蔽性。除声隐身和雷达波隐身外，可见光的隐身不可忽视。对潜艇来说，设计水线以上船体采用可见光伪装涂料是一种相对简单可行，又可与原先船体的防腐蚀涂层体系相结合的实用方案，现已发展成多品种的系列产品。潜艇光学隐身涂层的发展方向是研制一种能随着天气变化而变化，在雨天、阴天、晴天、夜晚均有低反射率的变色龙涂料。国外已进入前期的研究阶段。

5. 水雷

针对猎雷探测技术而言，水雷隐身主要包括声隐身、红外隐身、电磁隐身以及视频隐身等。其中，以降低声特征信号为目的的声隐身是隐身技术的重要组成部分。在目标表面涂覆或安装能吸收声波的材料，即利用吸波材料（RAM）可有效降低目标的融合通信。在水雷电磁隐身方面，主要是采用玻璃钢雷体。玻璃钢雷体的制造技术已经成熟，适布水深达到400m～500m，其磁辐射已很难被探测到。此外，新型材料的应用对水雷电磁隐身技术的发展也有相当大的促进作用。

6. 人体目标

人体目标隐身主要为热红外隐身。对于近红外波段的红外隐身主要措施有：使用改变表面发射系数的涂料；使用降低目标（人体）表面温度的绝热材料；采用红外图形迷彩。而对于中、远红外波段的红外隐身方法有：采用低发射率涂层；采用隔热模型；采用红外变频材料。

（五）超导材料

某些导电材料冷却到一定温度以下时会出现零电阻，同时其内部失去磁通成为完全抗磁性的物质，这种现象称为超导现象或超导电性。具有超导电性的材料称为超导材料或超导体。

超导材料具有零电阻、完全抗磁、约瑟夫森效应等特殊的现象和性能。

1. 弱电方面

利用超导材料制成的仪器设备，具有灵敏度高、噪声低、响应速度快和能耗小等特点，在军事侦察、通信、电子对抗和指挥等方面，都大有用武之地。目前主要用在现代信息战武器装备（如预警飞机、雷达、电子战设备、导弹制导部件等）中。

2. 强电方面

目前，强电方面，超导材料在军事上主要应用在两个方面。一是与电力驱动技术相关的方面，包括高温超导（HTS）电动机和发电机（20MW～40MW）、HTS变压器、故障电流限制器（FCL）和电缆、扫雷艇用直接制冷LTS（HTS）磁体、传感器电磁测量（如SQUID磁强计）、HTS空间实验站、船用防弹系统用无电子激光器、舰船集成动力系统、导弹用高精度超导陀螺仪、超导电磁炮等。二是其他方面，包括电磁武器、飞机着陆用超导磁性储能系统（SMES）等。

总而言之，就军事而言，超导材料的应用可大大提高海军舰船、军用飞机的机动性、攻防能力和信息作战能力以及导弹的精确制导能力等。而且，随着研究的深入和应用领域的逐步扩大，这一高科技领域产业必将进一步发展。

复习思考题

1. 金属材料的常用力学性能包括哪些？各自的概念是什么？
2. 每种力学性能的衡量指标有哪些？由拉伸试验可以测得哪些力学性能？
3. 金属中常见的晶体结构有哪些？

4. 什么叫同素异构转变？写出纯铁的同素异构转变式。

5. 什么是晶格、晶胞？什么是结晶？

6. 写出铁碳合金的共析转变方程式。

7. 为什么含碳量 1.0% 的钢硬度高于含碳量 0.5% 的钢？

8. 为什么含碳量 0.7% 的钢塑性好于含碳量 1.2% 的钢？

9. 使碳钢产生热脆性和冷脆性的元素分别是什么？

10. 说明下列碳钢牌号的意义：Q235AF、45、T12、ZG200-400。

11. 按用途可将合金钢分为哪几类？

12. 说明下列合金钢牌号的意义：20CrMnTi、40MnVB、60Si2Mn。

13. 说明铸铁的分类及各类铸铁的主要应用。

14. 为什么一般机器的支架、机床的床身常用灰铸铁制造？

15. 可锻铸铁可以锻造吗？

16. 下列铸件宜选择何种铸铁制造：

①机床床身；②汽车、拖拉机曲轴；③1000～1100℃加热炉炉体；④硝酸盛贮器；⑤汽车、拖拉机转向机壳；⑥球磨机衬板。

17. 铜合金分为哪几类？简要说明各类铜合金的性能特点和应用。

18. 说明钛合金的性能特点及应用。

19. 根据树脂的性质不同，塑料可分为哪几类？分别具有怎样的性能特点？

20. 简述陶瓷材料的性能特点及应用。

21. 什么是复合材料？复合材料如何分类？复合材料的性能特点是什么？

22. 简述纳米材料的定义及其分类。

23. 为什么纳米材料具有特殊的性能？纳米材料的特殊效应指什么？

24. 简述隐身材料的应用。

25. 什么是超导材料？超导体的特性包括哪些？如何分类？

第十二章

钢的热处理

第一节 概　述

钢的热处理是将钢在固态下通过加热、保温和冷却改变其整体或表面组织，从而获得所需性能的一种工艺方法。与其他加工工艺（如铸造、锻压、焊接）不同，热处理只改变金属材料的组织和性能，而不改变其形状和尺寸。

热处理是提高钢的使用性能和改善工艺性能的重要加工工艺方法，可以充分发挥材料的性能潜力，保证内在质量，延长使用寿命。因此在机械制造工业中占有十分重要的地位。现代机床工业中，60％～70％的零件要经过热处理，汽车制造业中，70％～80％的零件要经过热处理，而各种工模具、轴承等零件则 100％要进行热处理。

根据热处理工艺方法的不同，钢的热处理分类如下：

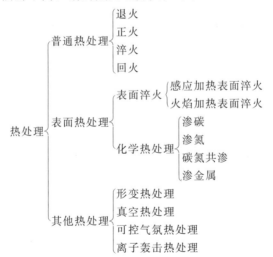

热处理方法虽然很多，但任何一种热处理工艺都是由加热、保温和冷却三个阶段组成的，因此，热处理工艺过程可用"温度-时间"曲线图形表示，如图 12-1 所示，此曲线称为热处理工艺曲线。

热处理之所以能使钢的性能发生变化，其根本原因是铁有同素异构转变，使钢在加热和冷却过程中，其内部发生了组织与结构变化。

铁碳合金相图是确定热处理工艺的重要依据。大多数热处理是将钢加热到临界温度以上，使原有组织转变为均匀的奥氏体后，再以不同的冷却方式转变成不同的组织，并获得所需的性能。在相图中，A_1、A_3、A_{cm} 是钢在加热和冷却时的临界温度，但在实际的加热和冷却条件下，钢的组织转变总是存在滞后现象。也就是说需要有一定的过冷或过热，转变才能充分进行。通常，加热时的实际临界温度分别用 Ac_1、Ac_3、Ac_{cm} 表示；冷却时的实际临界温度分别用 Ar_1、Ar_3、Ar_{cm} 表示，如图 12-2 所示。

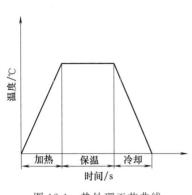

图 12-1　热处理工艺曲线

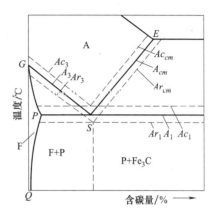

图 12-2　加热或冷却时临界点的位置

　　因此，要对共析钢进行热处理，必须将钢加热到 Ac_1 以上才能完全转变成奥氏体；对亚共析钢，则必须加热到 Ac_3 以上才能完全转变成奥氏体。否则，难以达到应有的热处理效果。

第二节　钢的普通热处理

　　普通热处理，亦称整体热处理，是对金属材料或工件进行穿透加热的热处理工艺。在机械制造过程中，退火和正火通常用于钢的预先热处理，对性能要求不高、不太重要的零件及一些普通铸件、焊件，退火或正火可作为最终热处理。淬火和回火通常作为最终热处理工艺。

一、退火与正火

（一）退火

　　退火是将钢加热到适当温度，保温一定时间，然后缓慢冷却的热处理工艺。退火的主要目的是降低钢的硬度，使之易于切削加工；提高钢的塑性和韧性，以便冷变形加工；消除钢中的组织缺陷，如晶粒粗大、成分不均匀等，为热锻、热轧或热处理做好组织准备；消除前一工序（铸造、锻造或焊接等）中所产生的内应力，以防变形或开裂。

　　钢的退火种类很多，按目的不同，常用的退火方法有完全退火、球化退火、扩散退火、去应力退火和再结晶退火，如图 12-3 所示。

1. 完全退火

　　完全退火是将钢加热到 Ac_3 以上 30～50℃，保温一定时间，然后随炉缓慢冷却的退火工艺方法。

　　完全退火在加热过程中使钢的组织全部转变为奥氏体，在退火冷却过程中，奥氏体转变为细小而均匀的平衡组织，从而降低钢的硬度，细化晶粒，充分消除内应力。

　　在机械制造中，完全退火主要用于中碳结构钢及低、中碳合金结构钢的锻件、铸件等。

过共析钢不宜采用完全退火，因为过共析钢完全退火需加热到 Ac_{cm} 以上，在缓慢冷却过程中，钢中将析出网状渗碳体，使钢的力学性能变坏。

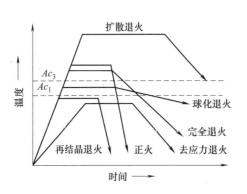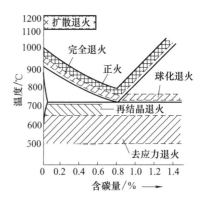

图 12-3　退火和正火工艺示意图

2. 球化退火

球化退火是将钢加热到 Ac_1 以上 $20\sim30℃$ ，保温一定时间，随炉缓慢冷却的退火方

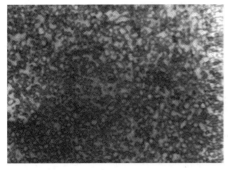

图 12-4　过共析钢球化退火后的显微组织

法，又称为不完全退火。其目的是使钢中渗碳体球化，获得球状珠光体组织，如图 12-4 所示，以便于降低硬度，改善切削加工性能，同时为后续淬火做好组织准备。

球化退火适用于共析钢及过共析钢（碳素工具钢、合金刃具钢、轴承钢等）的锻、轧件。在球化退火前，若钢的原始组织中有明显网状渗碳体，应先进行正火处理。

3. 扩散退火

扩散退火是把钢加热至远高于 Ac_3 或 Ac_{cm} 的

温度（通常为 $1050\sim1150℃$），长时间保温（10h 以上），然后缓冷的工艺。目的是利用长时间高温使原子充分扩散，以消除钢中的成分偏析等缺陷。故扩散退火又称为均匀化退火。但由于长时间高温必然引起奥氏体晶粒的严重粗大，所以必须再进行正火来细化晶粒。

扩散退火工艺周期长，氧化和脱碳严重，能量消耗大，一般只用于合金钢铸锭和大型铸钢件。

4. 去应力退火

将钢加热到略低于 Ac_1 的一定温度（通常为 $500\sim650℃$），保温后缓慢冷却的退火方法，称为去应力退火，又称低温退火。在去应力退火过程中，钢的组织不发生变化。其目的是消除工件内应力，提高尺寸稳定性，防止工件的变形和开裂。主要用于锻造、铸造、焊接以及切削加工后（要求精度高）的零件。

5. 再结晶退火

再结晶退火是把经过冷加工变形而产生加工硬化的钢材（如冷轧、冷拔和冷冲压），加热到 Ac_1 以下某一温度（碳钢一般在 $650\sim700℃$），保温后缓冷的工艺过程。通过再结晶退火，使产生加工硬化的变形晶粒重新生核和长大，获得变形前的组织结构，从而使硬度、强度显著下降，塑性、韧性大大提高，为继续进行冷加工变形做好准备。再结晶退火主要用于冷轧、冷拉、冷冲压等冷加工硬化件的两次冷加工变形之间。

（二）正火

正火是将钢加热到 Ac_3 或 Ac_{cm} 以上 30～50℃ ，保温后在空气中冷却的热处理工艺，如图 12-3 所示。

正火与退火作用相似，但正火的冷却速度比退火稍快，因此，正火后的强度、硬度比退火后的高，而且正火具有操作简便、工艺周期短、成本较低等优点。

（三）退火与正火的选择

退火与正火的目的大致相同，在实际选用时主要考虑以下三个方面：

（1）切削加工性　低碳钢宜用正火提高硬度，而高碳钢宜用退火降低硬度。

（2）使用性能　如对零件性能要求不高，可将正火作为最终热处理。例如，用 35 号钢制作的机油泵齿轮，就采用正火作为最终热处理。但当零件形状复杂、厚薄不均时，正火的冷却速度较快，有使零件变形开裂的危险，此时则采用退火。对于中、低碳钢来说，正火处理比退火有较好的力学性能。

（3）经济性　正火比退火生产周期短，生产效率高，成本低，操作简便，故在可能的条件下，应优先采用正火。

二、淬火与回火

淬火与回火是钢的热处理工艺中最重要、也是应用最广泛的工艺方法。

（一）淬火

淬火是将钢加热到 Ac_3 或 Ac_1 以上 30～50℃ ，保温后急冷，获得马氏体组织的热处理工艺。马氏体是碳在 α- Fe 中的过饱和固溶体组织，用符号 "M" 表示。其主要特点是硬度高，而且硬度随含碳量增加而升高，原因是过饱和碳引起晶格畸变，固溶强化作用增强。淬火的主要目的是获得马氏体，提高钢的硬度和耐磨性；同时与回火相配合，使钢件具有不同的性能。它是强化钢材最重要的热处理方法，广泛应用于工业生产中。

淬火工艺的选择对钢件淬火质量有重要的影响，需要从以下三点着手：

（1）淬火加热温度　淬火加热温度主要根据钢的化学成分来确定。碳钢的淬火加热温度可利用 Fe-Fe_3C 相图来选择，如图 12-5 所示。

亚共析钢淬火加热温度一般选择在 Ac_3 以上 30～50℃，这样淬火后可以获得细小的马氏体组织。若淬火温度过高，则获得粗大马氏体，同时引起较严重的淬火变形。淬火温度过低，淬火组织中会出现铁素体，造成工件硬度不足和不均匀。

共析钢和过共析钢的淬火加热温度一般选择在 Ac_1 以上 30～50℃。这样淬火后可以获得均匀细小的马氏体和粒状渗碳体的混合组织。这不仅有利于耐磨性的改善，还可以防止奥氏体晶粒长大和残余奥氏体量增多。加热温度过高会导致马氏体内部的碳过饱

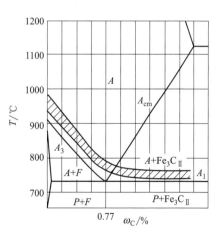

图 12-5　碳钢的淬火加热温度范围

和度增大，造成淬火时内应力大，变形和开裂的倾向增大；如果淬火温度过低，可能得到非马氏体组织，使钢的硬度达不到要求。

对于合金钢，因为大多数合金元素阻碍奥氏体晶粒长大（Mn、P 除外），所以淬火温度

允许比碳钢稍高一些，这样可使奥氏体均匀化，以取得较好的淬火效果。

（2）淬火冷却介质　使钢件获得某种冷却速度的介质称为淬火冷却介质。目前生产中应用较广的冷却介质是水和油。水的冷却能力强，使钢易于获得马氏体，但工件的淬火内应力很大，易产生变形和裂纹。油的冷却能力较水低，工件不易产生变形和裂纹，但用于碳钢件淬火时难以使马氏体转变充分。通常，碳素钢应在水中淬火；而合金钢则因淬透性较好，以在油中淬火为宜。

（3）淬火冷却方法　淬火操作时，应根据工件的情况，结合淬火介质的特点，选择保证淬火质量的合理方法，以有效防止工件产生变形和裂纹。常用淬火方法有单液淬火、双液淬火、分级淬火、等温淬火、局部淬火等。

最常用的淬火方法是单液淬火，是将钢加热后放入一种淬火介质中连续冷却至室温。一般用于形状不太复杂的碳钢和合金钢件。操作简单，易实现机械化，应用较广，但某些钢件水淬变形开裂倾向大，油淬不易淬硬。

双液淬火是将工件加热到淬火温度后，先在冷却能力较强的介质中冷却，在组织即将发生马氏体转变时再把工件迅速转移到冷却能力较弱的介质中继续冷却到室温的处理方法，如先水后油、先水后空气等。此方法可以减少淬火内应力，但操作比较困难，对操作者技术水平要求较高。它主要用于高碳工具钢制造的形状复杂的易开裂工件，如丝锥、板牙等。

分级淬火是钢件经奥氏体化后，先投入到温度为150～260℃的盐浴中，稍加停留（2～5min），然后取出空冷，以获得马氏体组织的处理方法。分级淬火通过在 M_s（马氏体转变开始温度）点附近保温，使工件内外的温度差减小，可以减轻淬火应力，防止工件变形和开裂。盐浴的冷却能力差，碳钢零件淬火后会出现珠光体组织。所以，此法主要应用于合金钢制造的工件或尺寸较小、形状复杂的碳钢工件。

等温淬火法是将经奥氏体化的钢件投入温度稍高于 M_s 的盐浴中，保温足够时间，使其发生下贝氏体转变后取出空冷的方法。等温淬火产生的内应力很小，所得的下贝氏体组织具有较高的硬度和韧性，故常用于处理形状复杂、要求强度较高、韧性较好的工件，如各种模具、刀具等。

（二）回火

回火是将淬火后的钢件加热到 A_1 以下某一温度，保温后冷却下来的热处理工艺。淬火和回火是不可分割的热处理工艺，是发挥材料内在潜力的重要方法。

淬火后的零件必须立即进行回火，这是由其组织、应力状况及零件使用要求决定的。回火有以下几个目的：降低脆性，提高塑性、韧性；减少和消除内应力，防止零件变形和开裂；稳定组织，稳定形状和尺寸，保证钢件使用精度和性能；通过不同的回火处理，获得不同的性能，满足零件不同要求。

淬火所形成的马氏体是在快速冷却条件下形成的不稳定组织，有转变为稳定组织的趋势。回火加热时，原子活动能力加强，随着温度的升高，马氏体中过饱和的碳将以碳化物的形式析出。回火温度越高，析出的碳化物越多，钢的强度和硬度趋于下降，而塑性和韧性升高。

按回火温度范围可将回火分为三类。

（1）低温回火（150～250℃）　目的是降低淬火钢的应力和脆性，但基本保持钢淬火后的高硬度（58～64HRC）和高耐磨性。常用于要求表面硬度较高的零件和工具，以及渗碳、氰化后的零件，如活塞销、万向节十字轴、齿轮，以及量具和刀具等。

（2）中温回火（350～500℃）　目的是使钢获得高弹性，同时保持较高硬度（35～

50HRC）和一定的韧性。主要用于各种弹簧、发条、锻模等。

（3）高温回火（500～650℃）　目的是使钢获得强度、塑性、韧性都较好的综合力学性能。通常将淬火加高温回火的热处理工艺称为调质处理。调质后硬度一般在 20～35HRC。这种热处理广泛应用于各种重要的机械零件，特别是那些在交变负荷下工作的连杆、螺栓、齿轮及轴类等，如汽车的半轴、连杆、齿轮等均采用调质处理。

第三节　钢的表面热处理

汽车中有许多零件（如齿轮、活塞销、曲轴等）是在冲击载荷及表面剧烈摩擦条件下工作的。这类零件表面应具有高的硬度和耐磨性，而心部应具有足够的塑性及韧性。为满足这类零件的性能要求，应进行表面热处理。表面热处理是指仅对钢件表层进行热处理以改变其组织和性能的工艺方法。其大致分两类：一类是只改变组织结构而不改变化学成分的热处理，即表面淬火；另一类是改变化学成分的同时又改变组织结构的热处理，即化学热处理。

一、表面淬火

表面淬火是将钢件的表面快速加热到淬火温度，然后迅速冷却，仅使表层获得淬火组织，而心部仍保持淬火前组织（调质或正火组织）的工艺方法。

表面淬火的加热方式有多种，常用的有感应加热、火焰加热、激光加热、电子束加热等。

（一）火焰加热表面淬火

火焰加热表面淬火是将氧-乙炔（或其他可燃气体）的火焰喷射在零件表面上，使表面快速加热，当达到淬火温度时立即喷水冷却的淬火方法，如图 12-6 所示。

火焰加热表面淬火常用于中碳钢（如 35、45 钢等）以及中碳合金结构钢（如 40Cr、65Mn 等）零件的热处理。若碳含量太低，则淬火后硬度较低；若碳和合金元素含量过高，则易淬裂。火焰加热表面淬火还可用于某些铸铁件（如灰口铸铁和合金铸铁）的表面淬火。

火焰加热表面淬火方法具有操作简便灵活（不受工件大小和淬火部位位置限制）、设备简单（无须特殊设备）、成本低等优点，可适用于单件或小批生产的大型零件和需要局部淬火的

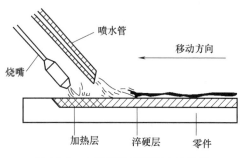

图 12-6　火焰加热表面淬火示意图

工具或零件，如大型轴类、齿轮和锤子等。但火焰加热表面淬火加热温度不均匀，较易引起过热，淬火质量难以控制，因此限制了它在机械制造工业中的广泛采用。

（二）感应加热表面淬火

感应加热表面淬火是利用感应电流流经工件而产生热效应，使工件表面迅速加热并进行快速冷却的淬火工艺，其原理如图 12-7 所示。把工件放入由空心铜管绕成的感应圈（线圈）中，感应器中通入一定频率的交流电以产生交变磁场，根据电磁感应原理，在工件中便产生同频率的感应电流，即"涡流"。涡流在工件中分布不均匀，表面密度大，心部密度小，这种现象称为集肤效应。感应电流的频率愈高，电流密度极大的表面层愈薄。由于集中于工件表面的电流很大，可使表面迅速加热到淬火温度，而心部温度仍接近室温，因此在随即喷水

（合金钢浸油）快速冷却后，就达到了表面淬火的目的。

根据所用电流频率的不同，感应加热可分为三种。

（1）高频感应加热　常用频率为 $200\sim300\,\mathrm{kHz}$，淬硬层深度为 $0.5\sim2\,\mathrm{mm}$，适用于中、小模数齿轮及中、小尺寸的轴类零件等。

（2）中频感应加热　常用频率为 $2500\sim8000\,\mathrm{Hz}$，淬硬层深度为 $2\sim10\,\mathrm{mm}$，适用于较大尺寸的轴和大、中模数的齿轮等。

（3）工频感应加热　电流频率为 $50\,\mathrm{Hz}$，淬硬层深度可达 $10\sim20\,\mathrm{mm}$，适用于大直径零件，例如轧辊、火车车轮等的表面淬火。

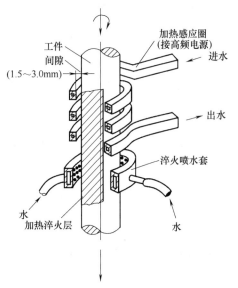

图 12-7　感应加热表面淬火示意图

与普通加热淬火相比，感应加热表面淬火有如下特点。

① 加热速度极快，通常加热到淬火温度只需几秒到几十秒。

② 加热时间短、过热度大，淬火后得到细小的马氏体，硬度比普通淬火稍高，韧性好，并具有较高疲劳强度。

③ 由于加热速度快，减少了零件的氧化和脱碳，工件变形小。

④ 生产效率高，容易实现机械化和自动化，且获得淬硬层的深度易于控制。

⑤ 设备较贵，维修、调整比较困难，形状复杂的零件及单件生产不宜采用。

感应加热表面淬火主要适用于中碳钢（如 40 钢、45 钢）和中碳合金钢（如 40Cr）零件，如轴、齿轮等的成批大量生产。为了使心部具有足够的强度和韧性，并为表面淬火做好组织准备，在感应加热表面淬火前一般应对工件调质或正火。感应淬火后要及时进行回火，以稳定组织和消除淬火应力。高碳工具钢和铸铁（如机床导轨）也可采用感应加热表面淬火。

（三）激光加热表面淬火

激光加热表面淬火是用激光束扫描工件表面，使工件表面迅速加热到淬火温度，而当激光束离开工件表面时，由于基体金属的大量吸热，使表面获得急速冷却，以实现工件表面自冷淬火的工艺方法（无须冷却介质）。此方法获得淬硬层的深度较浅，一般为 $0.3\sim0.5\,\mathrm{mm}$。激光淬火加热速度极快（千分之几秒至百分之几秒），淬火应力及变形极小，淬火后可获得极细的马氏体组织，硬度高且耐磨性好，易实现自动化。缺点是激光器价格昂贵，生产成本高。适用于形状复杂，特别是用其他表面淬火方法极难处理的工件部位，如拐角、沟槽、盲孔底部或深孔。

二、化学热处理

化学热处理是将钢件置于活性介质中加热和保温，使介质中的活性原子渗入钢件表层，改变表层的化学成分，从而达到改进表层性能的一种热处理工艺。与其他热处理方法相比较，化学热处理后的工件表层不仅有组织的变化，而且有化学成分的变化。因此，化学热处理是热处理技术中发展最快也是最活跃的领域。其目的是强化工件表面，显著提高工件表面硬度、耐磨性和疲劳强度；改善工件表面的物理和化学性能，提高工件的抗蚀性和抗氧化性。

化学热处理种类很多，通常以渗入的元素来命名，如渗碳、氮化、渗硼、碳氮共渗、渗硼、渗硅、渗金属等。由于渗入元素的不同，工件表面处理后会获得不同的性能。目前常用的化学热处理有渗碳、渗氮、碳氮共渗等。

（一）渗碳

渗碳是向钢的表层渗入碳原子，是机械制造业中应用最广泛的一种化学热处理方法。渗碳时，将低碳钢件放入渗碳活性介质中，在 900～950℃加热、保温，使活性碳原子渗入钢件表层。渗碳后经淬火和低温回火，钢件表层和心部具有不同的成分、组织和性能。钢件表面具有高硬度和耐磨性，而心部仍保持一定的强度和较高的塑性和韧性。

渗碳用钢是含碳量为 0.15％～0.25％ 的低碳钢和低碳合金钢，常用的有 20、20Cr、20CrMnTi、12CrNi3、20MnVB 等。

按照采用的渗碳剂不同，渗碳法分为固体渗碳（如图 12-8 所示）、气体渗碳（如图 12-9 所示）和液体渗碳三种，常用的是前两种，尤其气体渗碳应用最为广泛。

渗碳主要应用于表面要求耐磨损及承受较大冲击载荷的零件，如汽车齿轮、凸轮轴、活塞销等。

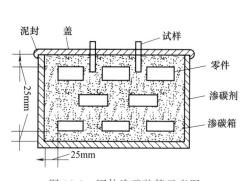

图 12-8　固体渗碳装箱示意图

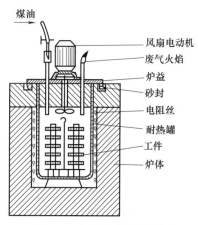

图 12-9　气体渗碳法示意图

（二）渗氮（氮化）

渗氮也称氮化，是指在一定温度下（一般在 Ac_1 以下）向钢的表面渗入氮原子，形成富氮硬化层的化学热处理工艺。与渗碳相比，钢件氮化后具有更高的硬度、耐磨性、抗蚀性、疲劳强度和较小的变形。由于氮化温度低，氮化后不需进行热处理，所以工件变形很小。目前，应用最广泛的氮化用钢是 38CrMoAl。为了保证心部的力学性能，工件在氮化前都要进行调质处理。但氮化所需的时间很长，要获得 0.3～0.5mm 的氮化层，一般需要 20～50h。因此氮化主要用于耐磨性和精度均要求很高的零件，如镗床主轴、精密传动齿轮等。

最常用的渗氮方法有气体氮化、离子氮化等。气体氮化是向井式炉中通入氨气，利用氨气受热分解来提供活性氮原子。活性氮原子被工件表面吸附，并向内部逐渐扩散形成一定深度的渗氮层。氮化温度为 500～570℃。

（三）碳氮共渗

碳氮共渗是在一定温度下向钢件表层同时渗入碳和氮的过程，又称为氰化。其目的是提高钢件的表面硬度、耐磨性和疲劳强度。根据共渗温度的不同，碳氮共渗可分为低温（500～560℃）、中温（700～880℃）和高温（900～950℃）碳氮共渗三种。低温碳氮共渗以渗氮为主，又称软氮化，渗后不需淬火，抗疲劳性能优于渗碳和高、中温碳氮共渗，硬度低于氮化，但仍具耐磨性和减摩作用；中温和高温碳氮共渗以渗碳为主，渗后需进行淬火及低温回火。目前生产中常用的是中温气体碳氮共渗。中温气体碳氮共渗与渗碳相比有许多优点，不仅加热温度低，零件变形小，生产周期短，而且渗层具有较高的耐磨性、疲劳强度以及兼有一定的抗腐蚀能力。目前主要用来处理汽车和机床齿轮、蜗轮、蜗杆和轴类零件等。

第四节　热处理新技术简介

热处理可以充分发挥材料的性能潜力，保证内在质量，延长使用寿命，是提高钢的使用性能和改善工艺性能的重要方法，而先进的热处理技术则可大大提高产品质量和延长使用寿命。因此，人们越来越重视对热处理新技术与新工艺的研究。随着科学技术的进步，热处理技术正向着优质、高效、节能、无害、低能耗的方法发展。

一、可控气氛热处理

钢铁等金属材料在热处理加热时发生氧化、脱碳现象，使力学性能降低，并缩短了零件寿命，严重时甚至造成废品。为了实现少、无氧化脱碳加热并控制渗碳，从而获得表面状态和力学性能良好的工件，可向热处理炉中加入一种或几种一定成分的气体，并对这些气体成分进行控制。此工艺过程就称为可控气氛热处理。

热处理用的可控气氛种类繁多，我国多用吸热式气氛、放热式气氛和有机滴注式气氛等。它们的分类及适用范围，见表 12-1。

二、真空热处理

真空热处理是指在气压低于 $1 \times 10^5 \mathrm{Pa}$（通常是 $10^{-1} \sim 10^{-3} \mathrm{Pa}$）的环境中进行加热的热处理工艺。其主要优点是无氧化脱碳及其他化学腐蚀，同时具有净化工件表面（清除氧化物）、脱脂（去除表面油污）、脱气（使金属中的 H、N、O 脱出）等作用，从而得到光亮洁净的表面。真空热处理还具有变形小、工件质量高、无公害等优点。此外真空热处理还可以减少或省去磨削加工工序，改善劳动条件，实现自动控制。真空热处理已成为当代热处理技术的一个重要领域。在真空炉内可以完成退火、正火、淬火及化学热处理等工艺。

（一）真空退火

真空退火用于钢和铜及其合金以及与气体亲和力强的钛、钽、铌、锆等合金。其主要目的是进行回复与再结晶，提高塑性，排除其所吸收的氢、氮、氧等气体；防止氧化，去除污染物，使之具有光洁表面，省去了脱脂和酸洗工序。

（二）真空淬火

这种在真空中进行的加热淬火工艺，其加热时的真空度一般为 $1 \sim 10^{-1} \mathrm{Pa}$，淬火冷却采用高压（$7.9 \times 10^4 \sim 9.3 \times 10^4 \mathrm{Pa}$）气冷（氩气或高纯氮气）或真空淬火油（油的压力大于 $5.3 \times 10^4 \mathrm{Pa}$）冷却。真空淬火后钢件硬度高且均匀，表面光洁，无氧化脱碳，变形小，还可提高钢件强度、耐磨性、抗咬合性及疲劳强度。工件寿命高。真空淬火用于承受摩擦、接触应力的工、模具。据资料介绍，模具经真空淬火寿命可提高 30%，搓丝板的寿命可提高 4 倍。

表 12-1　可控气氛分类

类别	原料	名称		CO	CO₂	H₂	CH₄	N₂	主要适用范围	备注
Ⅰ	碳氢化合物：天然气、液化石油气（丙、丁烷）、轻柴油、煤油	吸热式气氛		23.7	0.1～1.0	31.6	<1	44.7	渗碳、碳氮共渗载体气、淬火	丙烷制备
		放热式气氛	淡型	1.5	10.5～12.8	0.8～1.2	0	其余	低碳钢退火、正火、淬火、回火、铜退火、钎焊、烧结保护	液化石油气制备
			浓型	10.2～11.1	5.0～7.3	6.7～12.5	0.5	其余		
		放热-吸热气氛		17.0～19.0		20～21.0	—	60.0～63.0	渗碳、碳氮共渗载体气、淬火	天然气制备
		净化放热式气氛	淡型	1.7～1.8		0.9～1.4		其余	渗碳、碳氮共渗载体气、液体氮碳共渗、钢的退火、正火、淬火、回火等	丙烷、丁烷制备
			浓型	11.0～11.2		8.3～13.4		其余		
Ⅱ	空气（空气分离）	氮基气氛①		4.0～6.0	0.04～0.1	8.0～10.0	0.8～1.5	其余	渗碳、碳氮共渗、液体氮碳共渗、钢的退火、正火、淬火、回火、钎焊、烧结保护	—
Ⅲ	液氮	氨分解气氛		—	—	75.0		25.0	纯 H₂ 的代用品，用于不锈钢硅钢片退火	—
		氨燃烧气氛		—	—	—	1.0～20.0	其余	不锈钢、电工钢、低碳钢的光亮热处理；淬火、渗碳、碳氮共渗载体气	
Ⅳ	有机液体：甲醇、乙醇、丙酮、醋酸乙酯等	滴注式气氛		33.0	0.1～1.0	66.0	<1.5	0	淬火、渗碳、碳氮共渗载体气	甲醇、醋酸乙酯制备

① 氮基气氛因添加活性剂（H₂、CₙH₂ₙ₊₂、有机液等）的种类和数量不同而变化，表中列出的是例子。

（三）真空渗碳

真空渗碳是在压力约为 3×10^4Pa 的 CH_4-H_2 低压气体中、在温度为 $930\sim1040℃$ 的条件下进行的气体渗碳工艺，又称为低压渗碳。真空渗碳的优点是真空下加热，高温下渗碳，渗速快，可显著缩短渗碳周期（约为普通气体渗碳的一半）；减少渗碳气体的消耗，能精确控制工件表层的碳含量、碳浓度梯度和有效渗碳层深度，不产生氧化和内氧化等缺陷，基本上没有环境污染；真空渗碳零件具有较高的力学性能。

三、离子轰击热处理

离子轰击热处理是在真空中，利用阴极（工件）和阳极（炉壁）之间的辉光放电产生的等离子体轰击工件，使工件表层的成分、组织结构及性能发生变化的热处理工艺，简称为等离子热处理。如离子渗氮、离子渗碳、离子渗金属等。这里仅介绍比较成熟且应用较多的离子渗氮工艺。

将工件置于真空度小于等于 6.67Pa 的离子渗氮炉中，通入少量压力为 $(2\sim7)\times10^2$Pa 的氨气或 H_2+N_2 的混合气，在阴极（工件）阳极间施加 $500\sim1000$V 的直流电压，炉中的稀薄气体被电离，并在工件表面产生辉光放电现象。此时电子向阳极运动，并在运动中不断使气体电离，电离所产生的 N^+、H^+ 在电场的加速下，以很高速度轰击工件表面，其能量一部分转化为热能使工件温度达到 $500\sim600℃$，还有一部分氮离子或原子渗入工件。离子轰击工件表面的同时产生阴极溅射，溅射出来的铁与氮化合形成 FeN，吸附在工件表面上，依次分解为低氮化合物（$Fe_{2-3}N$、Fe_4N）及氮原子。活性氮原子一部分向工件内部扩散形成一定厚度的氮化层，另一部分则返回到辉光放电等离子中重新参加渗氮反应。

与气体氮化相比，离子氮化速度快，生产周期短，仅为气体氮化的 $1/2\sim1/5$；氮化层质量好，脆性小，工件变形小；省电、省氨气、无公害、操作条件好；对材料适应性强，如碳钢、合金钢、铸铁等均可进行离子渗氮。但离子渗氮所用设备昂贵，成本较高，产量较低，操作要求严格，因此应用受到一定限制。

四、形变热处理

形变热处理是把塑性变形和热处理有机结合在一起，同时发挥形变强化和相变强化作用的新工艺。它可获得比普通热处理更高的强韧化效果。这种热处理工艺可以省去热处理时的重新加热工序，大大简化了工序，节省能源，可获得巨大的经济效益。

形变热处理方法很多，根据形变温度不同可分为高温形变热处理和低温形变热处理。

（一）高温形变热处理

将钢加热到奥氏体稳定区时对奥氏体进行塑性变形，随后立即淬火和回火，如图 12-10（a）所示。其特点是在提高强度的同时，还可明显改善塑性、韧性，减小脆性，增加钢件的使用可靠性。对亚共析钢，变形温度一般在 A_3 点以上，对过共析钢则在 A_1 点以上。锻热淬火、轧热淬火都属于这一类。此工艺对结构钢、工具钢均适用，能获得较明显的强韧化效果。与普通淬火相比能提高 $10\%\sim30\%$ 的抗拉强度，提高 $40\%\sim50\%$ 的塑性，韧性也成倍提高。此法形变温度较高，故强化效果不如低温形变热处理。它主要用于调质钢和机械加工量不大的锻件，如曲轴、连杆、叶片、弹簧等。目前我国柴油机连杆就采用了锻热淬火，例如将 B5 柴油机连杆 40Cr 钢坯加热至 $1150\sim1180℃$，立即模锻成型，形变时间为 $13\sim17s$，形变量可达 40%。经过剪边、校直后工件温度仍在 $900℃$ 以上，此时立即在柴油中淬火，最后在 $660℃$ 回火。以这种工艺代替原来的调质工艺，使连杆的强度、塑性和韧性都得到提高，质量稳定，效果良好，而且简化了工艺，节省了能源，还减少了工件的氧化、脱碳和变形。

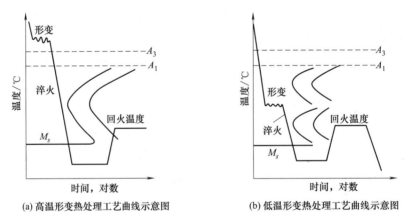

(a) 高温形变热处理工艺曲线示意图　　　　(b) 低温形变热处理工艺曲线示意图

图 12-10　形变热处理工艺示意图

（二）低温形变热处理

把钢加热到奥氏体状态，过冷至临界点以下进行塑性变形（变形量为 $50\%\sim70\%$），随即淬火并进行低温回火或中温回火的工艺称为低温形变热处理，如图 12-10（b）所示。其主要特点是在不降低塑性和韧性的条件下，能显著提高强度和耐回火性，提高耐磨性能。抗拉强度比普通热处理可提高 $30\sim100MPa$。它主要用于刀具、模具以及飞机起落架等要求高强度和抗磨损的零件。

五、表面热处理新技术

表面处理新技术种类很多，常见的有气相沉积、热喷涂、化学镀等。

（一）气相沉积

气相沉积是将含有形成沉积元素的气相物质输送到工件表面，在工件表面形成沉积层的工艺方法。它具有高硬度（可达近 4000HV）、低摩擦系数和自润滑性、高熔点、较强抗氧化及耐蚀力等，在微电子、半导体光电技术、光纤通信等领域得到了广泛的应用。依据沉积过程反应的性质，可分为化学气相沉积和物理气相沉积。

化学气相沉积是利用气态物质在一定温度下于固体表面上进行化学反应，生成固态沉积膜的过程，通常叫 CVD 法。其主要特点是：可以沉积各种晶态或非晶态无机薄膜材料；沉积层纯度高，与基体的结合力强；沉积层致密，气孔极少；均镀性好；设备及工艺操作较简单；但要求反应温度较高，一般多在 1000℃ 以上，限制了应用范围。应用 CVD 法可以在钢铁、硬质合金、有色金属、无机非金属等材料表面制备各种用途的薄膜，主要是绝缘体薄膜、半导体薄膜、导体及超导体薄膜以及耐蚀耐磨薄膜。

物理气相沉积是气态物质在工件表面直接沉积成固体薄膜的过程，通常称为 PVD 法。物理气相沉积有三种基本方法，即真空蒸镀、溅射镀膜和离子镀。真空蒸镀是在 $1.33 \times 10^{-5} \sim 1.33 \times 10^{-4}$ Pa 真空下将镀层材料加热变成蒸发原子，蒸发原子在真空条件下不与残余气体分子碰撞而到达工件表面，形成薄膜镀层。溅射镀膜是在气体压力为 $2.66 \sim 13.3$ Pa 的气体辉光放电炉中，用正离子（通常用氩离子）轰击阴极（待沉积材料做的靶），将其原子溅射出，并通过气相沉积到工件表面上形成镀层。离子镀是借助于一种惰性气体（如氩气）的辉光放电使沉积材料蒸发离子化，离子经电场加速，沉积在带负电荷的工件表面。

（二）热喷涂

热喷涂是将涂层材料加热熔化，用高速气流将其雾化成极细的颗粒，并以很高的速度喷射到工件表面，形成涂层。选用不同的涂层材料，可获得不同的性能（如耐磨性、耐蚀性、抗氧化、耐热性等）。按热源不同，热喷涂分为火焰喷涂、电弧喷涂、等离子喷涂、爆炸喷涂、激光喷涂等。热喷涂可修复因磨损超差的曲轴、机床导轨等，并提高修复部位的耐磨性；同时具有方法多样、基体材料不受限制、喷涂材料极为广泛、涂层厚度可控等优点，在工程材料表面强化方面得到了广泛的应用。

（三）化学镀

化学镀是将具有一定催化作用的制件置于装有特殊组分化学剂的镀槽中，制件表面与槽内溶液相接触，无须外电流通过，利用化学介质还原作用，将有关物质沉积于制件表面，并形成与基体结合牢固的镀覆层的工艺方法。

化学镀一般在室温下进行，镀覆速度慢、时间长，常用提高温度、加强搅拌、加入有机酸增塑剂等方法来提高速度。化学镀的必要条件是有催化剂，使制件表面活化。与电镀相比，化学镀的优点是：均镀和深镀能力好，形成复杂的镀件表面，也可获厚度均匀的镀层；镀层致密、孔隙少；既可镀纯金属，又能镀合金，甚至还可获得非晶态镀层；可对金属、非金属、半导体等各种材料镀覆；设备简单，不需外加直流电源，操作容易；镀层具有特殊的力学、化学和物理性能。目前，化学镀技术已在电子、阀门制造、机械、石油化工、汽车、航空航天等工业中得到广泛应用。

六、复合热处理

将几种不同的热处理工艺进行适当的组合，以获得优于任何单一方法处理后的性能和效果，使材料获得更大的强化效果，这种组合称为复合热处理，表 12-2 是热处理工序及其组成的复合热处理工艺举例。

表 12-2 热处理及其复合

整体淬火	表面硬化	表面润滑	复合热处理(举例)
(1)淬火、高温回火(合金钢) (2)淬火、低温回火(工具钢)	(1)渗碳淬火 (2)渗氮 (3)液体氮碳共渗 (4)高频淬火 (5)火焰淬火	(1)渗硫(高温) (2)渗硫(低温) (3)渗硫(渗氮)	(1)渗氮+整体淬火 (2)渗氮+高频淬火 (3)液体氮碳共渗+整体淬火 (4)液体氮碳共渗+高频淬火 (5)蒸汽处理+渗氮 (6)渗碳+高频淬火 (7)渗碳淬火+低温渗硫 (8)高频淬火+低温渗硫 (9)调质+渗硫 (10)调质+低温渗硫

根据表 12-2 所示热处理的复合例子，可将复合热处理工艺方法归纳为：表面合金化+淬火；表面硬化+低温回火温度下的表面化学热处理；此外，还有整体或表面强化+表面形变强化。

热处理复合的基本原则是：热处理的复合不是简单的热处理叠加，而是根据单一热处理的特点有机结合起来的，使参加组合的热处理赋予工件的性能优点都充分保留，避免后续工序对前道工序的抵消作用，既不增加能源消耗又可获得更好的性能。如：渗碳淬火+低温渗硫，即渗碳淬火后，在回火过程中同时再渗入硫原子，可增加润滑性，使工件具有耐磨、抗咬合性能，把低温渗硫（180℃）与低温回火合并起来，可收到一举两得的效果；调质+氮碳共渗，由于氮碳共渗处理温度一般为 520～570℃，而许多结构钢调质处理回火温度也是在这一温度范围内，所以在调质处理过程中加以氮碳共渗，便能在强韧的基体上形成耐磨、耐疲劳的表层；调质+硫氮共渗，硫氮共渗通常也是在 520～570℃的温度范围内使硫和氮同时渗入工件表层的一种化学热处理过程，它能在强韧的基体上形成耐磨、耐疲劳并富有润滑性的表层，许多结构钢也可在调质处理后进行硫氮共渗或把硫氮共渗与调质中的回火过程合并起来。

复习思考题

1. 热处理的概念及目的分别是什么？试画出热处理工艺曲线。
2. 简述热处理的分类。
3. 什么是退火？简述常用退火工艺方法的种类、目的及应用。
4. 什么是正火？正火与退火的主要区别是什么？生产中如何选择退火及正火？
5. 什么是马氏体？马氏体有何特点？
6. 什么是淬火？淬火的目的是什么？各类钢的淬火加热温度如何选择？
7. 常用的淬火介质有哪些？各有怎样的特点？
8. 常用的淬火方法有哪些？各有怎样的特点？
9. 什么是回火？回火的目的是什么？简述回火方法的分类、目的及应用。
10. 什么是调质处理？调质的目的是什么？
11. 哪些零件需要表面热处理？常用的表面热处理方法有哪几种？
12. 什么是表面淬火？工厂常用的有哪两种方法？各有什么优缺点？
13. 什么是化学热处理？化学热处理包括哪几个过程？

第十三章

金属材料成型工艺

金属材料成型在机械制造中占有重要的地位，根据生产制造实际和工艺特点的不同，金属材料成型工艺主要分为铸造、锻压和焊接三大类。

第一节 铸 造

一、铸造的特点及应用

熔炼金属、制造铸型，并将熔融金属浇入铸型，凝固后获得一定形状与性能的毛坯或零件的成型方法，称为铸造，所获得的毛坯或零件称为铸件。

铸造是金属材料液态成型的一种重要方法，在机械制造中占有重要的地位。例如，按重量估算，一般机械设备中铸件占 40%～90%，金属切削机床中占 70%～80%。

铸造之所以得到广泛的应用，是因为它具有如下优点。

1. 成型能力强

铸造可生产形状复杂特别是具有复杂内腔的毛坯或零件，如气缸体、气缸盖、箱体、机架、床身等。对于硬度过高、切削加工困难的材料，采用精密铸造进行生产是一条较为理想的途径。

2. 适应性广

工业中常用的金属材料，如碳素钢、合金钢、铸铁、青铜、黄铜、铝合金等，都可用于铸造，其中应用极广的铸铁只能用铸造方法来制造毛坯。铸件可轻仅几克，也可重至数百吨，壁厚可薄至 0.3mm，也可厚至 1000mm 左右。铸造的批量不限，单件、成批直至大量生产均可。

3. 成本低

铸造所用的原材料来源广泛，价格低廉，并可直接利用报废的机件、废钢和切屑等。一般情况下，铸造设备需要的投资较少。同时，采用精密铸造方法可实现少无切削加工，节省材料和工时，从而降低制造成本。

但是，铸件（尤其是砂型铸造）的晶粒粗大，组织疏松，且易出现缩孔、气孔、夹渣等缺陷，因而铸件的力学性能比同种材料的锻压件要差；铸造生产工序较多，工艺过程较难控制，致使铸件的废品率较高；铸造的工作条件较差，工人劳动强度较大。

近年来，随着科学技术的不断发展，铸造技术也获得了很大进步。铸件性能和质量正进一步提高，劳动条件正逐步改善，现代铸造生产正朝着专业化、集约化和智能化的方向发展。

二、铸造工艺方法

根据铸型的种类不同，铸造工艺方法分为砂型铸造和特种铸造两类。

（一）砂型铸造

砂型铸造是将具有一定性能的原砂作为主要造型材料制备铸型并在重力下浇铸的铸造方法。其适应性很强，几乎不受铸件材质、尺寸、重量及生产批量的限制，是目前最基本、应用最广泛的铸造方法。砂型铸造基本工艺过程如图 13-1 所示，主要工序包括制造模样和芯盒、制备型砂和芯砂、造型、造芯、合型、浇铸、落砂、清理和检验等。

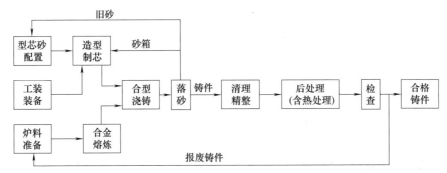

图 13-1　砂型铸造基本工艺过程示意图

套筒铸件的砂型铸造工艺流程如图 13-2 所示。

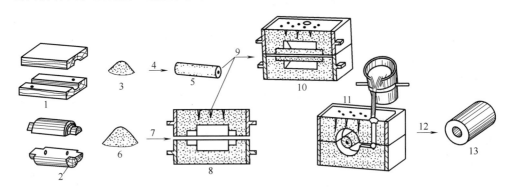

图 13-2　套筒铸件的砂型铸造工艺流程

1—芯盒；2—模样；3—芯砂；4—造型；5—芯砂；6—型砂；7—造型；8—砂型；
9—合型；10—铸型；11—浇铸；12—落砂清理；13—铸件

1. 造型方法

造型是砂型铸造的主要工艺过程之一，造型方法的选择是否合理对铸件质量和成本以及铸造工艺的制订有着重要的影响。根据紧实型砂和起模方法的不同，造型方法可分为手工造型和机器造型两种。

（1）手工造型　手工造型是指紧砂和起模等主要工序全部通过手工或借助手动工具来完成的造型方法。它操作灵活、工艺装备简单、生产准备周期短、适应性强，适用于各种大小、形状不同的铸件。但手工造型生产效率低，劳动强度大，对工人技术水平要求高，而且铸件质量差，适合单件、小批量生产。常用的造型方法有整模造型、分模造型、挖砂造型、活块造型、刮板造型、假箱造型等。

（2）机器造型　机器造型是紧砂和起模等主要工序实现机械化的造型方法。它生产率高，劳动条件好，砂型紧实度高而均匀，铸件质量高，但设备和工艺装备费用高，生产准备时间长，适于大批量生产。机器造型的主要方法有震压造型、微震压实造型、射砂造型、抛砂造型等。

2. 浇注系统

引导液态金属流入铸型型腔的通道称为浇注系统。典型（标准）的浇注系统是由外浇道、直浇道、横浇道和内浇道四部分组成，如图 13-3 所示。浇注系统的作用是：

① 保证液态金属平稳、迅速地流入铸型型腔；

② 防止熔渣、砂粒等杂物进入型腔；

③ 调节铸件各部分温度，补充铸件在冷凝收缩时所需的液态金属。

正确地设置浇注系统对保证铸件质量、降低金属消耗有重要的意义。浇注系统设置不合理，易产生冲砂、砂眼、渣眼、浇不到、气孔和缩孔等缺陷。

有些铸件还要设置冒口，如图 13-3 所示。它用于补充铸件中液态金属凝固时收缩所需的金属液，另外，还兼有排除型腔中的气体和集渣的作用。

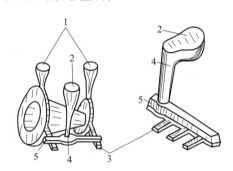

(a) 带有浇注系统和冒口的铸件　(b) 典型的浇注系统

图 13-3　浇注系统和冒口

1—冒口；2—外浇道；3—内浇道；
4—直浇道；5—横浇道

（二）特种铸造

砂型铸造因其适用性广、成本低，在生产中得到了广泛的应用，但也存在着铸件尺寸精度低、表面粗糙、铸造缺陷多等缺点。为弥补砂型铸造的不足，生产中也广泛地应用了特种铸造方法。除砂型铸造之外的所有其他铸造方法统称特种铸造，常用的有金属型铸造、熔模铸造、压力铸造、离心铸造等。

1. 金属型铸造

金属型铸造是将液态合金浇入金属材料制成的铸型中，从而获得铸件的方法。图 13-4 为铸造铝活塞的金属型典型结构图。浇铸后，先取出件 4，再取出件 3 和件 5。由于金属型一般可浇铸几百次到几万次，故亦称为"永久型"。与砂型相比，金属铸型没有透气性和退让性，散热快，对铸件有激冷作用。为此需在金属型上开设排气槽，浇铸前应将金属型预热、喷刷涂料保护等，以防止铸件产生气孔、裂纹、白口和浇注不到等缺陷。

与砂型铸造相比，金属型铸造实现了"一型多铸"，生产率高、成本低，便于实现生产的机械化和自动化；铸造精度较高，表面质量较好；金属型传热快，铸件冷速快，晶粒细，经济性能提高。但金属铸型制造成本高、周期长，不适合单件小批生产；铸件形状和尺寸受到一定限制；易产生白口。

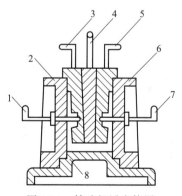

图 13-4　铸造铝活塞简图

1,7—销孔金属型芯；2,6—左右半型；
3～5—分块金属型芯；8—底型

金属型铸造在有色合金铸件的大批量生产中应用较广泛，如铝活塞、汽缸体、缸盖、油泵壳体、轴瓦、衬套等，有时也可浇铸小型铸铁件和铸钢件。

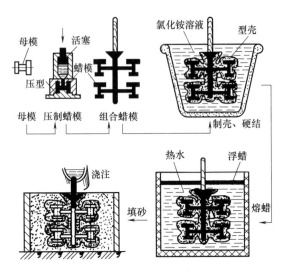

图 13-5　熔模铸造工艺流程

2. 熔模铸造

熔模铸造是用易熔材料（如蜡料）制成模样，在模样上包覆若干层耐火涂料，然后制成型壳，熔去模样后经高温焙烧即可浇铸。由于模样广泛采用蜡质材料制造，铸型无分型面，铸件精度高，所以又称为"失蜡铸造"。熔模铸造的工艺过程如图 13-5 所示。

熔模铸造有以下特点：

（1）可生产形状复杂的薄壁铸件（可铸出直径 0.5mm 的小孔、厚度 0.3mm 的薄壁）。铸型预热后进行浇注，合金充型能力强。形状复杂的整体蜡模可由若干形状简单的蜡模组成。

（2）铸型精密而无分型面，型腔表面光洁，故铸件的尺寸精度高、表面质量好。机加工余量小，可实现少、无切削加工。

（3）适应性好。因型壳采用高级耐火材料制成，适合各类合金的生产，尤其适合生产高熔点合金及难以切削加工的合金铸件，如耐热合金、不锈钢等。另一方面，对批量不受限制。

（4）工艺过程较复杂，生产周期长，铸型的制造费用高，铸件不宜太大，一般为几十克到几千克重，最大不超过 45kg。

熔模铸造主要用于形状复杂、精度要求较高或难以切削加工的小型零件、高熔点合金及有特殊要求的精密铸件的成批、大量生产，目前在航空、船舶、汽车、机床、仪表、刀具和兵器等行业得到广泛的应用，例如生产汽轮机叶片、切削刀具等。

3. 压力铸造

压力铸造（简称压铸）是在高压下（5～150MPa）高速地（定型时间为 0.01～0.2s）将熔融的金属压入金属铸型中，并在压力下结晶而获得铸件的铸造方法。

压力铸造的工艺过程如图 13-6 所示。首先将金属液注入压室，用活塞将合金液压入闭合的铸型中，使金属在压力下凝固，然后退回活塞，分开压型，推杆顶出压铸件。压力铸造使用设备为压铸机，使用铸型为压型。

压力铸造有如下特点：

（1）铸件的精度和表面质量较高。可铸出形状复杂的薄壁件和镶嵌件，并可直接铸出小孔、螺纹等。

（2）力学性能较高。由于压力

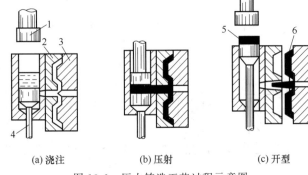

图 13-6　压力铸造工艺过程示意图

1—压铸活塞；2,3—压型；4—下活塞；5—余料；6—铸件

铸造是在压力下结晶，晶粒细密，其抗拉强度比砂型铸造提高 25%～40%。

（3）生产效率高。压铸机每小时可压铸几百个零件，易实现自动化。

（4）设备投资大，制造铸型费用高。

压力铸造主要用于低熔点有色金属（如铝合金、镁合金等）薄壁小铸件的大批量生产，在汽车、拖拉机、仪器、仪表、医疗器械、兵器等领域得到了广泛的应用，如气缸体、化油器、喇叭外壳等零件的生产。

4. 离心铸造

离心铸造是将液态金属浇入高速旋转（$250 \sim 1500 \mathrm{r/min}$）的铸型，使金属液在离心力的作用下凝固而获得铸件的铸造方法。如图13-7所示，铸型绕垂直轴旋转的铸造称为立式离心铸造，适合浇铸各种盘、环类铸件，如图13-7（a）所示；铸型绕水平轴旋转的称为卧式离心铸造，适合浇铸长径比较大的各种管件，如图13-7（b）所示。

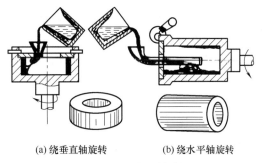

(a) 绕垂直轴旋转　　　　(b) 绕水平轴旋转

图13-7　离心铸造

离心铸造具有如下特点：

① 金属液在离心力作用下冷凝结晶，组织紧密，因此铸件质量好，力学性能高。

② 铸造套、管等中空铸件，可自然形成，不用型芯和浇注系统，简化了工艺，降低了铸件成本。

③ 便于铸造"双金属"铸件，节省贵重金属。如在钢套内镶黄铜或者青铜轴套，可节约铜合金，降低成本。

离心铸造广泛用于铸造各种管件（如水管、气管、油管等）、气缸套、双金属铸件等，也可铸造复杂的刀具、齿轮、蜗轮、叶片等成型零件。

（三）常见铸造方法的比较

各种铸造方法均有其自身的特点及适用范围，在选择铸造方法时，必须依据铸件的形状、大小、质量要求、生产批量、合金的种类及现有的设备条件等具体情况进行全面分析比较，合理选择。表13-1给出了几种常用铸造方法的综合比较。

表13-1　常用铸造方法比较

比较项目　铸造方法	砂型铸造	金属型铸造	熔模铸造	压力铸造	离心铸造
适用合金	各种铸造合金	以非铁合金为主	以碳钢合金钢为主	非铁合金	铸钢、铸铁、铜合金
适用铸件大小	不受限制	中、小铸件	几十克到几千克的复杂铸件	几十克到几十千克的中小件	零点几千克至十几吨的铸件
铸件最小壁厚/mm	铸铁>3～4	铸铝>3 铸铁>5	0.5～0.7 孔 $\phi 0.5 \sim 2.0$	铝合金0.5 锌合金0.3 铜合金2	优于同类铸型的常压铸件
铸件加工余量	最大	较大	较小	最小	内孔大
表面粗糙度 $Ra/\mu m$	50～12.5	12.5～6.3	12.5～1.6	3.2～0.8	取决于铸型材料
铸件尺寸公差	IT11～IT7	IT9～IT6	IT7～IT4	IT8～IT4	同上
金属收缩率/%	30～50	40～50	60	60	85～95
毛坯利用率/%	70	70	90	95	70～90
投产最小批量/件	单件	700～1000	1000	1000	100～1000
生产率（一般机械化程度）	低中	中高	低中	最高	中高
设备费用	较高（机械造型）	较低	较高	较高	中等
应用举例	床身、箱体、支座、曲轴、缸体、缸盖等	铝活塞、水暖器材、水轮机叶片、一般非铁合金铸件等	刀具、叶片、机床零件、汽车及拖拉机零件等	汽车化油器、缸体、仪表、照相机壳体和支架等	各种铸管、套筒、环、叶轮、滑动轴承等

三、合金的铸造性能

（一）铸造性能

铸造性能是合金在铸造生产中所表现出来的工艺性能，它对能否获得合格的铸件具有很大影响。铸造性能是一个复杂的综合性能，通常用充型能力和收缩性来衡量。

（二）常用合金的铸造性能及应用

1. 普通灰铸铁

普通灰铸铁是铸造生产中应用最广的一种金属材料。常用来制造承受较小冲击载荷、需要减振耐磨的零件，如机床床身、机架、箱体、支座、外壳等。

普通灰铸铁件内部组织中的石墨呈粗片状，化学成分接近共晶成分，熔点低，凝固温度范围窄，流动性好，收缩小，可浇铸各种复杂薄壁铸件及壁厚不太均匀的铸件；不易产生缩孔和裂纹，一般不需冒口和冷铁。故普通灰铸铁在铸件生产中应用最广。

2. 孕育铸铁

孕育铸铁是铁液经孕育处理后获得的亚共晶灰铸铁。孕育铸铁中的石墨片细小且均匀分布，从而改善了其力学性能。由于孕育铸铁中碳硅含量较低，铸造性能比普通灰铸铁差，为防止缩孔、缩松的产生，对某些铸件需设置冒口。与普通铸铁相比，孕育铸铁对壁厚的敏感性小，铸件大截面上的性能比较均匀，它适用于制造强度、硬度、耐磨性要求高，尤其是壁厚不均匀的大型铸件，如床身、凸轮、凸轮轴、气缸体和气缸套等。

3. 可锻铸铁

可锻铸铁是白口铸铁通过石墨化或氧化脱碳可锻化处理，改变其金相组织或成分而获得的有较高韧性的铸铁。可锻铸铁件内部石墨组织成团絮状，碳、硅含量较低，熔点较高，凝固温度范围宽，流动性差，收缩大，铸造性能比灰铸铁差。为避免产生浇不到、冷隔、缩孔、裂纹等铸造缺陷，工艺上需要提高浇铸温度，采用定向凝固、增设冒口、提高造型材料的耐火性和退让性等措施。

4. 球墨铸铁

球墨铸铁件内部组织中的石墨呈球状，是一种广泛应用的高强度铸铁。球墨铸铁的铸造性能介于灰铸铁与铸钢之间，因其化学成分接近共晶点，其流动性与灰铸铁相近，可生产 $3\sim4mm$ 壁厚的铸件。但由于球化孕育处理使铁液温度下降很多，要求浇铸温度高，易使铸件产生冷隔、浇不到等缺陷。此外，由于球墨铸铁的结晶特点是在凝固收缩前有较大的膨胀，使铸件尺寸及内部各结晶体之间间隙增大，故易产生缩孔、缩松等缺陷。因此，在铸造工艺上应采用定向凝固原则，提高铸型的紧实度和透气性，并增设冒口以加强补缩。对重要的球墨铸铁件要采用退火处理以消除应力。

5. 铸钢

铸钢熔点高、浇铸温度高、流动性差、易被氧化、收缩大，因此铸造性能很差，易产生浇不到、缩孔、缩松、裂纹、粘砂等铸造缺陷。为此，在工艺上要用截面尺寸较大的浇注系统，多开内浇道，采用定向凝固、加冒口和冷铁等方法。应选用耐火性高、退让性好的造型材料，并对铸件进行退火和正火处理，以细化晶粒、消除残余内应力。铸钢虽然铸造性能较差，但其综合力学性能较高，适于制造强度、韧性等要求高的零件，如车轮、机架、高压阀门、轧辊等。

6. 铸造铝合金

铸造铝合金熔点较低，流动性好，可用细砂造型，因而表面尺寸比较精确，表面光洁，并可浇铸薄壁复杂铸件。但铝合金易氧化和吸气，使力学性能降低。在熔炼时通常在合金液表面用溶剂（如 KCl、NaCl、CaF$_2$ 等）形成覆盖层，使合金液与炉气隔离，以减少铝液的氧化和吸气，并在熔炼后期加入精炼剂（通常为氯气或氯化物）去气精炼，使铝合金液净化。此外，还常采用底注式浇注系统，迅速平稳地充满铸型。对铸造性能较差的铝合金，还应选用退让性好的型砂和型芯，提高浇铸温度和速度，增设冒口等，以防铸件产生缺陷。

7. 铸造铜合金

铸造铜合金通常分为铸造黄铜和铸造青铜。大多数铜合金结晶温度范围窄、熔点低、流动性好、缩松倾向小，因而可采用细砂造型，生产出表面光滑和复杂形状的薄壁铸件。但由于收缩大，易氧化和吸气，因此在工艺上要放置冒口和冷铁，使之定向凝固，用溶剂覆盖铜液表面，同时加入脱氧剂进行脱氧处理。此外，对具有不同铸造性能的铜合金还应采取相应的工艺措施。

第二节　锻　　压

一、锻压的特点及应用

锻压是利用外力使坯料（金属）产生塑性变形，获得所需尺寸、形状及性能的毛坯或零件的加工方法。它是金属压力加工（塑性成形）的主要方式，也是机械制造中毛坯生产的主要方法之一。

与铸造相比，锻压具有以下特点：

（1）力学性能高　锻压改善金属内部组织，提高力学性能。通过锻压加工能消除锭料的气孔、缩松等铸造组织缺陷，压合微裂纹，获得致密的结晶组织，均匀材料成分，因而使金属的力学性能得到改善。

（2）生产率高　锻压加工生产率高，尺寸精确并节省材料，容易实现自动化。

（3）对材料塑性要求高　锻压所用的金属材料应具有良好的塑性，以便在外力的作用下能产生塑性变形而不破裂。常用的金属材料中，铸铁因塑性差不能用于锻压；钢和非铁金属中的铜及其合金等塑性好，可用于锻压。

（4）不能直接获得形状很复杂的锻压件　锻压加工是在固态下成型的，制造形状复杂的零件特别是具有复杂内腔的零件较困难。

金属材料经锻造后，力学性能得到提高，可用于加工承受载荷大、转速高的重要零件，如机器主轴、曲轴、连杆，重要的齿轮、凸轮、叶轮，以及炮筒、枪管、起重吊钩、容器法兰等。冲压则具有强度高、刚度大、重量轻等优点，广泛用于汽车、电器、仪表等各类薄板结构零件的加工。

二、锻压方法

锻压方法分为锻造和冲压两大类。

（一）锻造

锻造是利用冲击力或压力使金属在上下砧板间或锻模中产生塑性变形而得到所需制件的一种成型加工方法。锻造能保证金属零件具有较好的力学性能，是金属的重要成型方法之一。

锻造有以下特点：

（1）具有较好的力学性能　由于锻造的毛坯内部缺陷（气孔、粗晶、缩松等）得以消除，组织更致密，强度提高，但锻造流线会使金属呈现力学性能的各向异性。

（2）节约材料　锻造毛坯是通过体积的再分配（非切削加工）获得的，且力学性能又得以提高，故可减少切削废料和零件的用料。

（3）生产率高　与切削加工相比，生产率高，成本低，适用于大批量生产。

（4）适应范围广　锻造的零件或毛坯的重量、体积范围大。

（5）锻件的结构工艺性要求高，难以锻造复杂的毛坯和零件。

（6）锻件的尺寸精度低　对于要求精度高的零件，还需经过其他工序处理。

常见基本锻造方法有自由锻造和模型锻造两种。

1. 自由锻造

自由锻是利用冲击力或压力使上下砧块之间的金属材料产生塑性变形得到所需锻件的一种锻造加工方法。自由锻造所用工具简单，通用性强，灵活性大，应用广泛，但自由锻生产率低，尺寸精度不高，表面粗糙度差，对工人的操作水平要求高，自动化程度低。因此，自由锻适用于形状简单零件的单件、小批量生产，也是重型机械中生产大型和特大型锻件的唯一方法，可锻造质量达几百吨的锻件。

（1）自由锻造设备　自由锻造的主要设备有锻锤和液压机（如水压机）两大类。其中，锻锤有空气锤和蒸汽-空气锤两种，锻锤的吨位用落下部分的质量来表示，一般在 5t 以下，可锻造 1500kg 以下的锻件；液压机以水压机为主，吨位用最大实际压力来表示，为 500～12000t，可锻造 1～300t 锻件。锻锤是靠锻锤打击工作，故震动大，噪声高，安全性差，机械自动化程度差，因此吨位不宜过大，适宜于锻造中、小锻件；水压机以静压力成型方式工作，无震动，噪声小，工作安全可靠，易实现机械化，故以生产大、巨型锻件为主。

（2）自由锻造工序　自由锻造基本工序是使金属产生一定程度的塑性变形，以达到所需形状及尺寸的工艺过程，有镦粗、拔长、冲孔、弯曲、切割、扭转、错移及锻接等，其中以镦粗、拔长、冲孔最为常用，见表 13-2。

表 13-2　自由锻造基本工序及应用

工序名称	变形特点	图　例	应　用
镦粗	高度减小，截面积增大	完全镦粗　　局部镦粗	用于制造高度小、截面大的工件，如齿轮、圆盘、叶轮等；作为冲孔前的准备工序；增加以后拔长的锻造比
拔长	横截面积或壁厚减小，长度增加	平砧拔长　　芯轴拔长	用于制造长而截面小的工件，如轴、拉杆、曲轴等；制造空心件，如炮筒、透平主轴、套筒等
冲孔与扩孔	形成通孔或不通孔（扩孔有冲头扩孔和芯轴扩孔）	冲头冲孔　　芯轴扩孔	制造空心工件，如齿轮坯、圆环、套筒等；质量要求高的大锻件，如大透平轴，可用空心冲孔，以去除质量较低的中心部分

（3）自由锻造结构工艺性　由于自由锻造是在平砧块上通过简单工具进行的，要求锻件形状简单，因此在设计自由锻造成型的零件毛坯时，除满足使用性能外，还应结合工艺特点，考虑零件的结构要符合自由锻造的工艺要求。

2. 模型锻造

模型锻造简称模锻，它是利用模具使毛坯在模膛内受压变形而获得锻件的锻造方法。和自由锻相比，模锻有以下优点：

① 坯料受到模膛的限制，锻件形状可以比较复杂。

② 锻件力学性能较高。

③ 锻件尺寸精度高，表面质量好，节约材料和切削加工工时。

④ 生产率高，操作简便，易实现机械化。

但受模锻设备吨位的限制，模锻件质量不能太大，而且设备投资较大、加工工艺复杂，所以模锻适于中、小锻件的大批量生产。

根据模锻设备的不同，模锻可分为锤上模锻、压力机上模锻、水压机上模锻以及其他专用设备模锻。

锤上模锻是在锤锻模上借助锻模对金属材料进行锻造的方法。锤锻模由上下两个模块组成，它们分别通过燕尾和楔铁紧固在锤头和模座上，如图 13-8 所示。锻模模膛按其作用可分为模锻模膛和制坯模膛两类。模锻模膛包括终锻模膛和预锻模膛。终锻模膛用于模锻件的最终成型，因此其形状和尺寸精度决定了锻件的精度和质量。终锻模膛的尺寸由锻件的尺寸加上收缩量来确定，模膛分模面周围须设置飞边槽，以促使金属充满模膛，并容纳多余金属，同时缓冲锤击。对于带有通孔的锻件，模锻不能直接冲出，孔内留有一层金属称为冲孔连皮。模锻后，应将锻件上的飞边和连皮冲切掉。预锻模膛只用于形状复杂的锻件，以利于终锻时金属能顺利充满模膛，并减轻终锻模膛的磨损，提高模具的使用寿命。但增加预锻模膛会降低生产效率，恶化锻锤的受力条件，所以尽可能不用。

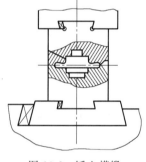

图 13-8　锤上模锻

（二）板料冲压

板料冲压是利用冲模使板料产生分离或变形的加工方法，通常是在常温下进行的，故又称冷冲压。当板料厚度超过 8～10mm 时，才采用热冲压。

板料冲压具有以下特点：

① 可冲压形状复杂、强度高、刚性好、重量轻的薄壁零件。

② 冲压件的精度高、表面粗糙度较低、互换性较好，可直接装配使用。

③ 生产率高、操作简单、容易实现机械化和自动化。

冲压件的原材料主要为塑性较好的材料，有低碳钢、铜合金、镁合金、铝合金及其他塑性好的合金等；材料形状有板料、条料、带料、块料四种。其加工设备是剪床和冲床。

冲压基本工序按其性质可分为分离工序和成型工序两大类。

1. 分离工序

分离工序是使板料分离开的工序，如切断、冲裁等工序。

（1）切断　切断是使板料沿不封闭的轮廓分离的冲压工序。它是在剪板机上将大板料或带料切成需要的小板料或条料。

（2）冲裁　冲裁是将板料沿封闭轮廓曲线分离的冲压工序。它包括冲孔和落料，如图 13-9 所示。其中，冲孔是将废料冲落，得到带孔的板料制件，而落料则是将所需制件或坯料

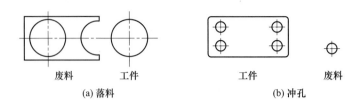

图 13-9   落料与冲孔

冲裁下来，封闭轮廓内的为工件。

（3）整修   整修是利用整修模在落料件外缘或冲孔件内缘刮去一层薄的金属，以提高冲件尺寸精度，降低表面粗糙度的工序。

（4）精密冲裁   冲件经整修工序后可获得高精度和低粗糙度断面，但成本较高，生产率低，而精密冲裁经一次冲裁就可获取高精度和低粗糙度断面冲裁件，可以降低成本和提高生产率。如应用最广泛的强力压边精密冲裁冲件精度可达 IT6～7 级，表面粗糙度可达 $Ra0.8～0.4\mu m$。

2. 成型工序

成型工序是使板料产生塑性变形以达到所需形状的工序，使坯料的一部分相对另一部分产生位移而不破裂。主要有弯曲、拉深、翻边、缩口等工序。

（1）弯曲   弯曲是将板料弯成所需要的半径和角度的成型工序。图 13-10 所示为弯曲变形过程简图，由该图可见，板料放在凹模上，随着凸模的下行，材料发生弯曲，而且弯曲半径会越来越小，直到凸模、凹模、板料三者吻合，弯曲过程结束。弯曲变形只发生在弯曲圆角部分，且其内侧受压应力，外侧受拉应力。内外侧大部分属塑性变形（含少量的弹性变形）区域，而中心部分为弹性变形区域。

（2）拉深   拉深是将板料冲压成开口零件的工序，也称拉延。如图 13-11 所示，平直板料在凹模（冲头）的作用下被拉深成为直径为 d、高度为 h 的筒形件。对于要求拉深变形量较大的零件，必须采用多次拉深。

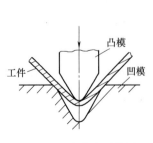

图 13-10   弯曲变形简图

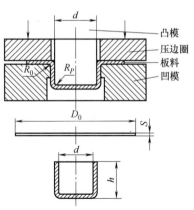

图 13-11   拉深过程图

（3）翻边   翻边是用扩孔的方法在带孔件的孔口周围冲出凸缘的一种成型工序。在带孔的平坯料上用扩孔的方法获得凸缘的工序称为内孔翻边，如图 13-12 所示。

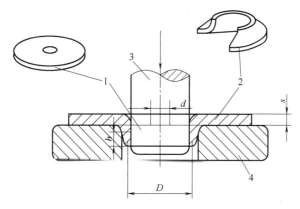

图 13-12　翻边工序简图

1—带孔板料；2—翻边件；3—翻边凸模；4—翻边凹模

第三节　焊　　接

一、焊接的特点及分类

焊接是通过加热、加压或两者并用，并且用或不用填充材料，使工件达到结合的一种永久性连接方法。它是现代工业生产中用来制造各种金属结构和机械零件的主要工艺方法之一，在许多领域得到了广泛的应用。

焊接具有许多其他加工方式不可替代的特点，主要有以下几点：

（1）节省材料，减轻重量　焊接的金属结构件可比铆接节省 $10\%\sim25\%$ 的材料；如采用点焊的飞行器结构重量明显减轻，可降低油耗，提高运载能力。

（2）简化复杂零件和大型零件的制造　焊接方法灵活，可化大为小，以简拼繁，加工快，工时少，生产周期短。许多结构都以铸-焊、锻-焊形式组合，简化了加工工艺。

（3）适应性广，连接质量好　多样的焊接方法几乎可焊接所有的金属材料和部分非金属材料，可焊范围较广，而且焊接接头可达到与工件金属等强度或相应的特殊性能。

（4）满足特殊连接要求　不同材料焊接到一起，能使零件的不同部分或不同位置具备不同的性能，达到使用要求。如防腐容器的双金属筒体焊接、钻头工作部分与柄的焊接、水轮机叶片耐磨表面堆焊等。

（5）降低劳动强度，改善劳动条件　尽管如此，焊接加工在应用中仍存在某些不足。例如不同焊接方法的焊接性有较大差别，焊接接头的组织具有不均匀性；焊接结构易产生应力和变形，在接头处会产生裂纹、气孔等焊接缺陷，从而影响焊件的形状与尺寸精度以及使用性能等。

焊接的方法很多，按其工艺特点可分为熔焊、压焊、钎焊三大类，每一类又可根据所用热源、保护方式和焊接设备等的不同而进一步分成多种焊接方法，如图 13-13 所示。

（1）熔焊　利用热源将被焊金属结合处局部加热到熔化状态，并与熔化的焊条金属混合组成熔池，冷却时在自由状态下凝固结晶，使之焊合在一起。

（2）压焊　焊接过程中通过加压力（或同时加热），使金属产生一定的塑性变形，实现原子间的接近和相互结合，组成新的晶粒，达到焊接的目的。

（3）钎焊　其与熔化焊的区别是被焊金属不熔化，只是作为填充金属的钎料熔化，并通过钎料与被焊金属表面间的相互扩散和溶解作用而形成焊接接头。

焊接主要用于制造各种金属结构件、机器零件和工具，例如桥梁、船体、飞机机身、建筑构架、锅炉与压力容器、机床机架与床身以及各种切削工具等，还用于机件与金属构件的修复。

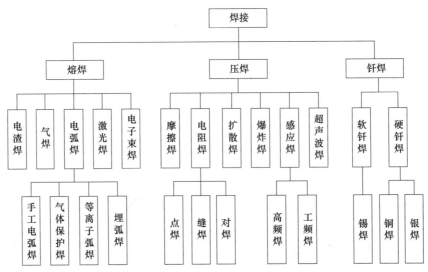

图 13-13　常用焊接方法分类

二、焊接方法

焊接的方法很多，常用的有手工电弧焊、埋弧焊、气体保护焊、气焊、电阻焊、钎焊等。

（一）手工电弧焊

将电弧作为焊接热源的熔焊方法称为电弧焊。其中，用手工操纵焊条进行焊接的电弧焊方法称为手工电弧焊，又称焊条电弧焊，如图 13-14 所示。手工电弧焊适用于室内、室外、高空和各种位置施焊；所用设备简单，易维护，使用灵活方便。手工电弧焊适于焊接各种碳钢、低合金钢、不锈钢及耐热钢，也适于焊接高强度钢、铸铁和有色金属，是应用最广泛的一种焊接方法。

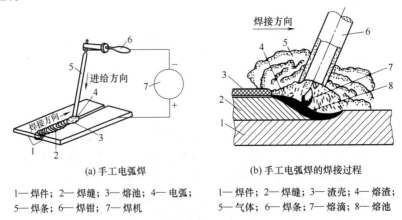

(a) 手工电弧焊

1—焊件；2—焊缝；3—熔池；4—电弧；
5—焊条；6—焊钳；7—焊机

(b) 手工电弧焊的焊接过程

1—焊件；2—焊缝；3—渣壳；4—熔渣；
5—气体；6—焊条；7—熔滴；8—熔池

图 13-14　手工电弧焊及其焊接过程

1. 焊接过程

焊条电弧焊的焊接过程如图 13-14（b）所示。焊接开始时，使焊条和焊件瞬时接触（短路），随即分离一定的距离（2～4mm）即可引燃电弧。利用高达 6000K 的高温使母材（焊件）和焊条同时熔化，形成金属熔池，随着母材和焊条的熔化，焊条向下和向焊接方向同时前移，保证电弧的连续燃烧并同时形成焊缝。熔化或燃烧的焊条药皮会产生大量的 CO_2 气体使熔池与空气隔绝，保护熔化金属不被氧化，并与熔化金属中的杂质发生化学反应，结成较轻的熔渣漂浮到熔池表面。随着电弧的不断前移，原先的熔池也逐渐成为固态渣壳，这层熔渣和渣壳对焊缝质量的优劣和焊缝金属的冷却速度有着重要的影响。

2. 电焊条

焊条是手工电弧焊所用的焊接材料，主要由金属焊芯和药皮两部分组成，如图 13-15 所示。

焊芯的作用是：作为电极，起导电作用；作为焊缝的填充金属，与母材一起组成焊缝金属。药皮的作用是：稳弧；产生保护气体使金属熔滴和熔池与空气隔绝；造渣，保护焊缝；补充合金元素，提高焊缝金属的力学性能。

图 13-15 焊条的组成

（二）埋弧焊

埋弧焊是使电弧在较厚的焊剂层（或称熔剂层）下燃烧，利用机械自动控制引弧、焊丝送进、电弧移动和焊缝收尾的一种电弧焊方法。

埋弧焊及其焊接过程如图 13-16 所示。电弧引燃后，焊丝盘中的光焊丝（一般 $d = 2 \sim 6mm$）由机头上的滚轮带动，通过导电嘴不断送入电弧区，电弧则随着焊接小车的前进而匀速地向前移动。焊剂（相当于焊条药皮，透明颗粒状）从漏斗中流出撒在焊缝表面。电弧在焊剂层下的光焊丝和焊件之间燃烧。电弧的热量将焊丝、焊件边缘以及部分焊剂熔化，形成熔池和熔渣，最后得到受焊剂和渣壳保护的焊缝，大部分未熔化的焊剂可收回重新使用。

埋弧焊与手工电弧焊相比，具有如下特点：

① 采用大电流（比手工电弧焊高 6～8 倍）且连续送进焊丝，故生产率提高 5～10 倍；

② 由于电弧区被焊剂保护严密，故焊接质量高而且稳定；

③ 由于避免了焊条头的损失，且薄件不需开坡口，故节约了大量的焊接材料；

④ 由于弧光被埋在焊剂层下，焊剂层外看不见弧光，大大减少了烟雾，并且实现了自动焊接，故大大改善了劳动条件。

埋弧焊主要用于成批的厚度为 6～60mm、处于水平位置的长直焊缝或较大直径的环形焊缝。适焊材料为钢、镍基合金、铜合金等，在造船、锅炉、压力容器、桥梁、车辆、工程机械、核电站等工业生产中得到广泛应用。

（三）气体保护焊

气体保护焊全称气体保护电弧焊，是指用外加气体作为电弧介质并保护电弧和焊接区的电弧焊。按保护气体的不同，气体保护焊有氩弧焊和二氧化碳气体保护焊两种。

1. 氩弧焊

氩弧焊是使用氩气作为保护气体的气体保护焊。按所用电极的不同，氩弧焊可分为熔化极氩弧焊和不熔化极（钨极）氩弧焊两种，如图 13-17 所示。熔化极氩弧焊也称直接电弧法，其焊丝直接作为电极，并在焊接过程中熔化为填充金属；钨极氩弧焊也称间接电弧法，其电极为不熔化的钨极，填充金属由另外的焊丝提供。

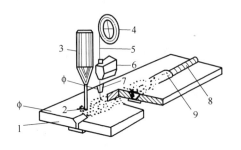
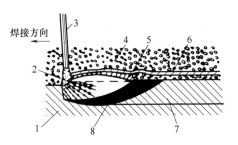

1—焊件；2—焊剂；3—焊剂漏头；4—焊丝盘；5—焊丝；
6—焊接机头；7—导电嘴；8—焊缝；9—渣壳

1—焊件；2—电弧；3—焊丝；4—焊剂；
5—熔化了的焊剂；6—渣壳；7—焊缝；8—熔池

图 13-16   埋弧焊及其焊接过程

由于氩气是惰性气体，既不溶于液态金属，又不与金属发生化学反应，因而能很有效地保护熔池，获得高质量的焊缝。另外，氩弧焊由于明弧可见，便于操作，故适用于全位置焊接；又由于其表面无熔渣，故表面成型美观。但氩气较贵，焊接成本高。目前氩弧焊主要用于焊接易氧化的非铁金属（如铝、镁、铜、钛及其合金）、高强度钢、不锈钢、耐热钢等。

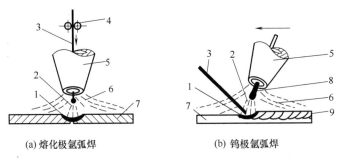

(a) 熔化极氩弧焊   (b) 钨极氩弧焊

图 13-17   氩弧焊示意图
1—熔池；2—电弧及熔滴；3—焊丝；4—送丝滚轮；5—喷嘴；6—保护气体；
7—焊件；8—钨极；9—焊缝

2. 二氧化碳气体保护焊

二氧化碳气体保护焊是以二氧化碳（CO_2）作为保护气体的电弧焊方法，简称二氧化碳焊。其焊接过程和熔化极氩弧焊相似，用焊丝作电极并兼作填充金属，以机械化或手工（以前称半自动）方式进行焊接。目前应用较多的是手工焊（以前称半自动焊），即焊丝送进靠送丝机构自动进行，由焊工手持焊炬进行焊接操作。

二氧化碳焊的特点类似于氩弧焊，但 CO_2 气体来源广、价格低廉，同时易产生熔滴飞溅、氧化性较强。因此，它主要适于低碳钢和低合金结构钢薄板件的焊接，不适于焊接易氧化的非铁金属及其合金。目前，二氧化碳焊已经广泛用于造船、机车车辆、汽车、农业机械等工业部门。

（四）气焊

气焊是利用可燃气体（C_2H_2）和 O_2 混合燃烧时所产生的高温火焰使焊件和焊丝局部熔化并填充金属的焊接方法。焊丝一般选用与母材相近的金属丝。其焊接过程如图 13-18 所示，C_2H_2 和 O_2 在焊炬中混合均匀后从焊嘴喷出燃烧，将焊件和焊丝熔化形成熔池并填充金属，冷却凝固后形成焊缝。C_2H_2 燃烧时产生大量 CO_2 和 CO 气体包围熔池，排开空气，对熔池有保护作用。焊接不锈钢、铸铁、铜合金、铝合金时，常使用焊剂去除焊接过程中产生的氧化物。

与电弧焊相比，气焊具有如下特点：气焊热源的温度较低，加热慢，生产率低；热量比较分散，焊接受热范围大，焊后焊件易变形；焊接时火焰对熔池保护性差，焊接质量不高。但气焊火焰容易控制，操作简便，灵活性强，不需要电源，可在野外作业。

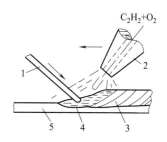

气焊适于焊接厚度在 3mm 以下的低碳钢薄板、高碳钢、铸铁以及铜、铝等非铁金属及其合金，也可用作焊前预热、焊后缓冷及小型零件热处理的热源。

图 13-18 气焊示意图
1—焊丝；2—焊嘴；3—焊缝；
4—熔池；5—焊件

（五）电阻焊

电阻焊是将工件组合后通过电极施加压力，利用电流通过接头的接触面及邻近区域产生的电阻热进行焊接的方法。按工件接头形式和电极形状不同，电阻焊可分为点焊、缝焊和对焊三种，如图 13-19 所示。

1. 点焊

点焊是将焊件装配成搭接接头并压紧在两电极之间，利用电阻热熔化母材金属形成焊点的电阻焊方法，如图 13-19（a）所示。它主要用于各种薄板零件、冲压结构及钢筋构件等无密封性要求的工件的焊接，尤其适用于汽车和飞机制造业，如驾驶室、车厢、蒙皮结构、金属网等。近年来，越来越多的企业已经开始使用点焊机器人进行焊接。

2. 缝焊

缝焊的焊接过程与点焊相似，只是用转动的滚轮电极取代点焊时所用的柱状电极。焊接时，滚轮电极压紧焊件并转动，依靠摩擦力带动焊件向前移动，通过连续或断续地送电，形成许多连续并彼此重叠的焊点，完成缝焊焊接，如图 13-19（b）所示。其主要用于有密封要求的薄壁容器（如水箱、油箱）和管道的焊接，焊件厚度一般在 2mm 以下，低碳钢的板厚可达 3mm。

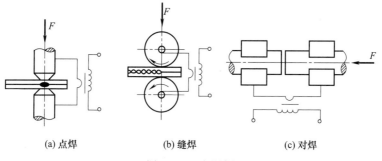

(a) 点焊   (b) 缝焊   (c) 对焊

图 13-19 电阻焊

3. 对焊

对焊是利用电阻热使对接接头的焊件在整个接触面上焊合的焊接工艺。按工艺的不同，对焊可分为电阻对焊和闪光对焊两种。电阻对焊是将焊件装配成对接接头，使其端面紧密接触，利用电阻热加热至塑性状态，然后迅速施加顶锻力而实现焊接的焊接方法，如图 13-20（a）所示。它适用于形状简单、小断面的金属型材的对焊。闪光对焊是将焊件装配成对接接头，接通电源，并使其端面逐渐移进达到局部接触，利用电阻热加热这些接触点（产生闪光），使端面金属迅速熔化，直至端部在一定深度范围内达到预定温度时，迅速施加顶锻力而实现焊接的焊接方法，如图 13-20（b）所示。闪光对焊接头质量、焊前焊件清理要求低，目前其应用比电阻对焊广泛，适用于受力要求高的重要焊件的焊接。

（六）钎焊

根据钎料熔点的不同，钎焊分为硬钎焊和软钎焊两种。

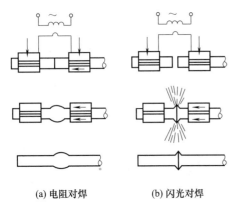

（a）电阻对焊　（b）闪光对焊

图 13-20　对焊示意图

1. 硬钎焊

钎料熔点高于 450℃的钎焊称为硬钎焊。常用的钎料有铜基、银基、铝基、镍基等的合金。钎剂常用硼砂、硼酸、氯化物、氟化物等。硬钎焊焊接接头强度高，一般在 200MPa 以上，适于受力较大及工作温度较高焊件的焊接，如机械零部件、工具和刀具等。

2. 软钎焊

钎料熔点低于 450℃的钎焊称为软钎焊。应用最广泛的软钎料是锡基合金，多数软钎料适合的焊接温度为 200～400℃，钎剂为松香、松香酒精溶液、氯化锌溶液等，常用烙铁加热。软钎焊焊接接头强度低，一般在 70MPa 以下，适于焊接受力不大、工作温度较低的焊件，如电子元器件、仪器、仪表、导线等。

复习思考题

1. 什么是铸造？为什么铸造在机械制造中应用非常广泛？
2. 砂型铸造生产工艺流程包括哪些主要工序？
3. 简述浇注系统的组成及其作用。
4. 常见的特种铸造方法有哪些？各有什么特点？
5. 什么是锻压？锻压有何特点？
6. 为什么同种材料的锻件比铸件的力学性能高？
7. 锻造的基本方法有哪些？
8. 冲压的基本工序有哪些？
9. 什么是焊接？焊接方法分为哪几大类？
10. 常用的焊接方法有哪些？
11. 手工电弧焊的焊条和焊芯各有什么作用？

第十四章

机械加工工艺

第一节 切削加工概论

金属切削加工是用切削刀具从毛坯上切去多余的金属，以获得具有所需形状、尺寸精度和表面粗糙度的零件的加工方法。汽车上的零件除极少数采用精密铸造或精密锻造等无屑加工的方法获得以外，绝大多数零件都是靠切削加工获得的。因此如何正确地进行切削加工，对保证零件质量、提高生产率和降低成本，有着重要的意义。

一、切削运动及切削要素

机械零件的形状虽然很多，但分析起来就是由外圆面、内圆面（孔）、平面等几种典型表面组成的。因此只要能对这几种表面进行加工，就能完成所有机械零件的加工。

外圆面和内圆面（孔）是以某一直线为母线，以圆为轨迹，作旋转运动时所形成的表面。平面是以一直线为母线，以另一直线为轨迹，作平移运动时所形成的表面。成形面是以曲线为母线，以圆或直线为轨迹，作旋转或平移运动时所形成的表面。上述各种表面分别可用图 14-1 所示的加工方法来获得。由图可知，要对这些表面进行加工，刀具与工件之间必须具有一定的相对运动，即切削运动。

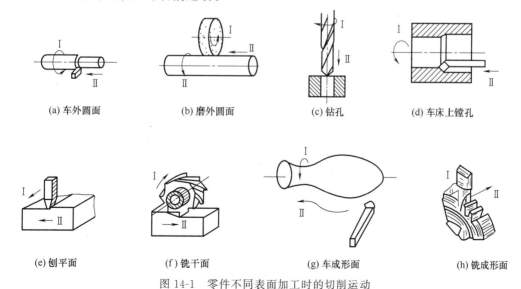

(a) 车外圆面　　(b) 磨外圆面　　(c) 钻孔　　(d) 车床上镗孔

(e) 刨平面　　(f) 铣干面　　(g) 车成形面　　(h) 铣成形面

图 14-1　零件不同表面加工时的切削运动

切削运动包括主运动（图中Ⅰ）和进给运动（图中Ⅱ）两种。主运动是切除工件上的切削层，使之转变成切屑，以形成工件新表面的运动。用切削速度（v_c）来表示。它是切削运动中速度最高、消耗功率最大的运动。如车削时工件的回转运动、铣削时铣刀的回转运动、刨削时刨刀的直线运动等，都是主运动。进给运动是使切削层不断投入切削的运动。它用进给速度 v_f（mm/s）或进给量 f 来表示。车削时车刀的纵向移动或横向移动、钻孔时钻头的轴向移动、外圆磨削时工件的旋转运动（圆周进给）和纵向移动均属于进给运动。一般说来，主运动只有一个，进给运动可以有一个、两个或多个。

（一）切削用量

切削用量是衡量切削运动大小的参数，是加工中调整使用机床的依据。合理选择切削用量对保证产品质量和提高生产效率有重要意义。

切削用量包括背吃刀量（切削深度）、进给量和切削速度三个要素。

1. 背吃刀量（切削深度）a_p

背吃刀量是指工件上已加工表面与待加工表面间的垂直距离，如图 14-2 所示，也就是每次进给时刀具切入工件的深度，又称切削深度，单位为 mm。车外圆时的背吃刀量 a_p 可按下式计算：

$$a_p = \frac{d_\omega - d_m}{2}$$

式中　d_ω——工件待加工表面直径，mm；

$\quad\quad d_m$——工件已加工表面直径，mm。

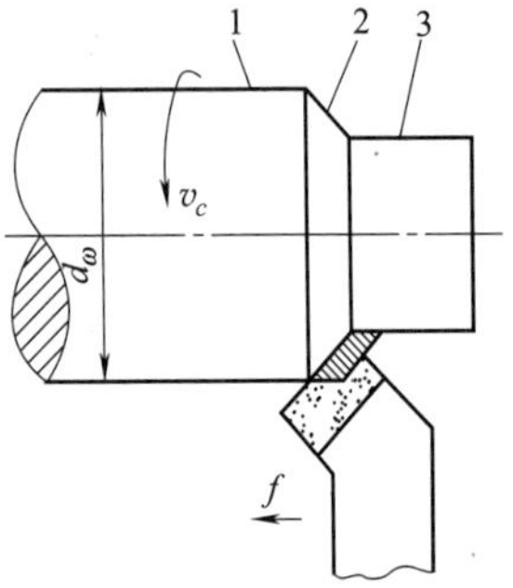

2. 进给量 f

刀具在进给运动方向上相对工件的位移量称为进给量，它是表示进给运动大小的参数，又称走刀量，用 f 表示，单位为 mm/r。对于车外圆来说，进给量是指工件转一转，车刀沿进给方向移动的距离，如图 14-2 所示。

进给速度 v_f 是指单位时间内，刀具相对于工件沿进给运动方向的相对位移。

进给速度与进给量的关系可表示为 $v_f = nf$。

3. 切削速度 v_c

切削速度是指切削刃上选定点相对于工件主运动的瞬时速度。切削速度表示主运动的大小，单位为 m/min 或 m/s。车削时切削速度可按下式计算：

$$v_c = \frac{\pi d n}{1000} \approx \frac{dn}{318}$$

图 14-2　切削用量

1—待加工表面；2—加工表面；3—已加工表面

式中　v_c——切削速度，m/min；

$\quad\quad d$——工件直径，mm；

$\quad\quad n$——工件转速，r/min。

车削时，工件作旋转运动，不同直径处的各点切削速度不相同，计算时应以最大的切削速度为准。如车外圆时应将待加工表面的直径代入上式计算。

在实际生产中，往往是已知工件直径，并根据工件材料、刀具材料和加工性质等因素确定切削速度，然后计算车床主轴的转速，以便调整机床。这时可把上式改写为：

$$n = \frac{1000v_c}{\pi d} \approx \frac{318v_c}{d} (\text{r/min})$$

（二）切削用量的选择原则

提高背吃刀量 a_p、进给量 f、切削速度 v_c 中任何一个要素，都可以缩短切削时间，提高生产率。但受机床功率、工艺系统刚性和刀具耐用度等条件的限制，又不能同时将三者都提高。因此，应根据不同的切削加工条件，首先确定一个主要的切削要素，然后再确定其余两个。

粗加工时，应主要考虑提高生产率和保证合理的刀具耐用度。由于粗加工时的加工余量比较大，选用大的背吃刀量 a_p 可减少走刀次数，能较大幅度地提高生产率；此外，增大背吃刀量 a_p 对刀具耐用度的影响最小，而提高切削速度 v_c 会加剧刀具的磨损，使刀具耐用度显著降低。所以，粗加工时应首先选用较大的背吃刀量，其次再选较大的进给量，最后根据刀具耐用度和机床功率选用合理的切削速度。

精加工时应以保证加工精度和表面质量为主，并兼顾必要的刀具耐用度和生产率。因此，精加工时应首先选用较高或较低的切削速度，避开积屑瘤的产生区域；其次在保证表面粗糙度的前提下尽量选择较大的进给量；而背吃刀量是根据加工要求预留的，应一次切削完成。

二、常用机械加工方法

（一）车削加工

在车床上用车刀对工件进行切削加工的过程称为车削加工。车床种类很多，常用的有卧式车床、六角车床、立式车床、多刀自动和半自动车床、仪表车床和数控车床等。

车削加工所用的刀具主要是车刀，车刀的几何角度和采用的切削用量不同，车削的精度和表面粗糙度也不同。因此，车削外圆可分为粗车、半精车、精车和细车。

车削的工艺特点主要有以下几点：

（1）易于保证位置精度　车削时，工件绕固定轴线回转，各表面具有相同的回转轴线，因而易于保证加工面间的同轴度要求；工件端面与轴线的垂直度要求则主要由车床本身精度来保证。

（2）切削过程比较平稳，效率高　车削是连续切削，切削力变化小，切削过程平稳，有利于采用比较大的切削用量，加工效率高。

（3）成本低　车刀结构简单，易制造，刃磨与装夹较方便。

（4）适应性广　车削加工的工件材料种类多。车削不仅可以加工各种钢件、铸铁、有色金属，还可以加工玻璃钢、尼龙等非金属。特别是一些有色金属的精加工，只能通过车削来完成。

车削精度一般在 IT13～IT6 之间，表面粗糙度 Ra 值在 $1.25～1.6\mu m$ 之间。进行精细车削时，精度可以达到 IT6～IT5，表面粗糙度 Ra 值可达 $0.1～0.4\mu m$。

车削加工时，还可以使用钻头、铰刀、丝锥、滚花刀等刀具加工各种回转表面，如内外圆柱面、内外圆锥面、螺纹、沟槽、端面、回转成型面等，如图 14-3 所示。

在单件小批量生产中，各种轴类、盘类、套类等零件多选择适应性广的卧式车床或数控车床进行加工；直径大而长度短（长径比 $L/D \approx 0.3～0.8$）的重型零件，多采用立式车床加工；成批生产外形较复杂，且具有内孔及螺纹的中小型轴、套类零件时，应选择转塔车床进行加工；大批量生产形状不太复杂的小型零件时，如螺钉、螺母、管接头、轴套等，多选

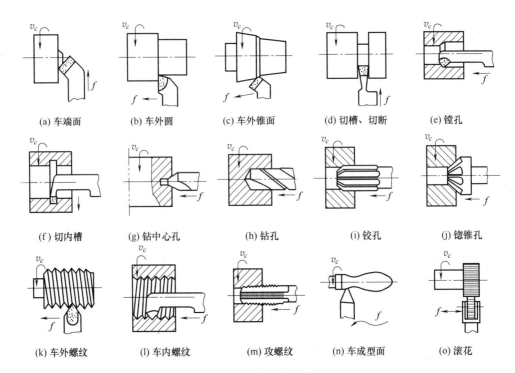

(a) 车端面　　(b) 车外圆　　(c) 车外锥面　　(d) 切槽、切断　　(e) 镗孔

(f) 切内槽　　(g) 钻中心孔　　(h) 钻孔　　(i) 铰孔　　(j) 锪锥孔

(k) 车外螺纹　　(l) 车内螺纹　　(m) 攻螺纹　　(n) 车成型面　　(o) 滚花

图 14-3　车床的加工范围

用半自动和自动车床进行加工，其生产效率很高，但精度低。

（二）铣削加工

在铣床上用铣刀对工件进行切削加工的过程称为铣削加工。铣削加工中，铣刀的旋转为主运动，工件的直线或曲线运动为进给运动。

铣床的种类很多，常用的是卧式铣床（如图 14-4 所示）和立式铣床（如图 14-5 所示）。

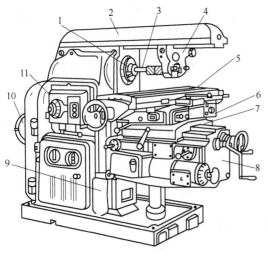

图 14-4　万能卧式铣床

1—主轴；2—横梁；3—刀杆；4—吊架；5—纵向工作台；
6—转台；7—横向工作台；8—升降台；9—床身；
10—电动机；11—主轴变速机构

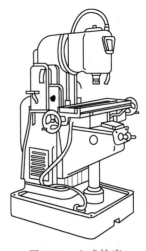

图 14-5　立式铣床

铣削的工艺特点主要有以下几点：

（1）生产率高　铣刀是典型的多刃刀具，铣削时有几个刀刃同时参加工作，总的切削宽度较大。铣削的主运动是铣刀的旋转，有利于采用高速铣削，所以铣削的生产效率一般比刨削高。

（2）刀具振动大　铣刀的刀刃切出时会产生冲击，并同时引起工作刀刃数的变化；每个刀刃的切削厚度是变化的，这将使切削力发生变化。因此，切削过程不平稳，容易产生振动。

（3）散热条件好　铣刀刀刃间歇切削，可以得到一定的冷却，因而散热条件好。但是，切入和切出时热的变化、力的冲击将加速刀具的磨损，甚至可能引起硬质合金刀片的碎裂。

（4）加工成本高　由于铣床的结构比较复杂，铣刀的制造和刃磨比较困难，因此加工成本较高。

（5）加工范围广　铣削的形式有很多种，铣刀的类型更是多种多样，再加上分度头、回转工作台及立铣头等附件的组合应用，使铣削加工的范围十分广泛。图 14-6 是铣削的主要应用。

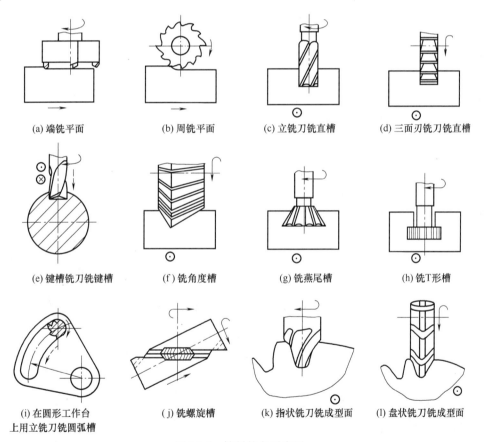

(a) 端铣平面　　(b) 周铣平面　　(c) 立铣刀铣直槽　　(d) 三面刃铣刀铣直槽

(e) 键槽铣刀铣键槽　　(f) 铣角度槽　　(g) 铣燕尾槽　　(h) 铣 T 形槽

(i) 在圆形工作台上用立铣刀铣圆弧槽　　(j) 铣螺旋槽　　(k) 指状铣刀铣成型面　　(l) 盘状铣刀铣成型面

图 14-6　铣削的主要应用

单件、小批量生产中，加工小、中型工件多用升降台铣床。单件小批量盘形零件也可以采用立铣刀在立式铣床上加工。加工中、大型工件时可以采用龙门铣床。

（三）刨削加工

在刨床上用刨刀对工件进行切削加工的过程称为刨削加工。这种加工通过刀具和工件之间产生相对直线往复运动来达到刨削工件的目的。

刨床种类较多，最常见的是牛头刨床（如图 14-7 所示）和龙门刨床。用牛头刨床加工水平面的时候，刀具的直线往复运动为主运动，工件的间歇移动为进给运动。

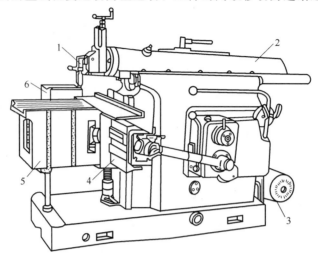

图 14-7 牛头刨床的外形

1—刨刀；2—滑枕；3—电动机；4—横梁；5—工作台；6—工件

刨削加工的工艺特点如下：

（1）成本低 刨床的结构简单，调整、操作方便；刨刀形状简单，制造、刃磨和安装也比较方便，适应性较好。

（2）生产率低 刨削时候，回程不切削；刀具切入和切出时有冲击，限制了切削用量的提高。

（3）加工精度中等 一般刨削的精度可达 IT9～IT8，表面粗糙度可达 $Ra3.2～1.6\mu m$。

刨削主要用于加工各种平面、斜面、沟槽等，图 14-8 为牛头刨床所能完成的部分工作。由于生产率比较低，刨削加工主要用在单件、小批量生产中，在维修车间和模具车间应用较多。

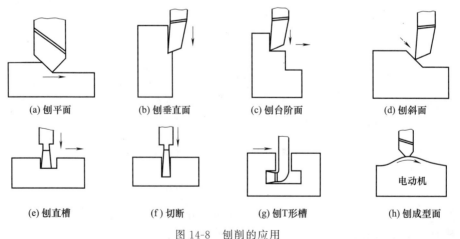

| (a) 刨平面 | (b) 刨垂直面 | (c) 刨台阶面 | (d) 刨斜面 |
| (e) 刨直槽 | (f) 切断 | (g) 刨T形槽 | (h) 刨成型面 |

图 14-8 刨削的应用

（四）磨削加工

在机床上用砂轮作为刀具对工件表面进行加工的过程称为磨削加工。磨削是零件精加工的主要方法。磨削外圆时，砂轮的旋转为主运动，同时砂轮又作横向进给运动，工件的旋转为圆周进给运动，同时工件又作纵向进给运动。

磨削加工的特点：

(1) 加工精度高及表面粗糙度小 一般磨削加工可获得的尺寸精度等级为 IT6～IT5，表面粗糙度 Ra 为 $0.8～0.2\mu m$。若采用精密磨削、超精磨削及镜面磨削，所获得的表面粗糙度值将更小，可达 Ra 值为 $0.1～0.006\mu m$。

(2) 径向磨削力（背向力 F_p）较大 径向分力大易使工艺系统产生变形，影响加工精度。

(3) 磨削温度高 在磨削过程中，磨削速度高，一般为切削加工的 $10～20$ 倍，磨削区的温度可达 $800～1000℃$，甚至能使金属微粒融化。磨削温度高时还会使淬火钢工件的表面退火，使导热性能差的工件表层产生很大的磨削力，甚至产生裂纹。此外，在高温下变软的工件材料，极易堵塞砂轮，影响砂轮寿命和工件质量。

(4) 砂轮有自锐作用 磨削过程中，砂轮的自锐作用是其他切削刀具所没有的。一般刀具的切削刃，如果磨钝或者损坏，则切削不能继续进行，因砂轮的磨损而变钝，磨粒就会破碎，产生新的较锋利的棱角；或者圆钝的磨粒从砂轮表面脱落，露出一层新鲜锋利的磨粒，继续对工件进行切削加工。

磨削加工用于半精加工和精加工，可以加工的工件材料范围很广，既可以加工铸铁、碳钢、合金钢等一般材料，又能加工高硬度的淬火钢、硬质合金、陶瓷和玻璃等难加工的材料。但是，磨削不宜精加工塑性较大的有色金属工件。

常见的磨削加工方式如图 14-9 所示。

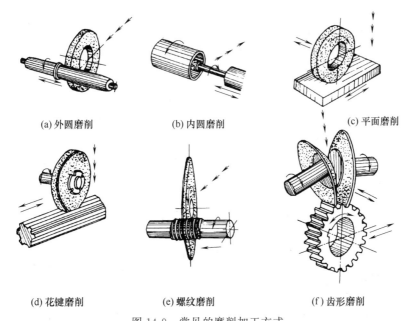

(a) 外圆磨削　　　　(b) 内圆磨削　　　　(c) 平面磨削

(d) 花键磨削　　　　(e) 螺纹磨削　　　　(f) 齿形磨削

图 14-9　常见的磨削加工方式

（五）钻孔

在钻床上对工件的实心材料进行打孔称为钻孔。所用设备主要是钻床，所用刀具为麻花钻、深孔钻和中心孔钻等。在钻床上进行切削加工时，刀具除了作旋转的主运动外，还沿自身的轴线作直线的进给运动，而工件是固定不动的。图 14-10 所示为常用的台式钻床。

钻孔操作简单，适应性强。但是也存在如下缺点：

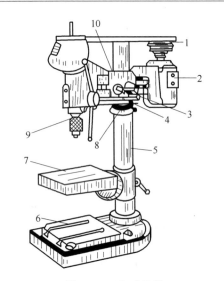

图 14-10　台式钻床
1—三角皮带塔轮；2—电动机；3—锁紧手柄；
4—进刀手柄；5—立柱；6—固定工作台；
7—移动工作台；8—保险环；
9—主轴；10—头架

（1）钻头容易引偏　由于钻头的刚性很差，定心作用也很差，在钻削加工的时候，钻头容易引偏，因而钻孔时容易导致孔轴线歪斜，以及容易出现孔径扩大的现象。

（2）排屑困难　钻孔的时候由于切屑较宽，容屑槽尺寸又受到限制，所以排屑困难，致使切屑与孔壁发生较大的摩擦、挤压、拉毛和刮伤已加工表面，降低表面质量，甚至切屑可能堵塞在钻头的卡槽里卡死钻头，将钻头扭断。所以钻孔的时候要经常退出钻头，清理切屑后继续钻孔。

（3）切削热不容易传散　钻削时，大量高温切屑不能及时排除，切削液又难以注入切削区，因此温度较高，加速刀具磨损，限制了切削用量的提高和生产率的提高。

（4）加工质量较差　钻削加工的尺寸精度一般为 IT13～IT11，表面粗糙度 Ra 为 50～12.5μm。

钻孔精度不高，对于精度要求不高的孔，可以作为终加工方法，如螺栓孔、润滑油通道等。对于加工精度要求高的孔，钻孔后还需进行扩孔、铰孔或镗孔。

单件小批量生产中，中小型工件上的小孔（D＜13mm）常用台式钻床加工，中小型工件上直径较大的孔（D＜50mm）常用立式钻床加工；中大型工件上的孔采用摇臂钻床加工；回转体工件上的多孔在车床上加工。

在成批和大量生产中，为了保证加工精度，提高生产效率和降低成本，广泛采用钻模、多轴钻或组合机床进行孔加工。

（六）扩孔

扩孔是用扩孔钻对工件上已有孔的直径进行再扩大的一种加工方法，如图 14-11 所示。

与钻孔比较，扩孔有如下特点：

（1）扩孔钻的齿数较多，因而导向性好，切削稳定，并可以校正原有孔的轴线歪斜及圆度误差。

（2）扩孔余量较小，因此容屑槽可较浅，钻心厚度相对增大，提高了刀体的强度和刚度。此外由于切屑较窄，容易排屑，切屑也不容易刮伤已加工表面。

（3）由于扩孔钻没有横刃，避免了横刃产生的不良影响，因而可以采用较大的进给量。

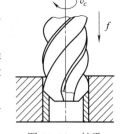

图 14-11　扩孔

与钻孔相比，扩孔的精度高、表面质量好、生产效率高。可以作为半精加工方法，既可以作为精加工前的预加工，又可以作为精度要求不高的孔的终加工。

（七）铰孔

铰孔是用铰刀对未淬硬工件进行精加工的一种加工方法，铰孔有机铰和手铰两种。机铰如图 14-12 所示。相应的铰刀也分机铰刀和手铰刀两种，如图 14-13 所示。

铰孔的特点：

（1）铰刀具有校准部分，可以起校准孔径、修光孔壁的作用，使加工质量得到提高。

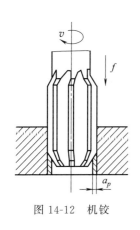

图 14-12 机铰

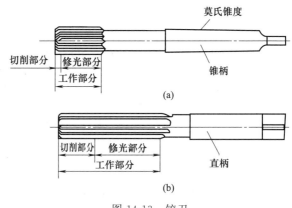

(a)

(b)

图 14-13 铰刀

（2）铰孔余量较小、切削力较小；切削速度一般较低，产生的切削热较少，因此变形较小，加工质量较好。

（3）铰刀是标准刀具，一定直径的铰刀只能加工一种直径和尺寸公差等级的孔。

（4）铰孔只能保证孔本身的精度，而不能校正原孔轴线的偏斜以及孔与其他相关表面的位置误差。

（5）生产效率高，尺寸一致性好，适用于成批和大量生产。钻→扩→铰是生产中常用的加工较高精度孔的工艺。

铰孔的适应性较差，铰刀是定尺寸刀具，对于非标准孔、盲孔和台阶孔，不易用铰孔。铰孔适用于加工钢、铸铁和非金属材料，但不能加工硬度很高的材料。

（八）镗孔

在镗床上用镗刀对工件进行镗削加工的过程称为镗孔。所用的设备主要是镗床，所用的刀具是镗刀。在镗床上进行加工时，镗刀作旋转主运动，刀具或工件沿孔的轴线作直线进给运动。常见镗孔加工如图 14-14 所示。

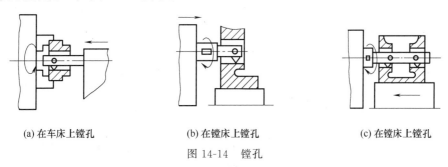

(a) 在车床上镗孔　　　　(b) 在镗床上镗孔　　　　(c) 在镗床上镗孔

图 14-14 镗孔

镗孔的特点：

（1）刀具简单且径向尺寸可以调节，用一把镗刀就可以加工直径不同的孔。

（2）能校正原有孔的轴线歪斜与位置误差。

（3）镗削可方便调整被加工孔与刀具的相对位置，从而能够保证被加工的孔与其他表面间的相互位置精度。

（4）镗孔质量主要取决于机床精度和工人技术水平，对操作者的技术要求较高。

（5）与铰孔相比较，生产效率低。

（6）不适宜加工细长的孔径。

镗孔适用于单件小批量生产中复杂的大型工件上的孔系的加工。此外，对于直径较大的孔（$D>80$mm）、内成型表面、孔内环槽等，镗孔是唯一适合的加工方法。

三、金属切削过程中的物理现象及其基本规律

在金属切削过程中，会出现一系列的物理现象，如切削变形、切削力、切削热及刀具磨损等。这些物理现象都是以切屑形成过程为基础的，而生产实践中出现的积屑瘤、振动、卷屑和断屑等问题都与切削过程有关。因此，研究这些基本规律有助于保证加工质量，提高生产率和降低生产成本。

（一）切屑的形成与类型

切削时，在刀具切削刃的切割和前面的推挤作用下，被切削的金属层产生变形、剪切滑移进而分离变成切屑，这个过程称为切削过程。

由于工件材料性质不同、切削条件不同，切削过程中滑移变形的程度也就不同，因此会产生不同的切屑，切屑一般可分为四种类型，如图 14-15 所示。

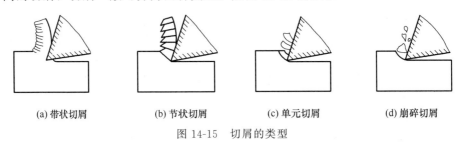

(a) 带状切屑   (b) 节状切屑   (c) 单元切屑   (d) 崩碎切屑

图 14-15   切屑的类型

1. 带状切屑

如图 14-15（a）所示，带状切屑内表面光滑，外表面呈毛茸状。一般在加工塑性金属材料时，因切削厚度较小，切削速度较高，刀具角度较大而形成带状切屑。它是车削最常见的切屑。

形成带状切屑的切削过程比较平稳，切削力变化小，因而工件表面粗糙度较小。但如产生连绵不断的带状切屑，会妨碍工件加工，容易发生人身事故，所以必须采取断屑措施。

2. 节状切屑

如图 14-15（b）所示，节状切屑与带状切屑不同的是外表面呈锯齿形，其内表面有时有裂纹。这类切屑大都在工件塑性较低、切削速度较低、切削厚度较大、刀具前角较小时，由于切屑剪切滑移过程中滑移量较大，在局部达到了材料的断裂强度而形成的。

3. 单元切屑

如图 14-15（c）所示。如果在节状切屑的整个剪切面上剪应力超过了材料断裂强度，则整个单元被切离，成为梯形的单元切屑，又称粒状切屑。

4. 崩碎切屑

如图 14-15（d）所示。切削脆性金属材料时，因其材料的塑性很小，抗拉强度较低，刀具切入后，靠近切削刃和刀具前面的局部金属未经塑性变形就被挤裂或脆断，形成不规则的崩碎切屑。工件材料愈脆，切削厚度愈大，刀具前角愈小，愈易形成这类切屑。

这类切屑与刀具前面的接触长度较短，切削力、切削热集中在切削刃附近，容易使刀具磨损和崩刃，并增大工件的表面粗糙度。

（二）积屑瘤

用中等切削速度切削钢料或其他塑性金属，有时在车刀前面上靠近主切削刃的部位牢固

地粘着一小块很硬的金属，如图 14-16 所示，这就是积屑瘤，又称刀瘤。

积屑瘤在形成过程中，金属材料因塑性变形而被强化。因此，积屑瘤的硬度比工件材料的硬度高，能代替切削刃进行切削，起到保护切削刃的作用。同时，积屑瘤使刀具的实际工作前角增大，使切削力减小，切削变得轻快。所以，粗加工时产生积屑瘤有一定的好处。

但是，积屑瘤的顶端伸出切削刃之外，而且在不断地产生和脱落，使实际切削深度和切削厚度发生变化，影响工件的尺寸精度。另外，积屑瘤在工件表面上刻划出不均匀的沟痕，影响工件的表面粗糙度。积屑瘤破碎后，一部分被切屑带走，一部分嵌入工件表面，在已加工表面上留下许多硬质点，使工件表面加工质量下降。因此，精加工时，应尽量避免积屑瘤的产生。由于在中等切削速度下易产生积屑瘤，故精加工多采用高速或低速加工。

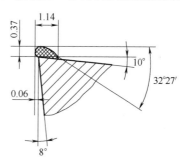

图 14-16 积屑瘤

（三）切削热和切削温度

切削热来源于切削层金属发生弹性变形和塑性变形产生的热量以及切屑与前刀面、工件与后刀面之间摩擦产生的热。切削热通过切屑、工件、刀具和周围的介质传散出去。

当不用冷却润滑液，以中速车削钢料时，切削热传散的比例为：切削热的 50%～86% 由切屑带走；10%～40% 传入工件；3%～9% 传入车刀；1% 左右传入周围空气。

切削温度通常指切削区域的平均温度。切削温度的高低取决于切削时产生热量的多少和散热条件的好坏。例如，车削不锈钢时，由变形产生的热量较高，工件材料的导热系数低，热量不易传散，因此切削温度高。

传入工件的切削热，可使工件产生热变形，影响工件的加工精度。传入刀具的切削热，比例虽不大，但由于刀具的体积小，热容量小，因而温度高。切削温度加速了刀具的磨损。

（四）刀具磨损

当刀具磨损到一定程度时，如不及时重磨，不但影响工件的加工精度和表面质量，而且还会使刀具磨损得更快，甚至崩刃而造成重磨困难和刀具材料浪费。所以，刀具磨损对产品质量、生产率和加工成本都有直接影响。

影响刀具磨损的主要因素基本上与影响切削温度的主要因素相同，凡使切削温度升高的因素，都会使刀具磨损加快。如工件材料的强度和硬度愈高，刀具磨损愈快；刀具角度直接影响刀具的磨损程度、散热条件等；切削用量中切削速度对刀具磨损的影响最大，其次是进给量，最小是背吃刀量。

刀具由刃磨后开始切削一直到磨损量达到磨损限度为止的总切削时间称为刀具耐用度，也就是刀具两次重磨之间纯切削时间的总和。一般用符号"T"表示。而刀具寿命是指一把新刀具从开始使用直到报废为止的实际切削时间的总和。

合理的刀具耐用度常根据经济性或最大生产率来确定。从经济性考虑，复杂刀具的耐用度时间应比简单刀具大。例如，硬质合金焊接车刀的耐用度为 60min，高速钢钻头为 80～

120min，齿轮刀具为 200～300min。使用可转位车刀，能缩短换刀时间和降低刀具成本。加工难加工材料时，为了提高生产率，将车刀耐用度降低到 15～30min，这样可大大提高切削速度。

第二节　机械加工工艺过程

一、机械加工工艺

机械加工工艺是各种机械加工方法与过程的总称。

机器或机械设备是由许多零、部件装配而成的，它的生产过程是一个复杂的过程。首先，要把各种原材料，如生铁和钢材等，在铸造、锻压等车间制成零件的毛坯；然后送到机械加工、热处理等车间进行切削加工和处理，制成零件，再把各种零、部件送到装配车间装配成一台机械设备；最后经过磨合、调整、试验等，达到规定的性能指标后正式出厂。上述与原材料（或半成品）变为成品直接有关的过程是生产的主要过程。此外，还必须有生产的辅助过程，即与原材料（半成品）变为成品间接有关的过程，如原材料（半成品）的运输、保存和供应，生产工具的制造、管理和准备，设备的维修等。综上所述，由原材料到成品之间各个相互联系的劳动过程的总和称为生产过程。

在生产过程中，直接改变生产对象的形状、尺寸、相对位置和性质等，使其成为成品或半成品的过程，称为工艺过程。包括铸造、锻造、焊接、冲压、机械加工、热处理、表面处理和装配工艺过程等。

机械加工工艺过程是利用机械加工的方法，使毛坯逐步改变形状和尺寸而成为合格零件的全部过程（此外，还包括改变材料物理性能的工艺过程，如滚压加工、挤压加工等使用机械方法的表面强化工艺）。机械加工工艺过程在机械设备生产中占有较大的比重及重要的位置，其中绝大部分是在机械加工车间中，应用金属切削机床进行加工。

机械加工工艺过程是由按一定顺序排列的一系列工序组成的。毛坯依次通过各道工序逐渐变成所需要的零件。每一工序又可分为若干个安装、工位、工步及走刀。

（一）工序

零件的机械加工工艺过程一般是由一系列按一定顺序排列的工序组成的。所谓工序是指一个或一组工人，在一个工作地（机械设备）上对同一个或同时对几个工件连续完成的那一部分工艺过程。可见，工作地、工人、零件和连续作业是构成工序的四个要素，其中任一要素的变更即构成新的工序。连续作业是指在该工序内的全部工作要不间断地接连完成。一个工序包括的内容可能很复杂，也可能很简单；可能自动化程度很高，也可能只是简单的手工操作（例如去毛刺）。但只要改变了机床（或

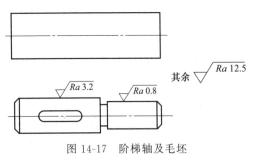

图 14-17　阶梯轴及毛坯

工作地点），就是改变了工序。如加工图 14-17 所示的阶梯轴，不同生产型式下的工序分别由表 14-1 和表 14-2 给出。

工件是按工序由一台机床送到另一台机床顺序地进行加工。工序是工艺过程的基本组成部分，是生产计划管理、经济核算的基本单元，也是计算设备负荷、确定生产人员数量、技术等级以及工具数量等的依据。

表 14-1 阶梯轴单件生产的工艺过程

工序号	工序名称	设备
1	车端面,打中心孔,车外圆,切退刀槽,倒角	车床
2	铣键槽	铣床
3	磨外圆,去毛刺	磨床

表 14-2 阶梯轴大批大量生产的工艺过程

工序号	工序名称	设备
1	铣端面,打中心孔	铣端面和打中心孔机床
2	粗车外圆	车床
3	粗车外圆,倒角,切退刀槽	车床
4	铣键槽	铣床
5	磨外圆	磨床
6	去毛刺	钳工台

（二）安装

安装是指工件（或装配单元）经一次装夹后所完成的工序中的那一部分工序。安装可看成是一个辅助工步，而装夹是指定位与夹紧的操作过程。在一个工序内可以包括一次或几次安装。

应该注意，在每一个工序中，安装次数应尽量减少，以免影响加工精度和增加辅助时间。

（三）工位

在有些情况下，在一个工序中，工件在加工过程中需多次改变位置，以便进行不同的加工。因此，为了完成一定的工序部分，一次装夹工件后，工件（或装配单元）与夹具或设备的可动部分一起相对刀具或设备的固定部分占据的每一个位置称为工位。工位是用来区分复杂工序的不同工作位置的。

一个工序可包括几个工位。例如，在组合机床上加工 IT7 公差等级的孔，通常是在六工位回转工作台上加工，如图 14-18 所示。六个工位的工作依次是安装、预钻孔、钻孔、扩孔、粗铰及精铰。由此可见，采用多工位加工可以减少工件的安装次数，从而减少多次安装带来的加工误差，并可以提高生产率。

（四）工步

有时在一个工序中，还可包括几个工步。工步是指一次安装中，在工件的加工表面、切削刀具和切削用量中的转速与进给量不变的情况下连续完成的那一部分工序。因此，上述所列举的三个要素中，只要有一个发生变化，就认为是另一工步。如图 14-19 所示，在车床上用同一把车刀以相同的主轴转速和刀具进给量顺次车削外圆Ⅰ及Ⅱ，是在两个工步完成加工的。有时在零件的机械加工中，为提高生产率，常采用多刀同时加工几个表面，也是一个工步，称为复合工步。图 14-20 所示为在多刀半自动车床上用多把车刀同时车削外圆、端面及空刀槽的示意图，它是一个复合工步。

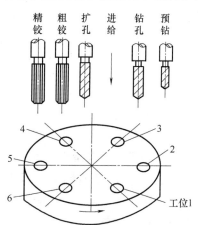

图 14-18 在六工位回转工作台
式组合机床上进行加工

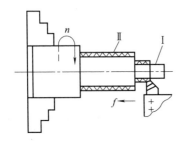

图 14-19　分两个工步分别车削阶梯轴外圆

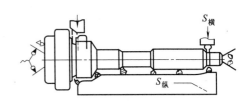

图 14-20　复合工步——多刀车削汽车某一轴

（五）走刀

在一个工步中，有时因所需切去的金属层很厚而不能一次切完，则需分成几次进行切削，这时每次切削就称为一次走刀，如图 14-21 所示用棒料制造阶梯轴时，第二工步中包括了两次走刀。

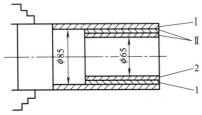

图 14-21　以棒料制造阶梯轴

Ⅰ—第一工步（在 φ85mm）；Ⅱ—第二工步
（在 φ65mm）；1—第二工步
第一次走刀；2—第二工步第二次走刀

二、生产类型及其工艺特点

规定产品或零部件制造工艺过程和操作方法等的工艺文件，称为工艺规程。它是制造企业生产的法律性文件，用于指导工人操作、工厂的生产计划和组织管理等。

零件机械加工的工艺规程与其所采用的生产组织类型是密切相关的，所以在制订零件的机械加工工艺规程时，应首先确定零件机械加工的生产组织类型。

（一）生产类型及其工艺特点

生产类型是指企业（或车间、工段、班组、工作地）生产专业化程度的分类，一般分为大量生产、成批生产和单件生产三种类型。

（1）大量生产　大量生产是指在机床上长期地进行某种固定的工序。例如汽车、拖拉机、轴承、缝纫机、自行车的制造，通常是以大量生产的方式进行的。

（2）成批生产　成批生产是在一年中分批地生产相同的零件，生产呈周期性重复。每批生产相同零件的数量（即生产批量的大小）要根据具体生产条件来确定。根据产品结构特点、生产纲领和批量等，成批生产又可分为大批、中批和小批生产。大批生产的工艺特征与大量生产相似，而小批生产与单件生产的工艺特征相似。通用机床（一般的车床、铣床、刨床、钻床、磨床）的制造往往属于这种生产类型。

（3）单件生产　单件生产是指生产单个或少数几个不同结构、尺寸的产品，很少重复。例如，重型机器、大型船舶制造及新产品试制等常属于这种生产类型。

（二）生产类型和生产组织形式的确定

在计算出零件的生产纲领以后，可参考表 14-3 提出的规范确定相应的生产类型。生产类型确定以后，就可确定相应的生产组织形式，即在大量生产时采用自动线、在成批生产时采用流水线、在单件小批生产时采用机群式的生产组织形式。

从生产组织形式的有利点出发，希望提高生产纲领。为此，可按照零件的相似原理对零件进行相似性分析，再按照零件的相似程度将相似零件划分为零件组，从而扩大零件组的生产纲领，即按成组工艺组织生产。

表 14-3　各种生产类型的生产纲领（单位为件）及工艺特点

纲领及特点 \ 生产类型		单件生产	批量生产			大量生产
			小批	中批	大批	
产品类型	重型机械	<5	5~100	100~300	300~1000	>1000
	中型机械	<20	20~200	200~500	500~5000	>5000
	轻型机械	<100	100~500	500~5000	5000~50000	>50000
工艺特点	毛坯特点	自由锻造,木模手工造型,毛坯精度低,余量大	部分采用模锻,金属模造型,毛坯精度及余量中等		广泛采用模锻、机器造型等高效方法,毛坯精度高,余量小	
	机床设备及机床布置	通用机床按机群式排列,部分采用数控机床及柔性制造单元	通用机床及部分专用机床及高效自动机床,机床按零件类别分工段排列		广泛采用自动机床、专用机床,采用自动线或专用机床流水线排列	
	夹具及尺寸保证	通用夹具,标准附件或组合夹具,划线试切保证尺寸	通用夹具,专用或成组夹具,定程法保证尺寸		高效专用夹具,定程及自动测量控制尺寸	
	刀具、量具	通用刀具,标准量具	专用或标准刀具、量具		专用刀具、量具,自动测量	
	零件的互换性	配对制造,互换性低,多采用钳工修配	多数互换,部分试配或修配		全部互换,高精度偶件采用分组装配,配磨	
	工艺文件的要求	编制简单的工艺过程卡片	编制详细的工艺规程及关键工序的工序卡片		编制详细的工艺规程,工序卡片,调整卡片	
	生产率	用传统加工方法生产率低,用数控机床可提高生产率	中等		高	
	成本	较高	中等		低	
	发展趋势	采用成组工艺,用数控机床,加工中心及柔性制造单元	采用成组工艺,用柔性制造系统或柔性自动线		用计算机控制的自动化制造系统、车间或无人工厂,实现自适应控制	

另一方面，由于市场情况的变动和国际竞争的激烈，要求零件更新换代频繁，生产柔性加大，于是出现了一种多品种小批量的生产类型。这种生产类型将逐渐成为企业的一种主要生产类型，即使生产纲领很大的大量生产类型也常需要分批地变换产品形式，而构成多品种小批量生产类型。为适应这种生产类型，数控加工方法、柔性制造系统、计算机集成制造系统等现代化的生产方式获得了迅速发展。

三、工件的安装

工件在机械加工前，首先放在机床夹具上（或直接放在机床上），使它相对于机床和刀具占有一个正确的位置，这个过程称为定位。在加工过程中，为了使工件能承受各种力（如切削力、离心力等），并保持正确的位置，还必须把它压紧夹牢，这个过程称为夹紧。工件从定位到夹紧的整个过程称为安装。定位和夹紧有时是同时进行的。

工件安装情况的好坏直接影响加工精度，而且还影响生产率。工件装卸是否方便和迅速也是确定夹具的复杂程度的一个因素。因此，工件的安装是一个非常重要的问题。

工件在机床上加工时，在不同的生产条件下安装方法是不同的。按照工件定位的方法来分，有直接找正安装、划线找正安装及使用专用夹具安装三种方式。如图 14-22 所示的偏心毛坯，在车床上加工与外圆 A 同心的孔 C 及 D，安装时必须设法使 A 的轴线与车床主轴轴线重合，可以采用三种不同的安装方式。

（一）直接找正安装

如图 14-23 所示，车床夹具为通用四爪卡盘，将工件轻夹在某一个位置上，然后用划针

盘找正工件外圆面 A，证实 A 确与车床主轴同心后，夹紧工件。这种方法是用工件的表面 A 作为找正定位的根据，故称直接找正安装。

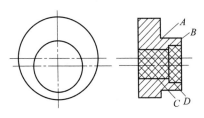

图 14-22　偏心毛坯

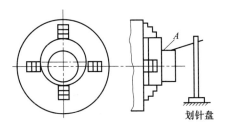

图 14-23　直接找正法

直接找正安装存在下列缺点：

① 要求操作者工作细心和技术较熟练。

② 找正工件位置所需时间长，往往比加工时间还长。

③ 工件要有可供找正的表面。

但是由于这种安装方式无须专用夹具，在单件、小批生产或修理、试制车间等采用较多。此外，在对工件的安装精度要求很高（例如 $0.01\sim0.005mm$ 或更小）而采用专用夹具不能予以保证时，用精密量具来直接找正是适宜的。比如，在精密分度蜗轮滚齿前，工件需在滚齿机工作台上找正其径向精度，就用直接找正法，使工件的圆跳动很小。

（二）划线找正安装

如图 14-24 所示，车床夹具为通用四爪卡盘。先在工件端面 B 划出一个与外圆面 A 同心的圆 F。安装工件时，用卡盘将工件轻夹在某一个位置上，然后用划线盘找正圆 F，证实 F 确与车床主轴同心后，夹紧工件。这种方法是将工件上的划线作为找正定位的根据，故称划线找正安装。

有些重、大、复杂的工件，往往先在待加工处划线，然后装上机床，安装时根据在工件上划好的线采用划针找正工件的位置。

这种安装方式存在下列缺点：

① 增加划线工序，而且要由技术较熟练的工人来划线，划线工时较多。

② 划线会产生度量误差，划的线本身也有一定的宽度，冲中心眼也会有误差，再加上找正时也要产生线里线外的观察误差，因而安装精度较低（一般为 $0.2\sim0.5mm$）。

③ 安装需要较多的时间，可能比加工时间还长，还要由技术较熟练的工人来操作。

因此，划线找正安装在大批、大量生产中不采用，即使在单件、小批生产中，如果可用直接找正安装，最好也不采用划线找正安装。

但是在单件、小批生产中或在生产大型零件时，在采用专用夹具较为昂贵而又无直接找正安装所需表面的情况下，则应采用划线找正安装。虽有条件使用专用夹具，但毛坯制造误差很大，表面粗糙或是工件结构复杂，以致使用专用夹具安装不能保证加工面的余量或余量不均匀以及不能保证工件的加工面与不加工面之间的位置精度，也应采用划线找正安装。

复杂工件的划线往往不能一次完成，而必须分为两次或多次进行，因为有时要在某些表面加工以后才能划线。

（三）使用专用夹具安装

如图 14-25 所示，车床夹具为专用夹具（示意图）。此夹具有两个相对于车床主轴轴线可以径向等距离同步移动的 V 形块（自动定心结构）。在安装工件时，两个 V 形块向中心移动,使两个 V 形槽与工件的外圆 A 接触并夹紧。由于夹具是专为加工此工件该道工序设计制造的,两个 V 形块夹紧工件时,能使工件自动定心,可保证外圆 A 与车床主轴同心,这种方法称为使用专用夹具安装。

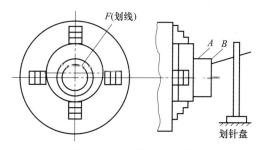

图 14-24　划线找正安装

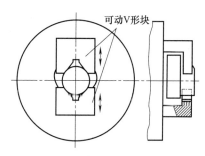

图 14-25　使用专用夹具安装

夹具是使工件在机床上得到迅速、正确装夹的一种工艺装备(也可用来引导刀具)。夹具与刀具间的正确相对位置已在工件未装夹前预先在机床上调整好,所以在加工一批工件时,不必逐个找正定位就能保证加工的技术要求。在夹具上装夹工件时,靠工件上已选定的定位基面与夹具上定位元件的工作表面保持接触来实现工件的定位,再用一定的夹紧装置或机构使之夹紧。

在成批、大量生产中,为了提高生产率、保证加工质量、减轻劳动强度以及可能由技术水平较低的工人来加工技术要求较高的工件从而降低生产费用,所以广泛采用夹具来装夹工件。有时,在单件、小批生产中,往往由于某些零件的精度要求较高,不使用夹具就不容易保证质量,也要使用专用夹具。

第三节　典型表面加工

机械产品都是由零件组成的。机械零件的种类很多,形状也各异,但都是由外圆、孔、平面等基本表面所组成的。本章主要介绍这几类典型表面的加工方法。

一、外圆表面的加工

外圆表面是轴类、盘套类零件的主要表面。外圆表面的加工在汽车零件制造过程中占有很重要的地位。不同的零件上的外圆面或者同一零件上的不同外圆面往往具有不同的技术要求,需要结合具体的生产条件拟定合理的加工方案。

对于钢铁零件,外圆面加工的主要方法是车削和磨削。要求精度高、粗糙度值小的零件还要进行研磨、超级光磨等加工。对于某些精度要求不高,仅要求光亮的表面,可以通过抛光来获得,但是在抛光前要达到较小的粗糙度值。对于塑性较大的有色金属零件,由于其精加工不易磨削,常采用精细车削。图 14-26 所示为外圆表面的加工方案,并注明各种工序能达到的精度和表面粗糙度(单位为 μm)。

外圆表面加工方案的选择,除应满足技术要求之外,还与零件的材料、热处理要求、零件的结构、生产类型以及现场的设备条件和技术水平密切相关。总体来说,一个合理的加工方案应能经济地达到技术要求,并能满足高生产率的要求。

几种常见汽车零件的加工方案如下:

① 活塞裙部外圆:粗车→半精车→精车→细车。

② 活塞销外圆:粗车→半精车→渗碳淬火→粗磨→精磨→研磨。

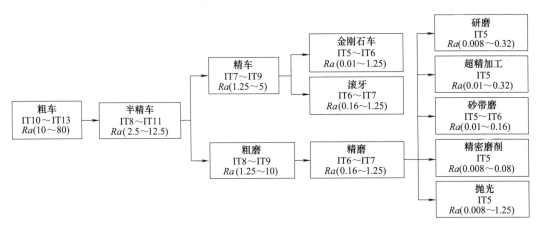

图 14-26　外圆表面加工方案

③ 曲轴轴颈：粗车→半精车→高频淬火→粗磨→精磨→超精加工。

二、孔的加工

孔是组成零件的基本表面之一，零件上有多种多样的孔，不同孔的技术要求不同，加工方案也不同。

拟定孔加工方案的原则和外圆的相同，即首先要满足加工表面的技术要求，同时考虑经济性和生产率等方面的因素。但拟定孔的加工方案比外圆面要复杂得多，这是因为：

（1）孔的类型很多，各种孔的功用不同，致使其孔径、长径比以及孔的技术要求等方面差别很大。另一方面，孔是内表面，刀具受孔径及孔长的限制，刀体一般呈细长状，刚性差。排屑和注入切削液也比较困难。因此，加工孔比加工同样精度和表面粗糙度的外圆面困难。

（2）加工外圆面的基本方法只有车、磨和光整加工，而常用的孔加工方法则有钻、扩、铰、镗、磨、拉和光整加工多种，且每一种方法都有一定的应用范围和局限性。

（3）带孔零件的结构和尺寸是多种多样的，除回转体零件外，还有大量的箱体、支架类零件。而相同的孔加工方法又往往可以在不同的机床上进行。例如，钻、扩、铰可以在钻床、车床、镗床或铣床上进行；镗孔可在镗床、车床、铣床或钻床上进行。因此，在拟定孔的加工方案时，还要根据零件的结构尺寸选择合适的机床，使零件便于装夹。

孔加工常用的方案见图 14-27（Ra 的单位为 μm）。拟定孔加工方案时，除要考虑加工表面所要求的精度、表面粗糙度、材料性质、热处理要求以及生产规模以外，还要考虑孔径大小和长径比。

图 14-27 中所列是在一般的条件下，各种加工方法所能达到的经济精度和表面粗糙度。当加工条件改变时，所得到的精度和表面粗糙度也将改变。

几种常见零件孔的加工方案：

① 活塞销孔：钻→扩→粗镗→半精镗→精细镗→挤压。

② 齿轮内孔：粗镗→半精镗→精磨→精磨。

③ 气缸孔：粗镗→半精镗→精镗→珩磨。

三、平面的加工

平面是底盘和板形零件的主要表面，也是箱体类零件的主要表面之一。

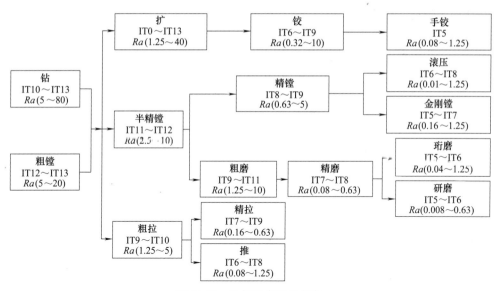

图 14-27　孔加工常用的方案

图 14-28 为按平面的技术要求列出的平面加工常用的方案（表中 Ra 的单位为 μm）。

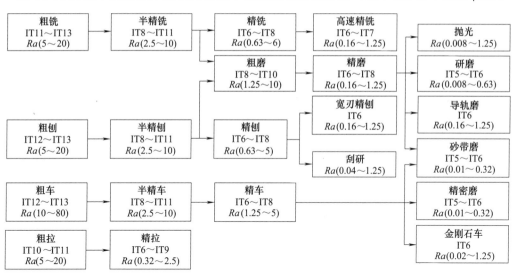

图 14-28　平面加工常用的方案

与外圆表面和孔加工相似，在选择平面的加工方案时，除了要考虑平面的精度和表面粗糙度要求外，还应考虑零件结构和尺寸、材料性能和热处理要求以及生产规模等。

几种常见零件平面的加工方案：

① 连杆端面：粗磨→精磨。

② 缸体侧面：粗铣→精铣。

③ 缸体轴瓦结合面：铣→拉。

复习思考题

1. 切削运动包括哪些？什么是切削用量三要素？

2. 切削用量的选用原则有哪些？

3. 切屑有哪几种类型？各自有什么特点？

4. 什么是积屑瘤？粗、精加工时有什么用处？

5. 切削热是如何产生的？

6. 润滑液有哪些作用？

7. 什么是机加工工艺、生产过程、机加工工艺过程？

8. 什么是工序、安装、工位、工步、走刀？

9. 工件的安装方式有哪些？各有何工艺？

10. 相同材料、尺寸、精度和表面粗糙度的外圆面和孔，哪个更难加工一些？为什么？

第十五章

现代制造技术

随着现代科学技术的高速发展，出现了一批传统制造技术难以完成的新任务，如具有高硬度、高强度、高韧性的难加工材料的加工，具有复杂曲面的特殊形状零件（如潜艇螺旋桨叶片、火箭发动机喷射器、飞行控制陀螺仪、汽车发动机盘轴类零件等）的加工。而现代制造技术正是在传统制造技术的基础上，随着计算机科学、信息科学，尤其是计算机网络技术的发展，为解决艰难任务而建立的新制造模式。本章主要介绍两种现代制造技术：高能束加工和快速成型。

第一节 高能束加工技术

一、电子束加工

（一）电子束加工原理

电子束加工是在真空条件下，利用电子枪中产生的电子经加速、聚焦后形成的能量密度为 $10^6 \sim 10^9 \mathrm{W/cm^2}$ 的极细束流高速冲击工件表面上极小的部位，并在几分之一微秒时间内将能量转换为热能，使工件被冲击部位的材料上升到几千摄氏度，进而使材料局部熔化或蒸发，最终去除材料的方法。图15-1所示为电子束加工原理图。

（二）电子束加工的特点

（1）电子束加工属于高功率密度的非接触式加工，工件不受机械力作用，应力变形极小，同时也不存在传统加工刀具损耗问题。

（2）可精确控制电子束的强度、位置和聚焦，从而使其加工速度可控性强，便于自动化控制。

（3）由于电子束加工的环境污染小，适合加工纯度要求很高的半导体材料及易氧化的金属材料。

（4）电子束加工由于加工热量巨大，热传导区域大，加工时要考虑热影响。

（三）电子束加工的应用

1. 电子束打孔

电子束打孔可以完成不锈钢、耐热钢、宝石、陶瓷、玻璃

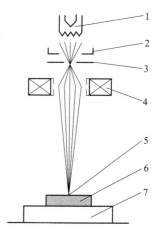

图 15-1 电子束加工原理图
1—发射阴极；2—控制栅极；
3—加速阳极；4—聚焦系统；
5—电子束斑点；6—工件；
7—工作台

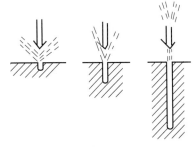

图 15-2　电了束打孔的原理

等各种材料上的小孔、深孔的加工。最小加工直径可达 0.003mm，最大深径比可达 10。图 15-2 所示为电子束打孔的原理。

实际加工中，如飞机机翼吸附屏的孔、喷气发动机套上的冷却孔，此类孔数量巨大（高达数百万），且孔径微小，密度连续分布而孔径也有变化，非常适合电子束打孔。电子束可以在塑料和人造革上打许多微孔，令其像真皮一样具有透气性。而一些合成纤维为增加透气性和弹性，其喷丝头型孔往往制成异形孔截面，可利用脉冲电子束对图形扫描制出。电子束还可凭借偏转磁场的变化使电子束在工件内偏转方向加工出弯曲的孔。

2. 电子束切割

利用电子束再配合工件的相对运动，可加工出所需要的曲面。电子束切割适用范围广，可对各种材料进行切割，切口宽度仅有 $3\sim6\mu m$。

3. 光刻

当使用低能量密度的电子束照射高分子材料时，将使材料分子链被切断或重新组合，引起分子量的变化即产生潜影，再将其浸入溶剂中将潜影显现出来。把这种方法与其他处理工艺结合使用，可实现在金属掩膜或材料表面上刻槽。

二、离子束加工

（一）离子束加工原理

离子束加工是在真空条件下利用离子源（离子枪）产生的离子经加速聚焦形成高能的离子束流投射到工件表面，使材料变形、破坏、分离以达到加工目的。

因为离子带正电荷且质量是电子的千万倍，且加速到较高速度时，具有比电子束大得多的撞击动能，所以离子束是通过撞击工件表面引起工件变形、分离、破坏进行加工的，而不像电子束是通过热效应进行加工的。

（二）离子束加工的特点

（1）离子束流密度和能量可得到精确控制，在亚微米和纳米加工中很有发展前途。

（2）在较高真空度下进行加工，环境污染小，特别适合加工高纯度的半导体材料及易氧化的金属材料。

（3）加工应力小，变形极微小，加工表面质量高，适合于各种材料和低刚度零件的加工。

（三）离子束加工的应用

1. 离子刻蚀

当所带能量为 $0.1\sim5keV$、直径为十分之几纳米的氩离子轰击工件表面时，此高能离子所传递的能量超过工件表面原子（或分子）间键合力时，材料表面的原子（或分子）被逐个溅射出来，以达到加工目的。这种加工本质上属于一种原子尺度的切削加工，通常又称为离子铣削。离子束刻蚀可用于加工空气轴承的沟槽、打孔、加工极薄材料及超高精度非球面透镜，还可用于刻蚀集成电路等的高精度图形。

2. 离子溅射沉积

采用能量为 $0.1\sim5keV$ 的氩离子轰击某种材料制成的靶材，将靶材原子击出并令其沉积到工件表面上并形成一层薄膜。实际上此法为一种镀膜工艺。

3. 离子镀膜

离子镀膜一方面是把靶材射出的原子向工件表面沉积，另一方面还有高速中性粒子打击工件表面以增强镀层与基材之间的结合力（可达 10～20MPa），此法适应性强、膜层均匀致密、韧性好、沉积速度快，目前已获得广泛应用。

4. 离子注入

用 5～500keV 能量的离子束直接轰击工件表面，由于离子能量相当大，可使离子钻进被加工工件材料表面层，改变其表面层的化学成分，从而改变工件表面层的机械、物理性能。

此法不受温度及注入何种元素及粒量限制，可根据不同需求注入不同离子（如磷、氮、碳等）。注入表面元素的均匀性好，纯度高，其注入的粒量及深度可控制，但设备费用大、成本高、生产率较低。

三、高压水射流加工

（一）高压水射流加工原理

高压水射流加工是运用液体增压原理，通过特定的装置（增压泵或高压泵）将动力源（电动机）的机械能转换成压力能，具有巨大压力能的水通过小孔喷嘴（又一换能装置），再将压力能转变成动能，从而形成高速射流，因而又常叫高速水射流加工。

（二）高压水射流加工的特点

（1）具有冷加工特性　作为切割介质的水具有良好的散热性，并对发热工件具有冷却作用。工件切口处的温度小，不会造成工件的烧蚀、氧化及金相组织变化，被切工件无热变形和热影响区，亦没有熔渣产生。

（2）加工过程为点切割　切割可以在任意点开始和停止，加工精度高，工件切缝宽度均匀细小（0.075～0.40mm），切割造成的材料损耗小，适于切割贵重金属材料，并可进行穿孔、修边、雕花等多种切割。

（3）切割侧向作用力小，避免产生切口变形　水射流穿透力强，有效切割易变形材料（如铜、铅、铝等薄软金属）和非金属材料（如海绵、橡胶制品、塑料、木材和纸张等）。

（4）加工适用性强　切割不同硬度合成材料时，通过控制水压可去除软的部位，保留硬的部分。还可进行切割深度调整并完成切割和清洗作业。设备的喷嘴和加工表面无直接接触，可用于高速加工。可通过数控系统进行复杂零件的自动加工。

（5）安全、卫生、成本低　切割产生的废液可排屑、故无粉尘无污染。用水切割时无任何有害气体或物质产生。加工用水的费用很低，在缺水的情况下可循环使用。

（三）高压水射流加工的应用

高压水射流加工作为一项新技术在某种意义上讲是切割领域的一次革命，有着十分广阔的应用前景，随着技术的成熟及某些技术问题的解决，对其他切割工艺是一种完美补充。目前其用途和优势主要体现在难加工材料方面，如陶瓷、硬质合金、高速钢、模具钢、淬火钢、白口铸铁、钨钼钴合金、耐热合金、钛合金、耐蚀合金、复合材料、不锈钢、高锰钢、可锻铸铁等一般工程材料，高压水射流除切割外，稍降低压力或增大靶距和流量还可以用于清洗、破碎、表面毛化和强化处理。目前已在以下行业获得成功应用：军工汽车制造与修理、航空航天、机械加工、国防、兵器、电子电力、石油、采矿、轻工、建筑建材、核工业、化工、船舶、食品、医疗、林业、农业、市政工程等方面。

四、激光加工

（一）激光加工原理

激光加工是光热效应下产生的高温熔融和冲击波的综合作用过程。通过光学系统将激光束聚焦成尺寸与光波波长相近的极小光斑，其功率密度可达 $10^7 \sim 10^{11} \text{W/cm}^2$，温度可达 $10000℃$，将材料在瞬间熔化和蒸发，工件表面不断吸收激光能量，凹坑处的金属蒸汽迅速膨胀，压力猛然增大，熔融物被产生的强烈冲击波喷溅出去。为了把熔融物去除，还需要对加工区吹氧（加工金属时）或吹保护性气体，如二氧化碳、氮等（加工可燃材料时）。

对工件的激光加工由激光加工机完成。如图 15-3 所示，激光加工机通常由激光器、电源、光学系统和机械系统等组成。激光器是激光加工设备的核心，常用的激光器有固体和气体两大类。它能把电能转换成激光束输出，经光学系统聚焦后，照射在工作台上，由数控系统控制和驱动，完成加工所需的进给运动。

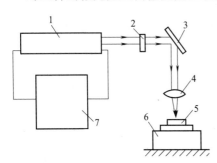

图 15-3　激光加工机示意图
1—激光器；2—光栅；3—反射镜；
4—聚焦镜；5—工件；
6—工作台；7—电源

（二）激光加工的特点

（1）激光加工属非接触加工，无明显机械力，也无工具损耗，工件不变形，加工速度快，热影响区小，可达高精度加工，易实现自动化。

（2）激光加工功率密度是所有加工方法中最高的，所以不受材料限制，几乎可加工任何金属与非金属材料。

（3）激光加工可通过惰性气体、空气或透明介质对工件进行加工，如可通过玻璃对隔离室内的工件进行加工或对真空管内的工件进行焊接。

（4）激光可聚焦形成微米级光斑，输出功率大小可调节，常用于精密细微加工，最高加工精度可达 0.001mm，表面粗糙度 Ra 值可达 0.4～0.1。

（5）激光加工能源消耗少，无加工污染，在节能、环保等方面有较大优势。

（三）激光加工的应用

1. 激光打孔

激光打孔主要用于特殊材料或特殊工件上的孔加工，如仪表中的宝石轴承、陶瓷、玻璃、金刚石拉丝模等非金属材料和硬质合金、不锈钢等金属材料的细微孔的加工。

激光打孔的效率非常高，功率密度通常为 $10^7 \sim 10^8 \text{W/cm}^2$，打孔时间甚至可缩短至传统切削加工的百分之一以下，生产率大大提高。

激光打孔的尺寸公差等级可达 IT7，表面粗糙度 Ra 值可达 0.16～0.08。

2. 激光焊接

激光焊接是以聚集的激光束作为能源的特种熔化焊接方法。焊接用激光器有 YAG 固体激光器和 CO_2 气体激光器，此外还有 CO 激光器、半导体激光器和准分子激光器等。激光器利用原子受激辐射的原理，使物质受激而产生波长均一、方向一致和强度非常高的光束。经聚焦后，激光束的能量更为集中，能量密度可达 $10^5 \sim 10^7 \text{W/cm}^2$。如将焦点调节到焊件结合处，光能迅速转换成热能，使金属瞬间熔化，冷却凝固后成为焊缝。

3. 激光切割

激光切割是利用聚焦以后的高功率密度（$10^5 \sim 10^7 \text{W/cm}^2$）激光束连续照射工件，光束能量以及活性气体辅助切割过程附加的化学反应热能均被材料吸收，引起照射点材料温度急剧上升，到达沸点后材料开始汽化并形成孔洞，且光束与工件相对移动，使材料形成切缝，切缝处熔渣被一定压力的辅助气体吹除。

激光切割是激光加工中应用最广泛的一种，主要是其切割速度快、质量高、省材料、热影响区小、变形小、无刀具磨损、没有接触能量损耗、噪声小，易实现自动化，而且还可穿透玻璃切割真空管内的灯丝。由于以上诸多优点，激光切割深受各制造领域欢迎，不足之处是一次性投资较大，且切割深度受限。

4. 激光表面热处理

当激光能量密度在 $10^3 \sim 10^5\,\mathrm{W/cm^2}$ 时，对工件表面进行扫描，在极短的时间内加热到相变温度（由扫描速度决定时间长短），工件表层由于热量迅速向内传导快速冷却，实现了工件表层材料的相变硬化（激光淬火）。

与其他表面热处理比较，激光热处理工艺简单，生产率高，工艺过程易实现自动化。一般无须冷却介质，对环境无污染，对工件表面加热快，冷却快，硬度比常温淬火高 $15\%\sim20\%$；耗能少，工件变形小，适合精密局部表面硬化及内孔或形状复杂零件表面的局部硬化处理，但激光表面热处理设备费用高，工件表面硬化深度受限，因而不适合大负荷的重型零件。

5. 其他应用

近年来，激光合金化、激光抛光、激光冲击硬化法、激光清洗模具技术也在不断深入研究及应用中。

第二节　快速成型制造技术

快速成型制造技术（RP 技术）是二十世纪九十年代发展起来的一项先进制造技术，是为制造业企业新产品开发服务的一项关键共性技术，对促进企业产品创新、缩短新产品开发周期、提高产品竞争力有积极的推动作用。该技术自问世以来，已经在发达国家的制造业中得到了广泛应用，并由此产生一个新兴的技术领域。

快速成型制造技术是在现代 CAD/CAM 技术、激光技术、计算机数控技术、精密伺服驱动技术以及新材料技术的基础上集成发展起来的。不同种类的快速成型系统因所用成型材料不同，成型原理和系统特点也各有不同，但其基本原理都是一样的。

快速成型制造技术的优越性显而易见，它可以在无须准备任何模具、刀具和工装卡具的情况下，直接接受产品设计（CAD）数据，快速制造出新产品的样件、模具或模型。因此，快速成型制造技术的推广应用可以大大缩短新产品开发周期、降低开发成本、提高开发质量。由传统的"去除法"到今天的"增长法"，由有模制造到无模制造，这就是快速成型制造技术对制造业产生的革命性意义。

一、快速成型制造技术原理

快速成型制造技术属于离散堆积成型，其原理就是"分层制造，逐层叠加"，类似于数学上的积分过程。快速成型从成型原理上提出一个全新的思维模式维模型，即将计算机上制作的零件三维模型进行网格化处理并存储，对其进行分层处理，得到各层截面的二维轮廓信息，按照这些轮廓信息自动生成加工路径，由成型头在控制系统的控制下，选择性地固化或切割一层层的成型材料，形成各个截面轮廓薄片，并逐步顺序叠加成三维坯件，然后进行坯件的后处理，形成零件。

（一）快速成型制造技术加工步骤

（1）产品三维模型的构建　由于快速成型制造系统是由三维模型直接驱动，因此要构建出所加工工件的三维模型。构建三维模型通常有三种方法：利用计算机辅助设计软件（如 Pro/E、SolidWorks、UG 等）直接构建；将已有产品的二维图进行转换直接形成三维模型；对产品实体进行激光扫描、CT 断层扫描，得到点云数据，最后利用反求工程的方法来构造三维模型。

（2）三维模型的近似处理　由于零件往往由一些不规则的自由曲面组成，加工前首先要对模型进行近似处理，以方便后续的数据处理工作。数据处理通常将模型转化为 STL 格式文件，由于其简单、实用，目前已经成为快速成型领域的准标准接口文件。它是用一系列的小三角形平面来逼近原来的模型，每个小三角形用三个顶点坐标和一个法向量来描述，三角形的大小可以根据精度要求进行选择。STL 文件有二进制码和 ASCII 码两种输出形式，二进制码输出形式所占的空间比 ASCII 码输出形式的文件占用的空间小得多，但 ASCII 码输出形式可以阅读和检查。

（3）三维模型的切片处理　根据被加工模型的特征选择合适的加工方向，在成型高度方向上用一系列一定间隔的平面切割近似后的模型，以便提取截面的轮廓信息。间隔一般取 0.05～0.5mm，常用 0.1mm。间隔越小，成型精度越高，但成型时间也越长，效率就越低。

（4）成型加工　根据切片处理的截面轮廓，在计算机控制下，由相应的激光头或喷头按各截面轮廓信息作扫描运动，在工作台上一层一层地堆积材料，然后将各层相黏结，最终得到成型工件。

（5）成型工件的后处理　从成型系统里取出成型件，进行打磨、抛光、涂挂，或放在高温炉中进行后烧结，进一步提高其强度。

（二）快速成型制造技术特点

（1）制造任意复杂的三维几何实体　由于采用离散堆积成型的原理，即将一个复杂的三维制造过程简化为二维过程的叠加，可以实现对任意复杂形状工件的加工。越是复杂的工件越能显示出 RP 技术的优越性。此外，特别适合于复杂型腔、复杂曲面等传统制造方法难以制造甚至无法制造的零件。

（2）加工快速性　通过对一个原始三维模型的修改或重组就可获得一个新零件的设计和加工信息，极大地缩短了加工时间。

（3）加工的高度柔性　RP 技术加工时无须专用夹具或工具即可完成复杂的制造过程，极大地节约了成本。

（4）高度连接性　RP 技术通过与反求工程、CAD 技术、网络技术、虚拟现实等相结合，已成为产品快速开发的有力工具。

二、典型快速成型制造技术工艺方法

快速成型技术根据成型方法可分为两类，一类是基于激光及其他光源的成型技术（Laser Technology），例如光固化成型（SLA）、分层实体制造（LOM）、激光选区烧结（SLS）、形状沉积成型（SDM）等；另一类是基于喷射的成型技术（Jetting Technology），例如熔融沉积成型（FDM）、三维印刷（3DP）、多相喷射沉积（MJD）。

（一）光固化成型

光固化成型（Stereo lithography Apparatus，SLA）工艺也称光造型或立体光刻，由 Charles Hul 于 1984 年获美国专利。1988 年美国 3D System 公司推出商品化样机 SLA-I，这是世界上第一台快速成型机。SLA 方法是目前快速成型技术领域中研究最多的方法，也是技术上最为成熟的方法。

SLA 技术是基于液态光敏树脂的光聚合原理工作的。这种液态材料在一定波长和强度的紫外光照射下能迅速发生光聚合反应，分子量急剧增大，材料也就从液态转变成固态。

SLA 技术的工作原理如图 15-4 所示，树脂槽中盛满液态光敏树脂，激光束在扫描镜的作用下能在液态表面上扫描，扫描的轨迹及光线的有无均由计算机控制，光点打到的地方液体就固化。成型开始时，工作平台在液面下一个确定的深度。聚焦后的光斑在液面上按计算机的指令逐点扫描，即逐点固化。当一层扫描完成后，未被照射的地方仍是液态光敏树脂。然后托盘下降，已成型的层面上又布满一层树脂，刮板将黏度较大的树脂液面刮平，然后再进行下一层的扫描，新固化的一层牢固地粘在前一层上，如此重复直到整个零件制造完毕，得到一个零件原型。

SLA 工艺成型的零件精度较高，加工精度一般可达到 0.1mm，原材料利用率近 100%。但这种方法也有自身的局限性，比如需要支撑、树脂收缩导致精度下降、光固化树脂有一定的毒性等。

（二）分层实体制造

分层实体制造（Laminated Object Manufacturing，LOM）工艺也称叠层实体制造，由美国 Helisys 公司的 Michael Feygin 于 1986 年研制成功。LOM 工艺采用薄片材料，如纸、塑料薄膜等。片材表面事先涂覆上一层热熔胶。加工时，热压辊热压片材使之与下面已成型的工件黏结。用 CO_2 激光器在刚黏结的新层上切割出零件截面轮廓和工件外框，并在截面轮廓与外框之间多余的区域内切割出上下对齐的网格。激光切割完成后，工作台带动已成型的工件下降，与带状片材分离。供料机构转动收料轴和供料轴，带动料带移动，使新层移到加工区域。工作台上升到加工平面，热压辊热压，工件的层数增加一层，高度增加一个料厚。再在新层上切割截面轮廓。如此反复直至零件的所有截面黏结、切割完。最后，去除切碎的多余部分，得到分层制造的实体零件。其工作原理如图 15-5 所示。

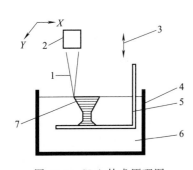

图 15-4　SLA 技术原理图

1—激光束；2—扫面镜；3—Z 轴升降；4—树脂槽；
5—托盘；6—光敏树脂；7—零件原型

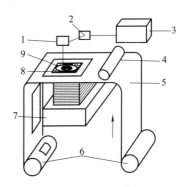

图 15-5　LOM 技术原理图

1—扫描系统；2—光路系统；3—激光器；
4—加热器；5—纸料；6—滚筒；
7—工作平台；8—工边角料；
9—零件原型

　　LOM 工艺只需在片材上切割出零件截面的轮廓，而不用扫描整个截面。因此成型厚壁零件的速度较快，易于制造大型零件。工艺过程中不存在材料相变，因此不易引起翘曲变形。工件外框与截面轮廓之间的多余材料在加工中起到了支撑作用，所以 LOM 工艺无须加支撑。缺点是材料浪费严重，表面质量差。

（三）激光选区烧结

　　激光选区烧结（Selective Laser Sintering，SLS）工艺由美国德克萨斯大学奥斯汀分校的 C. R. Dechard 于 1989 年研制成功。SLS 工艺是利用粉末状材料成型的。将材料粉末铺洒在已成型零件的上表面并刮平，用高强度的 CO_2 激光器在刚铺的新层上扫描出零件截面，材料粉末在高强度的激光照射下被烧结在一起，得到零件的截面，并与下面已成型的部分连接。当一层截面烧结完后，铺上新的一层材料粉末，有选择地烧结下层截面。烧结完成后去掉多余的粉末，再进行打磨、烘干等处理得到零件。其工作原理如图 15-6 所示。

　　SLS 工艺的特点是材料适应面广，不仅能制造塑料零件，还能制造陶瓷、蜡等材料的零件，特别是可以制造金属零件。这使 SLS 工艺颇具吸引力。SLS 工艺无须加支撑，因为没有烧结的粉末起到了支撑的作用。

（四）熔融沉积成型

　　熔融沉积成型（FDM）工艺由美国学者 Scott Crump 于 1988 年研制成功。FDM 的材料一般是热塑性材料，如蜡、ABS、尼龙等。在成型过程中，丝状材料在喷头内被加热熔化，同时喷头沿工件截面轮廓和填充轨迹运动，熔化的材料被挤出后迅速凝固，层层叠加最终形成工件。工作原理如图 15-7 所示。

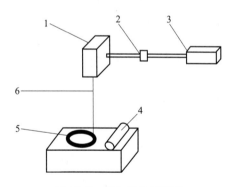
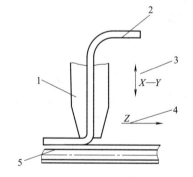

图 15-6　SLS 技术原理图　　　　　　　图 15-7　FDM 技术原理图
1—扫描镜；2—透镜；3—激光器；　　　1—加热装置；2—丝材；3—Z 向送丝；
4—压平辊子；5—零件原型；　　　　　4—X-Y 向驱动；5—零件原型
6—激光束

三、快速成型制造技术应用

　　目前就快速成型制造技术的发展水平而言，在国内主要是应用于新产品（包括产品的更新换代）开发的设计验证和模拟样品的试制上，即完成从产品的概念设计（或改型设计）→造型设计→结构设计→基本功能评估→模拟样件试制这段开发过程。对某些以塑料结构为主的产品还可以进行小批量试制，或进行一些物理方面的功能测试、装配验证、实际外观效果审视，甚至将产品小批量组装先行投放市场，达到投石问路的目的。

（一）新产品设计验证与功能验证

RP 技术可快速地将产品设计的 CAD 模型转换成物理实物模型，这样可以方便地验证设计人员的设计思想和产品结构的合理性、可装配性、美观性，发现设计中的问题可及时修改。如果用传统方法，需要完成绘图、工艺设计、工装模具制造等多个环节，周期长、费用高。如果不进行设计验证而直接投产，则一旦存在设计失误，将会造成极大的损失。

（一）可制造性、可装配性检验和供货询价、市场宣传

对有限空间的复杂系统，如汽车、卫星、导弹的可制造性和可装配性用 RP 方法进行检验和设计，将大大降低此类系统的设计制造难度。对于难以确定的复杂零件，可以用 RP 技术进行试生产以确定最佳的合理的工艺。此外，RP 原型还是产品从设计到商品化各个环节中进行交流的有效手段。比如为客户提供产品样件，进行市场宣传等，快速成型技术已成为并行工程和敏捷制造的一种技术途径。

（三）单件、小批量和特殊复杂零件的直接生产

对于高分子材料的零部件，可用高强度的工程塑料直接快速成型，满足使用要求；对于复杂金属零件，可通过快速铸造或直接金属件成型获得。该项应用对航空、航天及国防工业有特殊意义。

（四）快速模具制造

通过各种转换技术将 RP 原型转换成各种快速模具，如低熔点合金模、硅胶模、金属冷喷模、陶瓷模等，进行中小批量零件的生产，满足产品更新换代快、批量越来越小的发展趋势。快速成型应用的领域几乎包括了制造领域的各个行业，在医疗、人体工程、文物保护等行业也得到了越来越广泛的应用。

总之，快速成型技术的发展是近 20 年来制造领域的突破性进展，它不仅在制造原理上与传统方法迥然不同，更重要的是在目前产业策略以市场响应速度为第一的状况下，RP 技术可以缩短产品开发周期，降低开发成本，提高企业的竞争力。

四、快速成型制造技术的新发展

近几年，3D 打印技术作为快速成型技术的一种具体应用得到迅速发展。3D 打印技术是一种以数字模型文件为基础，运用粉末状金属或塑料等可黏合材料，通过逐层打印的方式来构造物体的技术，为快速成型制造技术的一种。

（一）　3D 打印技术在军事领域的新发展

备受瞩目的 3D 打印技术正在被悄悄地用于军事领域。如美国利用 3D 打印技术成功地打造出 AR-15 半自动步枪的弹匣和其他部件也已应用 3D 打印技术辅助制造导弹用弹出式点火器模型，并取得了良好的效果。GE 航空已应用 3D 打印技术制造终极喷气发动机，并将所有的专门技术应用于下一代的军用发动机上，能够自动地将高推力模式转换到高效率模式。3D 打印技术可以制造过去认为复杂而不经济的产品，并大大减轻产品重量。

3D 打印技术可以大大缩短武器装备研发周期。随着 3D 打印技术在军事领域的广泛应用，它正被大量用于武器装备研发。借助 3D 打印技术及其他信息技术，可能只需 3 年的时间就能研制出一款新战斗机。如今，3D 打印技术正被用于各种武器装备，如水面舰艇、潜艇和战机的设计制造。

除了能够提升武器装备的研发速度外，3D 打印技术还能大幅降低武器装备的造价成本。传统的武器装备生产主要是做"减"法。原材料通过切割、磨削、腐蚀、熔融等工序，除去

多余部分形成零部件，然后被拼装、焊接成产品。这一过程中，将有 90％的原材料被浪费掉。美国 F-22 战机中尺寸最大的 Ti6Al4V 钛合金整体加强框，所需毛坯模锻件重达 2796kg，而实际成型零件重量不足 144kg，材料的利用率仅为 4.90％。

在未来信息化战场上，维修受损武器将变得十分轻松。技术保障人员可随时启动携带的 3D 打印机，直接把所需的部件一个个"打印"出来，装配起来，让武器重新投入战场。有了这种"克隆"武器的"移动兵工厂"，战时可快速补充作战消耗。

（二）国内快速成型制造技术的新发展

我国于 1999 年开始金属零件的激光快速成型技术研究。在国家"863"计划、"973"计划、国家自然科学基金重点项目等的大力支持下，集中开展了镍基高温合金及多种钛合金的成型研究，形成了多套具有工业化示范水平的激光快速成型系统和装备，掌握了金属零件激光快速成型的关键工艺及组织性能控制方法，所成型的钛合金及 Inconel 718 合金的力学性能均达到或超过锻件的水平，为该技术在上述材料零件的直接制造方面奠定了基础。

中国的钛合金激光成型技术起步较晚，不过却后来居上，其中中航激光技术团队取得的成就最为显著。2000 年前后，中航激光技术团队开始投入"3D 激光焊接快速成型技术"研发，解决了多项世界技术难题、生产出结构复杂、尺寸达到 4 米量级、性能满足主承力结构要求的产品。

如今，中国已具备了使用激光成型超过 $12m^2$ 的复杂钛合金构件的技术和能力，成为当今世界上唯一掌握激光成型钛合金大型主承力构件制造、应用的国家。在解决了材料变形和缺陷控制的难题后，中国生产的钛合金结构部件迅速成为中国航空力量的一项独特优势，中国先进战机上的钛合金构件所占比例已超过 20％。

目前，国产歼-15 项目率先采用了数字化协同设计理念，三维数字化设计改变了设计流程，提高了试制效率；五级成熟度管理模式，冲破设计和制造的组织壁垒，而这与 3D 打印技术关系紧密。

复习思考题

1. 现代制造技术与传统制造技术的区别是什么？
2. 电子束加工的原理是什么？有哪些特点？有哪些用途？
3. 离子束加工的原理是什么？有哪些特点？有哪些用途？
4. 高压水射流加工的原理是什么？有哪些特点？有哪些用途？
5. 激光加工的原理是什么？有哪些特点？有哪些用途？
6. 简述快速成型制造技术的加工环节。
7. 典型快速成型制造技术工艺方法有哪些？各种方法的原理是什么？
8. 简述 3D 打印技术在军事领域中的发展。

参 考 文 献

[1] 王槐德. 机械制图新旧标准代换教程. 北京：中国标准出版社，2017.
[2] 李学京. 机械制图国家标准应用挂图. 北京：中国标准出版社，2009.
[3] 孙兰凤、梁艳书. 工程制图. 2版. 北京：高等教育出版社，2010.
[4] 王建华、毕万全. 机械制图与计算机绘图. 北京：国防工业出版社，2009.
[5] 高雪强. 机械制图. 北京：机械工业出版社，2009.
[6] 朱玺宝、丛文静、吉伯林. 工程制图. 北京：高等教育出版社，2013.
[7] 胡建生. 机械制图. 北京：机械工业出版社，2019.
[8] 闻邦椿. 机械设计手册. 第1卷. 北京：机械工业出版社，2018.
[9] 闻邦椿. 机械设计手册. 第2卷. 北京：机械工业出版社，2018.
[10] 闻邦椿. 机械设计手册. 第1卷. 北京：机械工业出版社，2018.
[11] 杨可桢. 机械设计基础. 第6版. 北京：高等教育出版社，2013.
[12] 张春林. 机械工程概论. 北京：北京理工大学出版社，2013.
[13] 林江. 机械制造基础. 北京：机械工业出版社，2010.
[14] 黄胜银. 机械制造基础. 北京：机械工业出版社，2014.
[15] 杜素梅. 机械制造基础. 北京：国防工业出版社，2012.
[16] 赵建中. 机械制造基础. 北京：北京理工大学出版社，2013.
[17] 张玉玺. 机械制造基础. 北京：清华大学出版社，2010.
[18] 骆莉. 工程材料及机械制造基础. 武汉：华中科技大学出版社，2012.
[19] 明哲. 工程材料及机械制造基础. 北京：清华大学出版社，2012.
[20] 林江. 工程材料及机械制造基础. 北京：机械工业出版社，2013.
[21] 谭豫之、李伟. 机械制造工程学. 北京：机械工业出版社，2016.
[22] 温秉权. 机械制造基础. 北京：北京理工大学出版社，2017.
[23] 邓文英、宋力宏. 金属工艺学. 北京：高等教育出版社，2016.